FENXI HUAXUE ZONGHE JIAOCHENG

分析化学综合教程

马惠莉　刘杰　主编

化学工业出版社

·北京·

全书以岗位职业能力为导向将相关理论知识与实验实训有机融合在一起，充分体现“理实一体、课岗融合”的教学教改理念。在内容编排上立足分析检测岗位的职业能力发展的需要以及任职要求，融“教、学、做”为一体，以强化学生综合职业能力的培养。

可以作为高职高专院校材料工程类专业和工业分析专业、本科学校的职业技术学院等相关专业的教材，也可作为企业分析化验岗位技术人员的培训教材以及分析化验技术人员的学习参考书。

图书在版编目（CIP）数据

分析化学综合教程/马惠莉，刘杰主编. —2版. —北京：化学工业出版社，2018.10（2023.1重印）

ISBN 978-7-122-33712-2

Ⅰ.①分… Ⅱ.①马… ②刘… Ⅲ.①分析化学-教材 Ⅳ.①O65

中国版本图书馆CIP数据核字（2019）第007488号

责任编辑：李晓红　　　　装帧设计：韩　飞

责任校对：王鹏飞

出版发行：化学工业出版社(北京市东城区青年湖南街13号　邮政编码100011)

印　　装：涿州市般润文化传播有限公司

787mm×1092mm　1/16　印张21　字数516千字　2023年1月北京第2版第2次印刷

购书咨询：010-64518888　　　　售后服务：010-64518899

网　　址：http://www.cip.com.cn

凡购买本书，如有缺损质量问题，本社销售中心负责调换。

定　　价：58.00元

前言

本书第一版于2011年出版。作为高职高专分析化学课程教材，本书自出版以来一直受到各院校的欢迎。

随着我国高等职业教育改革的不断深化，高等职业教育教学的理念与技术也在与时俱进地快速发展着。与此同时，分析化学在其学科内涵的发展、分析方法与技术的创新和应用等方面也对高等职业院校的分析化学课程及教材的建设与改革提出更高和更新的要求。“理实一体、课岗融合”已然成为当前高等职业教育教学改革与发展中的核心要义。所以，有必要对《分析化学综合教程》（第一版）进行修订。

在第一版的基础上，本次的修订内容主要有以下几个方面。

（1）内容结构的修订

本次修订首先对原有的内容结构进行了调整：将第一版中原有的“基础知识”和“定量分析方法及应用”两部分，调整为三部分，即“基础知识”“化学分析方法及应用”和“仪器分析基础”。

（2）内容方面的修订

① 实验技术部分：删除了电光分析天平的相关内容；增加了实验室安全相关知识的篇幅；将第一版中关于分析天平、移液管、容量瓶和滴定管的使用等陈述方式，分别修改为称量技术、移液技术、定容技术和滴定技术来加以介绍。

② 理论部分：酸碱滴定法中增加了“非水滴定”一节。将第一版中各滴定方法的标准滴定溶液内容，均在相应的各章中单列为一节。针对重要的知识点均增加了相应的例题，以便学习者更好地理解相关知识。

③ 实验实训部分：将第一版中的“实训任务”改为“实验实训”。在第一版的基础上，每个实验后面均增加了“思考题”部分。改变了第一版中多以建材产品作为分析样品的做法，增加了化工、环境、药品等样品的分析。沉淀滴定法中，删除了“佛尔哈德法测定氯离子含量”的实验内容。综合实训部分，删除了“石灰石”“黏土”样品的全分析部分，保留了“水泥熟料”“水样”的分析内容。

本书第二版由马惠莉（山西职业技术学院）、刘杰（内蒙古化工职业技术学院）主编，李彦岗（山西职业技术学院）、李俊英（山西省建筑材料质量监督检验中心）副主编。参加本次修订工作的还有姚文平（山西职业技术学院）、王朝霞（山西职业技术学院）、魏雅娟（河北建材职业技术学院）、杨秋菊（淄博职业学院）等。全书最终由马惠莉统一修改后定稿。

本书的修订稿由石建屏教授（绵阳职业技术学院）审稿。石教授在审稿过程中，不吝时间和精力为本书的修订提出了许多宝贵意见，编者在此致以真挚的谢意和敬意。

鉴于编者水平有限，书中难免存有疏漏与不足，敬请各位同行以及广大师生指正。

编　者

2019 年 3 月

第一版前言

本教材是国家骨干高职院校建设项目成果。

在高等职业教育快速发展的今天，项目课程或是任务引领型课程已然成为当前职业教育课程改革的基本取向。因此，本教材在内容编排上紧紧围绕国家高等职业教育发展的方向，同时立足行业发展的需要以及相关技术领域和岗位的任职要求，以任务驱动为导向，将相关理论知识与实训任务有机融合在一起，融“教、学、做”为一体，着力体现“项目教学、任务驱动；理实一体、课岗融合”的新型教学教改理念，以突出强化学生综合职业素质的培养与提升。

本教材在整体内容上分为两大部分，即基础知识和定量分析方法及应用。全书在实训任务的选择上，既考虑了实训内容的教学可操作性，同时注重真实工作情景的再现，做到由易到难、由简入繁、难繁有度。力求让学生在领到“任务”时对任务内容有真实感，在实训过程中有自信心，在实训结束时有成就感。而在知识体系的构建上，将相关理论知识和分析操作技术的学习围绕任务驱动展开，从而使学生在“学”与“用”、“知识”与“能力”之间形成良性跨越。伴随学习性工作任务的完成，使学生的综合职业能力得到全面提升。

本教材由马惠莉、马振珠（中国建筑材料检验认证中心）主编，李彦岗、刘杰副主编。其中第 1、2 章由马惠莉（山西职业技术学院）编写，第 3、7 章由王朝霞（山西职业技术学院）编写，第 4、5 章由魏雅娟（河北建材职业技术学院）编写，第 6、12 章由刘杰（内蒙古化工职业技术学院）编写，第 8、9 章由李彦岗（山西职业技术学院）编写，第 10、11 章由杨秋菊（淄博职业学院）编写。全书由马惠莉统稿，由晋卫军教授（北京师范大学化学学院，博士生导师）、魏琴教授（济南大学化学化工学院，国家级教学名师）审稿。两位教授在百忙之中不吝时间对本教材提出了许多宝贵的建设性意见，编者在此深表谢意与敬意。

此外，编者还要向本教材的责任编辑表示真诚的谢意，全书从立项到全部书稿的完成均渗透了她的许多心血。在本教材的编写过程中我们还得到了中国建筑材料检验认证中心的大力支持。同时，我们还得到黑龙江省环境监测中心站副站长宋南哲高级工程师、太原科技大学化工与生物工程学院高竹青副教授、山西省建筑材料质量监督检验测试中心申洪涛高级工程师、山西省建材行业管理办公室行管部副部长郑晋宜、太原市德龙超细粉科技有限公司化验室主任姚香香工程师、中国建筑材料检验认证中心赵小雨以及编者单位领导和同事的积极协助与支持。

总之，在本书付梓出版之际，编者向所有给予我们热诚关心、鼓励和帮助的人们表示衷心感谢！

本教材中所引用的图表、数据及相关论述的原著均列入书后的参考文献中，在此我们向原作者致以真挚的敬意与谢意。

鉴于编者学识水平的局限，书中难免存有疏漏与不足。在此恳请各位同行、学者和专家以及广大师生赐教、指正，以便我们今后更进一步修订完善，编者不胜感激。

编　者

2011 年 05 月

目录

第一部分　基础知识

CONTENTS

CONTENTS

第三部分 仪器分析基础

CONTENTS

第一部分

基础知识

第1章 绪 论

1.1 分析化学的学科定义及社会责任

1.1.1 分析化学的学科定义

在自然科学领域，分析化学恐怕是最近几十年内经历了最大拓展的一门学科。分析化学的学科内涵，随着分析化学学科自身的发展而发展，其学科定义与研究内容，也随着分析化学学科的发展而变化。因此，分析化学的学科定义是一个发展、变化着的动态概念！

早在20世纪50年代，人们对分析化学的定义为：它是研究物质的组成的测定方法和有关原理的一门科学。到了90年代，分析化学的定义演变为：它是人们获得物质化学组成和结构信息的科学。现在，随着科学技术的飞速发展，分析化学被定义为：**“它是发展和应用各种方法、仪器和策略，以获得物质在特定时间和空间有关组成和性质信息的一门科学。”**由此不难理解分析化学是一门融合了多学科研究成果的综合性科学。

分析化学的全部内容就是吸取当代科学技术的最新成就（包括化学、物理学、数学、电子学、计算机科学、生物学等学科的最新成就），利用物质的一切可以利用的性质，建立表征测量的新方法和新技术，最大限度地在特定的时间与空间点或期间内获取物质的信息。其特点表现在它不是直接提供和合成新型的材料和化合物，而是提供与这些新材料、新化合物的化学成分和结构相关的信息，研究获取这些信息的最优方法和策略。因此，**分析化学又是信息科学的组成部分。**

1.1.2 分析化学的社会责任

分析化学是一门以解决实际问题为目标的科学，实用性强。在社会发展中分析化学具有重要作用。它不仅给各个科学领域（如航天、材料、能源）和生产部门提供新的检测方法（如工艺过程质量控制、产品的质量检查及商品检验等），直接为国民经济、国防建设、国家安全（如反恐）及社会生活的众多领域（如医疗卫生、环境保护及食品药品安全）服务，而且影响着社会财富的创造、人类生存（如环境生态）和政策决策（如资源、能源开发）等重大社会问题的解决。

化学是一门承上启下的中心科学，也是一门社会迫切需要的中心科学。人们常常将分析化学称为生产、科研的“眼睛”，并把分析化学水平的高低作为衡量一个国家在化学学科研究方面能力强弱的重要标志之一。随着科学技术的进步与社会经济的快速发展，分析化学比以往任何时候都有着更大的责任以推动我们社会将来的发展。

1.2 分析方法分类

根据不同的角度和要求，分析方法可以有不同的分类方法。

1.2.1 根据分析的目的与任务分类

① **定性分析** 其任务是鉴定物质由哪些元素、原子团、官能团或化合物组成。
② **定量分析** 其任务是测定物质中有关组分的含量。
③ **结构分析** 其任务是测定化合物分子结构、晶体结构和物质的存在形态。

1.2.2 根据分析对象的化学属性分类

① **无机分析** 分析对象是无机物。
② **有机分析** 分析对象是有机物。

1.2.3 根据分析方法所依据的测定原理分类

① **化学分析** 又称为经典分析法或湿法分析，是以物质所发生的化学反应为基础的分析方法，主要有滴定分析法和称量分析法。一般来说，该法适于常量组分的测定。

② **仪器分析** 又称为现代分析法或干法分析，以物质的物理或物理化学性质为基础的分析方法。这类分析方法都需要较特殊的仪器，故被称为“仪器分析法”。该法适于微量及痕量组分的测定。

1.2.4 根据分析时所需的试样量或待测组分在试样中的相对含量分类

	分析方法	试样重量/g	试液体积/mL
按试样量分类	常量分析	> 0.1	> 10
	半微量分析	0.01～0.1	1～10
	微量分析	10^{-4}～0.01	0.01～1
	超微量分析（痕量分析）	< 10^{-4}	< 0.01
按待测组分在试样中的相对含量分类	分析方法	含量/%	含量/(μg·g^{-1})
	常量组分分析	1～100	10^{4}～10^{6}
	微量组分分析	0.01～1	10^{2}～10^{4}
	痕量组分分析	10^{-4}～0.01	1～10^{2}
	超痕量组分分析	< 10^{-4}	< 1

1.2.5 根据生产和分析的需要分类

① **例行分析** 指一般化验室对日常生产中的原材料和产品所进行的分析，又叫“常规分析”。

② **快速分析** 主要为控制生产过程提供信息，如炼钢厂的炉前分析，要求在尽量短的时间内报出分析结果，以便控制生产过程，这种分析要求速度快，准确度程度达到一定要求即可。

③ **仲裁分析** 因为不同的单位对同一试样分析得出不同的测定结果，并由此发生争议时，要求权威机构用公认的标准方法进行准确的分析，以裁定原分析结果的准确性。显然，在仲裁分析中，对分析方法和分析结果要求有较高的准确度。

以上分类不是很严格，只是大致的分类。它可以使我们对于分析化学有个全面的了解，为选择分析方法提供参考。

此外，还有根据分析的需要或要求而特殊命名的方法，如在线分析、无损分析、表面分析、微区分析等；也有以应用领域来命名的方法，如环境分析、食品分析、药物分析、临床分析、材料分析等。

总之，无论分析化学使用化学的、物理学的、生物学的或其他学科的原理与方法，其研究对象始终是物质的化学成分与结构，都是为了完成相关的化学定性、定量及结构分析。

1.3 分析化学的发展历程及发展趋势

在科学的发展史上，分析化学是最早发展起来的化学分支学科，在早期化学的发展中一直处于前沿和领先的地位，因此，有人称**“分析化学是现代化学之母 ”**。

创新是科学技术和社会发展的需要，任何学科的发展都与社会的发展和其他科学技术领域的发展密不可分。社会生产力（包括：工、农业生产，能源、环保、医疗卫生、抗灾减灾等领域）的发展、经济实力的增强以及新兴科学技术的发展，对分析化学提出了一系列难题，同时也为分析化学的发展提供了经济基础、理论基础和技术基础，使分析化学的发展有了可能，从而大大推动分析化学的发展和变革。

因此，一个时期分析化学的发展能达到什么水平，要看当时的社会和科学技术发展向分析化学提出了什么问题，又为解决这些问题提供了什么条件。学科的相互渗透和相互促进是分析化学发展的基本规律。同时，分析化学的发展又将作用于科学技术和社会生产的进步。

分析化学的学科发展经历了三次巨大的变革。第一次变革发生于 20 世纪初期。物理化学溶液平衡理论（特别是“四大平衡”理论）的发展，为分析化学提供了理论基础，使分析化学由一门技术发展为一门科学，这一时期的分析化学对当时化学发展的贡献是极其巨大的，其影响也是其他化学分支无法比拟的。并且这一时期的分析方法主要是化学分析，亦称“经典分析化学”。第二次变革发生在第二次世界大战前后直至 20 世纪 60 年代。这一时期物理学、电子学、半导体以及原子能工业的发展，促进了各种仪器分析方法的发展，分析化学从以溶液化学分析为主的经典分析化学发展到以仪器分析为主的现代分析化学。20 世纪 70 年代以来，以计算机应用为主要标志的信息时代的到来，给科学技术带来了巨大的活力。分析化学由此进入第三次变革时期。在这一时期，现代仪器分析技术得到了长足的发展。

除了传统的工农业生产和经济部门提出的任务之外，许多边缘学科如环境科学、生命科学、材料科学、能源科学等都向分析化学提出大量且更为复杂的课题，而且要求也更高。分析化学也因此广泛吸取当代科学技术的最新成就，成长为一门建立在化学、物理学、数学、计算机科学、精密仪器制造学等多门学科基础之上的综合性的边缘学科——分析科学，成为当代最富活力的学科之一，许多学科的理论和实际问题的解决越来越需要分析化学的参与。其显著特征表现为：灵敏度高（达分子级、原子级水平），选择性高（复杂体系），快速，自动，简便，经济，分析仪器自动化、数字化和计算机化，并向智能化、信息化纵深发展。分析化学的地位已上升到前所未有的高度。

如今，现代分析化学已进入分析科学时代。其内涵早已不再限于元素的定性和定量分析，而是包括一级结构序列的分析，高级结构的测定，形貌分析，手性分析，构型、构象分析，单原子和单分子分析，物质的成像等等。

未来分析化学的发展趋势必将呈现更加显著的信息化、智能化、微流控芯片化、在线化、实时化、原位化、仿生化、高灵敏化、高选择性化、高通量化、无损化等特点。此外，还有各种联用技术和各种批量操作技术，如分析和分离联用，分析、分离和合成联用，组合化学等。

总而言之，现代分析化学已成为科学技术和经济发展的重要基础，也是衡量一个国家科学技术发展水平的主要标志之一。从单纯的数据提供者到实际问题的解决者，现代分析化学已发展成为工业过程控制、生态过程控制和生命过程控制的重要组成部分。分析化学有可能成为一门为人类提供更安全的未来的关键科学。

第2章 定量分析概述

学习目标

知识目标

- 了解定量分析的一般过程。
- 掌握定量分析中准确度与误差、精密度与偏差的关系。
- 掌握各种误差与偏差的计算方法。
- 掌握系统误差与随机误差的特点、来源及其减免方法。
- 掌握有效数字的概念及其运算规则。
- 理解置信区间的概念并掌握可疑值的取舍方法。
- 掌握分析结果的表示方法。

能力目标

- 能正确计算分析结果的误差与偏差。
- 能够正确判断分析定量过程中产生的误差性质并能采取适当方法消除误差。
- 能正确计算分析结果的置信区间并正确判断和取舍测量数据中的可疑值。
- 会正确记录测量数据、正确计算和保留分析结果的有效数字，并正确表达分析结果。

2.1 定量分析的一般过程

定量分析的任务是测定物质中待测组分的含量。由于所测试样的组成不同，有的组分多、组成复杂，有的组分少、组成简单；有的形态简单，有的形态复杂。因此即使测定同一待测组分，对于不同的试样所采取的分析方法及具体步骤也会有所不同。

对于定量分析而言，所有的分析方法都是一个连续过程，一个定量分析过程一般可分为以下几个步骤：

问题的提出 → 策略的制订和方法的选择 → 样品的采集与制备 → 样品分析 → 数据分析 → 结果报告

（数据分析 → 问题的提出）

下面将就试样的采取与制备、样品的分析测定以及数据的分析处理与结果报告等进行讨论与介绍。

2.1.1 试样的采取与制备

分析化学研究的对象千差万别，种类繁多（固体、液体和气体，金属、矿石、土壤、食品、医药、血、尿、毛发等）；分析对象的数量可以惊人的巨大，如上万吨的矿石、煤、石油，也可以十分稀少，如古代文物（古画上的颜料）、体液等。

做定量化学分析时，一般称取的试样量为几克或零点几克。也就是说，在分析测试中，不可能将“整体”拿来做分析测定，也不能任意抽取一部分来做分析。这就要求相关的分析测试结果能够充分代表整批物料的平均组成，所采取的实验室样品必须具备较好的代表性。否则，无论分析工作者在测试中做得多么认真和规范，其所得结果仍然是毫无意义的，甚至可能导致错误结论，从而给实际工作造成严重混乱。

因此，在分析测试前须慎重审查试样来源，**正确采取实验室样品极为重要！**换句话说，采样比分析操作本身更重要。

（1）实验室样品的采取

样品是从大量物质中选取的一部分物质。确切地说它是采用一定的科学方法从整体抽出可代表整体平均组成状况的少量物料。这一操作过程称为**“取样”**。样品的组成和整体物料的平均组成相符合的程度，称为**“代表性”**。符合程度越大，代表性就越好。

由于总体物质的不均匀性，用样品的测定结果推断总体必然引入误差，该误差称为**“取样误差”**。取样误差可分为随机误差和系统误差。增加取样次数，加大取样量，可以减少取样的随机误差。而取样的系统误差只有通过严格的取样质量保证工作方可避免或消除。

① **均匀样品的采取** 对于金属样品、水样、液态/气态样品，以及一些组成较均匀的化工产品等，取样比较简单，任意取其一部分或稍加搅匀后取其中一部分即成为具有代表性的试样。但即便如此，也还应根据试样的性质，力求避免可能产生不均匀性的一些因素。例如，玻璃成品的取样，可在玻璃切边处随机取 20mm×60mm 长条 3～4 条（约 50～100kg），洗净、

烘干。在喷灯上灼烧，投入冷水中炸成碎粒，再洗净、烘干，作为实验室样品。

② **不均匀样品的采取** 矿石、煤炭、土壤等一些颗粒大小不一、成分混杂不齐、组分不均匀的试样，选取具有代表性的均匀试样是一项较为复杂的操作。为了使采取的试样具有代表性，必须按照一定的程序，自物料的各个部位，取出一定数量大小不同的颗粒。取出的份数越多，则试样的组成与所分析物料的平均组成越接近。

例如，矿山原料的取样一般采用刻槽、钻孔或沿矿山开采面分格取样等方法。已进厂的成批原材料（如石灰石、白云石、长石、菱镁石、煤、沙子等），如果在运输过程中没有取样，进厂后可在分批存放的料堆上取样。

水泥生产过程中生料和水泥都是粉料物料，而且是连续生产、连续输送。一般都是取一定时间间隔的平均样（如每小时、每班、每天等），可采用人工定时取样或自动连续取样两种方法。一般水泥厂的熟料样仍是人工采取。对于出厂水泥可取连续样，也可按编号在每个编号的水泥成品堆上20个以上不同部位取等量样品，总数不少于10kg，混合后作为实验室样品。

陶瓷生产过程中，在取注浆泥和釉料浆样品时，取样前要充分搅拌均匀，然后按上中下左右前后7个不同位置各取1～2份，混合。塑性泥料取样应在练泥机挤出来的泥条上进行。

在任何分析过程中，取样是最为关键的步骤。**取样的关键是要有代表性！**在取样过程中，应严格控制样品的必要量。样品的多少取决于所要求的精密度、材料的不均匀性和颗粒的大小等。

平均试样采取量可通过采样公式计算获得。

$$m = Kd^2 \tag{2.1}$$

式中，m为采取平均试样的最低质量，kg；d为试样中最大颗粒的直径，mm；K是经验常数，根据物料的均匀程度和易碎程度等而定，通常K值取0.05～1.0。

由式（2.1）可知，试样的最大颗粒越小，最低质量也越小。

例 2.1 在采取矿石的平均样品时，若此矿石最大颗粒的直径为20mm，矿石的K值为0.06，则应采取的样品最低质量是多少？

解：根据式（2.1）计算得：

$$m = 0.06 \times 20^2 = 24\ (\text{kg})$$

计算结果表明，采取的最低质量为24kg，这样取得的试样，组成很不均匀，数量又太多，不适于供分析直接使用。若将上述样品最大颗粒破碎至4mm，则：

$$m = 0.06 \times 4^2 = 0.96 \approx 1\ (\text{kg})$$

此时，试样的最低质量可减至 1kg，因此，采样后必须通过多次破碎、混合、缩分试样量进而制备成适于作分析用的试样。

事实上，取样理论的通用处理不可能很完美，取样技术随待测组分及其物理性质的不同而不同。一般地，各行业及相关技术部门对各类物料的取样方法都有明确的规定，这些取样方法是经过广泛、详尽地试验而得到的，其规定明确具体[1]。

需指出的是：取样中必须小心谨慎，必要时需采取适当的安全措施，要保证取样设备和储存容器不污染样品。样品的标签上应清楚标明相关信息，如样品的来源、取样日期与时间

[1] 关于各类物料取样的具体操作方法及规定，可参阅有关国家标准或行业标准，以及相关手册、专著等资料，以确定不同性质样品的最佳取样方案。

以及待测组分等。

(2) 试样的制备

对于固体试样，初步取得的样品经过多次破碎、过筛、混匀以及缩分，即制成符合分析用的试样。这一过程称为**试样的制备**。

① **破碎** 将原始试样破碎并研磨成精细粉末是处理固体试样的首要步骤。破碎包括粗碎、中碎、细碎和粉磨四个环节。

注意： *在破碎过程中要防止试样组成的改变。*

② **过筛** 在样品破碎过程中，每次碎后都要过筛，未通过筛孔的粗粒物料应再次破碎，直到样品全部通过指定的筛子为止。

注意： *不能强制过筛或丢弃筛余。总试样筛分时不应产生灰尘。*

③ **混匀** 混合样品的方法一般有锥堆法和掀角法。锥堆法适用于大量物料，掀角法则适用于少量细碎物料。

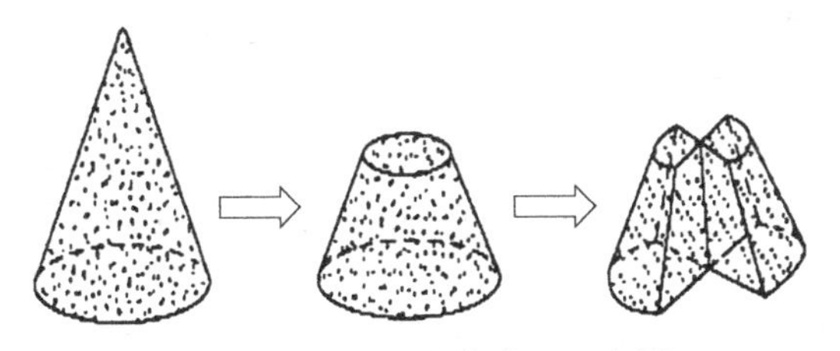

图 2.1 锥形四分法原理示意图

④ **缩分** 缩分是以科学的方法逐渐缩小样品的数量，且不致破坏样品的代表性的过程。缩分是整个样品制备过程中非常重要的一个环节，应严格按照规定方法进行。

常用的缩分方法有锥形四分法、正方形挖取法和分样器缩分法。图 2.1～图 2.3 分别为锥形四分法、正方形挖取法和格槽式分样器法原理示意图。

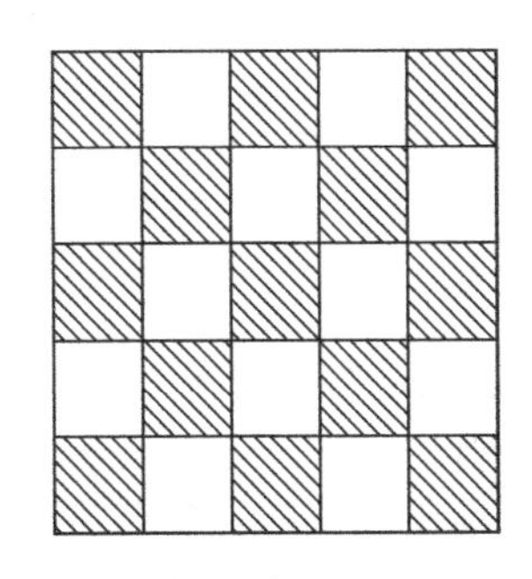

图 2.2 正方形挖取法原理示意图

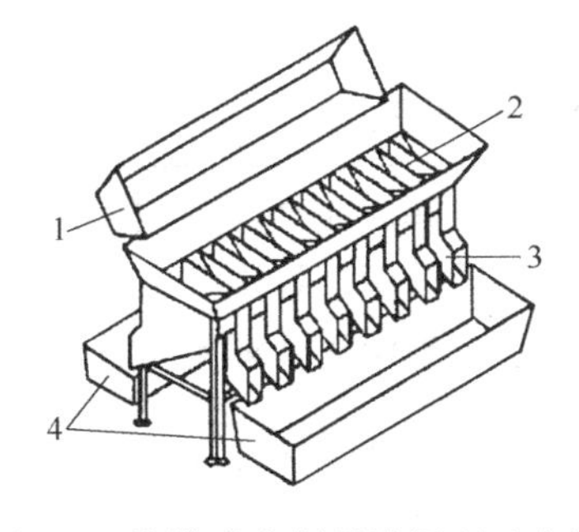

图 2.3 格槽式分样器法原理示意图

1—加料斗；2—进料口；3—格槽；4—收集槽

在称取分析试样前要根据试样的大致组成和性质在不同温度下进行烘干处理，以除去湿存水而不改变其组成和形态，处理好的试样应保存在干燥器中待称量。

液体或气体样品，便于均匀，初始所采取的样品数量可以较少，其缩分手续也比较简单。

样品制备的基本要求：

- 样品溶于合适的溶剂（对于测定液体样品的分析方法）。
- 基底干扰被除掉或者大部分被除掉。
- 最终待测的样品溶液的浓度范围适合所选定的分析方法。
- 方法符合环保要求。
- 方法容易自动化。

具体采样和缩分的方法，则根据分析对象的性质、形态、均匀程度和分析测定目的要求的不同而有所差异。如地质矿样、食品、生物试样等，取样和制样的方法是不相同的。

（查阅：各种物质分析的专著以及相关的分析化验手册及规程）

(3) 试样的分解

试样的分解是定量分析工作的重要步骤之一。它不仅直接关系到待测组分是否转变为适合的测定形态，也关系到以后的分离和测定。在定量分析测定中，除了干法分析（如光谱分析、差热分析等）外，通常都是用湿法分析，也就是说在溶液中对被测组分进行测定。

对可溶性试样进行溶解，对难溶性试样要进行分解，使在试样中以各种形态存在的被测组分都转入溶液并成为某一可测定的状态。

在供分析用的样品中，称取进行测定时所需的样品的操作叫作“**称样**”。此时称得的样品通称“**试样**”。每次称取试样的多少，应根据待测组分在样品中的大致含量、测定方法可能达到的准确程度、量取试样所用仪器的精确程度以及分析测定的目的和要求来确定。试样经溶解或分解后所得的溶液称为“**试液**”（亦称“待测液”）。

在溶解或分解试样时，应根据试样的化学性质采用适当的处理方法。对无机物的试样分解常采用湿法（酸溶或碱溶）及熔融法（酸性物质熔融或烧结）。对有机物或生物样品则常需进行湿法或干法分解（亦称“消化”）。

在分解试样时总希望尽量少引入盐类，以免给测定带来困难和误差，因此，分解试样尽量采用湿法，即溶解法。**在湿法中选择溶剂的原则是：**能溶于水的先用水溶解，不溶于水的酸性物质用碱性溶剂，碱性物质用酸性溶剂；还原性物质用氧化性溶剂，氧化性物质用还原性溶剂。

试样分解的要求：

- 溶解或分解应完全，使被测组分全部转入溶液。
- 在溶解或分解过程中，被测组分不能损失。
- 不能从外部混进预测定组分，并尽可能避免引进干扰物质。

除了在常温和加热溶解外，近来微波溶解技术的应用也日渐受到关注。微波溶样最具创新之处之一是其简易性，相对于传统的火焰、电炉和熔炉溶样技术，它能实现自动化。

对液体或气体样品则可不经上述处理，直接量取一定质量或体积进行测定。

总之，分解试样时要根据试样的性质、分析项目的要求和上述原则，选择一种合适的分解方法。

(4) 干扰组分的消除与分离

分析的对象常常是比较复杂的，除待测组分外还含有多种其他组分，尤其在矿物、天然产物中，伴生元素多，并且性质还很相近。这些无疑给分析测定带来了干扰问题。因此，在测定之前要将干扰除去或采取措施将干扰组分转变为不干扰的形式。在解决这个问题时，首先应尽量选择使共存组分对测定结果不发生影响的方法，即选择性好的方法；或创造适宜条件提高测定方法的选择性，达到无须做处理便排除干扰的目的。

干扰是指在分析测试过程中，由于非故意原因导致测定结果失真的现象（有意造成的失真称为过失!）。干扰主要是由样品中与待测组分性质相似的共存物引起的，或者是某种外因给出与待测组分相同的信号响应，从而产生错误的结果。

干扰是产生分析误差的主要来源。消除干扰是一门艺术，也是分析测试最耗时费力的一个环节。消除干扰的主要方法有掩蔽、分离和富集。

① **掩蔽** 在消除干扰的方法中，目前最普遍的是采用掩蔽的方法，这种方法在操作上简便、易行且有效。其基本原理是采用加入一种被称为掩蔽剂的试剂，使其只与干扰组分发生化学反应，致使共存干扰组分转化成另一种形式，从而消除干扰。这种处理称为“掩蔽”（掩蔽原理将在第6章6.3.4节中系统介绍）。

② **分离** 在既没有选择性好的方法又无合适的掩蔽方法时，则必须进行“分离”处理以排除干扰。分离的最基本要求是被测组分的损失可忽略不计。干扰组分分离得越彻底越好！

常用的分离方法有沉淀分离、萃取分离、离子交换分离等。但是，分离操作比较麻烦，并且在分离过程中被测组分总会有一定程度的损失，因此，寻找其他消除干扰的方法很重要。

③ **富集** 在痕量分析中，往往测定的组分浓度很低，不能直接测定，也可应用分离的手段将被测组分浓集起来，这种处理称为“富集”，借以提高试样中分析组分的含量而达到可直接测定的目的。

2.1.2 样品的分析测定

被测组分的分析测定过程是化学、定量分析、仪器分析等基础知识与技术的综合运用！

一个理想的测定方法应该是线性范围宽、灵敏度高、检出限低、精密度佳、准确度高以及操作简便。但在实际中往往很难同时满足这些要求，所以需要综合考虑各个指标，对选择的各方法进行综合分析。

分析方法的选择原则：

- 测定的目的要求：包括需要测定的组分、准确度及完成测定的时间等。
- 被测组分的含量范围：常量组分多采用化学分析法，微量组分多采用仪器分析法。
- 被测组分的性质：了解待测组分的性质有助于测定方法的选择。
- 共存组分的影响：必须考虑共存组分对测定的影响。
- 实验室条件：要考虑实验室现有仪器、试剂以及环境等是否符合测定要求。

分析方法与实验技术是定量分析的中心环节，也是本课程的主要学习内容。本书将对各种定量分析方法的基本原理与应用及其相关的实验技术进行讨论。

2.1.3 数据的分析处理与结果报告

分析结果通常用被测组分的含量表示，使用较为普遍的是质量分数（w）。这些结果通过实验数据都可以计算出来。需要指出的是，对样品的无数多次的测定结果的平均值才应是真实的准确值，但这在实际测定中是做不到的。只能以有限次测定的结果的平均值，并加以应用统计处理的方法来估计测定结果与真值之间的接近程度，进而评价测定结果的可靠性。这些也是结果报告中应该包含的内容。

值得注意的是，目前的仪器分析都已计算机化，因此，分析的自动化要求分析人员已不能仅仅完成直接的检验测定或者只是简单的提供原始数据。正确使用有效的分析软件在定量分析中极其重要。

2.2 定量分析中的误差

定量分析的核心是准确的量的概念！无论采用何种分析方法测定物质组分含量，都离不开测量某些物理量。如测量质量、体积、吸光度等。凡是测量就有误差存在。研究误差的目的是要对自己实验所得的数据进行处理，判断其最接近的值是多少，可靠性如何，正确处理实验数据，充分利用数据信息，以便得到最接近真实的最佳结果。

减小测量误差是定量分析工作的重要内容之一。

2.2.1 误差的分类及减免

根据误差产生的原因及其性质的不同，误差可分为两大类[❶]：系统误差和随机误差。

(1) 系统误差

① **系统误差产生的原因** 系统误差按照产生的原因，可以分为以下几类。

a. 方法误差 由测定方法的不完善造成。如反应不完全、干扰成分的影响、指示剂选择不当等。

b. 试剂误差 由试剂或蒸馏水造成。如纯度不够、带入待测组分或干扰组分等。

c. 仪器误差 由测量仪器本身缺陷造成。如容量器皿刻度不准又未经校正、电子仪器“噪声”过大等。

d. 操作误差 又称“主观误差”，是由操作人员主观或习惯上的原因造成的。如：称取试样时未注意防止试样吸湿；洗涤沉淀时洗涤过分或不充分；观察颜色偏深或偏浅；读取刻度值时，有时偏高或偏低；第二次读数总想与第一次读数重复等。

上述各因素中，方法误差有时不被人们察觉，带来的影响也比较大。因此，在选择方法时应特别注意。

② **系统误差的性质** 系统误差是由某些固定的原因造成的，它具有重复性、单向性和可测性。

a. 重复性 同一条件下，重复测定中重复地出现。

b. 单向性 测定结果系统偏高或偏低。

c. 可测性 误差大小基本不变，对测定结果的影响比较恒定。所以，系统误差也称为

---

❶ 也有人把由疏忽大意造成的误差划为第三类，称为“过失误差”，也叫“粗差”，其实是一种错误。它是由于操作者的责任心不强、粗心大意、违反操作规程等原因所致，比如加错试剂、试液溅失或被污染、读错刻度、仪器失灵、记录错误等。这种由过失造成的错误是应该也完全可以避免的，因此不在本节关于误差的讨论范围内。在测量过程中，一旦发现上述过失的发生，应停止正在进行的测定，重新开始实验。

“可测误差”。

可见，系统误差总是以相同的大小和正负号重复出现，其大小可以测定出来，通过校正的方法就能将其消除。

(2) 随机误差

随机误差又称“偶然误差”，它是由一些无法控制的不确定的偶然因素所致。如测量时环境温度、湿度、气压以及污染的微小波动，分析人员对各份试样处理时的微小差别等。这类误差值时大时小，时正时负，难以找到具体的原因，更无法测量它的值。但从多次测量结果的误差来看，仍然符合一定的规律。

实际工作中，随机误差与系统误差并无明显的界限，当人们对误差产生的原因尚未认识时，往往把它当作随机误差对待。

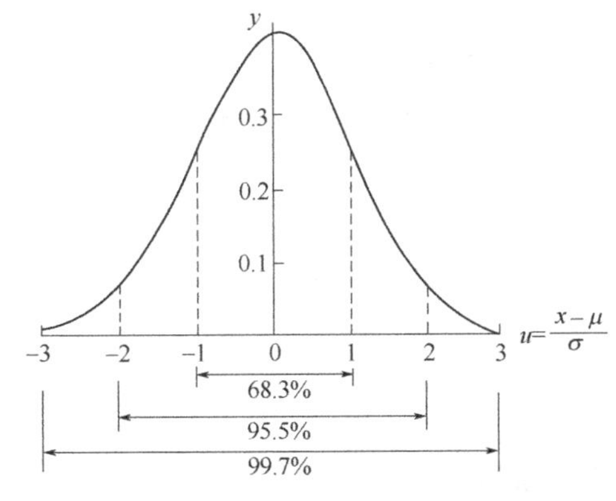

图 2.4 随机误差的正态分布曲线

随机误差要用数理统计的方法来处理。在统计学中，通常将随机变量 x 取值的全体称为“**总体**”，而从总体中随机抽取一组测量值 x_1, x_2, x_3, …, x_n 称为“**样本**”。当测定次数无限多时，则得到随机误差的正态分布曲线（见图 2.4）。图 2.4 中横坐标表示随机误差的值，纵坐标表示误差出现的概率大小。正态分布曲线直观地表明了在同一总体的无限多次测量中，各种可能的测量值的分布情况。

由正态分布曲线可以概括出随机误差分布的规律与特点：

① **对称性** 大小相近的正误差和负误差出现的概率相等，误差分布曲线是对称的。

② **单峰性** 小误差出现的概率大，大误差出现的概率小，很大误差出现的概率非常小。误差分布曲线只有一个峰值。

③ **有界性** 误差有明显的集中趋势，即实际测量结果总是被限制在一定范围内波动。

由此可见，在消除系统误差的情况下，平行测定的次数越多，则测定值的算术平均值越接近真值，因而适当增加测定次数，取平均值表示结果，可以减少随机误差。

系统误差与随机误差的概念不同，在分析实践中除了极明显的情况外，常常难以判断和区别。任何分析结果总含有不确定度，它是系统不确定度和随机不确定度的综合结果。

表 2.1 所示为随机误差与系统误差的显著特征比较。

表 2.1 随机误差与系统误差的显著特征比较

随机（或不可测）误差	系统（或可测）误差
• 由操作者、仪器和方法的不确定性造成	• 由操作者、仪器和方法的偏差造成
• 不可消除但可以通过仔细操作而减小	• 原则上可认识且可减小（部分甚至全部）
• 可通过平均值附近的分散度辨认	• 由平均值与真值之间的不一致程度辨认
• 影响精密度	• 影响准确度
• 通过精密度的大小定量（如标准偏差）	• 以平均值与真值之间的差值定量

2.2.2　准确度与误差

理论上，试样中某一组分的含量必有一个客观存在的真实数值，即“**真值**[1]”（μ）。在定量分析中常将以下的值当作真值来处理。

① 纯物质的理论值。

② 各国家标准机构以及相应的国际组织提供的标准物质（或标准参考物质）的证书上给出的数值。

③ 有经验的分析人员采用可靠的方法多次测量的结果的平均值，在确认消除了系统误差的前提下当作真值来处理。

（1）准确度

准确度是指测量值与真值相符合的程度。这种相符合的程度通常采用“误差”来表示。误差的大小反映了测量准确度的高低。误差的绝对值越小，结果的准确度就越高；误差的绝对值越大，结果的准确度就越低。

（2）误差

误差是指测定值（x_i）与真值（μ）之差。误差的大小，可用绝对误差（E_a）和相对误差（E_r）表示。

① **绝对误差**

$$E_a = x_i - \mu \tag{2.2}$$

② **相对误差**

$$E_r = \frac{E_a}{\mu} \times 100\% = \frac{x_i - \mu}{\mu} \times 100\% \tag{2.3}$$

建立误差概念的意义在于：当已知误差时，测量值扣除误差即为真值，这样就可以对真值进行估算了。

绝对误差和相对误差都有正值和负值。正值表示分析结果偏高，负值表示分析结果偏低。

例 2.2　已知分析天平的称量误差（绝对误差）为 ±0.0001g，那么对称量得到的质量为 0.2163g 的试样的真实质量可为：

$$\mu = x_i - E_a = 0.2163 \pm 0.0001\ (\text{g})$$

即试样质量的真值在 0.2162～0.2164g。

例 2.3　分析天平称量两物体的质量各为 1.6380g 和 0.1637g，假定两者的真实质量分别为 1.6381g 和 0.1638g，则两者称量的绝对误差分别为：

$$E_a = 1.6380 - 1.6381 = -0.0001\ (\text{g})$$

$$E'_a = 0.1637 - 0.1638 = -0.0001\ (\text{g})$$

两者称量的相对误差分别为：

$$E_r = \frac{-0.0001}{1.6381} \times 100\% = -0.006\%$$

---

[1] 真值（true value）：指的是在观测的瞬时条件下，质量特性的确切数值。严格地说，任何物质的真实含量是不知道的。但人们采用各种可靠的分析方法，经过不同实验室、不同人员反复分析，用数理统计的方法，确定各成分相对准确的含量，此值成为标准值。一般用以代表该组分的真实含量。

$$E_r' = \frac{-0.0001}{0.1638} \times 100\% = -0.06\%$$

由此可见，绝对误差相等，相对误差并不一定相同，例 2.3 中第一个称量结果的相对误差为第二个称量结果相对误差的 1/10。也就是说，同样的绝对误差，当被测定的量较大时，相对误差就比较小，测定的准确度就比较高。因此，用相对误差来表示各种情况下测定结果的准确度和正确性就更为确切些。但应注意，有时为了说明一些以前测定的准确度，用绝对误差更清楚。例如，分析天平称量的误差是±0.0001g，常量滴定管的读数误差是±0.01mL 等，都是指绝对误差。

在实际测定中，因为误差是客观存在的，通常要在相同条件下对同一试样进行多次重复测定（即平行测定），获得一组数值不等的测定结果，试样的测定结果则用各次测定结果的平均值表示。此时，测定结果的绝对误差和相对误差分别用下式表示。

$$E_a = \bar{x} - \mu \tag{2.4}$$

$$E_r = \frac{\bar{x} - \mu}{\mu} \times 100\% \tag{2.5}$$

2.2.3 精密度与偏差

原始数据 是指采集到的未经整理的观测值。为了获得可靠的分析结果，一般总是在相同条件下对同一样品进行平行测定，然后取平均值。

平均值 是对数据组具有代表性的表达值。设一组平行测量值为：$x_1, x_2, \cdots, x_n$。若用平均值表示，则：

$$\bar{x} = \frac{x_1 + x_2 + \cdots + x_n}{n} = \sum_{i=1}^{n} \frac{x_i}{n} \tag{2.6}$$

通常，平均值是一组平行测量值中出现可能性最大的值，因而是最可信赖和最有代表性的值，它代表了这组数据的平均水平和集中趋势，故人们常用平均值来表示分析结果。

中位数 一组平行测定的中心值亦可用中位数表示。将一组平行测定的数据按大小顺序排列，在最小值与最大值之间的中间位置上的数据称为“**中位数**”。当测定数据为奇数时，居中者为中位数；当测定数据为偶数时，则中间数据对的算术平均值即为中位数。

例如以下 9 个数据：

10.10，10.20，10.40，10.46，<u>10.50</u>，10.54，10.60，10.80，10.90

中位数 10.50 与平均值一致。

若在以上数据组中再增加一个数据 12.80，即：

10.10，10.20，10.40，<u>**10.46，10.50，10.54**</u>，10.60，10.80，10.90，**12.80**

则中位数为 $\frac{10.50 + 10.54}{2} = 10.52$，而平均值为 10.73。

平均值 10.73 比数据组中相互靠近的三个数据 10.46、10.50 和 10.54 都大得多。可见用中位数 10.52 表示中心值更实际。这是因为在这个数据组中，12.80 是“异常值”。在包含一个异常值的数据组中，使用中位数更有利，异常值对平均值和标准偏差影响很大，但不影响中位数。对于小的数据组用中位数比用平均值更好。

平均值虽然能够反映出一组平行测量数据的集中趋势，却不能反映出这组平行测量数据的分散程度，或者说不能反映出测量数据的精密度。

(1) 精密度

精密度是指一组平行测量值之间相互接近的程度。换句话说，精密度是指在确定条件下，测量值在中心值（即平均值）附近的分散程度。

精密度的高低还常用重复性和再现性表示。

① **重现性（r）**　一段短时间间隔，同一操作者，在相同条件下（仪器、实验室），采用相同试剂、相同方法获得一系列结果之间的一致程度。

② **再现性（R）**　不同的操作者，在不同条件下（不同实验室、仪器、时间），采用相同试剂、相同方法获得的单个结果之间的一致程度。

可见，重复性和再现性是相似的概念，二者是对精密度的不同量度。只是涉及相同和不同的工作条件。对于给定的方法，重复性总是优于再现性。

精密度的大小常用偏差表示。偏差小，表示测定结果的重现性好，即每一测定值之间比较接近，精密度高。对 n 次有限测量数据，通常广泛使用以下术语来量度精密度。

(2) 偏差

偏差是指个别测定结果 x_i 与几次测定结果的平均值 $\bar{x}$ 之间的差别，用 d 表示。与误差相似，偏差也有绝对偏差 d_i 和相对偏差 d_r 之分。

① **绝对偏差与相对偏差**

a．绝对偏差

$$d_i = x_i - \bar{x} \tag{2.7}$$

b．相对偏差

$$d_r = \frac{x_i - \bar{x}}{\bar{x}} \times 100\% \tag{2.8}$$

原始数据的离散即离中趋势可用以下几种方法表示。

② **平均偏差（$\bar{d}$）与相对平均偏差（$\bar{d}_r$）**

a．平均偏差（$\bar{d}$）　是绝对偏差的平均值。

$$\bar{d} = \frac{|d_1| + |d_2| + \cdots + |d_n|}{n} \tag{2.9}$$

b．相对平均偏差

$$\bar{d}_r = \frac{\bar{d}}{\bar{x}} \times 100\% \tag{2.10}$$

从式（2.7）～式（2.10）可以看出：平行测量数据相互越接近，平均偏差或相对平均偏差就越小，说明分析的精密度越高；平行测量数据越分散，平均偏差或相对平均偏差就越大，说明分析的精密度越低。

③ **标准偏差与相对标准偏差**　由于在一系列测定值中，偏差小的总是占多数，这样按总测定次数来计算平均偏差会使所得的结果偏小，大偏差值将得不到充分的反映。因此在数理统计中，一般不采用平均偏差而广泛采用标准偏差（简称标准差）来衡量数据的精密度。**标准偏差是表征数据变化性最有效的量。**

a．标准偏差（s）　又称均方根偏差。

$$s=\sqrt{\frac{\sum_{i=1}^{n}d_i^2}{n-1}}=\sqrt{\frac{\sum_{i=1}^{n}(x_i-\overline{x})^2}{n-1}} \tag{2.11}$$

b．相对标准偏差（RSD，%）　亦称“变异系数”（CV）。

$$CV=\frac{s}{\overline{x}}\times 100\% \tag{2.12}$$

由式（2.11）和式（2.12）可知，由于在计算标准偏差时是把单次测量值的偏差 d_i 先平方再加和起来的，因而 s 和 CV 能更灵敏地反映出数据的分散程度。

④ **极差（R）**　又称全距，是指在一组测量数据中，最大值（x_{max}）和最小值（x_{min}）之间的差：

$$R=x_{max}-x_{min} \tag{2.13}$$

R 值越大，表明平行测量值越分散。但由于极差没有充分利用所有平行测量数据，其对测量精密度的判断精确程度较差。

例 2.4　比较同一试样的两组平行测量值的精密度

第一组：10.3，9.8，9.6，10.2，10.1，10.4，10.0，9.7，10.2，9.7

第二组：10.0，10.1，9.5，10.2，9.9，9.8，10.5，9.7，10.4，9.9

解：

第一组测量值的处理	第二组测量值的处理
$\overline{x_i}=10.0$	$\overline{x_i}=10.0$
$\overline{d_i}=0.24$	$\overline{d_i}=0.24$
$\overline{d}_{ir}=2.4\%$	$\overline{d}_{ir}=2.4\%$
$s_1=0.28$	$s_2=0.31$
$(CV)_1=2.8\%$	$(CV)_2=3.1\%$

若仅从平均偏差和相对平均偏差来看，两组数据的精密度似乎没有差别，但如果比较标准偏差或变异系数，即可看出 $s_1<s_2$ 且 $(CV)_1<(CV)_2$，即第一组数据的精密度要比第二组更好些。可见，标准偏差比平均偏差能更灵敏地反映测量数据的精密度。

2.2.4　准确度与精密度的关系

准确度和精密度是确定一种分析方法质量的最重要的标准。通常首先是计算精密度，因为只有已知随机误差的大小，才能确定系统误差（影响准确度）。对一组平行测定结果的评价，要同时考察其准确度和精密度。

图 2.5 为甲、乙、丙、丁四个人分析同一试样中镁含量所得结果（假设其真值为 27.40%）。

图 2.5 表明，甲的结果准确度和精密度都好，结果可靠。乙的结果精密度好，但准确度低；丙的结果准确度和精密度都低；丁的结果精密度很差，虽然其平均值接近真值，但纯属偶然，这是大的正负误差相互抵消的结果，因而丁的分析结果也是不可靠的。

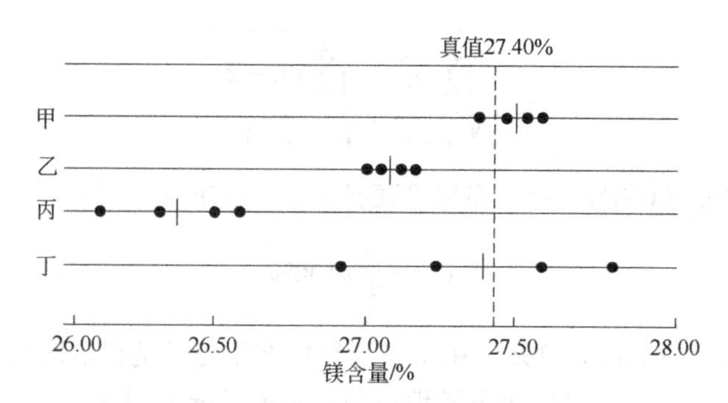

图 2.5 四人分析结果比较（● 单次测量值；| 平均值）

由此可见，精密度高表示测定条件稳定，但仅仅是保证准确度高的必要条件；精密度低，说明测量结果不可靠，再考虑准确度就没有意义了。因此精密度是保证准确度的必要条件。在确认消除了系统误差的情况下，精密度的高低直接反映测定结果准确度的好坏。

综上所述：①高精密度是获得高准确度的前提或必要条件；②准确度高一定要求精密度高，但是精密度高却不一定准确度高；③消除系统误差后，精密度高，准确度也高。因此，如果一组测量数据的精密度很差，自然失去了衡量准确度的前提。

误差和偏差（准确度和精密度）是两个不同的概念。当有真值或标准值比较时，它们从两个侧面反映了分析结果的可靠性。对于含量未知的试样，仅以测定的精密度难以正确评价测定结果，因此常常同时测定一两个组成接近的标准试样检查标样测定值的精密度，并对照真值以确定其准确度，从而对试样分析结果的可靠性做出评价。

2.2.5 提高分析结果准确度的方法

准确度在定量分析测定中十分重要，因此在实际分析工作中应设法提高分析结果的准确度，尽可能减少和消除误差。可采取以下措施：

(1) 选择适当的分析方法

试样中被测组分的含量情况各不相同，而各种分析方法又具有不同特点，因此必须根据被测组分相对含量的多少来选择合适的分析方法，以保证测定的准确度。一般来说，化学分析法准确度高，灵敏度低，适用于常量组分分析；仪器分析法灵敏度高，准确度低，适用于微量组分分析。例如：

① 对含铁量为 20.00% 的标准样品进行铁含量分析（常量组分分析）。采用化学分析法测定相对误差为 ±0.1%，测得的铁含量范围为 19.98%～20.02%；而采用仪器分析法测定，其相对误差约为 ±2%，测得的铁含量范围是 19.6%～20.4%，准确度不满意。

② 对含铁量为 0.0200% 的标准样品进行铁含量分析（微量组分分析）。采用化学分析法灵敏度低，无法检测；而采用仪器分析法测定相对误差约为 ±2%，测得的铁含量范围是 0.0196%～0.0204%，准确度可以满足要求。

(2) 检验和消除系统误差

① **对照实验** 对照实验用于检验和消除方法误差，其做法一般有三种。第一种是“**标准品对照**”，即用新的分析方法对标准试样进行测定，将测定结果与标准值相对照。第二种是“**标准方法对照**”，即用国家规定的标准方法或公认成熟可靠的方法与新方法分析同一试

样，然后将两个测定结果加以对照。第三种是**“加标回收试验”**，其方法原理是：取等量试样两份，向其中一份加入已知量的待测组分，对两份试样进行平行测定，根据两份试样测定结果，计算加入待测组分的回收率，以判断测定过程是否存在系统误差；该方法在对试样组成情况不清楚时适用。如果对照实验表明存在方法误差，则应该进一步查清原因加以校正。

另外，有时为了检查分析人员之间的操作是否存在系统误差或科学道德等方面的问题，常将一部分试样甚至标准样重复安排给不同的分析人员或送请外单位进行分析，分别称之为“内检”和“外检”。对照试验是检查测定过程中有无系统误差的最有效方法。

② **空白实验**　空白实验的作用在于检验和消除由试剂、蒸馏水和器皿等引入的杂质所造成的系统误差。它是指采用去离子水代替试样的测定。其所加试剂和操作步骤与试样测定步骤完全相同。所得结果为空白值，从试样测定结果中扣除此空白值。

③ **校准仪器和量器**　校准仪器是为了消除仪器误差。在对准确度要求较高的测定进行前，先对所使用的分析天平的砝码的质量，移液管、容量瓶和滴定管等计量仪器的体积等进行校正，在测定中采用校正值（C）❶。

(3) 控制测量的相对误差

任何测量仪器的测量精确度（简称精度）都是有限度的。因此在高精度测量中由此引起的误差是不可避免的。由测量精度的限制而引起的误差又称为测量的不确定性，属于随机误差，是不可避免的。

例如，滴定管读数误差，滴定管的最小刻度为0.1mL，要求测量精确到0.01mL，最后一位数字只能估计。最后一位的读数误差在正负一个单位之内，即不确定性为±0.01mL。在滴定过程中要获取一个体积值 V（mL），需要两次读数相减。按最不利的情况考虑，两次滴定管的读数误差相叠加，则所获取的体积值的读数误差为±0.02mL。这个最大可能绝对误差的大小是固定的，是由滴定管本身的精度决定的，无法避免。可以设法控制体积值本身的大小而使由它引起的相对误差在所要求的±0.1%之内。

由于
$$E_r = \frac{E_a}{V}$$

当相对误差 $E_r = \pm 0.1\%$，绝对误差 $E_a = \pm 0.02\text{mL}$ 时，

$$V = \frac{E_a}{E_r} = \frac{\pm 0.02}{\pm 0.1\%} = 20\ (\text{mL})$$

可见，只要控制滴定时所消耗的滴定剂的总体积不小于 20mL，就可以保证由滴定管读数的不确定性所造成的相对误差在±0.1%之内。

同理，对于测量精度为万分之一分析天平的称量误差，其测量不确定性为±0.1mg。在称量过程中要获取一个质量值 m（mg）需要两次称量值相减，按最不利的情况考虑，两次天平的称量误差相叠加，则所获取的质量值的称量误差为±0.2mg。这个绝对误差的大小也是固定的，是由分析天平自身的精度决定的。

$$m = \frac{E_a}{E_r} = \frac{\pm 0.2}{\pm 0.1\%} = 200\ (\text{mg}) = 0.2\ (\text{g})$$

---

❶ 在要求较高的分析测定中常对测量值进行校正，将测量值加上一个校正值（C）即为真值。$x+C=\mu$，则 $C=\mu-x=-E_a$。因此，校正值与误差的绝对值相等，而符号相反。

因此，为了保证天平称量不确定性造成的相对误差在±0.1%之内，必须控制所称样品的质量不小于 0.2g。

(4) 适当增加平行测定次数，减小随机误差

在系统误差已消除后，增加平行测定次数可以减小随机误差，从而提高测定的准确度。

需要注意的是：过分增加平行测定次数，收益并不很大，反而需消耗更多的时间和试剂。因此，一般分析实验平行测定 3～4 次已经足够。

综上所述，选择合适的分析方法，尽量减少测量误差，消除或校正系统误差，适当增加平行测定次数，取平均值表示测定结果（减少随机误差），杜绝过失，就可以有效提高分析结果的准确度。

误差的分类、产生原因及减免方法见表 2.2。

表 2.2 误差的分类、产生原因及减免方法

误差分类	误差产生的原因	减免误差的方法
系统误差（影响准确度）	试剂误差	选用适宜的试剂，做空白试验
	仪器误差	校准仪器
	方法误差	对照试验
	操作误差	熟练掌握操作方法
随机误差（影响精密度）	环境温度、湿度和气压等的微小波动和仪器性能的微小变化等	做多次平行测定

2.3 有效数字及其运算规则

在定量分析中，分析结果所表达的不仅仅是试样中待测组分的含量，还反映了测量的准确程度。因此，在实验数据的记录和结果的计算中，保留几位数字不是任意的，要根据测量仪器、分析方法的准确度来决定。这就涉及有效数字的概念。

2.3.1 有效数字

在测量科学中，所用数字分为两类：一类是一些常数（如 π 等）以及倍数（如 2、1/2 等），系非测定值，它们的有效数字位数可看作无限多位，按计算式中需要而定；另一类则是测量值或与测量值有关的计算值。误差是测量过程中引入的，有效数字来源于测量中所使用的分析工具和分析仪器。它反映了所使用仪器的实际测量精度，即记录数据位数和结果的计算应根据仪器和分析方法的准确度来确定。

(1) 有效数字的定义及位数

有效数字是测量过程中实际能够测到的数字，其组成为：所有确定数字 ＋ 一位估计数。有效数字的最后一位可疑数字，通常理解为它可能有±1 个单位的绝对误差。它反映了随机误差。

例如：读取滴定管上的刻度，甲得到 23.43mL，乙得到 23.42mL，丙得到 23.44mL，这些四位数字中，前三位数字都是很准确的，第四位数字是估计出来的，所以稍有差别。这第四位数字称为可疑数字，但它不是臆造的，所以记录时应该保留它。

由于有效数字位数与测量仪器精度有关，实验数据中任何一个数都是有意义的，数据的位数不能随意增加或减少，如在分析天平称量某物质为0.2501g（分析天平感量为±0.1mg），不能记录为0.25010g。50mL滴定管读数应保留小数后两位，如28.30mL不能记为28.3mL。现通过以下几个例子，说明如何计算有效数字的位数。

0.2640	10.56%	4位有效数字
542	2.30×10^{-6}	3位有效数字
0.0050	2.2×10^{5}	2位有效数字

在以上数字中，“0”所起的作用是不同的。在小数点前的“0”只起定位作用，仅与所采用的单位有关，而与测量的精度无关，因此，就不是有效数字。而最后一位的“0”则表示测量精度所能达到的位数，因而是有效数字，不可随意略去。

有效数字的位数不能也不会因为单位的改变而增减。因为不管单位如何改变，测量的精度是一样的。如1.0L是两位有效数字，不能写成1000mL，应写成1.0×10^{3}mL，仍然是两位有效数字。

在分析化学计算中，常遇到倍数、分数关系。这些数据不是测量所得到的，可视为无限多位有效数字。而对pH、pM、lg$C$、lg$K$等对数值，其有效数字的位数，按照“对数的位数与真值的有效数字位数相等，对数的首数相当于真值的指数”的原则来定。例如$[H^+] = 6.3\times10^{-12}\ mol\cdot L^{-1}$，两位有效数字，所以pH = 11.20，不能写成pH = 11.2。

注意：小数点后位数的多少反映了测量绝对误差的大小。小数点后有1位，绝对误差为±0.1；小数点后有2位，绝对误差为±0.01。小数点后具有相同位数的数字，其绝对误差的大小也相同，而与有效数字的位数无关。如5.0、50.0和500.0，其绝对误差均为±0.1。**而有效数字位数的多少反映了测量相对误差的大小。**具有相同有效数字位数的测量值，其相对误差的大小处于同一水平上（即同一误差范围）。如表2.3所示。

表2.3 有效数字位数与误差的关系

有效数字（位数）	绝对误差	相对误差/%
0.010（2）	±0.001	±10
0.10（2）	±0.01	±10
1.0（2）	±0.1	±10

(2) 有效数字的修约规则

测量数据的计算结果要按照有效数字的计算规则保留适当位数的数字，因此必须舍弃多余的数字，这一过程称为“数字的修约”。目前，有效数字的修约一般采用“**四舍六入五留双，五后非零需进一**”的规则[1]。

“四舍六入五留双，五后非零需进一”的规则规定：

① 在拟舍弃的数字中，右边第一个数字≤4时舍弃，右边第一个数字≥6时进1。例如，欲将15.<u>3</u>432修约为三位有效数字，则从第4位开始的“432”就是拟舍弃的数字，“3”右边的“4”等于4，因此修约为15.3。又例如，15.<u>3</u>632→15.4。

[1] 参见国家标准《数值修约规则与极限数值的表示与判定》（GB/T 8170—2008）。

② 拟舍弃的数字为5，且5后无数字时，拟保留的末位数字若为奇数，则舍5后进1；若为偶数（包括0），则舍5后不进位。例如，15.35→15.4；15.45→15.4。

③ 若5后有数字，则拟保留的数字无论奇、偶数均进位。例如，15.3510→15.4；15.4510→15.5。

例2.5 请将下列数字修约为四位有效数字。

修约如下：

14.2442→14.24

26.4863→26.49

15.0250→15.02

15.0151→15.02

15.0251→15.03

需要指出的是，修约数字时要一次修约到所需要的位数，不能连续多次修约，例如，2.3457修约到两位，应为2.3；如果连续修约则为2.3457→2.346→2.35→2.4，这就不对了。

2.3.2 有效数字的运算规则

不仅由测量直接得到的原始数据的记录要如实反映出测量的精确程度，而且根据原始数据进行计算间接得到的结果，也应该如实反映出测量可能达到的精度。原始数据的测量精度决定了计算结果的精度，计算处理本身是无法提高结果的精确程度的。为此，在有效数字的计算中必须遵循一定规则。

（1）加减法

几个数相加或相减时，其和或差的小数点后位数应与参加运算的数字中小数点后位数最少的那个数字相同。即：运算结果的有效数字的位数取决于这些数字中绝对误差最大者。如：

$$0.0121+25.64+1.05782=?$$

其中，25.64的绝对误差为±0.01，是最大者（按最后一位数位可疑数字），故按小数点后保留两位报结果为：

$$0.0121+25.64+1.05782=0.01+25.64+1.06=26.71$$

（2）乘除法

几个数相乘或相除时，其积或商的有效数字位数应与参与运算的数字中有效数字位数最少的那个数字相同。也就是说，运算结果的有效数字的位数取决于这些数字中相对误差最大者。

例如：$0.0121\times25.64\times1.05782=?$

式中，0.0121的相对误差最大，其有效数字的位数最少，只有三位。故应以它为标准将其他各数修约为三位有效数字，所得计算结果的有效数字也应保留三位。

$$0.0121\times25.64\times1.05782=0.328$$

运算时，先修约再运算，或最后再修约，两种情况下得到的结果有时不一样。为避免出现此情况，既提高运算速度，而又不使修约误差积累，可在运算过程中，将参与运算的各数的有效数字位数修约到比该数应有的有效数字位数多一位（这多取的数字称为安全数字），然后再进行计算。

例如：$\frac{0.0325\times5.103\times60.064}{139.82}=?$

先修约再运算，即：$\frac{0.0325\times5.10\times60.1}{140}=0.0712$

运算后再修约，结果为：$\frac{0.0325\times5.103\times60.064}{139.82}=0.0712\underline{5590}\rightarrow0.0713$

两者不完全一样，如采用安全数字，本例中各数取四位有效数字，最后结果修约到三位，即：

$$\frac{0.0325\times5.103\times60.06}{139.8}=0.0713$$

这是目前大家常采用的，使用安全数字的方法。

在使用计算器作连续运算时，过程中不必对每一步的计算结果进行修约，但应注意根据其准确度要求，正确保留最后结果的有效数字位数。

无论是加减还是乘除运算，都要遵循一个共同的原则，即计算结果的精度取决于测量精度最差的那个原始数据的精度。但加减法是从绝对误差出发，因而是以绝对误差最大即小数点后位数最少的那个原始数据为基准来表示计算结果的精度的；而乘除法则是从相对误差出发，因而是以相对误差最大即有效数字位数最少的那个原始数据为基准来表示计算结果的精度的。

2.4　分析结果的数据处理

凡是测量就有误差存在。用数字表示测量结果都具有不确定性，即使是一位经验丰富的分析工作者采用最好的分析方法和可靠的分析仪器对同一个样品进行多次测定，其得到的结果也不可能完全一致。于是，相关的一系列问题便提出来了：如何更好地表达结果，使之既能体现测量的精密度，又能够充分显示结果的准确度；如何对测量的可疑值或离群值进行有根据的取舍；如何比较不同人、不同实验室间的结果以及用不同实验方法得到的结果；等等。这些问题需要采用**数理统计的方法**[1]加以解决。

本节只简要介绍与处理分析实验数据有关的数理统计的最基本问题。

2.4.1　置信度与置信区间

在实际分析工作中，最核心的问题就是如何通过测量来求得真值。一方面，由于随机误差的不可避免，测量值与真值往往不一致（$x\neq\mu$）；另一方面，测量值与真值之间的差距又

[1] 数理统计方法是一种处理实验数据的科学的方法。但是它仅仅是一种处理数据的方法而已，不能代替严谨的实验工作。数理统计必须建立在可靠的实验基础上才能发挥它的作用，只有对可靠的实验数据进行处理才有意义，也才能得到更好的结果。

不会很大，即 x 不但不可能偏离 μ 太远（有界性），而且通常就在 μ 附近（小误差出现的概率较大）。基于上述两方面因素，在有限次测量中，合理地得到真值的方法应该是估计出测量值与真值的接近程度，即在测量值附近估计出包含有真值的范围。这就提出了置信度与置信区间的问题。

① **置信度（P）** 又称置信水平，就是人们对所做判断的有把握程度。置信度的实质仍然归结为某事件出现的概率，可以理解为某一定范围的测定值（或误差值）出现的概率。

② **置信区间** 是指将在一定概率下以测量值为中心包含总体平均值在内的区间。置信区间的意义在于真值在指定概率下，分布在某一个区间。

在分析测试中，测定次数是有限的，一般平行测定 3～5 次，无法计算总体标准偏差 σ 和总体平均值 μ，而有限次测定的随机误差并不完全服从正态分布，而是服从类似于正态分布的 t 分布[❶]，t 值的定义为：

$$t=\frac{x-\mu}{s} \tag{2.14}$$

若以某样本的测定值的平均值 $\bar{x}$ 表示 μ 的置信区间，根据 t 分布则可得出以下关系式：

$$\mu=\bar{x}\pm\frac{ts}{\sqrt{n}} \tag{2.15}$$

式（2.15）表示在一定置信度下，以平均值 $\bar{x}$ 为中心，包括总体平均值 μ 的范围。这就是平均值的置信区间。该式的意义：在一定置信度下（如 95%），真值（总体平均值）将在测定平均值 $\bar{x}$ 附近的一个区间即在 $\bar{x}-\frac{ts}{\sqrt{n}}$ 和 $\bar{x}+\frac{ts}{\sqrt{n}}$ 之间存在，有把握程度为 95%。因此，式（2.15）常作为分析结果的表达式。

例 2.6 测定 SiO_2 的含量，6 次平行测定的数据（%）为 28.62、28.59、28.51、28.48、28.52 和 28.63，计算置信度为 90%和 95%时的平均值的置信区间。

解：$\bar{x}=28.56\%$，$s=0.06\%$，$n=6$。查 t 值表（表 2.4）得

$P=90\%$，$t=2.015$，根据式（2.15），$\mu=(28.56\pm0.05)\%$

$P=95\%$，$t=2.571$，根据式（2.15），$\mu=(28.56\pm0.07)\%$

计算结果表明：若平均值的置信区间取 $(28.56\pm0.05)\%$，则真值在其中出现的概率为 90%；若将真值出现的概率提高到 95%，则其平均值的置信区间将扩大为 $(28.56\pm0.07)\%$。

置信度选择越高，置信区间越宽，其区间包括真值的可能性就越大。在分析化学中，一般将置信度定为 95%或 90%。

表 2.4 t 值表

测定次数（n）	置信度（P）		
	90%	95%	99%
2	6.314	12.706	63.657
3	2.920	4.303	9.925
4	2.353	3.182	5.841
5	2.132	2.776	4.604
6	2.015	2.571	4.032

❶ t 分布是英国统计学家 Gosset 于 1908 年提出的，他当时用笔名“Student”发表论文，故称为 t 分布。

续表

测定次数（n）	置信度（P）		
	90%	95%	99%
7	1.943	2.447	3.707
8	1.895	2.365	3.500
9	1.860	2.306	3.355
10	1.833	2.262	3.250
11	1.812	2.228	3.169
12	1.725	2.086	2.846
∞	1.645	1.960	2.576

例 2.7 同例 2.6，若将测定次数改为 4 次，4 次平行测定的数据（%）分别为 28.62、28.59、28.48 和 28.52，计算置信度为 95%时的置信区间。

解： $\overline{x}=28.55$，$s=0.064\%$，$n=4$，查表 2.4：$P=95\%$，$t=3.182$

则：
$$\mu=(28.55\pm0.12)\%$$

由此可见，在一定测定次数范围内，适当增加测定次数，可使置信区间显著缩小，从而使测定的平均值 $\overline{x}$ 与总体平均值 μ 更接近。

当测定值的精密度越高（s 值越小）、测定次数越多（n 值越大）时，置信区间越窄，即平均值越接近真值，平均值越可靠。

注意： 对于置信区间的概念必须正确理解，如 $\mu=(47.50\pm0.10)\%$（置信度为 95%），应当理解为在 $(47.50\pm0.10)\%$ 的区间内包括总体平均值 μ 的概率为 95%。因为 μ 是客观存在的，没有随机性，不能说它落在某一区间的概率为多少。

2.4.2 可疑值的取舍

在一组平行测定的数据中，有时个别数据与其他数据相比差距较大，这样的数据就称为可疑值，也叫极端值或离群值。数据中出现个别值离群太远时，首先要仔细检查测定过程是否有操作错误，是否有过失误差存在，不能随意舍弃可疑值以提高精密度，而是需要进行数理统计处理。即判断可疑值是否仍在偶然误差范围内。可疑值取舍的统计方法很多，也各有特点，但基本思路是一致的，即它们都是建立在随机误差服从一定的分布规律的基础上。常用的统计检验方法有 $4\overline{d}$ 检验法、Q 检验法（Q-test）[1]和格鲁布斯法。

本书主要介绍 $4\overline{d}$ 检验法和 Q 检验法两种方法。

(1) $4\overline{d}$ 检验法

【步骤】 首先求出除可疑值以外的其余数据的平均值 $\overline{x}$ 和平均偏差 $\overline{d}$，然后将可疑值与平均值 $\overline{x}$ 之差的绝对值与 $4\overline{d}$ 比较，若差的绝对值大于等于 $4\overline{d}$，则将可疑值舍弃，否则保留。

该检验法比较简单，但判断有时不够准确。

例 2.8 某标准溶液的 4 次标定值分别为 $0.1014\text{mol}\cdot\text{L}^{-1}$、$0.1012\text{mol}\cdot\text{L}^{-1}$、$0.1025\text{mol}\cdot\text{L}^{-1}$ 和 $0.1016\text{mol}\cdot\text{L}^{-1}$，问其中 $0.1025\text{mol}\cdot\text{L}^{-1}$ 是否应舍弃？

解： 除掉 0.1025 外的其余三个数据的 $\overline{x}=0.1014$，$\overline{d}=0.00013$，$4\overline{d}=0.00052$，则：

[1] Q 检验法由迪安（Dean）和狄克逊（Dixon）于 1951 年提出。

$$|0.1014-0.1025| = 0.0011 > 4\bar{d}$$

故可疑值 0.1025 应该舍弃。

(2) Q 检验法

如果测定次数在 10 次以内，采用 Q 检验法比较简便。

【步骤】将测定值由小到大排列：$x_1, x_2, x_3, \cdots, x_n$。如果其中 x_1 或 x_n 为可疑值，算出统计量 Q 值。

当 x_n 可疑时，用：
$$Q_{计算} = \frac{x_n - x_{n-1}}{x_n - x_1} \tag{2.16}$$

当 x_1 可疑时，用：
$$Q_{计算} = \frac{x_2 - x_1}{x_n - x_1} \tag{2.17}$$

式（2.16）和式（2.17）中 x_n-x_1 称为极差。$Q_{计算}$ 值越大，说明 x_1 或 x_n 离群越远，远至一定程度时则应将其舍去，故 $Q_{计算}$ 值又称为“舍弃商”。

根据测定次数 n 和所要求的置信度 P，查 Q 值表（表 2.5），可得相应 n 和置信度 P 下的 $Q_{表}$，若 $Q_{计算} > Q_{表}$，则应将可疑值舍弃，否则保留。

表 2.5　Q 值表

测定次数 n	3	4	5	6	7	8	9	10
$Q_{0.90}$	0.94	0.76	0.64	0.56	0.51	0.47	0.44	0.41
$Q_{0.95}$	0.97	0.83	0.71	0.62	0.57	0.53	0.49	0.47

例 2.9　同例 2.8，用 Q 检验法判断 0.1025 是否应舍弃（置信度 0.90）。

解：
$$Q_{计算} = \frac{0.1025-0.1016}{0.1025-0.1012} = 0.69$$

查表 2.5，n=4 时，$Q_{0.90}$=0.76，因 0.69＜0.76（$Q_{计算} < Q_{0.90}$），故 0.1025 不应舍弃，而应保留。

同一个例子，Q 检验法与 $4\bar{d}$ 检验法的结论不同，这表明了不同判断方法的相对性。

Q 检验法由于不必计算 $\bar{x}$ 和 s，故使用起来比较方便。Q 检验法在统计上有可能保留离群较远的值。置信度常选 90%，如选 95%，会使判断误差更大。

如果测定数据较少，测定的精密度也不高，因 $Q_{计算}$ 值与 $Q_{P,n}$ 值相接近而对可疑值的取舍难以判断时，最好补测 1～2 次再进行检验就更有把握。

缺乏经验的人往往喜欢从三次测定数据中挑选两个“好”的数据，这种做法是没有根据的，有时甚至是荒谬的，表面上似乎提高了测定的精密度，但对平均值的置信区间来说，有时得到相反的结果。

例如，有下列三个测定值：40.12、40.16 和 40.18。表面看起来，取后面两次测定数据的平均值 40.17 更理想，其实，其置信区间更宽了，真值存在的范围更大了。

① 不舍弃 40.12，平均值的置信区间（置信度为 95%）为：

$$\bar{x} \pm \frac{ts}{\sqrt{n}} = 40.15 \pm \frac{4.3 \times 0.031}{\sqrt{3}} = 40.15 \pm 0.08$$

即真值范围在 40.07～40.23。

② 舍弃 40.12 后，平均值的置信区间（置信度为 95%）为：

$$\bar{x} \pm \frac{ts}{\sqrt{n}} = 40.17 \pm \frac{12.71 \times 0.014}{\sqrt{2}} = 40.17 \pm 0.13$$

即真值存在范围在 40.04～40.30。

总之，出现可疑数据时，应着重从技术上查明原因，然后再进行统计检验，切忌任意舍弃。

2.5 定量分析结果的表示方法

综上所述，如果对测定结果没有相应的误差估计，则该实验结果是毫无价值的。为了进行对比，在符合国家有关规定的前提下，要考虑送样部门的要求，对分析结果进行科学表达。首先要确定被测组分的化学形式，然后再按照确定的形式将测定结果进行换算和表达。

2.5.1 被测组分含量的表示方法

① **以实际存在型体表示** 例如，在电解食盐水的分析中常以被测组分在试样中所存在的型体表示。即用 Na^+、Mg^{2+}、SO_4^{2-}、Cl^- 等形式表示各种被测离子的含量。

② **以元素形式表示** 例如，对金属或合金以及有机物或生物的元素组成分析，常以元素形式如 Fe、Al、Cu、C、S、P 等表示。

③ **以氧化物形式表示** 例如，矿石或土壤都是些复杂的硅酸盐，由于其具体化学组成难以分辨，故在分析中常以各种氧化物如 K_2O、Na_2O、CaO、SO_3、SiO_2 等表示。

④ **以化合物形式表示** 例如，对化工产品的规格分析，以及对一些简单无机盐或有机物的分析，分析结果多以其化合物如 KNO_3、$NaNO_3$、KCl、乙醇、尿素等表示。

2.5.2 测定结果的表示方法

① **固体试样** 常以质量分数表示。质量分数 $w_B = \frac{m_B}{m_s}$；例如，$w_{NaCl} = 15.05\%$。

② **液体试样** 除用质量分数表示外，还可用浓度表示。如物质的量浓度 $c_B = \frac{n_B}{V}$。

③ **气体试样** 气体试样中的常量或微量组分含量，多以体积分数表示。

此外，对各种形式试样中所测定的微量或痕量组分的含量，常以各种浓度形式表示。即可采用 $\mu g \cdot g^{-1}$（或 10^{-6}）、$ng \cdot g^{-1}$（10^{-9}）和 $pg \cdot g^{-1}$（或 10^{-12}）表示[1]。

定量分析的目的是力图得到待测组分的真实含量。为了正确表示分析结果，不仅要表明其数据的大小，还应该反映出测定的准确度、精密度以及为此进行的测定次数。因此，通过一组测定数据（随机样本）来反映该样本所代表的总体时，需要报告出样本的 n、$\bar{x}$、S，无

[1] $\mu g \cdot g^{-1}$（$\mu g \cdot mL^{-1}$）、$ng \cdot g^{-1}$（$ng \cdot mL^{-1}$）和 $pg \cdot g^{-1}$（$pg \cdot mL^{-1}$）过去分别以 ppm、ppb 和 ppt 表示。

须将数据一一列出。

分析测定结果常用的表达方式为$\bar{x}\pm s$，但同时要给出n。该计算公式中不仅包含了n、$\bar{x}$、s这三个基本数据，还指出了置信度。置信区间越窄，表明$\bar{x}$与真值越接近，置信区间的大小直接与测定的精密度和准确度有关。

此外，还应正确表示分析结果的有效数字，其位数要与测定方法和仪器准确度相一致。

在表示分析结果时，组分含量≥10%，用四位有效数字；组分含量为1%～10%，用三位有效数字。表示误差大小时有效数字常取一位，最多取两位。

2.6　分析质量的控制与保证

2.6.1　分析质量保证的内容和目标

在实际分析工作中，分析测试的质量保证尤为重要。如果把实验比作一个生产过程，把化验室收到的样品比作生产中使用的原材料，对原材料进行一系列的操作加工，则产生的“产品”即为分析测试数据报告。在化验室中应用的许多质量控制和质量保证技术，如控制图、仪器校正等，在形式上和生产过程中使用的质量控制和质量保证技术相似。

然而，进入化验室的试样不是均匀的，得到的“产品”也不是一个直觉的实体，而是有关试样的信息，即分析测试数据。这些数据的报告可能在技术（生产、科研）领域、商业领域、国家安全领域或法律上有着非常重要的意义。那么，怎样衡量数据的质量呢？当数据具有一致性，而且它们的不确定度小于准确度要求时，就认为这些数据有合格的质量；当数据过分离散或不确定度满足不了准确度要求时，就认为这些数据是不合格的。

（1）质量保证

所有用于确保正确分析的手段均称为“**质量保证**”（**QA**）。换句话讲，质量保证就是确认测量数据达到预定目标的步骤。在各个领域中所用的质量保证体系应保证所获得的测试数据与测量结果都能满足所要求的准确度和精密度，并且应与操作者、时间与地点无关。这是至关重要的！

质量保证的任务就是把所有的误差减小到预期的水平，以避免得出财产损失和危害人类健康的错误结论（见表2.6）。它包括两方面内容：

① **质量控制**　为产生达到质量要求的测量所遵循的步骤；

② **质量评定**　用于检验质量控制系统处于允许限内的工作和评价数据质量的步骤。

表2.6　分析测试质量保证的任务及其意义

分析测试为以下诸方面提供重要的信息	分析测试结果所产生的法律和经济影响
● 分析组成和性质，继而评价材料和产品的质量 ● 控制生产过程 ● 评价产品和生产过程对环境的影响 ● 指导研究和改进生产过程	● 工厂/企业倒闭 ● 生产/工作场地的限制 ● 废品管理 ● 产品废弃 ● 生产/工业事故后，人员的替换与调整

以上不仅表明了分析测量的重要性，同时也体现出企业通过提高分析测量的质量以保证对用户的服务质量是多么必要。

分析测试是一个复杂的系统，在测试过程中的误差来源/影响测试数据的因素也多。为了保证获得高质量的分析结果，必须对可能影响结果的各种因素和测量环节进行全面的控制、管理，使之处于受控状态。为此，必须建立一个完善的实验室质量保证体系。

实际上，重要的是要知道生产工艺是否已经完全改变，以便采取措施校正这种新情况。这样的问题属于质量控制问题。

质量控制技术包括从试样的采集、预处理到数据处理的全过程的控制操作和步骤。质量控制工作不仅是一项具体的技术工作，而且也是一项实验室管理工作。实验室质量保证体系主要包括以下几方面内容：完善的组织机构、科学的实验室管理、严格的过程控制、合理的资源配置、正确的操作规程以及分析工作者的技术考核等。其中过程控制在整个质量控制中占有非常重要的地位。

（2）过程控制

所谓**过程控制**是指“使过程处于受控状态所采取的控制技术和活动”，即采取一定的措施对影响过程质量的所有因素，包括人员、环境条件、设备状态、量值溯源和检测方法等加以控制。过程控制的目的就是使分析测试过程始终处于受控制状态，一旦发现“失控”，能及时找到原因，予以弥补纠正，从而将质量管理工作做到检测的过程之中，起到“预防为主”的作用。

质量控制图[1]是实验室经常采用的一种简便而有效的过程控制技术。它是以过程中某一特定统计量为质量特征按抽样顺序绘出的。用以绘制质量控制的统计量有平均值、标准偏差和极差等，其中平均值应用最广。

在质量控制中，通常将以相距中心线（CL，平均值）±3 倍标准差的波动范围作为合理的控制界限，称为上控制限（UCL）和下控制限（LCL）。有时还在质量控制图上画出上警告限（UWL）和下警告限（LWL），其波动范围是±2 倍标准差，如图 2.6 所示。

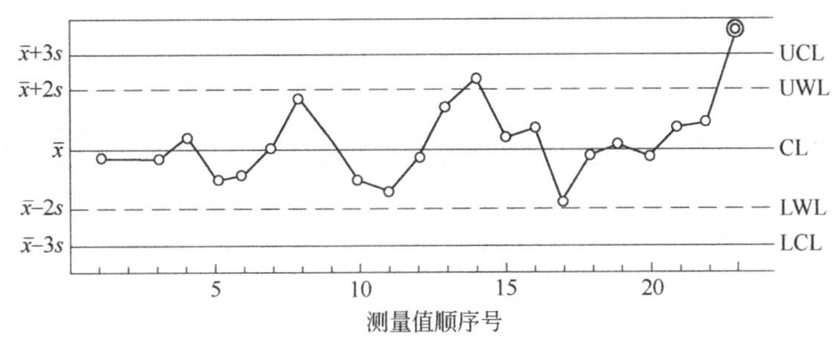

图 2.6 质量控制图

根据控制图可以判断数据是否是在统计控制之中，即是否可将数据看作来自单一总体的随机样本。若某次控制标准的分析结果未超出控制限，说明此次分析过程处于受控状态，同时进行的那批试样的分析结果是可靠的。若某次控制标准的分析结果超出了控制限，则可认为那次分析过程“失控”，应查明原因后重新测定。

---

[1] 质量控制图由美国休哈特（W. A. Shewhart）在 1920 年首先提出，最初用于工业产品控制，20 世纪 40 年代开始用于实验室的质量控制。

由于具有实验随机性的特性，控制图在找出实验室研究数据的系统误差源、评价企业生产及控制分析数据方面是非常有用的。由此可见，分析测试质量保证的基本内容就是统计学和系统工程与特定的生产或测量实践的有机结合。

注：质量控制图的绘制原理及方法可查阅相关手册或资料。

2.6.2 分析测试的质量评价

分析测试的质量评价是对测量过程进行监督的方法与过程。

（1）分析测试质量评价的目的

分析测试质量评价的目的是让委托方或主管部门相信分析测量结果是准确可靠的，能满足预期要求，或者测量实验室具有进行某一测量工作的能力，有提供准确、有效测量结果的组织和技术保证，从而实现在国际贸易和技术交流中双边相互承认测量结果。

（2）分析测试质量评价的方法

分析测试质量评价的方法是对分析结果是否“可取”做出判断。质量评价方法分为“实验室内”的质量评价和“实验室间”的质量评价两种。

① **实验室内的质量评价** 包括：通过多次重复测定确定偶然误差；用标准物质或其他可靠的分析方法检验系统误差；互换仪器以发现仪器误差，交换操作者以发现操作误差；绘制质量控制图以便及时发现测量过程中的问题。

② **实验室间的质量评价** 由一个中心实验室指导进行。它将标准样（或管理样）分发给参加的各实验室，从而考核各实验室的工作质量，评价这些实验室间是否存在明显的系统误差。

实验室间的质量评价是十分重要的，通过评定可以避免化验室内部的主观误差因素，客观地评价测量结果的系统误差。同时它也是对化验室测试水平进行鉴定、认可的重要手段。

此外，在质量管理中也常用**“允许差”**（或公差）。在我国分析方法的国家标准中，经常见到某方法的允许差。表 2.7 所示即为国家标准规定（代用法）的硅质原料分析结果的允许误差范围。

表 2.7 国家标准规定（代用法）的硅质原料分析结果的允许误差范围

允许误差范围 / 测定项目	A	B	允许误差范围 / 测定项目	A	B
	同一实验室	不同实验室		同一实验室	不同实验室
烧失量	0.25	0.40	TiO_2	0.10	0.15
SiO_2	0.40	0.60	CaO	0.25	0.35
Fe_2O_3	0.30	0.40	MgO	0.30	0.40
Al_2O_3	0.30	0.40			

“公差”是生产部门对分析结果允许误差的一种表示方法。如果分析结果超出允许的公差范围，称为**“超差”**。该项分析工作应该重做。

允许差实质上是各分析值差的置信限，其置信概率通常取 95%。允许差是对标准样品而言的，即是指对标准试样独立进行 *n* 次测定，其平均值与标准值之差不超过某一定值，则称为“标准允许差”，它反映对测定值准确度的要求。

如光度法测定铸铁中的 P（磷），方法规定：

P 含量≤0.050% 时，允许差为 0.005%；

P 含量= 0.051%～0.15%时，允许差为 0.01%。

允许差是对特定分析方法及试样中被测组分含量来定义的，是衡量测试方法的精密度和准确度的指标。如上述 P 含量≤0.050%时，则要求分析者得到的 K 个测定值的极差不能超过 0.005%，否则就叫**“超差”**，这其中至少有一个值可疑。

许多时候，判别试样中某组分的分析结果是否可靠，往往是在真值未知的情况下，根据复验结果与原结果之间差值的大小来确定的。这时要区别的是两个测定值之差是否在许可范围内的问题，而不是误差问题。

目前，国家标准中，对含量与允许公差的关系常常用回归方程式表示。

习　题

1. 说明随机误差与系统误差之间的差别。
2. 解释重复性和重现性的含义。
3. 什么是实验室之间的实验？为什么需要进行实验室之间的实验？
4. 个人误差不能靠“估计”来校正，为什么？
5. 简述空白实验的意义，为什么空白值不宜很大？
6. 对系统误差进行检验或消除有哪些方法？谈谈对照实验的意义。
7. 如何保证测量结果的准确性？
8. 讨论分析方法的选择原则。
9. 为了探讨某江河地段底泥中工业污染物的聚集情况，某单位于不同地段采集足够量的原始平均试样，混匀后，取部分试样送交分析部门。分析人员称取一定量试样，经处理后，用不同方法测定其中有害化学成分的含量。试问这样做对不对？为什么？
10. 下列情况中将引起什么误差？哪些为系统误差？应如何消除？

（1）砝码被腐蚀；

（2）滴定管最后一位数据估计不准；

（3）容量瓶和移液管不配套；

（4）以含量为 99%的硼砂作基准物质标定 HCl 溶液的浓度；

（5）以失去少量结晶水的基准 $H_2C_2O_4 \cdot 2H_2O$ 标定 NaOH 溶液的浓度；

11. 用正确的有效数字报告下列计算结果：

（1）计算质量分数为 37%的 HCl 溶液的物质的量浓度（摩尔质量为 $36.441 g \cdot mol^{-1}$，密度为 $1.201 kg \cdot L^{-1}$）。

（2）计算 $2.5 \times 10^{-2} mol \cdot L^{-1}$ HCl 溶液的 pH 值。

（3）计算 pH 值为 2.58 的某溶液的 H^+ 浓度。

12. 用返滴定法测定某组分的含量，按下式计算结果：

$$x = \frac{\left(\frac{0.7825}{126.07} - \frac{18.25 \times 0.1025}{1000}\right) \times 86.94}{0.4825}$$

问：该分析结果应用几位有效数字报出？

13. 用分光光度法测定 Fe，得到以下一组吸光度数据：0.390，0.380，0.381，0.380，0.370，

0.375。根据以上数据计算:

(1)中位数;(2)平均值;(3)标准偏差;(4)RSD;

(5)绝对误差和相对误差(用千分率表示,假定吸光度的真值是 0.370)。

14. 黏土标准试样 SiO_2 含量(%)为 64.30。甲用 NH_4Cl 法测得结果分别为:64.51,64.52,64.50。乙用 K_2SiF_6 法测得结果分别为:64.36,64.32,64.31。计算甲乙二人测定结果的绝对误差和相对误差,并比较二人的准确度和精密度。

15. 某试样经分析测定含锰的质量分数(%)为:41.24,41.27,41.23,41.26。 求分析结果的平均偏差、标准偏差和变异系数。

16. 若分析 5 片药片得到阿司匹林含量的平均值为 245mg,已知一批止痛片中的阿司匹林含量的总体平均偏差为 7mg。求此时描述的止痛片 95%置信区间是多少?

17. 某人测定一溶液的浓度($mol \cdot L^{-1}$),结果如下:0.1038,0.1042,0.1053,0.1039。问第 3 个结果是否应舍去?若测定了第 5 次,结果为 0.1041,此时第 3 个结果(0.1053)是否应舍去?用 Q 检验法判断($P = 0.90$)。

18. 标定某 HCl 溶液,4 次平行测定结果($mol \cdot L^{-1}$)分别是:0.1020,0.1015,0.1013,0.1014。分别用 $4\bar{d}$ 检验法和 Q 检验法(P=0.90)判断数据 0.1020 是否应该舍去。

19. 有一分析天平的称量误差为 ±0.3mg,如称取 0.05g 试样,相对误差是多少?如称取 1g 试样,相对误差又是多少?这说明什么问题?

20. 测定水泥熟料中 SiO_2 的含量(%),所得分析结果为:21.45,21.30,21.20,21.50,21.25。

(1)试判断该组数据中是否有应该舍去的数据;

(2)计算测定结果的算术平均值、个别测量的绝对偏差、算术平均偏差和标准偏差。

(3)报出分析结果。

第3章

定量分析操作技术

基础知识

3.1　化验室基础知识

3.2　化学分析实验基础操作

3.3　定量化学分析技术

实验实训

实验1　玻璃仪器的认领、洗涤和干燥

实验2　分析天平称量练习

实验3　滴定分析技术操作练习

实验4　滴定分析仪器的校准

学习目标

☛ 知识目标

- 了解实验室的各种规章制度，掌握实验室的简单救护和“三废”处理。
- 熟悉化学试剂的分类等级。
- 掌握分析化学实验中的基础实验操作。
- 理解电子分析天平的工作原理，掌握其使用方法。
- 了解滴定分析相关仪器的用途、规格，掌握其使用方法与要求。
- 掌握称量分析技术的相关知识与基础操作。

☞ 能力目标

- 熟悉实验室的各项制度，具有良好的实验习惯。
- 能熟练地辨别化学试剂的等级并会正确选用。
- 能合理地选择加热方法和仪器进行加热操作。
- 能熟练地进行各种玻璃仪器的洗涤和干燥。
- 能采用正确的称量方法与技术完成固体试剂的称量任务。
- 能正确运用定容、移液和滴定等技术。
- 能正确运用过滤设备和过滤技术。

3.1 化验室基础知识

3.1.1 实验室规则

实验室规则是化学工作者长期实验室工作的归纳和总结。它是保持正常实验环境和工作秩序，防止发生意外事故，做好实验的一个重要前提。必须人人做到，人人遵守。

实验者应该具有严肃认真的态度，科学严谨、精密细致、实事求是的作风，整齐、清洁的良好实验习惯。为了保证实验顺利地进行并取得预期的实验效果，实验者应严格遵守以下实验室规则。

① 认真学习实验室规则和有关注意事项，学习紧急事件的处理办法和消防、安全防护守则。经过适当考核和实验指导教师允许后，学生方可进入实验室。

② 实验前一定要做好预习和实验准备工作，明确实验目的和实验任务，领会实验原理，熟悉相关的仪器结构和使用方法。检查实验所需的化学试剂、仪器是否齐全。实验时要集中精力，认真操作，仔细观察，积极思考，如实详细地做好实验记录。实验结果和实验数据要经实验指导教师检查和签字。实验后要独立完成实验报告。

③ 实验中必须保持肃静，不可大声喧哗，不得到处乱走。学生做规定以外的实验，应得到指导教师的允许。如果发生意外事故，必须立即向实验指导教师报告。

④ 每人应只使用自己的仪器，不得动用他人仪器。公用仪器和临时公用的仪器用毕应洗净，并立即送回原处。爱惜公共财物，使用精密仪器时，必须严格按照操作规程进行操作，细心谨慎，避免粗心大意而损坏仪器。如发现仪器有故障，应立即停止使用并报告指导教师，及时排除故障。精密仪器使用后要在登记本上记录使用情况，并经教师检查认可。

⑤ 认真执行仪器设备的保管和损坏赔偿制度。如有仪器损坏，要及时登记、补领并且按照规定赔偿。

⑥ 实验结束后，应将所用仪器洗净并整齐地放入实验柜内。实验台和试剂架要擦净，最后关好水、电、气、门和门窗。实验柜内仪器应存放有序，清洁整齐。

⑦ 每次实验后应有学生轮流值日，负责打扫和整理实验室，检查水龙头、门、窗是否关紧，电闸是否拉掉，以保持实验室的整洁和安全。教师检查合格后方可离去。

⑧ 实验结束后务必洗净双手。

3.1.2 良好的实验室风气

(1) 良好的实验习惯

良好的工作作风和实验习惯，不仅是做好实验的保证，而且也反映了实验操作者的思想修养、道德品德、科学态度和化学素质品质。因此，良好的实验习惯对于分析工作者的职业素养的养成非常重要。

① 培养实践第一、勤于思考、善于总结、踊跃讨论、团结协作的科学思维方法和作风。

② 初步养成保持整洁实验环境、操作规范的实验习惯。养成认真、严谨、紧张、有序地进行实验的作风。

③ 养成节约试剂、节约水电、节约使用一切实验用品和实验仪器、爱护公共仪器设备的良好习惯。称取样品后，及时盖好原瓶盖。放在指定地方的药品不得擅自拿走。使用仪器和实验室设备要养成阅读使用说明书和注意事项的习惯。

④ 学会并养成安排实验台面的习惯。

(2) 良好的学习习惯

分析化学实验是学习分析化学的基础，培养良好的学习习惯至关重要。通常，分析化学实验的全部过程是由三个阶段组成的，即：实验前的预习→实验→实验报告。

① **实验前的预习** 实验要求学生既要动手做实验又要动脑思考。为了对实验做到心中有数，使实验能够获得良好的效果，实验前必须进行预习。

预习内容包括：

a．阅读实验教材、教科书和参考资料中的有关内容。

b．明确本实验的目的，了解实验的内容、步骤、操作过程和实验时应注意的安全知识、操作技能和实验现象。

c．在预习的基础上，回答预习思考题。在固定的笔记本上写好预习笔记，包括：实验题目、实验目的、实验基本原理、实验操作要点、实验安全注意事项、有关计算、实验内容、预习思考题等。

② **实验** 学生在教师的指导下独立进行实验是实验课的主要学习环节，是发挥学生主体作用的重要体现。每位学生都必须按照要求独立完成各实验环节，学习并掌握相关的实验技术和实验方法。

实验操作时，要根据实验所规定的内容与方法、步骤以及试剂用量进行规范操作，并应做到下列几点：

a．认真操作，细心观察实验现象，及时、详细、如实地做好实验记录。

b．如果发现实验现象和理论不符合，应首先尊重实验事实，并认真分析和检查原因，也可以做对照试验、空白试验或自行设计的实验来核对，必要时应多次重复验证，从中得到有益的科学结论和学习科学思维的方法。

c．实验过程中应勤于思考，仔细分析，力求自己解决问题。但遇到疑难问题而自己难以解决时，应主动请指导教师给以指导。

d．全部实验内容完成后应将实验数据与结果交指导教师检查、审核并签字。

e．在实验过程中应保持肃静，严格遵守实验室工作规则。

③ **实验报告** 实验后完成实验报告是对所学知识进行归纳和提高的过程，也是培养科学思维的重要步骤，应认真对待。

一般情况下，实验报告主要包括以下几方面内容：

a．实验目的；b．实验原理；c．实验仪器与试剂；d．实验内容与实验步骤；e．实验数据；f．数据处理与结果；g．问题和讨论等。

撰写实验报告一定要字迹端正，报告整洁，严格按照格式书写。叙述过程简洁明了，数据处理严谨，步骤和图表准确、清楚。

若实验现象、解释、结论、数据、计算等不符合要求，尤其是实验报告写得草率，应重做实验或重写报告。严格禁止篡改实验现象和数据的行为。

讨论是一种很好的学习方法。学习者对实验过程中发现的异常现象或结果处理时出现的异常结论都应在实验报告中以书面的形式展开讨论。实验报告中开展讨论，不但反映了学习者主动学习的态度，也反映了学习者分析问题和解决问题的能力。

3.1.3 分析实验用水

在化验室中，常用的水[1]主要有两种：自来水和分析实验用水。

自来水是将天然水经过初步净化处理所得，其中含有多种杂质。因此，自来水只能用于仪器的初步洗涤，作为冷却或加热浴用水。

在分析测试中，根据不同的分析要求，对水质的要求也不同。因此，需要进一步将自来水纯化，制备成能满足分析检测所需要的纯净水。也就是“**分析实验用水**”(亦称“**蒸馏水**”)。在一般的分析工作中采用一次蒸馏水或去离子水即可。而在超纯分析或精密仪器分析测试中，需采用水质更高的二次蒸馏水、亚沸蒸馏水、无二氧化碳蒸馏水、无氨蒸馏水等。

(1) 分析实验用水的规格

分析过程中，应使用蒸馏水或同等纯度的水。分析实验用水应符合表 3.1 所列规格。

表 3.1 分析实验用水规格与要求

指标名称		一级水	二级水	三级水
pH 值范围（25℃）		—	—	5.0～7.5
电导率（25℃）/($mS \cdot m^{-1}$)	≤	0.01	0.10	0.50
可氧化物质（以氧计）/($mg \cdot L^{-1}$)	≤	—	0.08	0.50
蒸发残渣［(105±2)℃］/($mg \cdot L^{-1}$)	≤	—	1.0	2.0
吸光度（254nm，1cm 光程）	≤	0.001	0.01	—
可溶性硅（以 SiO_2 计）/($mg \cdot L^{-1}$)	≤	0.01	0.02	—

需要指出的是：

① 由于在一级水、二级水的纯度下，难以测定其真实的 pH 值，因此，对一级水、二级水的 pH 值范围不做规定。

② 一级水、二级水的电导率需用新制备的水“在线”测定。

③ 由于在一级水的纯度下，难以测定可氧化物质和蒸发残渣，因此，对其限量不做规定。可用其他条件和制备方法来保证一级水的质量。

(2) 分析实验用水的制备方法

实验室用水的原水应为饮用水或适当纯度的水，根据实际情况需要再制备一级水、二级水和三级水。实验室制备实验用水的方法一般采用蒸馏法、离子交换法和电渗析法三种方法。

① **三级水**　三级水是化验室最常用的水，适用于一般化学分析试验。三级水过去多采用蒸馏法制备，故通常称为蒸馏水。但为节省能源和减少污染，目前多改用离子交换法和电

[1] 参见国家标准《分析实验室用水规格和试验方法》(GB/T 6682—2008)。

渗析法制备。所用原水为饮用水或适当纯度的水。

② **二级水**　二级水用于无机痕量分析等试验。可含有微量的无机、有机或胶态杂质，二级水是采用多次蒸馏、反渗透法或去离子后再经蒸馏等方法，用三级水作原水制得。

③ **一级水**　一级水用于有严格要求的分析试验，包括对颗粒有严格要求的试验。一级水基本不含有溶解或胶态离子杂质及有机物。一级水可由二级水用石英蒸馏设备蒸馏或经离子交换混合床处理后，再经 0.2μm 微孔滤膜过滤制得。

以上各级分析实验用水均应储存于密闭的专用聚乙烯容器中存放。三级水也可使用密闭的专用的玻璃容器。新容器在使用前需用 $w(HCl) = 25\%$ 的盐酸浸泡 2～3 天，再用待盛水反复冲洗，并注满待盛水浸泡 6h 以上。

各级用水在储存期间可能被玷污。玷污的主要来源是容器可溶成分的溶解、空气中 CO_2 及其他污染物。因此，一级水不可储存，应随用随制。二级水、三级水可适量制备，分别储存于预先用同级水冲洗过的相应容器中。

(3) 实验用水的合理选用

分析实验中所用纯水来之不易，也较难以存放，要根据不同的情况选用适当级别的纯水。在保证实验要求的前提下，注意节约用水。

在定量化学分析实验中，主要使用三级水。有时需将三级水加热煮沸后使用，特殊情况下也使用二级水。仪器分析实验主要使用二级水，有的实验还需使用一级水。

注：本书中各实验用水除另有注明外，定量化学分析实验均采用一次水，即三级水。

3.1.4　化学试剂的分类与选用

化学试剂是化学实验中必不可少的物质。化学试剂的种类很多，规格不一，用途各异。化学试剂的选择与用量是否恰当，将直接影响分析测试结果的好坏，对于分析工作者来说，了解常用化学试剂的基本性质、分类、规格以及使用常识是非常有必要的。

(1) 化学试剂的分类

化学试剂的种类很多，有无机试剂和有机试剂两大类。世界各国对化学试剂的分类和级别的标准不尽一致，各国都有自己的国家标准或其他标准（部颁标准、行业标准等）。我国生产的化学试剂（通用试剂）的等级标准，按照试剂的纯度和杂质含量的多少将试剂分为四级，并规定了试剂包装的标签颜色、级别的代表符号、规格标志及适用范围，见表 3.2。

表 3.2　我国国家标准规定化学试剂的等级标准和适用范围

级别	名称	英文名称	符号	标签颜色	适用范围
一级品	保证试剂（优级纯）	guarantee reagent	G.R	绿色	纯度很高，用于精密分析和科研
二级品	分析试剂（分析纯）	analytical reagent	A.R	红色	纯度高，用于一般分析及科研
三级品	化学纯	chemical pure	C.P	蓝色	纯度较差，用于一般化学实验
四级品	实验试剂	laboratory reagent	L.R	黄色	纯度较低，用于实验辅助试剂或一般化学制备
	生化试剂	biochemical	B.R	棕色或玫红	用于生物化学实验

此外，按照用途化学试剂还可以分为一般试剂、标准试剂、高纯试剂（CGS）、色谱纯试

剂（GC，GLC）、光谱纯试剂（S.P）、指示剂等。

（2）化学试剂的选用

试剂的选用要根据所做实验的具体情况，在满足实验要求的前提下，选用试剂的级别应就低而不就高。根据实验的不同要求选用不同级别的试剂。一般来说，在普通/基础化学实验中，化学纯级别的试剂就已能符合实验要求。**在分析实验中，至少要使用分析纯级别的试剂！**

化学试剂的选用应考虑以下几点：

① 滴定分析中常用的标准滴定溶液，一般应先用分析纯试剂进行粗略配制，再用基准试剂进行标定。如对分析结果要求不是很高的实验，也可以用优级纯或分析纯代替基准试剂标定。滴定分析中所用的其他试剂一般为分析纯试剂。

② 仪器分析实验中一般使用优级纯、分析纯或专用试剂，测定痕量组分时应选用高纯试剂。

③ 优级纯和分析纯相近，只是杂质含量不同。如果实验对所用试剂的主体含量要求高，则应选用分析纯试剂；如果所做实验对试剂的杂质含量要求严格，应选用优级纯试剂。

④ 在一般的无机化学实验中，化学纯试剂已经可以符合实验要求。

注意：试剂在使用和存放的过程中要保持清洁，防止污染或变质。用毕盖严，多取的试剂一般不允许倒回原试剂瓶。

3.1.5 实验室的安全与防护

（1）安全守则

为保证实验人员人身安全和实验工作的正常进行，应注意遵守以下实验室安全守则：

① 为了防止损坏衣物、伤害身体，做实验时，必须穿长款实验服，不许穿拖鞋进实验室。梳长发的同学要将头发挽起，以免受到伤害。必须熟悉实验室中水、电、燃气的开关，消防器材、急救药箱的位置和使用方法，一旦遇到意外事故，立即采取相应措施。

② 倾注试剂、开启易挥发液体（如乙醚、丙酮、浓盐酸、硝酸、氨水等）的试剂瓶及加热液体时，不要俯视容器口，以防液体溅出或气体冲出伤人。

③ 严禁在实验室内饮食、吸烟，或把餐具带进实验室。实验时不要俯向容器去嗅放出的气味。能产生刺激性气味或有毒气体（如H_2S、HCl、HF、Cl_2、CO、NO_2、SO_2、Br_2等）的实验必须在通风橱内进行。实验完毕，必须洗净双手。

④ 不要用潮湿的手和物品接触电源。

⑤ 所有试剂均应贴有标签，绝对不允许随意混合各种化学药品，以免发生意外事故。

⑥ 剧毒试剂（如氰化物、砷化物、汞盐、铅盐、钡盐、六价铬盐等）必须有严格的管理与使用制度，领用时要登记，用完后要回收或销毁，并把落过毒物的桌子和地面擦净，洗净双手。决不允许化学试剂进入口中或接触伤口。

⑦ 实验结束时，值日生要关闭水龙头、煤气开关，拉掉电闸，关灯、锁门。

（2）防火安全

化学实验室所用试剂很多是易燃或助燃的，因此必须树立防火意识，采取必要的防火措施，并熟悉一些基本的灭火方法。

如果发生着火，要沉着冷静，快速处理，首先要切断热源、电源，把附近的可燃物品移走，再针对燃烧物的性质采取适当的灭火措施。若着火和救火时自己衣服着火，千万不要乱跑，因为空气的迅速流动会加强燃烧，应当躺在地下滚动，这样一方面可压熄火焰，另一方面也可避免火烧到头部。

常用的灭火措施有以下几种，使用时要根据火灾的轻重、燃烧物的性质、周围环境和现有条件进行选择。

① **石棉布**　适用于小火。用石棉布盖上以隔绝空气，就能灭火。如果火很小，用湿抹布或石棉布盖上即可。

② **干沙土**　一般装于沙箱或沙带内，只要抛洒在着火物体上即可灭火。适用于不能用水扑救的燃烧，但对火势很猛、面积很大的火焰效果欠佳。沙土应该用干的。

③ **水**　是最常用的救火物质。它能使燃烧物的温度下降，但不适用于一般有机物着火。因一般有机溶剂与水不相溶，密度又比水小，水浇上去后，有机溶剂还漂在水面上，扩散开来继续燃烧。但如果燃烧物与水能互溶，或用水没有其他危险时可用水灭火。

溶剂着火时，先用泡沫灭火器把火扑灭，再用水降温是有效的救火方法。

④ **灭火器**　实验室常用的灭火器及其适用范围见表 3.3。

表 3.3　实验室常用的灭火器及其适用范围

灭火器类型	药液主要成分	适用范围
酸碱式灭火器	$H_2SO_4 \cdot NaHCO_3$	非油类、非电器的一般火灾
泡沫灭火器	$NaHCO_3 \cdot Al_2(SO_4)_3$	油类失火
二氧化碳灭火器	液态 CO_2	电器设备、小范围油类和忌水化学物品等失火
四氯化碳灭火器	液态 CCl_4	电气设备及小范围的汽油、丙酮等失火
干粉灭火器	$NaHCO_3$ 盐类物质、润滑剂、防潮剂	油类、可燃性气体、电器设备、精密仪器、图书文件和易水易燃烧药品等失火
1211 灭火器	CF_2ClBr 液化气体	特别适用于扑灭油类、有机溶剂、精密仪器、电气设备等的失火

(3) 实验室意外事故的简单救护

急救箱：实验室内应备有急救药箱，以备发生事故临时处理之用。急救箱内应备有碘酒、双氧水、饱和硼酸溶液、2% 乙酸溶液、饱和碳酸氢钠溶液、75% 医用酒精、烫伤油膏、创可贴，消毒棉花、纱布、胶带、绷带、剪刀、镊子等。

实验过程中如不慎发生了意外事故，应及时采取救护措施。

① **受酸腐蚀致伤**　先用大量水冲洗，再用饱和碳酸氢钠溶液（或稀氨水、肥皂水）洗，最后再用清水冲洗。如果酸液溅入眼内，用大量清水冲洗后，然后及时送医诊治。

② **受碱腐蚀致伤**　先用大量水冲洗，再用 2% 乙酸溶液或饱和硼酸溶液洗，最后用水冲洗。如果碱液溅入眼中，先用大量水冲洗，再用硼酸溶液洗。

③ **触电**　首先切断电源，尽快利用绝缘物（如干木棒、竹竿等）将触电者与电源隔离，然后在必要时进行人工呼吸。若伤势较重者，应立即送医院。

④ **一般割伤**　保持伤口干净，不能用手抚摸，也不能用水洗涤，应用酒精棉清除伤口周围的污物。涂上外伤膏或消炎粉。若严重割伤，可在伤口上部 10cm 处用纱布扎紧，减慢流血速度，并立即送医诊治。

⑤ **烫伤**　起水泡后不要弄破水泡，在伤口处用 95% 乙醇轻涂伤口，涂上烫伤膏或凡士林油，再用纱布包扎。若伤处已破，可涂抹紫药水或 10g/L 高锰酸钾溶液。

⑥ **中毒** 溅入口中而尚未下咽的毒物应立即吐出，用大量水冲洗口腔；如已吞下毒物，应根据毒物性质服解毒剂，并立即送医诊治。

(4) 实验室“三废”的处理

实验中经常会产生有毒的气体、液体和固体，需要及时排弃。特别是某些剧毒物质，如果直接排出可能污染周围的空气和水源，损害身体健康。因此，废气、废液和废渣（简称“三废”）都要经过处理后才能排弃。

实验室中凡可能产生有害气体的操作都应在通风橱中进行，通过排风设备将少量毒气排到室外，使废气在外面大量的空气中稀释，依靠环境自身容量解决，以免污染室内空气。产生毒气最大的实验必须备有吸收或处理装置。废液也应该分类处理。

实验室产生的有害固体废物虽然不多，但是绝不能将其与生活垃圾混倒。固体废物经回收、提取有用物质后，其残渣可以进行土地填埋，这是许多国家对固体废物最终处理的主要方法。**提倡大家保护环境！**

3.2 化学分析实验基础操作

3.2.1 化学试剂的取用

在化验室中，化学试剂均储存于相应的试剂瓶中。固体试剂储于便于取用的广口试剂瓶内，液体试剂则储于细口试剂瓶中。所有存放试剂的试剂瓶都必须贴有相应的标签。

取用化学试剂的过程中要防止污染试剂瓶中的试剂，须注意以下几点：

① 固体试剂应用洁净干燥的小勺取用，一次不要取出过多。特别是一级或基准试剂，取出的试剂一般不应再装入原试剂瓶中，以防将试剂瓶中的试剂污染。取用强碱性试剂后的小勺应立即洗净，以免腐蚀。

② 液体试剂应倒入量筒中量取或倒入烧杯中，多取的液体试剂一般也不应倒回原试剂瓶中。

③ 取用试剂的工具不得混用。

④ 取用试剂时，瓶塞要按规定放置。玻璃磨口塞、橡胶塞、塑料内封盖要翻过来倒放在洁净处，以免被其他物质沾污，影响原试剂瓶中试剂质量。取用试剂完毕后立即将瓶塞盖好，储存在干燥、清洁的试剂柜内。

3.2.2 玻璃仪器的洗涤与干燥

(1) 常用玻璃仪器的类型

化验室中，常用玻璃仪器按其用途可分为容器类仪器、量器类仪器和标准磨口仪器。

① **容器类** 常温或加热条件下物质的反应容器、储存容器，包括试管、烧杯、烧瓶、锥形瓶、滴瓶、细口瓶、广口瓶、称量瓶、分液漏斗和洗气瓶。每种类型又有许多不同的规格。使用时要根据用途和用量选择不同种类和不同规格的容器。注意阅读使用说明和注意事项，特别要注意容器加热的方法，以防损坏仪器。

② **量器类** 用于度量溶液体积。主要有量筒、移液管（吸量管）、容量瓶和滴定管等。不可以作为实验容器，例如不可以用于溶解、稀释操作。不可以量取热溶液，不可以加热，不可以长期存放溶液。

量器类容器每种类型又有不同规格。应遵循保证实验结果精确度的原则选择度量容器。能否正确地选择和使用度量容器，反映了化验员实验技能水平的高低。

③ **标准磨口仪器** 是具有标准内磨口和外磨口的玻璃仪器。使用时根据实验的需要选择合适的容量和合适的口径。相同型号的磨口仪器，具有一致的口径。连接是紧密的，使用时可以互换。

(2) 玻璃仪器的洗涤

为了得到准确的实验结果，每次实验前和实验后必须要将实验仪器洗涤干净。尤其是久置变硬不易洗掉的实验残渣和对玻璃仪器有腐蚀作用的废液，一定要在实验后立即清洗干净。一般来说，污物既有可溶性物质，也有灰尘和不溶性物质，还有有机物及油污等。

仪器洗涤是否符合要求，对于检验结果的准确性和精密度均有影响。

① **普通玻璃仪器的洗涤**

a. 洗刷仪器时，应首先将手用肥皂洗净，以免手上的油污附在仪器上，增加洗刷的困难。

b. 如仪器长久存放附有灰尘，先用清水冲去，再按要求选用洁净剂洗刷或洗涤。例如，用毛刷蘸上少量去污粉或洗洁精，将仪器内外全刷一遍，然后边用水冲边刷洗直至肉眼看不见去污粉颗粒或洗洁精的残液时，用自来水冲洗干净，最后用蒸馏水冲洗三次以上。

c. 洗干净的玻璃仪器应以不挂水珠为度。用蒸馏水冲洗时，要用顺壁冲洗方法并充分振荡，经蒸馏水冲洗后的仪器，用酸碱指示剂检查冲洗后的蒸馏水应为中性。

注： 洗涤容器时应符合少量多次的原则（每次用少量的洗涤剂），既节约试剂，又提高洗涤效率。

② **常用玻璃量器的洗涤** 玻璃量器的洗净程度要求较高，有些仪器形状又特殊，不宜用毛刷刷洗，常用洗液进行洗涤。具体洗涤方法如下：

a. 滴定管的洗涤 先用自来水冲洗。酸式滴定管将旋塞关闭，碱式滴定管除去乳胶管，用橡胶乳头将管口下方堵住。加入约 15mL 铬酸洗液，双手平托滴定管的两端，不断转动滴定管并向管口倾斜，使洗液流遍全管（**注意：** 管口对准洗液瓶，以免洗液外溢！），可反复操作几次。洗完后，碱式滴定管由上口将洗液倒出，酸式滴定管可将洗液分别由两端放出，再依次用自来水和蒸馏水洗净。如滴定管太脏，可将洗液灌满整个滴定管浸泡一段时间，此时，在滴定管下方应放一烧杯，防止洗液流在实验台面上。

b. 容量瓶的洗涤 先用自来水冲洗，加入适量（15～20mL）洗液，盖上瓶塞，转动容量瓶，使洗液流遍容量瓶内壁，将洗液倒回原瓶，最后依次用自来水和蒸馏水洗净。

c. 移液管的洗涤 先用自来水冲洗，用洗耳球吹出管中残留的水。然后将移液管插入铬酸洗液瓶内，按移液管的操作，吸入约 1/4 容积的洗液。用右手食指堵住移液管上口，将移液管横置过来，左手托住没沾洗液的下端，右手食指松开，平移移液管，使洗液润洗内壁，然后放出洗液于瓶中。最后依次用自来水和蒸馏水洗净。

除了上述清洗方法之外，现在还有超声波清洗器。只要把用过的仪器放在配有合适洗涤剂的溶液中，接通电源，利用声波的能量和振动，就可以将仪器清洗干净。

③ **洗净的标准** 凡洗净的仪器，应该是清洁透明的。当把仪器倒置时，器壁上只留下

一层既薄又均匀的水膜，器壁上不应挂水珠。

凡是已经洗净的仪器，不要用布或软纸擦干，以免布或纸上的少量纤维附着在器壁上反而沾污了仪器。

(3) 玻璃仪器的干燥

玻璃仪器的干燥主要有自然干燥（晾干）、烘烤干燥（烤干）、热气干燥（吹干）、烘箱干燥（烘干）、有机溶剂干燥（快干）等五种方法。

① **自然干燥（晾干）** 不急用的仪器，可将洗净的仪器放置在适当的仪器架上或者仪器柜内，让其在空气中自然干燥，倒置可以防止灰尘落入，但要注意放稳仪器。

② **烘烤干燥（烤干）** 用煤气灯小心烤干。一些常用的烧杯、蒸发皿等可置于石棉网上用小火烤干。烤干前应擦干仪器外壁的水珠。硬质试管等可用酒精灯加热烤干，从底部烤起，管口向下，以免水珠倒流将试管炸裂，至无水珠后将试管口向上赶尽水汽。

③ **热气干燥（吹干）** 对急于干燥和不适合放入烘箱的较大仪器可用电吹风机将其吹干。通常用少量乙醇、丙酮（或最后再用乙醚）倒入已控去水分的仪器中摇洗，然后用电吹风机吹，开始用冷风吹 1～2min，当大部分溶剂挥发后吹入热风至完全干燥，再用冷风吹去残余蒸气，不使其又冷凝在容器内。吹风机按冷风→热风→冷风的顺序吹。

④ **烘箱干燥（烘干）** 洗净的仪器可放到电热烘干箱内烘干。仪器放进烘箱前应尽量把水倒净，并在烘箱的最下层放一搪瓷盘，接受从容器上滴下的水珠，以免水滴直接滴在电炉丝上，损坏炉丝。

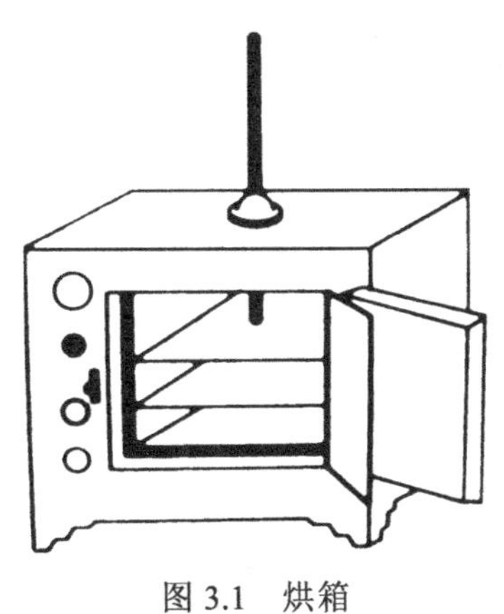

图 3.1 烘箱

恒温干燥箱（简称烘箱）是实验室常见的仪器，如图 3.1 所示。烘箱常用来干燥玻璃仪器，烘干无腐蚀性、热稳定性比较好的化学试剂或试样。但挥发性易燃品或刚用酒精、丙酮淋洗过的仪器切勿放入烘箱内，以免发生爆炸。烘箱带有自动控温装置和温度显示装置。具体使用方法参考烘箱使用说明书。

烘箱温度为 105～110℃，时间为 1h 左右，适用于一般仪器干燥。玻璃仪器干燥时，应先洗净并将水尽量倒干，放置时应注意平放或使仪器口朝上，带塞的瓶子应打开瓶塞，如果能将仪器放在托盘里则更好。一般在 105℃加热一刻钟即可干燥。最好让烘箱降至常温后再取出仪器。如果热时就要取出仪器，应注意用干布垫手，防止烫伤。热玻璃仪器不能碰水，以防炸裂。

称量瓶等在烘干后要放在干燥器中冷却和保存。带实心玻璃塞的仪器及厚壁仪器烘干时要注意缓慢升温并且温度不可过高，以免破裂。带有刻度的量器不可放于烘箱中烘干。

⑤ **有机溶剂干燥（快干）** 对于不能加热的厚壁仪器或有精密刻度的仪器，如试剂瓶、吸滤瓶、比色皿、滴定管和移液管等，可加入少量易挥发且与水互溶的有机溶剂（如无水乙醇、乙醚等），转动仪器使溶剂浸润内壁后倒出，如此反复操作 2～3 次，便可借助残余溶剂的挥发将水分带走。

3.2.3 加热/升温技术

加热是化学实验基本操作的重要部分。不同的温度需要不同的加热器具，不同的化学反应要求不同的加热方式，因此需要选择合适的加热方法。

化学实验室中的加热器具可以分为燃料器具、电加热器和微波加热器。其中，电加热器是分析化学实验中使用最多的一种加热器。本教材着重介绍在化学分析中常用的几种电加热器。

(1) 电加热器

分析化学实验室中常用的电加热器主要有电炉、电加热套、电热板、马弗炉、微波炉等。

① **电炉** 按功率大小有 500W、800W、1000W 等规格，见图 3.2。使用时一般应在电炉丝上放一块石棉网，在它上面再放需要加热的仪器，这样不仅可以增大加热而积，而且可以使加热更加均匀。温度的高低可以通过调节电阻来控制。

使用电炉时应注意不要把加热的化学试剂溅洒在电炉丝上，以免电炉丝损坏。

② **电热板** 电热板是一种均匀加热设备，对于有机物和易燃物的加热尤为适用。电热板升温速度较慢，且受热面是平面的，不适合加热圆底容器，多用作水浴和油浴的热源，也常用于加热烧杯、锥形瓶等平底容器，见图 3.3。

图 3.2 电炉

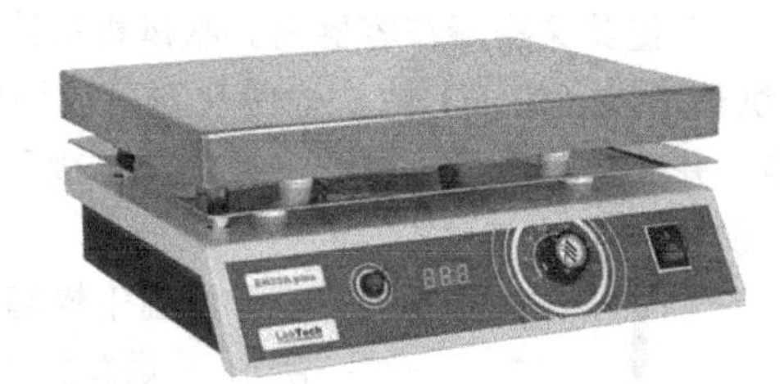

图 3.3 电热板

电热板的使用与维护：应放在有隔热材料的工作台面上；使用时应先接通电源再开启开关；保持发热铁板的清洁。

③ **马弗炉** 属于高温电炉，主要用于高温灼烧或进行高温反应，见图 3.4。

加热元件是电热丝时，最高使用温度可以达到 950℃左右；如果用硅碳棒加热，最高使用温度可以达到 1300℃左右。测量这样高的温度，通常使用热电偶温度计。

图 3.4 马弗炉

使用高温炉时应注意的事项：

a．查看高温炉所接电源电压是否与电炉所需电压相符。热电偶是否与测量温度相符，热电偶正、负极是否接反。

b．调节温度控制器的定温调节按钮使定温指针指在所需温度处。打开电源开关升温，当温度升至所需温度时即能恒温。

c．灼烧完毕，先关上电源，不要立即打开炉门，以免炉膛骤冷碎裂，一般当温度降至 200℃以下时方可打开炉门，用坩埚钳取出样品。

d．高温炉应放在水泥台上，不可放置在木质桌面上，以免引起火灾。

e．炉膛内应保持清洁，炉周围不要放置易燃物品，也不可放置精密仪器。

④ **微波炉** 家用微波炉也可以作为实验室中的加热热源。微波加热基本上属于介电加

热效应，微波炉里转换加热模式的效率依赖于分子的性质。

由于玻璃、陶瓷和聚四氟乙烯等非极性材料可以透过微波，因此多作为微波加热容器。金属材料反射微波，其吸收的微波能为零，因此不能作为微波加热容器。在实验中，可以将加热吸收微波能量弱的物质盛入一刚玉坩埚中，再把坩埚放入 CuO 浴或活性炭浴中，将其置于微波炉中。利用 CuO 或活性炭能强烈吸收微波，瞬时达到很高温度的性质，来加热吸收微波能量弱的物质。

目前，家用微波炉主要通过控制加热时间和微波功率来调整反应条件。因此，微波加热在化学反应和化学实验中的运用还是一个活跃的研究领域。

(2) 加热方法

由于物质的性质不同，加热物质的器具与方法也不同。加热一般分为直接加热和间接加热。最简单的方法是使用加热器具直接加热。

① **直接加热** 直接加热是将被加热物直接放在热源中进行加热，如在酒精灯/煤气灯上加热试管或在电炉上以及马弗炉内加热坩埚等。

a．液体的直接加热 当被加热的液体在较高的温度下稳定而不分解，又无着火危险时，可以把盛有液体的器皿放在石棉网上用酒精灯或电炉直接加热。

b．固体物质的灼烧 欲在高温下加热固体物质或灼烧沉淀时，可以把固体放在坩埚中，将坩埚斜放在泥三角上，半盖盖，用酒精喷灯加热。加热时应将灯焰（**注意：应使用氧化焰！**）直接喷在坩埚盖上再反射到坩埚里面的反应物上直接加热，见图 3.5（a）。不要让还原焰接触坩埚底部，以免坩埚底部结上炭黑，见图 3.5（b）。夹取坩埚时，必须用干净的坩埚钳夹取。取高温坩埚需预热坩埚钳的尖端或待坩埚冷却后再夹取。坩埚钳用后应平放在桌上或石棉网上，尖端向上，保证坩埚钳尖端洁净［见图 3.25（b）］。坩埚耐高温，但不宜骤冷。热坩埚取下后，应放在石棉网上冷却。

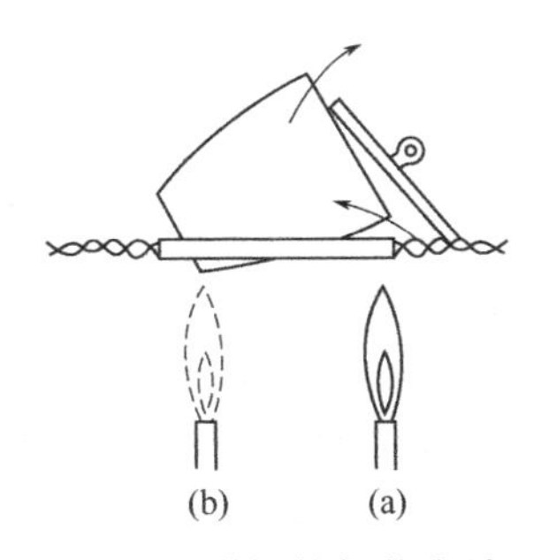

图 3.5 坩埚的加热方法

（a）用氧化焰火焰加热；（b）在坩埚底部灼烧

若需要更高的温度灼烧，可以使用高温炉（如马弗炉）。用高温炉可以准确地控制灼烧温度与时间。但是使用时要注意根据温度选用合适的反应容器。

直接加热的最大缺点是容易造成受热仪器受热不均，有产生局部过热的危险，且难以控制温度。

② **间接加热** 有些物质的热稳定性较差，过热时容易发生氧化、分解或大量挥发逸散，这类物质不宜采用直接加热法，可采用间接加热法。

间接加热是先用热源将某些介质加热，介质再将热量传递给被加热物，这种方法称为**“热浴”**。常见的热浴方法有水浴、油浴、沙浴等。热浴的优点是加热均匀，升温平稳，并能使被加热物保持一定温度。

a. 水浴 水浴是借助被加热的水或水蒸气进行间接加热的方法。凡需均匀受热而又不超过 100℃ 的加热都可用水浴。

水浴加热的专用仪器是水浴锅（图 3.6），常用铜或铝制成，锅盖是由一组由大到小的同心圆水浴环组成。根据受热器皿底部受热面积的大小选择适当口径的水浴环。水浴锅中的盛水量不得超过其容积的 2/3。

在加热过程中，由于水分不断蒸发，因此可酌情向锅内增添热水，切勿将水蒸干。加热温度为 90℃以下时，可把受热器浸入水浴锅的热水中，但不得与锅底接触，以免受热器受热不均而炸裂；加热温度为 100℃时，可把热器放在水浴环上或悬挂于沸水中（切勿与锅底接触），利用沸水的蒸汽或沸水进行加热。如果无水浴锅，也可用烧杯代替。

b. 沙浴 沙浴是借助被加热的细沙进行间接加热的方法。凡需均匀受热且加热温度在 100～400℃时均可用沙浴。沙浴装置是一个铺有一层均匀细沙（需先洗净并煅烧除去有机杂质）的铁盘。使用时，把要加热的容器埋入沙中，对盘中的沙加热（图 3.7）。沙中应插温度计以便控制温度，温度计的水银球要紧靠容器壁。

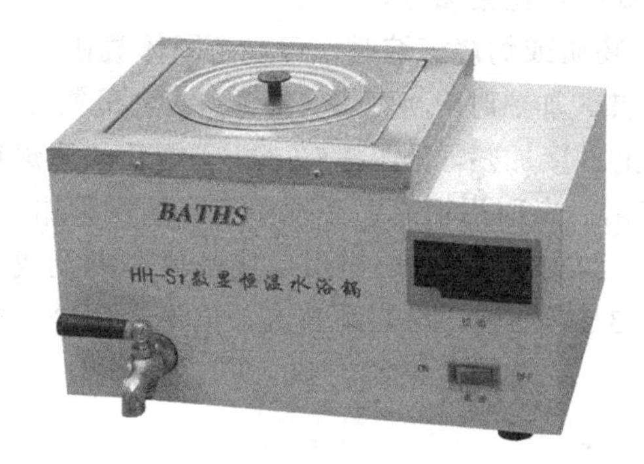

图 3.6 水浴锅实物图

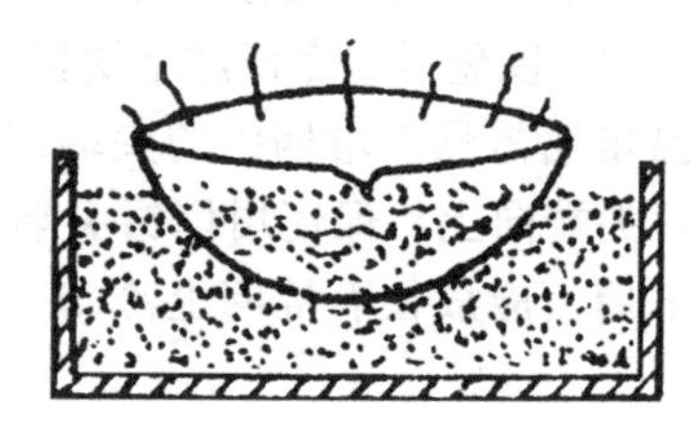

图 3.7 沙浴示意图

因沙子的热传导能力差，沙浴温度分布不均匀，故容器底部的沙要薄些，以使容器易受热，而容器周围的沙要厚些，以利于保温。

c. 油浴 用油代替水浴中的水，将加热容器置于热浴中，即为油浴。油浴所能达到的最高温度取决于所用油的种类。甘油可加热至 220℃，温度再高会分解。透明石蜡可加热至 200℃，温度再高也不分解，但易燃烧，是实验室中最常用的油浴油。硅油和真空泵油加热至 250℃仍较稳定。使用油浴时，应在油浴中放入温度计观测温度，以便调整火焰，防止油温过高。在油浴锅内使用电热卷加热，要比明火加热更为安全。再接入继电器和接触式温度计，就可以实现自动控制油浴温度。

注意： 使用油浴时要加倍小心，发现严重冒烟时要立即停止加热。还要注意不要让水滴溅入油浴锅。

3.3 定量化学分析技术

3.3.1 称量技术

在定量化学分析中，当需要取用一定量的固体试剂（或试样）时，应选用适当容器在天平上称量。

称量是定量分析中最基本的操作之一，无论是滴定分析还是重量分析都离不开称量。根据分析任务的要求，准确、熟练地进行物质的称量，是获得准确分析结果的基本保证。

在化验室中，天平是化学实验中最重要、最常用的衡量仪器之一，是用来测量物体质量的仪器。化学工作尤其是分析化学工作者都必须熟悉如何正确地使用天平。

常用的天平有托盘天平、电光天平和电子天平。根据量值传递范畴，天平又分为标准天平（直接用于检定传递砝码质量量值的天平）和工作用天平。

在分析检测中，通常使用的天平主要为工作天平。工作天平的一般分类见表 3.4。

表 3.4 工作天平的分类

按天平的用途分类（称量精度/g）	按天平的量值分类（mg/分度值）
• 分析天平：0.0001～0.00001	• 常量分析天平：0.1
• 工业天平：0.1～0.01	• 半微量分析天平：0.01
• 专用天平：密度天平、采样天平、水分测定天平	• 微量分析天平：0.001

此外，天平还可以按精度等级不同，又可分为四级：Ⅰ级为特种精度（精细天平），Ⅱ级为高精度（精密天平），Ⅲ级为中等精度（商用天平），Ⅳ级为普通精度（粗糙天平）。

目前，电子分析天平早已是化验室中最新且最广泛使用的衡量仪器。因此，本教材将主要介绍有关电子分析天平的相关知识与基础操作。

图 3.8 电子分析天平

3.3.1.1 电子分析天平

电子分析天平是最新发展的一类天平。电子天平称量快捷，使用方法简便，是目前最好的称量仪器，见图 3.8。

电子分析天平的基本功能包括自动校零、自动校正、自动扣除空白和自动显示称量结果。

(1) 电子分析天平的工作原理

电子分析天平的工作原理为电磁力平衡原理。即在秤盘上放上称量物进行称量时，称量物便产生一个重力，方向向下。线圈内有电流通过，产生一个向上的电磁力，与秤盘中称量物的重力大小相等、方向相反，维持力的平衡。

(2) 电子分析天平的使用方法

① 在使用前观察水平仪是否水平。若不水平，调节水平调节脚，使水泡位于水平仪

中心。

② 接通电源，预热30min后方可开启显示器。轻按天平面板上的“ON”键，约2s后，显示屏很快出现“0.0000g”。如果显示不正好是0.0000g，则需按一下“TAR”键。

③ 将容器（或待称物）轻轻放在秤盘上，待显示数字稳定下来并出现质量单位“g”后，即可读数（最好再等几秒钟），并记录称量结果。

④ 若需清零、去皮重，则应轻按“TAR”键，显示消隐，随即出现全零状态。容器质量显示值已消除，即为去皮重。可继续在容器中加试样进行称量，显示出的是试样的质量。当拿走称量物后，就出现容器质量的负值。

⑤ 称量完毕，取下被称物，按一下“OFF”键（但不可拔电源插头），让天平处于待命状态。再次称量时，按一下“ON”键，就可继续使用。最后使用完毕，应拔下电源插头，盖上防尘罩。

3.3.1.2 称量方法

采用电子分析天平准确称取一定量固体试剂或试样时，常采用的称量方法主要有直接称量法、减量称量法（差减法）和固定质量称量法（增量法）三种。

（1）直接称量法

直接称量法适用于称量洁净、干燥的器皿，棒状、块状且在空气中没有吸湿性的固体物质，如金属或合金试样等。称量时，可将被称试样置于天平盘上的干燥器皿，如表面皿、烧杯及不锈钢器皿上直接称量。称量某小烧杯的质量、重量分析中称量某坩埚的质量，都是采用这种方法。

（2）减量称量法

减量称量法（差减法）适用于一般的粒状、粉状试剂或试样及液体试样。其方法原理是：取适量待称样品置于一干燥洁净的容器（固体粉状样品用称量瓶，液体样品可用小滴瓶等）中，在天平上准确称量后，取出欲称量的样品置于实验容器中，再次准确称量，两次称量读数之差值即为所称量样品的质量。如此反复操作，可连续称若干份样品。差减法最常用的称量容器是称量瓶，见图3.9（a）。称量瓶在使用前要洗净烘干或自然晾干，称量时不可直接用手拿，而应用纸条套住瓶身中部，用手捏紧纸条进行操作，以防手的温度高或汗渍沾污等影响称量准确度。规范操作见图3.9（b）。

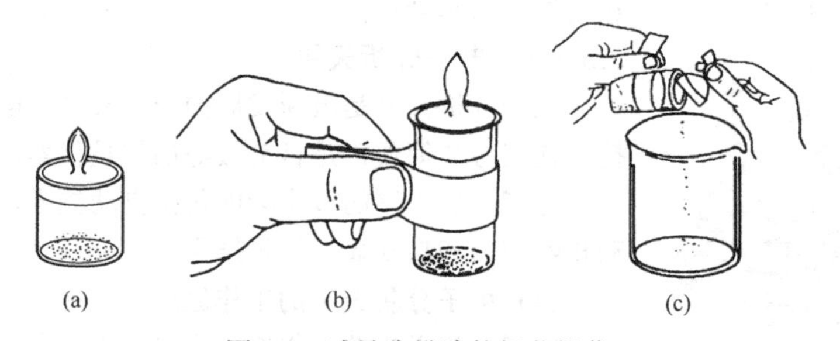

(a)　(b)　(c)

图3.9 减量称量法的规范操作

（a）称量瓶；（b）称量瓶的使用；（c）试样的转移方法

差减法的操作步骤：

① 将称量瓶放入天平盘上，准确称量称量瓶加试样的质量，记为m_1（g）。

② 取下称量瓶，放在实验容器上方将称量瓶倾斜。用称量瓶盖轻敲瓶口上部，使试样

慢慢落入实验容器中，见图 3.9（c）。当倾出的试样已接近所需质量时，慢慢地将瓶竖起，再用称量瓶盖轻敲瓶口上部，使粘在瓶口的试样落入实验容器中。然后盖好瓶盖（上述操作均应在容器上方进行，防止试样丢失），将称量瓶再放回天平盘，称得质量记为 m_2（g）。如此继续进行，可称取多份试样。

③ 第一份试样质量 $=m_1-m_2$；第二份试样质量 $=m_2-m_3$。

注意： 如果一次倾出的试样不足所需用的质量范围，可按上述操作继续倾出。但如果超出所需的质量范围，不准将倾出的试样再倒回称量瓶中。此时只能弃去倾出的试样，洗净容器重新称量。

(3) 固定质量称量法

固定质量称量法（增量法）是指称取某一指定质量的试样的称量方法。这种方法常用来称取指定质量的基准物质或试样，可在称量容器（如表面皿或不锈钢等金属材料做成的深凹型小表面皿）内直接放入待测试样，直到称取到所需质量。

此法只能用来称取不易吸湿且不与空气中各种组分发生作用的、性质稳定的粉末状或小颗粒状物质，不适用于块状物质的称量。

固定质量称量法的操作步骤：

① 将清洁干燥的容器置于天平秤盘上，清零、去皮重。

② 手指轻敲勺柄，逐渐加入试样，直到所加试样只差很小质量时，小心地以左手持盛有试样的小勺，再向实验容器中心部位上方 2～3cm 处，用左手拇指、中指及掌心拿稳勺柄，以食指摩擦勺柄，使勺内的试样以非常缓慢的速度尽可能少的抖入实验容器中。

③ 若不慎多加了试样，用小勺取出多余的试样（不要放回原试样瓶），再重复上述操作直到合乎要求为止。

④ 称量完毕，将所称取的试样定量完全地转移至实验容器内。

注： 固定质量称量法要求操作者技术熟练，尽量减少增减试样的次数，这样才能保证称量准确、快速。

3.3.2 滴定分析操作技术

滴定分析又称容量分析。规范地使用容量器皿并准确测量溶液的体积，是获得良好分析结果的重要保障。在滴定分析中，移液管（吸量管）、滴定管和容量瓶是准确量取溶液体积的常用仪器，现分述如下。

3.3.2.1 滴定分析仪器简介

(1) 移液管和吸量管

① **移液管** 是用于准确量取一定体积溶液的量出式玻璃量器，其正规名称是“单标线吸量管”，通常惯称为“移液管”，见图 3.10（a）。移液管的中间有一膨大部分（称为球部）的玻璃管，球部的上、下部分均为较细窄的管颈，管颈的上端有一圈标线，此标线的位置是由放出纯水的体积决定的。常用的移液管有 5mL、10mL、25mL、50mL 等规格。

② **吸量管** 其全称是“分度吸量管”，它是具有分刻度的量出式玻璃量器，用于移取非固定量的溶液。常用的吸量管有 1mL、2mL、5mL、10mL 等规格，见图 3.10（b）。

(2) **容量瓶**

容量瓶的主要用途是制备准确浓度的溶液或定量稀释溶液。它常和移液管配套使用，可将制备成溶液的某种物质等分为若干份。

容量瓶是一种细颈梨形平底玻璃瓶，由无色或棕色玻璃制成，带有磨口玻璃塞或塑料塞，瓶颈上有一环形标线，表示在所指温度下（一般为20℃）液体充满至标线时的容积，以毫升计。容量瓶均为“量入”式。常用的容量瓶有25mL、50mL、100mL、250mL、500mL、1000mL等规格，见图3.11。

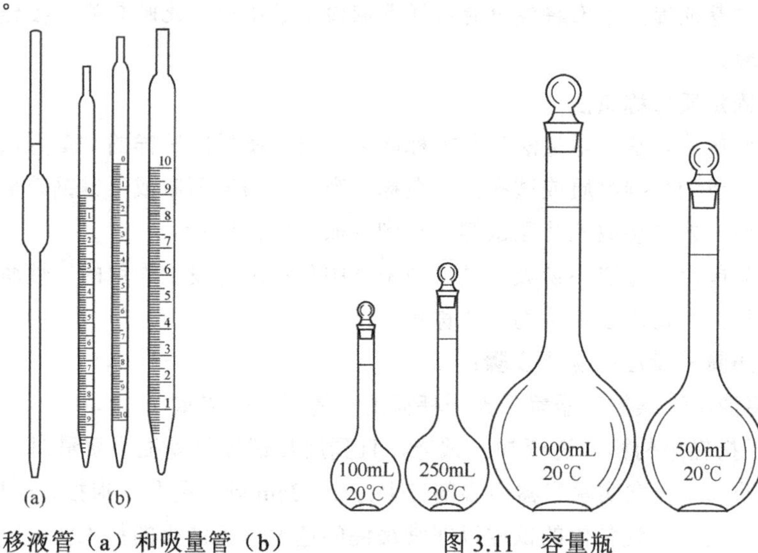

图3.10 移液管（a）和吸量管（b）　　图3.11 容量瓶

(3) **滴定管**

滴定管是准确量出不固定量标准溶液的量出式玻璃量器。主要用于滴定分析中对滴定剂体积的测量。

滴定管的主要部分管身是具有精确刻度、内径均匀的细长玻璃管，下端的流液口为一尖嘴，中间通过玻璃旋塞或乳胶管连接，以控制滴定速度。

目前，多数的具塞滴定管都是非标准旋塞，即旋塞不可互换。因此，一旦旋塞被打碎，则整只滴定管就报废了。

常量分析的滴定管，规格为25mL、50mL，最小刻度为0.1mL，读数可估计到0.01mL。另外还有规格为10mL、5mL、2mL、1mL的半微量和微量滴定管。

滴定管一般分为酸式滴定管和碱式滴定管，见图3.12。

① **酸式滴定管**　下端有玻璃活塞开关，它用来装酸性溶液和氧化性溶液，不宜盛碱性溶液。

② **碱式滴定管**　下端连接一乳胶管，管内有玻璃珠以控制溶液的流出，乳胶管的下端再连一尖嘴玻璃管。凡是能与乳胶管起反应的氧化性溶液，如$KMnO_4$、I_2等，都不能装在碱式滴定管中。

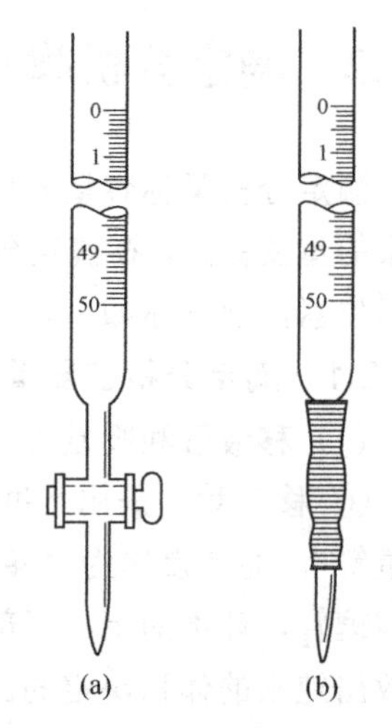

图3.12 滴定管示意图

（a）酸式滴定管；（b）碱式滴定管

对于易见光分解的溶液，如$KMnO_4$、$AgNO_3$等，用棕色滴定管。此外还有一种滴定管为通用型滴定管，它的下端是聚四氟乙烯旋塞。

3.3.2.2 滴定分析仪器的校准

（1）容量瓶和移液管的相对校准

移液管和容量瓶经常配套使用，因此它们容积之间的相对校准非常重要。经常使用的 25mL 移液管，其容积应该等于 250mL 容量瓶的 1/10。

【校准方法】将容量瓶洗干净，使其倒挂在漏斗架上自然干燥。若为 250mL 容量瓶，用移液管移取蒸馏水 10 次放入干燥的容量瓶中，若液面与容量瓶上的刻度不吻合，则用黑纸条或透明胶布做一个与弯月面相切的记号。

在以后的实验中，经相对校准的容量瓶与移液管配套使用时，则以新的记号作为容量瓶的标线。

注意：用移液管向容量瓶内放水时不要沾湿瓶颈。

（2）滴定管的校准

我国现行生产的容量器皿的精确度可以满足一般分析工作的要求，无须校准。但是，在要求精确度较高的分析测量工作中则需要对所用的量器校准。滴定管常用称量法校准。

称量法校准的原理：称量量器中所容纳或所放出的水的质量，根据水的密度计算出该量器在 20℃时的容积。其校正公式为：

$$m_t = \frac{\rho_t}{1 + \dfrac{0.0012}{\rho_t} - \dfrac{0.0012}{8.4}} + 0.000025(t-20)\rho_t \tag{3.1}$$

式中，m_t 为 t℃时，空气中用黄铜砝码称量 1mL 水（在玻璃容器中）的质量，g；ρ_t 为水在真空中的密度，可查表而得；t 为校正时的温度，℃；0.0012 和 8.4 分别为空气和黄铜砝码的密度，$g \cdot cm^{-3}$；0.000025 为玻璃体膨胀系数。

【校准方法】

① 在洗净的滴定管中，装入蒸馏水至标线以上约 5mm 处。垂直夹在滴定架上等待 30s 后，调节液面至 0.00 刻度。按一定体积间隔将水放入一干净的称量过质量（m_0）的 50mL 磨口锥形瓶中。当液面降至被校分度线以上约 0.5mL 时，等待 15s。然后在 10s 中内将液面调整至被校分度线，随即用锥形瓶内壁靠下挂在滴定管尖嘴下的液滴。

② 盖紧磨口塞，准确称量锥形瓶和水的总质量。重复称量一次，两次称量相差应小于 0.02g。求平均值（m_1）。

③ 记录由滴定管放出纯水的体积（V_0）。

④ 重复以上操作，测定下一个体积间隔水的质量和体积。

⑤ 根据称量水的质量（$m_2 = m_1 - m_0$），除以表中所示在一定温度下 m_t 的质量，就得到实际体积 V，最后求校正值 ΔV（$\Delta V = V - V_0$）。

3.3.2.3 滴定技术——滴定管的使用

（1）准备

① **检查滴定管的密合性** 将酸式滴定管安放在滴定管架上，用手旋转活塞，检查活塞与活塞槽是否配套吻合；关闭活塞，将滴定管装水至“0”线以上，置于滴定管架上，直立静置 2min，观察滴定管下端管口有无水滴流出。若发现有水滴流出,应给旋塞涂油。

② **旋塞涂油** 旋塞涂油是起密封和润滑作用，最常用的油是凡士林油。

【涂油方法】将滴定管平放在台面上，抽出旋塞，用滤纸将旋塞及塞槽内的水擦干，用手指蘸少许凡士林在旋塞的两侧涂上薄薄的一层。在离旋塞孔的两旁少涂一些，以免凡士林堵住塞孔。另一种涂油的做法是分别在旋塞粗的一端和塞槽细的一端内壁涂一薄层凡士林。涂好凡士林的旋塞插入旋塞槽内，沿同一方向旋转旋塞，直到旋塞部位的油膜均匀透明，见图 3.13。

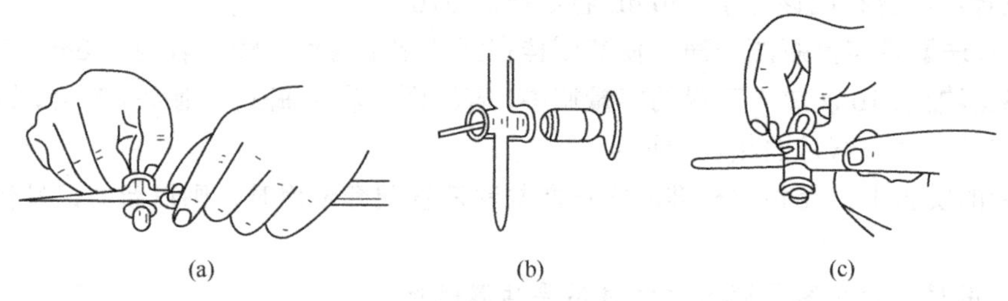

图 3.13　酸式滴定管的旋塞涂油方法

（a）旋塞槽的擦法；（b）旋塞涂油法；（c）旋塞的旋转

如发现转动不灵活或旋塞上出现纹路，表示油涂得不够；若有凡士林从旋塞缝内挤出，或旋塞孔被堵，表示凡士林涂得太多。遇到这些情况，都必须把旋塞和塞槽擦干净后重新处理。

注意：在涂油过程中，滴定管始终要平放、平拿，不要直立，以免擦干的塞槽又沾湿。涂好凡士林后，用乳胶圈套在旋塞的末端，以防活塞脱落破损。

涂好油的滴定管要试漏。试漏的方法是将旋塞关闭，管中充水至最高刻度，然后将滴定管垂直夹在滴定管架上，放置 12min，观察尖嘴口及旋塞两端是否有水渗出；将旋塞转动 180°，再放置 2min，若前后两次均无水渗出，旋塞转动也灵活，即可洗净使用。

碱式滴定管应选择合适的尖嘴、玻璃珠和乳胶管（长约 6cm），组装后应检查滴定管是否漏水，液滴是否能灵活控制。如不合要求，则需重新装配。

③ **洗涤滴定管**　先用自来水洗净，再用蒸馏水洗涤 3 次。每次加入约 10mL 蒸馏水后，用“**淌洗**”的方法两手平端滴定管，即右手拿住滴定管上端无刻度部位，左手拿住旋塞无刻度部位，边转边向宽口倾斜，使溶液流遍全管，然后打开滴定管的旋塞旋转滴定管，使洗液由下端流出。最后同样用“淌洗”的方法用操作溶液润洗滴定管 3 次。

注意：如果滴定管长时间未用，或内壁有较多污渍，则必须在蒸馏水洗涤之前用铬酸洗液洗涤。

④ **装液/排气**　在装入操作溶液时，应由储液瓶直接灌入，不得借用任何别的器皿，如漏斗或烧杯，以免操作溶液的浓度改变或造成污染。装入前应先将储液瓶中的操作溶液摇匀，使凝结在瓶内壁的水珠混入溶液。装满溶液的滴定管，应检查滴定管尖嘴内有无气泡，如有气泡，必须排出。

a．酸式滴定管的排气方法　可用右手拿住滴定管无刻度部位使其倾斜约 30°，左手迅速打开旋塞，使溶液快速冲出，将气泡带走。

b．碱式滴定管的排气方法　可把乳胶管向上弯曲，出口上斜，挤捏玻璃珠右上方，使溶液从尖嘴快速冲出，即可排除气泡，见图 3.14。

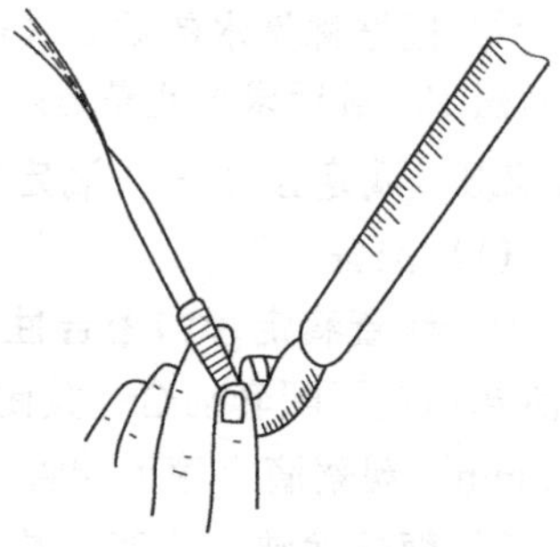

图 3.14　碱式滴定管的排气方法

（2）读数

将装满溶液的滴定管垂直地夹在滴定管架上。由于附着力和内聚力的作用，滴定管内的液面呈弯月形。无色水溶液的弯月面比较清晰，而有色溶液的弯月面清晰程度较差。因此，两种情况的读数方法稍有不同。

读数方法：

① 读数时滴定管应垂直放置，注入溶液或放出溶液后，需等待1～2min后才能读数。

② 无色溶液或浅色溶液，普通滴定管应读弯月面下缘实线的最低点。为此，读数时，视线应与弯月面下缘实线的最低点在同一水平上［图3.15（a）］。

③ 蓝线滴定管读数时，其弯月面能使色条变形而形成两个相遇一点的尖点，且该尖点在蓝线的中线上，可直接读取此尖点所在处的刻度［图3.15（b）］。

④ 有色溶液，如 $KMnO_4$、I_2 溶液等，视线应与液面两侧的最高点相切，即读液面两侧最高点的刻度［图3.15（c）］。

⑤ 滴定时，最好每次从0.00mL开始，或从接近“0”的任一刻度开始，这样可以固定在某一体积范围内量度滴定时所消耗的标准溶液，减少体积误差，读数必须准确至0.01mL。

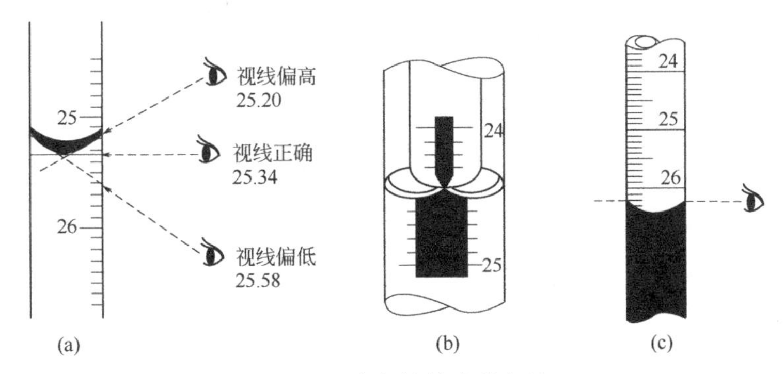

图3.15 滴定管的读数方法

（a）读数的正确视线位置；（b）蓝线滴定管的读数方法；（c）有色溶液的读数方法

（3）滴定操作

① **酸式滴定管** 应用左手控制滴定管旋塞，大拇指在前，食指和中指在后，手指略微弯曲，轻轻向内扣住旋塞，手心空握，以免碰旋塞使其松动，甚至可能顶出旋塞，右手握持锥形瓶，边滴边摇动，向同一方向作圆周旋转，而不能前后振动，否则会溅出溶液。滴定速度一般为10mL/min，即3～4滴/s。临近滴定终点时，应一滴或半滴地加入，并用洗瓶吹入少量水冲洗锥形瓶内壁，使附着的溶液全部流下，然后摇动锥形瓶。如此继续滴定至准确到达终点为止。见图3.16（a）。

② **碱式滴定管** 左手拇指在前，食指在后，捏住乳胶管中玻璃球所在部位稍上处，向手心捏挤乳胶管，使其与玻璃球之间形成一条缝隙，溶液即可流出。应注意，不能捏挤玻璃球下方的乳胶管，否则易进入空气形成气泡。为防止乳胶管来回摆动，可用中指和无名指夹住尖嘴的上部。见图3.16（b）。

滴定通常都在锥形瓶中进行，必要时也可以在烧杯中进行，见图3.17。对于滴定碘法、溴酸钾法等，则需在碘量瓶中进行反应和滴定，见3.3.2.6（2）。

（4）滴定结束后滴定管的处理

滴定结束后，把滴定管中剩余的溶液倒掉（**不能倒回原储液瓶！**）。依次用自来水和纯水洗净，然后垂直夹在滴定管架上即可。

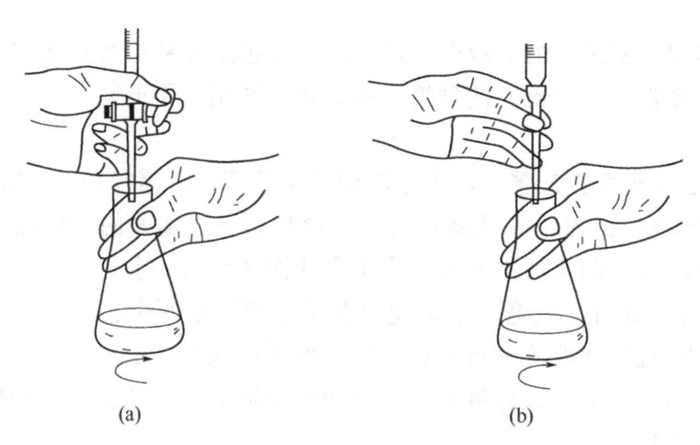

图 3.16　滴定管的操作

（a）酸式滴定管的操作；（b）碱式滴定管的操作

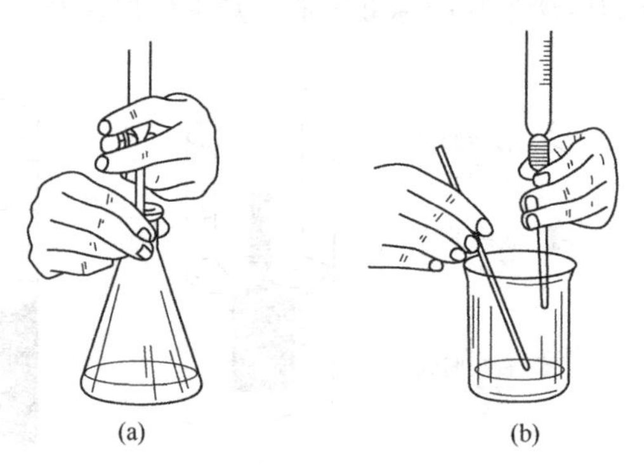

图 3.17　滴定操作示意图

（a）锥形瓶中滴定；（b）烧杯中滴定

3.3.2.4　定容技术——容量瓶的使用

（1）使用前的检漏

容量瓶使用前应检查是否漏水。

【检漏方法】注入自来水至标线附近，盖好瓶塞，用右手的指尖顶住瓶底边缘，将其倒立 2min，观察瓶塞周围是否有水渗出。如果不漏，再把塞子旋转 180°，塞紧、倒置，如仍不漏水，则可使用。使用前必须把容量瓶按容量器皿洗涤要求洗涤干净。

容量瓶与瓶塞要配套使用，标准磨口或塑料塞不能调换。瓶塞须用尼龙绳系在瓶颈上，以防掉下摔碎。系绳不要很长，长度为 2～3cm 即可，以可启开塞子为限。

（2）容量瓶的使用方法

① **定量转移溶液**　将准确称量的试剂放在小烧杯中，加入适量水，搅拌使其溶解，沿玻璃棒将溶液转移入容量瓶中，烧杯中的溶液移完后烧杯不要直接离开玻璃棒，而应在烧杯扶正的同时使杯嘴沿玻璃棒上提 1～2cm，随后烧杯即离开玻璃棒，这样可避免杯嘴与玻璃棒之间的一滴溶液流到烧杯外面。然后用少量水淋洗烧杯壁 3～4 次，每次的淋洗液按同样操作转移入容量瓶中。

② **稀释/定容**　当溶液达容量瓶容积的 2/3 时，应将容量瓶沿水平方向摇晃使溶液初步混匀（**注意：不能倒转容量瓶!**），加水至接近标线时，用滴管从刻线以上 1cm 处沿颈壁缓缓滴加蒸馏水至弯月面最低点恰好与标线相切。

③ **摇匀** 盖紧瓶塞，用食指压住瓶塞，另一只手托住容量瓶底部，倒转容量瓶，使瓶内气泡上升到顶部，边倒转边摇动，如此反复倒转摇动多次，使瓶内溶液充分混合均匀，见图3.18。

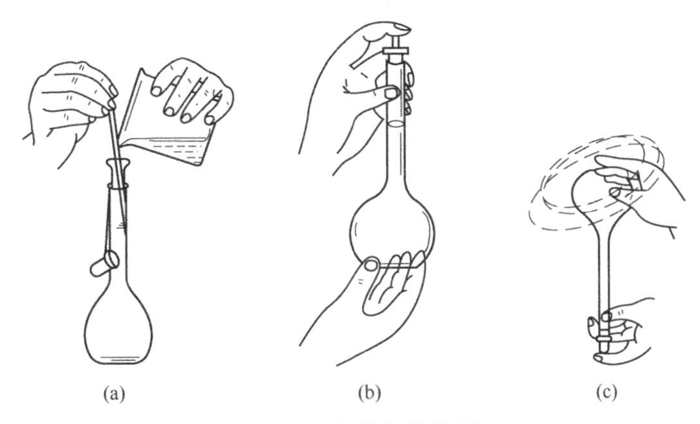

图3.18 容量瓶的使用

（a）转移；（b）直立；（c）旋摇

注：容量瓶是量器而不是容器，不宜长期存放溶液。如溶液需使用一段时间，应将溶液转移至试剂瓶中储存，试剂瓶应先用该溶液涮洗2~3次，以保证浓度不变。

容量瓶不得在烘箱中烘烤，也不许以任何方式对其加热。

3.3.2.5 移液技术——移液管的使用

移取溶液前，必须用滤纸将移液管尖端内外的水吸去，然后用欲移取的溶液涮洗2～3次，以确保所移取溶液的浓度不变。

移取溶液时，用右手的大拇指和中指拿住移液管或吸量管管颈上方，下部的尖端插入溶液中1～2cm，左手拿洗耳球，先把球中空气压出，然后将球的尖端接在移液管口，慢慢松开左手使溶液吸入管内，当液面升高到刻度以上时，移去洗耳球，立即用右手的食指按住管口，将移液管下口提出液面，管的末端仍靠在盛溶液器皿的内壁上，略微放松食指，用拇指和中指轻轻捻转管身，使液面平稳下降，直到溶液的弯月面与标线相切时，立即用食指压紧管口，使液体不再流出。取出移液管，插入承接溶液的器皿中。此时移液管应垂直，承接的器皿倾斜45°，松开食指，让管内溶液自然地全部沿器壁流下，等待10～15s，拿出移液管，见图3.19。

3.3.2.6 其他分析仪器的使用

（1）称量瓶的使用

为了防止称量物在称量过程中吸收空气中的水分和二氧化碳而改变其组分，可以将它们放在平底有盖的瓶——称量瓶中来称量［图3.20（a）］。称量瓶口及盖子的边缘是磨砂的。使用前要洗净，烘干，然后再放称量物。

（2）碘量瓶的使用

滴定分析通常大都在锥形瓶中进行，而溴酸钾法、碘量法（滴定碘法）等需在碘量瓶中进行反应和滴定［图3.20（b）］。碘量瓶是带有磨口玻璃塞和水槽的锥形瓶，喇叭形瓶口与瓶塞柄之间形成一圈水槽，槽中加纯水可形成水封，防止瓶中溶液反应生成的气体（Br_2、I_2等）逸失。反应一定时间后，打开瓶塞水即流下并可冲洗瓶塞和瓶壁，接着进行滴定。

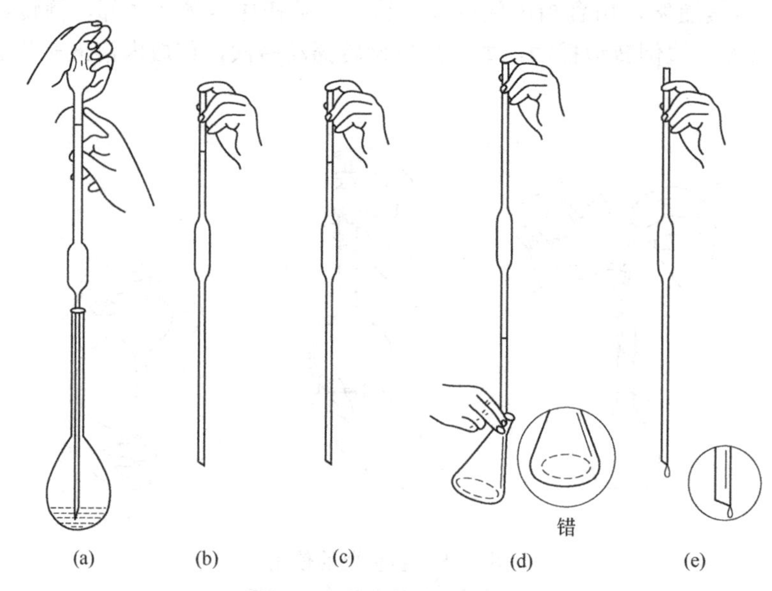

图 3.19 移液管的操作方法

（a）吸溶液：右手握住移液管，左手捏洗耳球多次；（b）把溶液吸到管颈标线以下，不时放松手指；（c）把液面调节到标线；（d）放出溶液：移液管下端紧贴锥形瓶内壁，放开食指，溶液沿瓶壁自由流出；（e）残留在移液管尖的最后一滴溶液，一般不要吹掉（若管上有“吹”字，就要吹掉）

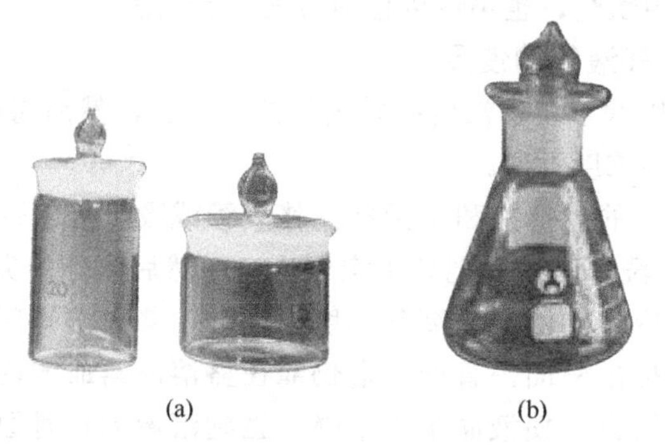

图 3.20 称量瓶与碘量瓶

（a）称量瓶；（b）碘量瓶

（3）试剂瓶的使用

储存溶液的试剂瓶一般用带有玻璃塞的细口瓶。有些试剂如 $KMnO_4$、$AgNO_3$ 等溶液，见光易分解，应保存在棕色的试剂瓶中。

储放苛性碱溶液的试剂瓶，应该用橡皮塞，如用玻璃塞，则放置时间稍久，就会因玻璃被碱腐蚀而使塞与瓶紧紧地黏合在一起而无法开启。试剂瓶只能储存而不能配制溶液，特别是不可用来稀释浓硫酸和溶解苛性碱，否则会由于其产生大量的热而将瓶炸裂。

注意：试剂瓶是绝对不能加热的！试剂配好以后，应立即贴上标签，注明品名、纯度、浓度及配制日期。长期保存时，瓶口上倒置一个小烧杯以防灰尘侵入。

（4）干燥器的使用

干燥器是具有磨口盖子的密闭厚壁玻璃器皿，常用以保存坩埚、称量瓶、试样等物。它的磨口边缘涂一薄层凡士林，使之能与盖子密合，见图 3.21。

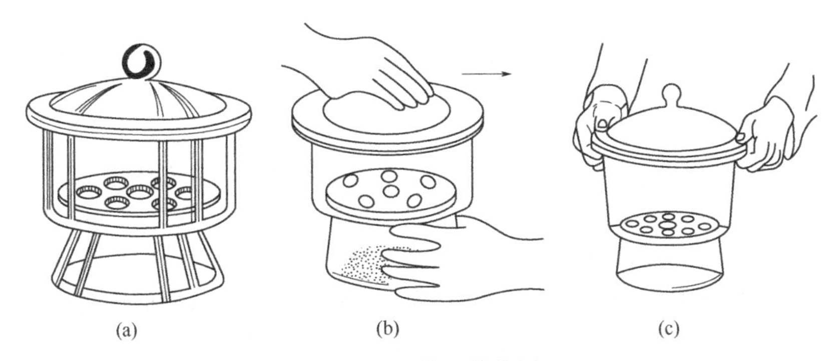

(a) (b) (c)

图 3.21 干燥器的使用

(a) 干燥器示意图；(b) 干燥器的开启与关闭；(c) 干燥器的搬动方法

干燥器底部盛放干燥剂，最常用的干燥剂是变色硅胶和无水氯化钙，其上搁置洁净的带孔瓷板。坩埚等即可放在瓷板孔内。

需要指出的是：干燥器中干燥剂吸收水分的能力都是有一定限度的。干燥器中的空气并不是绝对干燥的，只是湿度较低而已。

使用干燥器时应注意下列事项：

① 干燥剂不可放得太多，以免沾污坩埚底部。

② 搬移干燥器时，要用双手拿着，用大拇指紧紧按住盖子，如图 3.21（c）所示。

③ 打开干燥器时，不能往上掀盖，应用左手按住干燥器，右手小心地把盖子稍微推开，等冷空气徐徐进入后，才能完全推开，盖子必须仰放在桌子上。

④ 不可将太热的物体放入干燥器中。

⑤ 有时较热的物体放入干燥器中后，空气受热膨胀会把盖子顶起来，为了防止盖子被打翻，应当用手按住，不时把盖子稍微推开（不到 1s），以放出热空气。

⑥ 灼烧或烘干后的坩埚和沉淀，在干燥器内不宜放置过久，否则会因吸收一些水分而使质量略有增加。

⑦ 变色硅胶干燥时为蓝色（含无水 Co^{2+}），受潮后变粉红色（含水合 Co^{2+}）。可以在 120℃烘受潮的硅胶待其变蓝后反复使用，直至破碎不能用为止。

3.3.3 重量分析操作技术

重量分析基本操作技术包括分离和称量两部分。其操作过程主要有沉淀的过滤、洗涤、烘干或灼烧及称量直至恒重。称量在本章的 3.3.1 节已有系统介绍，下面将系统介绍沉淀的分离。

沉淀的分离方法通常有过滤法和离心分离法。在重量分析法中常采用过滤法对沉淀加以分离，因此，下面将系统介绍过滤法。

过滤法是最常用的固-液分离方法之一。当沉淀和溶液经过过滤器时，沉淀留在过滤器上；溶液通过过滤器而进入容器中，所得溶液称作滤液。

常用的过滤方法有常压过滤（普通过滤）、减压过滤（吸滤）和热过滤三种。本书着重介绍常压过滤和减压过滤。

3.3.3.1　常压过滤

常压过滤法最为简单、常用。选用的漏斗大小应以能容纳沉淀为宜，滤纸有定性滤纸和定量滤纸两种，根据需要加以选择使用。

（1）滤纸的选择

重量分析法应使用定量滤纸。定量滤纸又称为无灰滤纸，在灼烧后其灰分的质量应小于或等于常量分析天平的感量。定量滤纸一般为圆形，按直径分有 7cm、9cm、11cm 等几种。滤纸按孔隙大小分为“快速”“中速”和“慢速”三种，应根据沉淀的性质选择滤纸的类型，例如 $BaSO_4$、CaC_2O_4 为晶形沉淀，宜采用较小而致密的慢速滤纸（直径 9～11cm）；而 $Fe_2O_3 \cdot xH_2O$ 为蓬松的胶状沉淀，难以过滤，则需使用大而疏松的快速滤纸（11～12.5cm）。

根据沉淀量的多少选择滤纸的大小，一般要求沉淀的总体积不得超过滤纸锥体高度的1/3。滤纸的大小还应与漏斗的大小相适应，一般滤纸上沿应低于漏斗上沿约 1cm。表 3.5 为国产定量滤纸的类型。

表 3.5　国产定量滤纸的类型

类型	滤纸盒上色带标志	滤速/s·$(100mL)^{-1}$	适用范围
快速	白色	60～100	无定形沉淀，如 $Fe(OH)_3$
中速	蓝色	100～160	中等粒度沉淀，如 $MgNH_4PO_4$
慢速	红色	160～200	细粒状沉淀，如 $BaSO_4$、$CaC_2O_4 \cdot 2H_2O$

（2）滤纸折叠与放置

折叠滤纸前应先把手洗净擦干，以免弄脏滤纸。按四折法折成圆锥形（见图 3.22）。如果漏斗正好为 60°，则滤纸锥体角度应稍大于 60°。做法是先把滤纸对折，然后再对折。为保证滤纸与漏斗密合，第二次对折时不要折死，先把锥体打开，放入漏斗（漏斗应干净而且干燥）。如果滤纸与漏斗不完全密合，可以稍微改变滤纸的折叠角度，直到完全密合为止，此时可以把第二次的折边折死。

展开滤纸锥体一边为三层，另一边为一层。为了使滤纸和漏斗内壁贴紧而无气泡，常在三层厚的外层滤纸折角处撕下一小块，此小块滤纸保存在洁净干燥的表面皿上，以备擦拭烧杯中残留的沉淀用。

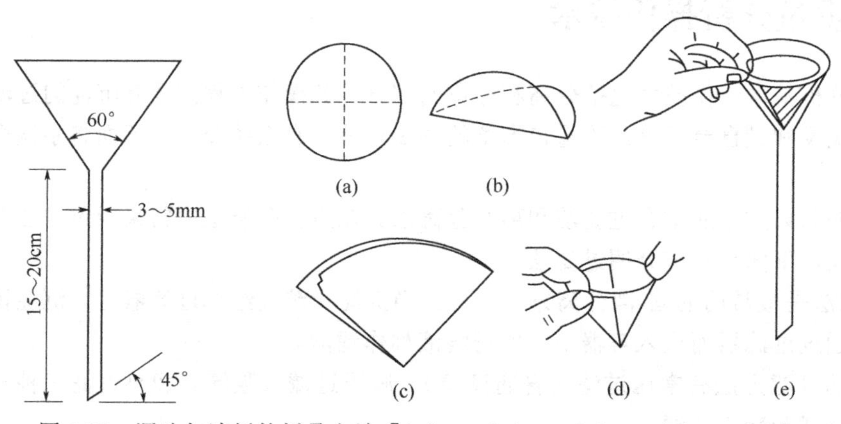

图 3.22　漏斗与滤纸的折叠方法［(a) → (b) → (c) → (d) → (e)］

滤纸应低于漏斗边缘 0.5～1cm。滤纸放入漏斗后，用手按紧使之密合。然后用洗瓶加少量水润湿滤纸，轻压滤纸赶去气泡，加水至滤纸边缘。这时漏斗颈内应全部充满水，形成水柱。由于液体的重力可起抽滤作用，从而加快过滤速度。若不能形成水柱，可用手指堵住漏斗下口，稍掀起滤纸的一边，用洗瓶向滤纸和漏斗的空隙处加水，使漏斗充满水，压紧滤纸边，慢慢松开堵住下口的手指，此时应形成水柱。如果仍不能形成水柱，可能原因是漏斗形状不规范。如果漏斗颈不干净也影响形成水柱，这时应重新清洗。

注：在过滤和洗涤过程中，借水柱的抽吸作用，可使滤速明显加快。但要注意，在做水柱的过程中，切勿用力按压滤纸，以免使滤纸变薄或破裂而在过滤时造成穿滤。

(3) 过滤操作

过滤操作多采用“倾注法”(亦称“倾泻法”)，见图 3.23。即先倾出静置后的清液，再转入沉淀。首先将准备好的漏斗放在漏斗架上，漏斗下面放一承接滤液的洁净烧杯，其容积应为滤液总量的 5～10 倍，并斜盖以表面皿。漏斗颈口斜处紧靠杯壁，使滤液沿烧杯壁流下。漏斗放置位置的高低，以漏斗颈下口不接触滤液为度。

注：在同时进行几份平行测定时，应把装有待滤溶液的烧杯分别放在相应的漏斗之前，按顺序过滤，不要弄错。

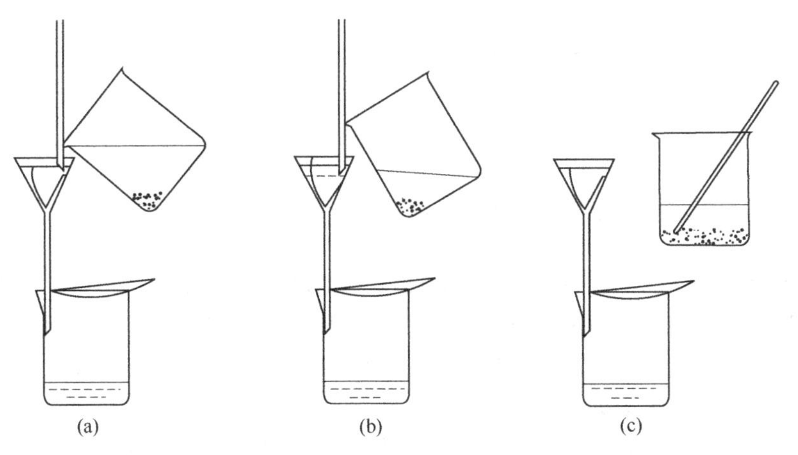

图 3.23 倾泻法过滤的操作

(a) 玻璃棒垂直紧靠烧杯嘴，下端对着滤纸三层的一边，但不能碰到滤纸；

(b) 慢慢扶正烧杯，但杯嘴仍与玻璃棒贴紧，接住最后一滴溶液；

(c) 玻璃棒远离烧杯嘴搁放

将经过倾斜静置后的清液倾入漏斗中时，要注意烧杯嘴紧靠玻璃棒，让溶液沿着玻璃棒缓缓流入漏斗中；而玻璃棒的下端要靠近三层滤纸处，但不要接触滤纸。一次倾入的溶液一般最多只充满滤纸的 2/3，以免少量沉淀因毛细作用越过滤纸上沿而损失。

当倾入暂停时，小心扶正烧杯，烧杯沿搅棒向上移 1～2cm，靠去烧杯嘴的最后一滴后，同时逐渐扶正烧杯，随即离开搅棒。此过程中应保持搅棒直立不动，决不能让杯嘴离开搅棒。将玻璃棒收回并直接放入烧杯中，但玻璃棒不要靠在烧杯嘴处，因为此处可能沾有少量沉淀。

倾析完成后，用洗瓶或滴管加水或洗涤液，从上到下旋转冲洗烧杯壁，每次用约 15mL，在烧杯内将沉淀作初步洗涤，再用倾析法过滤，如此重复 3～4 次。

强调：过滤和洗涤一定要一次完成，因此必须事先计划好时间，不能间断，特别是过滤胶状沉淀。

(4) 沉淀转移与洗涤

为了把沉淀转移到滤纸上，先用少量洗涤液把沉淀搅起，将悬浮液立即按上述方法转移到滤纸上，如此重复几次，一般可将绝大部分沉淀转移到滤纸上。**这一步最容易引起沉淀的损失，因此，必须遵循上述操作规范。**

残留的少量沉淀，可按图 3.24（a）所示的方法将其全部转移干净。左手持烧杯倾斜着拿在漏斗上方，烧杯嘴向着漏斗。用食指将玻璃棒横架在烧杯口上，玻璃棒的下端向着滤纸的三层处，用洗瓶吹出洗液，冲洗烧杯内壁，沉淀连同溶液沿玻璃棒流入漏斗中。

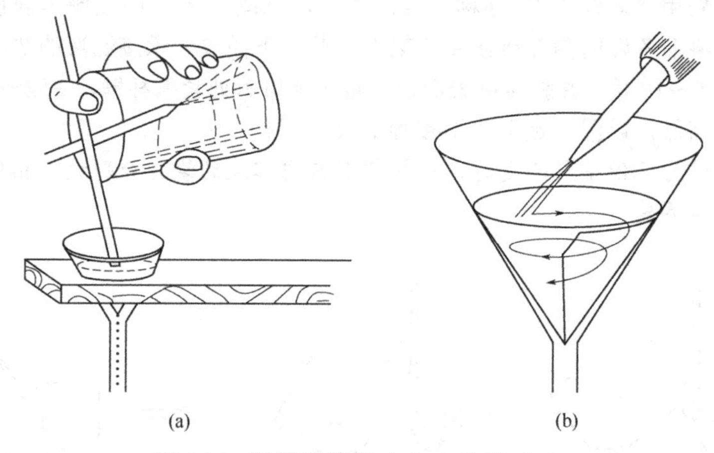

(a) (b)

图 3.24 沉淀的转移（a）与洗涤（b）

沉淀全部转移到滤纸上以后，仍需在滤纸上洗涤沉淀，以除去沉淀表面吸附的杂质和残留的母液。其方法是从滤纸边沿稍下部位开始，用洗瓶吹出的水流，按螺旋形向下移动，如图 3.24（b）所示。并借此将沉淀集中到滤纸锥体的下部。洗涤时应注意，切勿使洗涤液突然冲在沉淀上，这样容易溅失。

为了提高洗涤效率，通常采用**"少量多次"**的洗涤原则，即用少量洗涤液，洗后尽量沥干，多洗几次。

沉淀洗涤至最后，用干净的试管接取几滴滤液，选择灵敏的定性反应来检验共存离子，判断洗涤是否完成。

注意：过滤和洗涤沉淀的操作必须不间断地一气呵成。否则，搁置较久的沉淀干涸后，结成团块，就难以洗净了。

(5) 坩埚的准备

坩埚是用来进行高温灼烧的器皿，见图 3.25（a）。分析工作中常用坩埚来灼烧沉淀或熔融试样。坩埚的材质不尽相同，实验室常用瓷质材质的坩埚。为了便于识别瓷坩埚，可在干燥的坩埚上书写编号。

坩埚钳常用铜合金或不锈钢制作，表面镀以镍和铬等，用来移取热的坩埚。用坩埚钳夹持或托拿灼热坩埚时，应将坩埚钳前部预热，以免坩埚应局部受热不均而破裂。钳尖用于夹持坩埚盖，曲面部分用于托住坩埚本体，见图 3.25（b）。

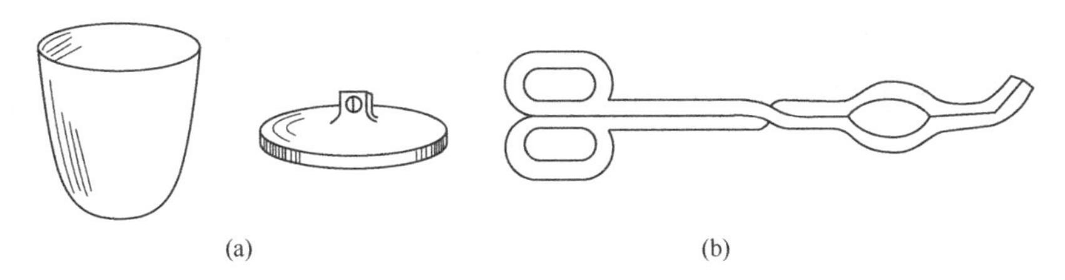

图 3.25 坩埚（a）和坩埚钳（b）

用于灼烧沉淀的空坩埚，在使用前需进行恒重，其具体方法为：将马弗炉调节到需要的温度，把洗净晾干的坩埚连同盖子放入马弗炉中，在 800℃下灼烧半小时。然后将坩埚放入干燥器中冷却至室温，再到天平上称重。这样重复几次，当前后两次称量之差小于 0.2mg 时坩埚就可以使用了。

(6) 烘干、灼烧与恒重

坩埚恒重后，就可将沉淀转移到坩埚中，以烘干空坩埚相同的操作方式，将坩埚内滤纸和沉淀烘干。从漏斗中取出沉淀和滤纸时，应用扁头玻璃棒将滤纸边挑起，向中间折叠，使其将沉淀盖住，如图 3.26 所示。再用玻璃棒轻轻转动滤纸包，以便擦净漏斗内壁可能沾有的沉淀。然后，将滤纸包转移至已恒重的干净坩埚中，滤纸包的顶端朝上，以防止炭化时损失。烘干时要防止温度升得太快，坩埚中氧气供给不足致使滤纸变成整块的炭。如果生成大块炭，则使滤纸完全炭化非常困难。在炭化时不能让滤纸着火，否则会将一些微粒扬出。万一着火，应立即将坩埚盖盖上。

滤纸经过烘干、部分炭化后，可持续灼烧一段时间，把炭完全烧成灰。使用马弗炉灼烧载有沉淀的坩埚时，滤纸包的烘干、炭化和灰化过程，一般应事先在加热装置上进行，灰化后再将坩埚移入高温炉中恒重。

注意： 同一实验的空坩埚与载有沉淀后的坩埚，其恒重操作必须在基本一致的条件下进行。

图 3.26 过滤后沉淀的包裹

3.3.3.2 减压过滤

要使过滤速度快，且方便洗涤，可用布氏漏斗进行减压抽滤，这使得过滤和洗涤费时少，而且便于洗涤；当过滤需要在一定温度下进行时应选用保温漏斗进行过滤。

减压过滤又称抽气过滤，是用安装在抽滤瓶上铺有滤纸的布氏漏斗或玻璃砂芯漏斗过滤，吸滤瓶支管与抽气装置连接，过滤在减低的压力下进行，滤液在内外压差作用下透过滤纸或砂芯流下，实现分离。

减压过滤法可加速过滤，并使沉淀抽吸得较干燥，但不宜过滤胶状沉淀和颗粒太小的沉淀，因为胶状沉淀易穿透滤纸，颗粒太小的沉淀易在滤纸上形成一层密实的沉淀，溶液不易透过。

过滤装置包括布氏漏斗、抽滤瓶、安全瓶和水流泵，见图 3.27。这种过滤方法是靠水流泵吸走空气，使抽滤瓶内减压，瓶内与布氏漏斗液面上形成压力差，从而能加快过滤速度。

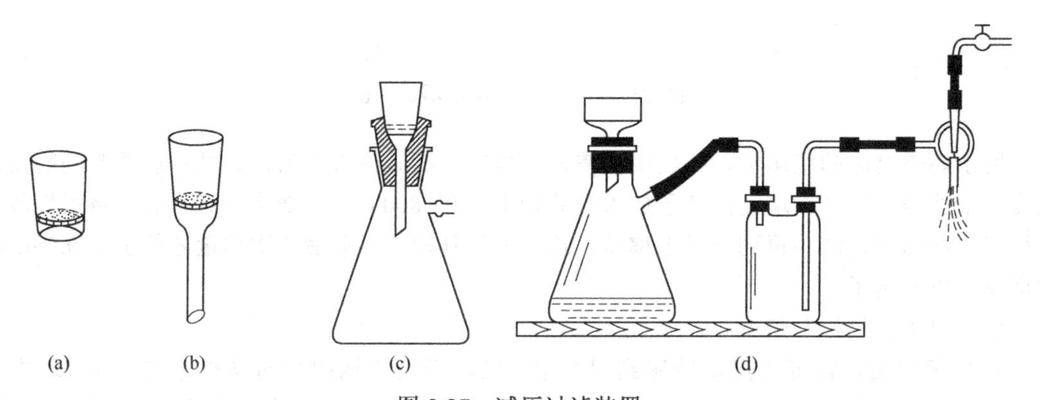

图 3.27 减压过滤装置

（a）、（b）微孔玻璃漏斗；（c）抽滤瓶；（d）抽滤装置

过滤操作：

① 往滤纸上加少量水或溶剂，轻轻开启水龙头，吸去抽滤瓶中部分空气，以使滤纸紧贴于漏斗底上，免得在过滤时有固体从滤纸边沿进入滤液中。

② 用玻璃棒引流，将欲过滤物分批注入漏斗中。

③ 调整好抽滤速度，水龙头不要开得太大，否则容易使固体微粒堵塞滤纸孔，影响抽滤效果。

④ 在抽滤过程中，当漏斗里的固体层出现裂纹时，应用玻璃塞之类的东西将其压紧，堵塞裂纹。如不压紧也会降低抽滤效率。

⑤ 抽滤结束，先拆开瓶与水流泵之间的橡皮管，或将安全瓶上的玻璃阀打开接通大气，再关闭水龙头，以免水倒吸到抽滤瓶内。

⑥ 固体需要洗涤时，可将少量溶剂洒到固体上，静置片刻，再将其抽干。

⑦ 从漏斗中取出固体时，应将漏斗从抽滤瓶上取下，左手握漏斗管，倒转，用右手“拍击”左手，使固体连同滤纸一起落入洁净的纸片或表面皿上。揭去滤纸，再对固体做干燥处理。

当停止吸滤时，需先拔掉连接吸滤瓶和泵的橡皮管，再关泵，以防反吸。为了防止反吸现象，一般在吸滤瓶和泵之间，装上一个安全瓶。

注：布氏漏斗上有许多小孔，滤纸应剪成比漏斗的内径略小，但又能把瓷孔全部盖没的大小。用少量水润湿滤纸，开泵，减压使滤纸与漏斗贴紧，然后开始过滤。

实验 1　玻璃仪器的认领、洗涤和干燥

【实验目的】

1．熟悉化验室规则和要求。

2．认识熟悉常用玻璃仪器，了解其规格与性能。

3．掌握常用玻璃仪器洗涤和干燥的方法。

【仪器与试剂】

仪器：烧杯，锥形瓶，试剂瓶，容量瓶，电炉，烘箱，毛刷，洗瓶。

试剂：铬酸洗液，洗涤剂或洗衣粉。

【实验内容】

1．认领仪器

按照仪器清单向实验指导教师逐一领取并核实化学分析实验中常用的玻璃仪器。对照清单认识所领取仪器的名称与规格，检查其完好性，然后按照要求分类摆放整齐。

2．玻璃仪器的洗涤

（1）普通玻璃仪器的洗涤

选用合适的毛刷，蘸取少量的洗涤剂（或洗衣粉）刷洗一个烧杯和一个锥形瓶。用自来水冲洗干净后，再用少量蒸馏水淋洗 2～3 次。倒置仪器检查是否洗涤干净。若器壁不挂水珠而是形成了水膜，表明仪器已经洗涤干净。否则继续洗涤。

（2）玻璃量器的洗涤

洗涤一个容量瓶（100mL 或 250mL）。方法：向容量瓶中倒入少量铬酸洗液，慢慢转动容量瓶，使铬酸洗液浸润整个瓶壁，将洗液倒回洗液瓶中。用自来水冲洗容量瓶，再用少量蒸馏水润洗 2～3 次，直至洗涤干净。

将洗涤干净的玻璃仪器交给老师检查。

3．玻璃仪器的干燥

（1）将洗涤干净的烧杯和锥形瓶置于仪器架上晾干。

（2）将洗涤干净的烧杯和锥形瓶置于电炉上烤干。

（3）将洗涤干净的烧杯和锥形瓶放入烘箱中，于 105℃左右烘干（约 30min）。

将烤干或烘干的烧杯和锥形瓶交给老师检查。

【注意事项】

1．初次使用烘箱烘干仪器，务必要在老师的指导下进行。以免使用不当损坏烘箱或引发安全事故。

2．铬酸洗液是重铬酸钾的浓硫酸溶液，具有较强的氧化性并有毒，使用时一定要注意安全，防止其溅到皮肤和衣物上。铬酸为红褐色，当其变为绿色时，即已失效，不能再用。

【思考题】

1．洗涤过的锥形瓶壁上有水珠滚动说明什么问题？应如何处理？

2．用铬酸洗液洗涤玻璃仪器时，应注意哪些问题？

实验2 分析天平称量练习

【实验目的】

1．熟悉电子分析天平的基本构造和使用规则。

2．掌握正确的称量方法，熟悉其使用要求。

3．能正确运用有效数字并会正确记录测量数据。

【实验要点】

分析天平室定量分析中最重要的仪器之一。其种类很多，常用的分析天平有半自动电光天平、全自动电光分析天平和单盘电光天平以及电子天平。

本实验主要学习电子分析天平的使用。着重掌握直接称量法、指定质量称量法和递减称量法三种称量方法。

【仪器与试剂】

仪器：电子分析天平，称量瓶，瓷坩埚，药匙，镊子，毛刷，小烧杯，表面皿。

试剂：固体试剂或试样。

【实验内容】

1．称量前的准备

（1）熟悉电子分析天平控制面板上各个功能键。

（2）检查天平是否水平。如天平不水平，按照要求将天平调至水平状态。

（3）检查天平秤盘是否清洁，用毛刷刷净天平底座和秤盘。

（4）预热。应预热 30min 以上。

（5）开机。

（6）清零。待零点闪烁码稳定后方可进行相应的称量操作。

2．直接称量法练习

分别测量1个瓷坩埚、1个小烧杯和1个称量瓶的准确质量，记录其称量结果。

注意：*每项测量均应重复两次，最后的测量结果以两次测量的平均值计。*

3．指定质量称量法练习

称取两份 0.5000g 的水泥试样或石灰石样品，并将所称试样转移至空坩埚（或小烧杯）中。

注意：*每次称量结束后，要检查回零值。如果回零值大于 ±0.2mg 应重新称量。*

4．递减称量法练习

称取3份 0.5g 左右的黏土试样。

用手套（或纸带）从干燥器中取出盛有黏土试样的称量瓶，称其质量 m_1，按照递减称量法的操作要领，将所需试样倒入干净的烧杯中，称取其剩余量 m_2，则倒出的第一份试样质量为 m_1-m_2。

训练至控制黏土试样的质量在 (0.5±0.05)g 范围内。

【数据记录与结果处理】

参照表1、表2和表3所示格式认真记录实验数据。

表 1　直接称量法记录

称量物品	小烧杯	称量瓶	瓷坩埚
m（台秤）/g			
m（分析天平）/g			
称量后天平零点/mg			

表 2　指定质量称量法记录

项　　目	第一份	第二份	第三份
试样质量/g			
称量后天平零点/mg			

表 3　递减称量法记录

项目	第一份	第二份	第三份
（称量瓶+试样）质量（倾出前）m_1/g			
（称量瓶+试样）质量（倾出后）m_2/g			
试样质量（m_1-m_2）/g			
称量后天平零点/mg			

【注意事项】

1．使用天平动作要轻，防止天平震动。在天平中称量样品时，不要将样品洒落在天平底部或称量盘上。

2．要求倒出的样品量大约为 0.5g，允许波动的误差范围是 (0.5±0.05)g，若称量质量不足，可按照上述操作继续称量，若倒出的样品量超出此范围，应重新称量。若一次称量的质量达不到要求，可以再多进行两次相同的操作。

【思考题】

1．开启分析天平前应做哪些准备工作？

2．称量方法有几种？在什么情况下选用递减称量法和固定质量称量法？

3．在实验中，如何记录被称量物质的质量？在记录称量数据时应准确至几位有效数字？为什么？

4．简述递减称量法的操作要点。

实验 3　滴定分析技术操作练习

【实验目的】

1．掌握滴定分析仪器的洗涤方法。

2．掌握滴定管、容量瓶、移液管的使用方法和使用要求。

3．学习正确的读数方法并会正确记录测量数据。

【实验原理】

见第 3 章 3.3.2 节相关内容。

【试剂与仪器】

试剂：洗洁精或铬酸洗涤液，HCl（0.1mol/L）溶液，NaOH（0.1mol/L）溶液，酚酞指示剂。

仪器：滴定管，容量瓶，移液管，洗耳球，锥形瓶，烧杯等。

【实验内容】

1．认领、清点仪器

按实验仪器清单认领、清点所用滴定分析仪器。

2．洗涤仪器

将所用仪器按正确洗涤方法洗涤干净，使之达到洗涤要求的标准——容器内外不挂水珠。洗涤时要注意保管好酸式滴定管的旋塞、容量瓶磨口塞和保护移液管管尖，防止损坏。

3．滴定管的使用练习

按照以下步骤进行：

检查滴定管是否正常→试漏，涂油→用待装溶液润洗→装溶液，赶气泡→调零→滴定操作（包括：见滴成线、逐滴滴加、加 1 滴、加半滴）→读数→用完洗净放好。

4．移液管的使用练习

按照以下步骤进行：

检查移液管→用待吸液润洗→吸取溶液→调节液面至标线→放出溶液→用完洗净放好。

5．容量瓶的使用练习

按照以下步骤进行：

检查容量瓶→试漏→溶解试样→移液→定容→摇匀→用完洗净放好。

6．酸碱互滴练习

（1）用 HCl 滴定 NaOH 溶液（以甲基橙作指示剂）：从碱式滴定管中以 10mL/min 的流速放出 10～15mL NaOH 溶液于 250mL 锥形瓶中（记录放出的 NaOH 溶液体积为 V_1），加入 1 滴甲基橙指示剂，用 HCl 溶液滴定到溶液由黄色变为橙色。记录所消耗 HCl 溶液体积(记录体积为 V_2)。

按上述操作平行滴定三次。

（2）用 NaOH 滴定 HCl 溶液（以酚酞作指示剂）：从酸式滴定管中以 10mL/min 的流速放出 10～15mL HCl 溶液于 250mL 锥形瓶中（记录放出的 HCl 溶液体积为 V_1），加入 1 滴酚酞指示剂，用 NaOH 溶液滴定到溶液由无色变为浅粉色，30s 不褪色即为终点。记录所消耗的 NaOH 溶液体积（V_2）。

按上述操作平行滴定三次。

【数据记录与结果处理】

实验数据记录于表 1 中。

表 1　实验数据记录表

测定次数（n）	用 HCl 滴定 NaOH			用 NaOH 滴定 HCl		
	V_1（NaOH）/mL	V_2（HCl）/mL	V_1/V_2	V'_1（HCl）/mL	V'_2（NaOH）/mL	V'_1/V'_2
1						
2						
3						

【思考题】

1．滴定分析中，哪些仪器在使用中需要用操作溶液润洗？为什么？

2．有同学在滴定时把锥形瓶用操作溶液润洗，这样做将对测定结果有何影响？

3．滴定管中存有气泡对滴定有何影响？如何避免？

4．滴定管和移液管都是滴定分析中量取溶液的准确量器，则在记录时应记录至小数点后第几位数字？

实验4 滴定分析仪器的校准

【实验目的】

1．理解容量仪器校准的意义。

2．学习滴定管、移液管和容量瓶的校准方法。

3．熟练掌握滴定管、移液管和容量瓶的使用方法。

【实验原理】

见本书3.3.2节有关内容。

【试剂与仪器】

试剂：无水乙醇（分析纯）。

仪器：托盘天平，烧杯，滴定管，移液管，容量瓶，具塞锥形瓶（125mL，洗净晾干），温度计（分度值0.1℃）等。

【实验内容】

1．滴定管的校准（绝对校准法）

（1）将50mL具塞锥形瓶洗净烘干，准确称其质量。

（2）测量并记录与室温相平衡的水温。

（3）将水加入待校准的滴定管（已洗净）中，赶走气泡，调节液面至0.00mL刻度处。

（4）对滴定管进行分段校准：首先从滴定管中放出10.00mL水于上述已称的质量的具塞锥形瓶中，盖上瓶塞，称量。两次的质量差即为放出水的质量。

采用同样的方法测量滴定管0.00～10.00mL、0.00～25.00mL、0.00～30.00mL、0.00～50.00mL等间隔容积放出的水的质量。

（5）根据公式 $V_{20}=\dfrac{m_1}{\rho_1}$ 计算出被校分度段对应的实际体积。再计算出相应的校准值。

每一支滴定管均应重复校准一次。且相同间隔的校准值之差不得超过0.02mL。

2．容量瓶的校准（绝对校准法）

（1）用托盘天平（或普通电子秤）称取洁净而干燥的250mL容量瓶的质量（准确至0.1g）。

（2）将250mL烧杯内与室温平衡的蒸馏水沿玻璃棒移入该250mL容量瓶中，直至弯月面下缘的最低点恰好与瓶颈标线相切，记录水温，用滤纸片吸干瓶颈内壁的水珠，随即盖紧瓶塞（**注意：瓶外壁不得有水，否则应小心擦干！**）用托盘天平称取容量瓶和纯水的质量，两次称量之差即为容量瓶所容纳的纯水的质量。

（3）根据当天室内温度从附表中查出该温度时水的密度，将容量瓶所容纳的纯水的质量除以该温度时水的密度，即可求出该容量瓶的真实体积。用钻石笔将校准的体积值刻在瓶壁上，供以后使用。平行测定两次，取其平均值。

容量瓶真实体积按下式计算：

$$V_{实} = \frac{m_{(瓶+水)} - m_{(瓶)}}{\rho_t}$$

$$标准值\ \Delta V = \frac{m_{(瓶+水)} - m_{(瓶)}}{\rho_t} - V$$

式中，V为容量瓶的标示体积，mL；$V_{实}$为真实体积，mL；ρ_t为校准温度时水的密度，$g \cdot mL^{-1}$。容量瓶的绝对校准测量数据可按表1记录和计算。

表1 容量瓶的绝对校准测量数据

(水的温度 =______℃　　密度 =_________ $g \cdot mL^{-1}$)

序号	容量瓶体积/mL	空瓶质量/g	(瓶+水)质量/g	水的质量/g	实际体积/mL	校准值/mL
1						
2						

3．容量瓶和移液管的相对校准

用洁净的25mL移液管吸取蒸馏水至标线，按滴定分析时的操作注入洁净干燥的250 mL容量瓶中，如此进行10次，观察瓶颈处水的弯液面下缘是否恰好与标线相切。若不相切，则可依据液面在瓶颈上重新刻一标线，此容量瓶和移液管配套使用时，应以新的标线为准。重复进行上述操作，观察每次结果是否一致。

测量数据记录和计算按表2进行。

表2 移液管和容量瓶的相对校准数据记录表

移液管/mL	容量瓶/ mL	移取蒸馏水次数	记号标线位置(与原标线比较)		
			高于	低于	重合
25	250.0				
25	500.0				
50	250.0				
50	500.0				

【注意事项】

1．仪器的洗涤效果和操作技术是校准成败的关键。校准时必须仔细、正确地进行操作，使校准误差减至最小。如果操作不够正确、规范，其校准结果不宜在以后的实验中使用。

2．一件仪器的校准应连续、迅速地完成，以避免温度波动和水的蒸发引起的误差。

3．从滴定管中向锥形瓶中放水时，切勿将水溅到磨口上。

【思考题】

1．为什么要对滴定分析仪器进行校准？影响容量器皿体积刻度不准确的主要因素有哪些？

2．分段校准滴定管时，为什么每次都要从0.00mL开始？

3．校准滴定管时为何用具塞锥形瓶且必须要烘干？

4．影响滴定分析仪器校准的主要因素有哪些？

附：实验报告示例

分析化学实验报告

实验名称：NaOH 标准滴定溶液的制备

班级：__________　　姓名：__________　　同组人：__________

实验日期：__________　　指导教师：__________

一、实验目的

1. 掌握基准物的选择及标准溶液的配制；
2. 正确判断滴定终点；
3. 熟练掌握滴定分析技术。

二、实验原理

（用简洁的文字，反应方程式，图示，图表说明本实验的基本原理）

三、仪器与试剂（略）

四、实验内容与步骤（略）

五、数据记录和结果处理

NaOH 标准滴定溶液的标定

测定次数（n）	1	2	3
$c(H_2C_2O_4)/mol\cdot L^{-1}$	0.05047		
$V(H_2C_2O_4)/mL$	25.00	25.00	25.00
NaOH 溶液体积终读数/mL NaOH 溶液体积初读数/mL V_{NaOH}/mL	26.36 0.00 26.36	26.33 0.00 26.33	26.34 0.00 26.34
$c(NaOH)/mol\cdot L^{-1}$	0.09573	0.09584	0.09580
$c(NaOH)$平均值$/mol\cdot L^{-1}$	0.09579		
个别测定值的绝对偏差	−0.00006	+0.00005	+0.00001
平均偏差	0.00004		
相对平均偏差	0.04%		

六、问题与讨论（以下从略）

习 题

一、简答题

1. 使用电子分析天平前，应对分析天平做哪些检查？

2. 电光分析天平称量前一般要调好零点，如偏离零点几小格，能否进行称量？

3. 指定质量称量法和减量称量法各宜在何种情况下采用？

4. 玻璃量器为什么要校准？

5. 校准分析仪器时，称量纯水所用的具塞锥形瓶，为什么要避免将磨口部位和瓶体外部沾湿？

6. 滴定管在装入溶液时，为什么要用相应的溶液洗涤2～3次？

7. 减量法称量时，天平零点未调到零位对结果有无影响，为什么？

8. 在什么情况下使用增量法？用哪一类天平进行增量法称量最方便？

9. 影响滴定分析量器校准的主要因素有哪些？

10. 在校准滴定管时，为什么具塞磨口锥形瓶的外壁必须干燥？锥形瓶的内壁是否也一定要干燥？

11. 为什么移液管和容量瓶之间的相对校准比二者分别校准更为重要？

二、案例分析

12. 某同学在使用移液管移取溶液，操作步骤如下：先将移液管用自来水洗三遍，用蒸馏水洗三遍，然后放入待取溶液中，吸取一定量的溶液，然后将移取的溶液从移液管上口放入烧杯中，该同学看到放完溶液后管尖还有残留，于是又用洗耳球将残留溶液吹到烧杯中。

问该同学的操作是否正确？如果操作错误的话，分析错误操作会给分析结果带来怎么样的影响以及如何改正？

13. 某同学进行滴定操作，具体操作如下：先将滴定管用自来水洗三遍，蒸馏水洗三遍，然后将前一天配好的高锰酸钾溶液借助漏斗装入碱式滴定管中，开始滴定。

指出该同学的错误之处，并分析错误操作会给分析结果带来怎么样的影响？如何改正？

14. 某同学用容量瓶配制一定浓度的溶液，加水时不慎超过了刻度线。他倒出了一些溶液，又重新加水到刻度线。

请问：这位同学的做法正确吗？如果不正确，会引起什么误差？

第二部分

化学分析方法及应用

第4章 酸碱滴定法

基础知识

4.1　滴定分析概述

4.2　酸碱平衡

4.3　酸碱滴定原理

4.4　非水溶剂中的酸碱滴定

4.5　酸碱滴定法中的标准滴定溶液

实验实训

实验5　纯碱总碱度的测定

实验6　食醋总酸度的测定

实验7　混合碱含量的测定

实验8　硅酸盐材料中二氧化硅含量的测定

学习目标

☛ 知识目标

- 了解滴定分析方法的特点及分类。理解滴定分析对滴定反应的要求。
- 掌握标准滴定溶液的制备方法及其相关计算。
- 理解酸碱质子理论、酸碱平衡等基本知识。
- 掌握酸碱滴定法的基本原理。
- 了解酸碱指示剂的变色原理，掌握变色点、变色范围等概念。
- 掌握不同类型酸碱滴定过程中 pH 值的变化特点。
- 掌握缓冲溶液的作用原理及缓冲范围的意义。
- 掌握酸碱标准滴定溶液的制备原理及制备方法。

☞ 能力目标

- 能正确判断酸碱滴定的可行性。
- 能采用最简式计算各类酸碱溶液的 pH 值。
- 能正确选择酸碱指示剂指示滴定终点。
- 能正确运用酸碱标准溶液的制备和标定方法。
- 能正确计算酸碱滴定分析结果。

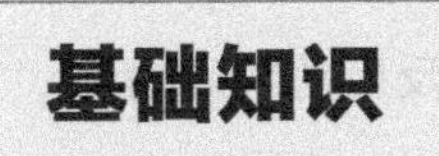

4.1 滴定分析概述

4.1.1 滴定分析过程与特点

(1) 滴定分析过程

① **方法定义** 利用滴定管将一种已知准确浓度的试剂溶液（称为“**标准滴定溶液**”）滴加到待测组分的溶液中，直到标准滴定溶液与待测组分恰好完全定量反应为止。这时，加入的标准滴定溶液的物质的量与待测组分的物质的量符合反应式的化学计量关系，然后根据标准滴定溶液的浓度和所消耗的体积，即可算出被测组分的含量，这种分析方法称为“**滴定分析法**”。滴定分析法是化学分析法中最重要的分析方法。

② **基本术语**

a. 滴定剂 在用滴定分析法进行定量分析时，盛在滴定管里的溶液称为“滴定剂”。

b. 滴定 通过滴定管滴加滴定剂的过程称为“滴定”。

c. 化学计量点 当滴入的标准溶液与被测定的物质定量反应完全时，也就是两者的物质的量正好符合化学反应式所表示的化学计量关系时，称反应达到了“化学计量点”(亦称“计量点”，以 sp 表示)。

d. 滴定终点 化学计量点一般根据指示剂的变色来确定。实际上滴定是进行到溶液里的指示剂变色时停止的，停止滴定这一点称为“滴定终点”(亦称“终点”，以 ep 表示)。指示剂并不一定正好在计量点时变色。

e. 终点误差 滴定终点与计量点不一定恰好相符，它们之间存在着一个很小的差别，由此而造成的分析误差称为“终点误差”，以 E_t 表示。

滴定误差的大小取决于滴定反应和指示剂的性能及用量。它是滴定分析中误差的主要来源之一。因此，必须选择适当的指示剂才能使滴定的终点尽可能地接近计量点。

滴定分析法因其主要操作是滴定而得名，又因为它是以测量溶液体积为基础的分析方法，因此以往又被称为容量分析法。

(2) 滴定分析法的特点

滴定分析法适用于测量含量≥1% 的常量组分。该方法的特点是快速，准确，仪器设备简单、操作方便、价廉。该方法的分析结果准确度较高，一般情况下，其滴定的相对误差在 0.1% 左右。所以该方法在生产和科研上具有很高的实用价值。

4.1.2 滴定分析方法的分类

按照滴定过程中所采用的化学反应类型，滴定分析法主要分为以下几类。

（1）酸碱滴定法

酸碱滴定法是以酸碱中和反应为基础的滴定分析方法。其滴定反应的实质为：

$$H^+ + OH^- \rightleftharpoons H_2O$$

此法可测定酸、碱、弱酸盐、弱碱盐等。

（2）配位滴定法

配位滴定法是以配位反应为基础的滴定分析法。可用于对金属离子进行测定。其反应实质可用下式表示：

$$M^{n+} + Y^{4-} \rightleftharpoons MY^{(4-n)-}$$

式中，M^{n+}表示1～4价金属离子；Y^{4-}表示滴定剂EDTA的阴离子。

（3）氧化还原滴定法

氧化还原滴定法是以氧化还原反应为基础的滴定分析法。通常用具有氧化性或还原性的物质作标准溶液对物质进行测定，如重铬酸钾法测定的Fe^{2+}的反应：

$$Cr_2O_7^{2-} + 6Fe^{2+} + 14H^+ \rightleftharpoons 2Cr^{3+} + 6Fe^{3+} + 7H_2O$$

（4）沉淀滴定法

沉淀滴定法是利用生成沉淀的反应进行滴定的分析方法。这类反应的特点是，在滴定过程中有沉淀产生。如常用来测定卤素等离子的“银量法”，其反应主要有：

$$Ag^+ + Cl^- \rightleftharpoons AgCl\downarrow \text{（白色）}$$

$$Ag^+ + SCN^- \rightleftharpoons AgSCN\downarrow \text{（白色）}$$

4.1.3　滴定反应的条件与滴定方式

（1）滴定分析法对滴定反应的要求

适用于滴定分析法的化学反应必须具备以下条件：

① 反应必须定量完成。被测物质与标准溶液之间的反应要按一定的化学方程式进行，而且反应必须接近完全（通常要求达到99.9%以上）。这是定量计算的基础。

② 反应速率要快。滴定反应要求在瞬间完成，对于速率较慢的反应，有时可通过加热或加入催化剂等办法来加快反应速率。

③ 要有简便可靠的方法确定滴定的终点。

④ 反应不受其他元素的干扰。即在滴定条件下，共存的元素不与标准滴定溶液反应，即使有干扰存在，应事先除去或加入试剂消除其影响。

（2）滴定分析方式

滴定分析常用的滴定方式有以下四种：

① **直接滴定法**　凡符合上述条件的反应，就可以直接采用标准溶液对试样溶液进行滴定，这称为直接滴定。这是最常见和最常用的滴定方式，简便，快速，引入的误差较小。若某些反应不能完全满足以上条件，在可能的条件下，还可以采用以下其他滴定方式进行测定。

② **返滴定法**　先加入一定且过量的标准溶液，待其与被测物质反应完全后，再用另一种滴定剂滴定剩余的标准溶液，从而计算被测物质的量，因此返滴定法又称剩余量滴定法。

③ **置换滴定法**　先加入适当的试剂与待测组分定量反应，生成另一种可被滴定的物质，

再用标准溶液滴定反应产物。

④ **间接滴定法** 某些待测组分不能直接与滴定剂反应，但可通过其他化学反应间接测定其含量。如：没有氧化性的 Ca^{2+}，可用 $C_2O_4^{2-}$生成沉淀，过滤后加硫酸溶解沉淀，用 $KMnO_4$ 标准溶液滴定。

4.1.4 滴定分析中溶液浓度的表示方法

在实际的分析工作中经常要用固体或液体试剂来制备各种溶液，分析工作者必须熟知溶液浓度的各种表示方法。

(1) 定量分析中的溶液类型

进行定量分析需要使用各种类型的化学试剂及其溶液。化学分析中所用的溶液分为普通溶液和标准溶液两大类。

① **普通溶液** 对浓度要求不很准确的溶液。如：调节 pH 值用的酸、碱溶液，用作掩蔽剂、指示剂的溶液，缓冲溶液等。

② **标准溶液** 确定了准确浓度的溶液。应用于滴定分析的标准溶液称为标准滴定溶液，比如：应用于酸碱滴定分析的 NaOH 标准滴定溶液，应用于配位滴定分析法的 EDTA 标准滴定溶液等。

此外还有应用于其他分析要求的标准比对溶液、基准溶液等。

(2) 普通溶液浓度的表示方法

① **物质 B 的体积比 ψ_B** 物质 B 的体积比（ψ_B）是指 B 的体积与溶剂 A 的体积之比：

$$\psi_B = V_B/V_A \tag{4.1}$$

例如，稀硫酸溶液 $\psi(H_2SO_4) = 1:4$，稀盐酸 $\psi(HCl) = 3:97$，其中的 1 和 3 是指市售浓酸的体积，约定俗成地，4 和 97 是指水的体积。实际上，在分析检测工作中，常用 $H_2SO_4(1+4)$、HCl（3+97）表示上述浓度。

这种表示方法十分简单，溶液的制备也十分方便，常用来表示稀酸溶液、稀氨水溶液的浓度。

② **物质 B 的质量分数 w_B** 物质 B 的质量分数 w_B 的定义是物质 B 的质量与混合物的质量 $\sum_A m_A$ 之比，即：

$$w_B = m_B / \sum_A m_A \tag{4.2}$$

凡是以质量比表示的组分 B 在混合物中的浓度或含量，都属于质量分数 w_B。

物质 B 有所指时，应将代表该物质的化学式写在与主符号 w 齐线的圆括号内，如 $w(NaCl)$、$w(SiO_2)$等；或以下角标形式表示，如 w_{NaCl}、w_{SiO_2}。

例如，水泥试样中的二氧化硅含量为 21.25%。

以前表示为：二氧化硅质量分数 $x(SiO_2) = 21.25\%$、$x_{SiO_2} = 21.25\%$ 或 $SiO_2\% = 21.25$，等等。这些表示方法都不规范。

按照新国家标准，应表示为 $w(SiO_2)= 0.2125$，或 $w(SiO_2) = 21.25\%$。

③ **物质 B 的体积分数 φ_B** 物质 B 的体积分数 φ_B 是指 B 的体积与相同温度 T 和压力 p

时的混合物体积之比。

例如，无水乙醇，含量不低于 99.5%，应表示为 $\varphi(C_2H_5OH) \geqslant 99.5\%$，即每 100mL 此种乙醇溶液中，乙醇的体积大于或等于 99.5mL。

④ **物质 B 的质量浓度 ρ_B** 物质 B 的质量浓度 ρ_B 的定义是：溶液中物质 B 的质量除以混合物的体积，即：

$$\rho_B = m_B / V \tag{4.3}$$

ρ_B 的单位为 $kg \cdot m^{-3}$，在分析化学中常用其分倍数 $g \cdot cm^{-3}$（$g \cdot L^{-1}$）或 $g \cdot mL^{-1}$、$mg \cdot mL^{-1}$ 表示。

化学分析中以质量浓度表示的由固体试剂制备的一般溶液或标准溶液的浓度是十分方便的。例如，氢氧化钠溶液（$200g \cdot L^{-1}$），是指将 200g NaOH 溶于少量水中，冷却后再加水稀释至 1L，储存于塑料瓶中。

此外，有时也用密度来表示浓度。例如：15℃时 36.5%的 HCl 溶液，$\rho=1.19g \cdot L^{-1}$。工业上习惯用密度表示浓度。

(3) 标准滴定溶液浓度的表示

在滴定分析中，不论采取何种滴定方法，都离不开标准滴定溶液，否则就无法计算分析结果。

① **物质的量浓度 c_B** 标准溶液的浓度常用物质的量浓度 c_B 表示。

物质的量浓度简称“浓度”，是指单位体积溶液所含溶质 B 的物质的量 n_B，单位 $mol \cdot L^{-1}$，以符号 c_B 表示，即：

$$c_B = \frac{n_B}{V} \tag{4.4}$$

式中，V 为溶液的体积。由于 c_B 是包含 n_B 的一个导出量，所以，当使用 c_B 时，也必须指明物质的基本单元。如果溶液中物质的基本单元已经有所指，则应将所指基本单元的符号写在与主符号 c 齐线的圆括号内，如 $c(NaOH)$、$c(1/5KMnO_4)$、$c(1/2H_2SO_4)$等。

② **质量浓度 ρ_B** 在某些情况下，标准溶液或基准溶液的浓度也可表示为质量浓度，质量浓度是指以单位体积的溶液中所含的溶质的质量所表示的浓度，其浓度单位可用 $g \cdot mL^{-1}$ 或 $g \cdot L^{-1}$ 表示。如 1L 溶液中含有 1g 溶质，其浓度为 $1g \cdot L^{-1}$。

③ **滴定度 $T_{B/A}$** 在工厂实验室，分析作为控制正常生产的手段，在进行整批试样的常规分析时，为了快速方便地报出分析结果，常使用“滴定度”来表示标准滴定溶液的浓度。

滴定度是指每 1mL 标准滴定溶液相当于被测组分的质量，以符号 $T_{B/A}$ 表示，单位为 $g \cdot mL^{-1}$。其中，B 表示被测物质，A 表示标准溶液。$T_{B/A}$ 称为标准溶液 A 对被测组分 B 的滴定度。如滴定消耗 V（mL）标准溶液，则被测物质的质量为：

$$m_B = T_{B/A} V_A \tag{4.5}$$

使用滴定度进行计算时，只要知道所消耗的标准滴定溶液的体积，就可以很方便地求得被测物质的质量。

例如，用来测定 Fe^{2+} 的 $K_2Cr_2O_7$ 标准滴定溶液的滴定度 $T_{Fe^{2+}/K_2Cr_2O_7} = 0.005628g \cdot mL^{-1}$，若在滴定终点消耗 23.56mL 上述 $K_2Cr_2O_7$ 标准滴定溶液，则被测试样中铁的质量为：

$$m = T_{Fe^{2+}/K_2Cr_2O_7} V = 0.005628 \times 23.56 = 0.1326g$$

例如，某企业化验室用来测定其产品及原材料试样中的 CaO、MgO、Fe_2O_3、Al_2O_3 含量的 EDTA 标准滴定溶液，通常在标定好其浓度后，再将其对 CaO、MgO、Fe_2O_3、Al_2O_3 的滴定度算出来，标示于 EDTA 标准滴定溶液试剂瓶上，使用起来十分方便。

比如，$T_{CaO/EDTA} = 0.8412mg \cdot mL^{-1}$，即表示滴定时，每消耗 1.00mL 此 EDTA 标准滴定溶液，就相当于被滴定的溶液中含有 0.8412g CaO，或者说，每毫升此 EDTA 标准滴定溶液能与 0.8412g CaO 中的钙离子完全配位。

有时滴定度也可用每毫升标准滴定溶液中所含溶质的质量（单位为 g）来表示。例如，T_{NaOH}=0.04000g·mL^{-1}，即每毫升 NaOH 标准滴定溶液中含有 NaOH 0.04000g。这种表示方法在制备专用标准溶液时广泛运用。

注意： *滴定度并不是溶液浓度的表示方法，而是代表标准滴定溶液对被测定物质的反应强度。是指每毫升标准滴定溶液相当于被测物质的质量（g 或 mg）。此外，滴定度 T 和质量浓度 ρ_B 的单位形式很类似，但不能将滴定度看成质量浓度。因为滴定度中的质量是被滴定物质的质量，而质量浓度中的质量是溶液中溶质自身的质量。*

4.1.5 标准滴定溶液的制备

标准滴定溶液是指已知准确浓度的溶液。在滴定分析中常用作滴定剂，它是滴定分析中进行计量计算的依据之一。制备标准滴定溶液[1]通常有两种方法，即直接制备法和间接制备法。

4.1.5.1 直接制备法

（1）直接制备法的原理

直接制备法其实就是一种精准制备法。其原理是：准确称取一定质量的基准物质，溶解于适量水后定量转移到容量瓶中，稀释，定容，摇匀。根据称取溶质的质量（m）和容量瓶的体积（V）即可计算出该溶液的准确浓度（c）。

直接制备法的适用条件是溶质必须为基准物质！

（2）基准物质

基准物质就是能用于直接制备或用来确定标准滴定溶液准确浓度的化学试剂（亦称“标准物质”）。基准物质必须符合以下条件：

① 在空气中性质稳定。例如加热干燥时不分解，称量时不吸湿，不吸收空气中的 CO_2，不被空气氧化等。

② 纯度较高（一般要求纯度在 99.9%以上），杂质含量应少到滴定分析所允许的误差限度以下。

③ 实际组成应与化学式完全符合。若含结晶水，如硼砂 $Na_2B_4O_7 \cdot 10H_2O$，其结晶水的含量也应与化学式符合。

④ 具有较大的摩尔质量。因为摩尔质量越大，称取的量就越多，称量误差就可相应地减少。

⑤ 参加反应时，应按反应式定量进行，没有副反应。

注意： *有些高纯试剂和光谱纯试剂虽然纯度很高，但只能说明其中金属杂质的含量很低。由于可能含有组成不定的水分和气体杂质，其组成与化学式不一定准确相符，且主要成分的*

---

[1] 标准滴定溶液的制备的详细规定，请参阅《化学试剂 标准滴定溶液的制备》（GB/T 601—2016）。

含量也可能达不到 99.9%，此时就不能作基准物质，应将基准试剂与高纯试剂或专用试剂区别开来。

4.1.5.2 间接制备法（标定法）

许多化学试剂由于不纯、不易提纯或在空气中不稳定（如易吸收水分）等原因，不能用直接法制备标准溶液。如 NaOH，它很容易吸收空气中的 CO_2 和水分，因此称得的质量不能代表纯净 NaOH 的质量；HCl 易挥发，也很难知道其中 HCl 的准确含量；$KMnO_4$、$Na_2S_2O_3$ 等均不易提纯，且见光易分解，均不宜用直接法配成标准溶液，因此要用间接配制法或标定法来制备。

（1）间接制备法的原理

间接制备法的原理简单地讲就是“**先粗配，后标定**”。也就是说，先制备成接近所需浓度的溶液，然后再用基准物质或用另一种物质的标准溶液来测定它的准确浓度。

（2）标定方法

采用滴定的方法，利用基准物质（或用已知准确浓度的溶液）来确定标准溶液准确浓度的过程，称为“**标定**”。

标定的方法一般有两种，一种是“标定法”，即采用基准物质标定；另一种是“比较法”，即采用已知准确浓度的标准滴定溶液进行标定。

① 用基准物质标定

a．多次称量法　称取 2～4 份一定量的基准物质，溶解后用待标定的溶液滴定，然后根据基准物质的质量及待标定溶液所消耗的体积，即可算出该溶液的准确浓度，然后取其平均值作为该标准滴定溶液的浓度。

b．移液管法　称取一份基准物质，溶解后定量转移至容量瓶中，稀释至一定体积，摇匀。用移液管分取几份该溶液，用待标定的标准滴定溶液分别滴定，并计算其准确浓度，然后取其平均值作为该标准滴定溶液的浓度。

大多数标准溶液是通过标定的方法测得其准确浓度的。

② 用已知准确浓度的标准溶液标定　准确吸取一定量的待标定溶液，用已知准确浓度的标准滴定溶液滴定；或者准确吸取一定量的已知准确浓度的标准溶液，用待标定溶液滴定。根据两种溶液所消耗的体积及标准溶液的浓度，就可计算出待标定溶液的准确浓度。这种用标准滴定溶液来测定待标定溶液准确浓度的操作过程称为“**比较标定法**”。

显然，比较标定法不及基准物质标定法好，因为标准溶液的浓度不准确就会直接影响待标定溶液浓度的准确性。因此，标定时应尽量采用基准物质标定法。

标定时，不论采用哪种方法都应注意以下几点：

a．一般要求应平行做 3～4 次，至少平行做 2～3 次，相对偏差要求不大于 0.2%。

b．为了减小测量误差，称取基准物质的量不应太少；滴定时消耗标准溶液的体积也不应太小。

c．制备和标定溶液时用的量器（如滴定管、移液管和容量瓶等），需进行校正。

d．标定后的标准滴定溶液应妥善保存。

标准物质

标准物质是已确定其一种或几种特性，用于校准测量器具、评价测量方法或确定材料特性量值的物质。

标准物质是国家计量部门颁布的一种计量标准，具有以下的基本属性：材质均匀性；性能稳定性和准确、可靠的定值；并且具有标准物质证书（带有 CMC 标记的 ID）。标准物质可以是纯的或混合的气体、液体或固体，也可以是一件制品或图像。

标准物质为比较测量系统和比较各化验室在不同条件下取得的数据提供了可比性的依据。因此，它已被广泛认可为评价测量系统的最好的考核样品。

标准物质的作用有三点：

a. 作为校准物质用于仪器的定度。因为化学分析仪器一般都是按相对测量方法设计的，所以在使用前或使用中必须用标准物质进行定度或制备“校准曲线”。

b. 作为已知物质用于评价测量方法。当测量工作用不同的方法和不同的仪器进行时，已知物质可以有助于对新方法和新仪器所测出的结果进行可靠程度的判断。

c. 作为控制物质与待测物质同时进行分析。当标准物质得到的分析结果与证书给出的量值在规定限度内一致时，证明待测物质的分析结果是可信的。

按照国家标准物质管理办法的规定，将标准物质分成化学成分标准物质、物理特性与物理化学特性标准物质和工程技术特性标准物质。按照其属性和应用领域，标准物质可分成 13 大类。按照其特性的准确度水平高低，标准物质又分为一级标准物质和二级标准物质。

一级标准物质（代号 GBW）由国家计量行政部门审批并授权生产，采用绝对测量法定值或由多个实验室采用准确可靠的方法协作定值。主要用于研究与评价标准方法，对二级标准物质定值等。

二级标准物质[代号 GBW(E)]是采用准确可靠的方法或直接与一级标准物质相比较的方法定值的。二级标准物质常称为工作标准物质，由各专业部门制作供厂矿或实验室日常使用，主要用于评价分析方法，以及同一实验室或不同实验室间的质量保证。

一般一级标准物质的准确度比二级标准物质高 3～5 倍。即二级标准物质应溯源到一级标准物质，而一级标准物质应溯源到 SI 单位。

4.1.6 滴定分析中的计算

滴定分析法中要涉及一系列的计算问题，如标准溶液的制备和标定，标准溶液和被测物质间的计算关系，以及测定结果的计算，等等。现分别讨论如下。

(1) 计算依据

滴定分析就是用标准溶液去滴定被测物质的溶液，根据反应物之间按化学计量关系相互作用的原理，当滴定到计量点，化学方程式中各物质的系数比就是反应中各物质相互作用的物质的量之比。

$$aA \quad + \quad bB \rightleftharpoons P$$

被测物质　　滴定剂　　产物

$$n_A : n_B = a : b$$

设体积为 V_A 的被滴定物质的溶液其浓度为 c_A，在化学计量点时用去浓度为 c_B 的滴定剂的体积为 V_B。则：

$$n_A = \frac{a}{b} n_B$$

如果已知 c_B、V_B、V_A，则可求出 c_A：

$$c_A = \frac{\frac{a}{b} c_B \times V_B}{V_A}$$

通常在滴定时，体积以 mL 为单位来计量，运算时要换算为 L，即：

$$m_A = \frac{c_B V_B \times M_A \times \frac{a}{b}}{1000} \tag{4.6}$$

(2) 计算应用

① **标准滴定溶液的制备与稀释**　溶液稀释时，溶液中所含溶质的物质的量的总数不变。若 c_1、V_1 为溶液的初始浓度和体积，c_2 和 V_2 为稀释后溶液的浓度和体积，则：

$$c_1 V_1 = c_2 V_2$$

例 4.1　已知浓盐酸的密度为 $1.19\text{g}\cdot\text{mL}^{-1}$，其中 HCl 含量约为 37%。计算：

a．浓盐酸的物质的量浓度；

b．欲制备浓度为 $0.10\text{mol}\cdot\text{L}^{-1}$ 的稀盐酸 500mL，需量取上述浓盐酸多少毫升？

解：a．设盐酸的体积为 1000mL，则：

$$n_{HCl} = \frac{m}{M} = \frac{1.19 \times 1000 \times 0.37}{36.46} = 12\ (\text{mol})$$

$$c_{HCl} = \frac{n_{HCl}}{V_{HCl}} = \frac{12}{1.0} = 12\ (\text{mol}\cdot\text{L}^{-1})$$

b．设 c_1、V_1 为浓盐酸浓度和体积，c_2、V_2 为稀释后盐酸的浓度和体积，根据 $c_1V_1 = c_2V_2$，得：

$$V_2 = \frac{c_1 V_1}{c_2} = \frac{0.10 \times 500}{12} = 4.2\ (\text{mL})$$

例 4.2　在稀硫酸溶液中，用 $0.02012\text{mol}\cdot\text{L}^{-1}$ $KMnO_4$ 溶液滴定某草酸钠溶液，如欲使两者消耗的体积相等，则草酸钠溶液的浓度为多少？若需制备该溶液 100.0mL，应称取草酸钠多少克？

解：

$$5C_2O_4^{2-} + 2MnO_4^- + 16H^+ \rightleftharpoons 10CO_2 + 2Mn^{2+} + 8H_2O$$

因此

$$n_{Na_2C_2O_4} = \frac{5}{2} n_{KMnO_4}$$

即
$$c_{Na_2C_2O_4}V_{Na_2C_2O_4}=\frac{5}{2}c_{KMnO_4}V_{KMnO_4}$$

由于
$$V_{Na_2C_2O_4}=V_{KMnO_4}$$

则
$$c_{Na_2C_2O_4}=\frac{5}{2}c_{KMnO_4}=2.5\times0.02012=0.05030\ (mol\cdot L^{-1})$$

$$m_{Na_2C_2O_4}=c_{Na_2C_2O_4}V_{Na_2C_2O_4}\times M_{Na_2C_2O_4}=\frac{0.05030\times100.0\times134.00}{1000}=0.6740\ (g)$$

② **计算标准滴定溶液的浓度**

例 4.3 用 $Na_2B_4O_7\cdot10H_2O$ 标定 HCl 溶液的浓度，称取 0.4815g 硼砂，滴定至终点时消耗 HCl 溶液 25.35mL，计算 HCl 溶液的浓度。

解：
$$Na_2B_4O_7+2HCl+5H_2O \rightleftharpoons 4H_3BO_3+2NaCl$$

$$n_{Na_2B_4O_7}=\frac{n_{HCl}}{2}$$

$$\frac{m_{Na_2B_4O_7}}{M_{Na_2B_4O_7}}=\frac{c_{HCl}V_{HCl}}{2}$$

$$c_{HCl}=\frac{2\times0.4815}{381.4\times25.35\times10^{-3}}=0.09960\ (mol\cdot L^{-1})$$

例 4.4 要求在标定时消耗 $0.2mol\cdot L^{-1}$ NaOH 溶液 20～30mL，问应称取基准试剂邻苯二甲酸氯钾（KHP）多少克？

解：根据
$$n_{KHP}=n_{NaOH}\ 和\ n_{KHP}=\frac{m_{KHP}}{M_{KHP}}$$

则
$$m=M_{KHP}c_{NaOH}V_{NaOH}$$

$$m_1=204.2\times0.2\times20\times10^{-3}=0.816\ (g)$$

$$m_2=204.2\times0.2\times30\times10^{-3}=1.225\ (g)$$

故需 KHP 称量范围为 0.82～1.2g。

③ **物质的量浓度与滴定度间的换算** 滴定度与物质的量浓度的关系为：

$$T_{B/A}=\frac{c_AM_B\times\frac{b}{a}}{1000}\tag{4.7}$$

式中，c_A 为标准滴定溶液的浓度；b 为滴定反应方程式中被测组分项的系数；a 为滴定剂项的系数；M_B 为被测组分的摩尔质量。

例 4.5 试计算 $0.02000\ mol\cdot L^{-1}$ $K_2Cr_2O_7$ 溶液对 Fe 和 Fe_2O_3 的滴定度。

解：
$$Cr_2O_7^{2-}+6Fe^{2+}+14H^+ \rightleftharpoons 2Cr^{3+}+6Fe^{3+}+7H_2O$$

$$\frac{c_{K_2Cr_2O_7}}{1000}=\frac{T_{Fe/K_2Cr_2O_7}}{6M_{Fe}}$$

$$T_{Fe/K_2Cr_2O_7} = \frac{c_{K_2Cr_2O_7} \times M_{Fe} \times 6}{1000} = \frac{0.02000 \times 55.85 \times 6}{1000} = 0.006702\ (g \cdot mL^{-1})$$

同理：

$$\frac{c_{K_2Cr_2O_7}}{1000} = \frac{T_{Fe_2O_3/K_2Cr_2O_7}}{3M_{Fe_2O_3}}$$

$$T_{Fe_2O_3/K_2Cr_2O_7} = \frac{c_{K_2Cr_2O_7} \times M_{Fe_2O_3} \times 3}{1000} = \frac{0.02000 \times 159.69 \times 3}{1000} = 0.009581\ (g \cdot mL^{-1})$$

④ 计算被测组分的质量分数

例 4.6 称取不纯碳酸钠试样 0.2642g，加水溶解后，用 $0.2000mol \cdot L^{-1}$ 的 HCl 标准溶液滴定，消耗 HCl 标准溶液体积为 24.45mL。求试样中 Na_2CO_3 的质量分数。

解：根据滴定反应式 $2HCl + Na_2CO_3 \rightleftharpoons 2NaCl + CO_2 + H_2O$

$$w_{Na_2CO_3} = \frac{0.2000 \times 24.45 \times 10^{-3} \times 106.0}{2 \times 0.2642} \times 100\% = 97.87\%$$

即试样中 Na_2CO_3 的质量分数为 97.87%。

4.2 酸碱平衡

在水溶液中，酸度及水合作用是影响化学反应最重要的因素。因此，理解并掌握酸碱平衡所涉及的主要问题，对于分析工作者来说极其重要。

从不同的视角研究酸碱平衡，对酸和碱给出的定义也不同。目前，得到认可的酸碱定义约有十几种。例如，电离理论、溶剂理论、电子理论和质子理论等。每一种理论均有其各自的优缺点和相应的适用范围。分析化学经常使用的是布朗斯特（Brønsted）的质子理论（是布朗斯特在电离理论的基础上于 1923 年提出的）。这是因为该理论对酸碱强弱的量化程度最高（如 pK_a、pK_b），便于计算。它的缺点是不适合无质子存在的酸碱体系。

4.2.1 酸碱质子理论

（1）理论要点

酸碱质子理论认为，凡是能给出质子（H^+）的物质是酸，凡是能接受质子的物质是碱。一种碱 A^- 接受质子后其生成物 HA 便成为酸。同理，一种酸 HA 给出质子后剩余的部分 A^- 便成为碱。

例如：HCl、HAc、NH_4^+、H_2SO_3、$Al(H_2O)_6^{3+}$ 等都能给出质子，它们都是酸；而 OH^-、Ac^-、NH_3、HSO_3^-、CO_3^{2-} 等都能接受质子，它们都是碱。

酸与碱的这种关系可表示如下：

$$\underset{酸}{HA} \rightleftharpoons \underset{质子}{H^+} + \underset{碱}{A^-}$$

酸 HA 给出一个质子而形成碱 A^-，碱 A^- 得到一个质子便成为酸 HA，说明 HA 与 A^- 是共轭的，这种因一个质子的得失而互相转变的每一对酸碱称为**“共轭酸碱对”**。

所以，HA 是 A^-的共轭酸，A^-是 HA 的共轭碱，HA-A^-称为共轭酸碱对。可见，酸与碱彼此是不可分的，而是处于一种相互依存又相互对立的关系。例如：

共轭酸		质子		共轭碱	共轭酸碱对
H_2SO_4	$\rightleftharpoons$	H^+	+	HSO_4^-	H_2SO_4-HSO_4^-
HSO_4^-	$\rightleftharpoons$	H^+	+	SO_4^{2-}	HSO_4^--SO_4^{2-}
NH_4^+	$\rightleftharpoons$	H^+	+	NH_3	NH_4^+-NH_3
H_3PO_4	$\rightleftharpoons$	H^+	+	$H_2PO_4^-$	H_3PO_4-$H_2PO_4^-$

酸碱存在着对应的相互依存的关系，物质的酸性或碱性要通过给出质子或接受质子来体现。由上述共轭关系，质子理论指出：

① 酸和碱可以是分子，也可以是阳离子或阴离子。例如：H_2S、NH_4^+、$H_2PO_4^-$。

② 有的酸和碱在某对共轭酸碱中是碱，但在另一对共轭酸碱对中是酸，这类酸碱称为**“两性物质”**。例如：HPO_4^{2-}、$H_2PO_4^-$等。

③ 质子论中不存在盐的概念，它们分别是离子酸或离子碱。如在下列两个酸碱半反应中：

$$H^+ + HPO_4^{2-} \rightleftharpoons H_2PO_4^-$$

$$HPO_4^{2-} \rightleftharpoons H^+ + PO_4^{3-}$$

HPO_4^{2-}在 $H_2PO_4^-$-HPO_4^{2-}共轭酸碱对中为碱，而在 HPO_4^{2-}-PO_4^{3-}共轭酸碱对中为酸，这类物质为酸或为碱，取决它们对质子的亲和力的相对大小和存在的条件。因此，同一物质在不同的环境（介质或溶剂）中，常会引起其酸碱性的改变。如 HNO_3 在水中为强酸，在冰醋酸中其酸性大大减弱，而在浓 H_2SO_4 中它就表现为碱性了。

(2) 酸碱反应的实质

酸碱反应的实质是质子的转移。酸 HA 要转化为共轭碱 A^-，所给出的质子必须转移到另一种能接受质子的物质上，在溶液中实际上没有独立的 H^+，只可能在一个共轭酸碱对的酸和另一个共轭酸碱对的碱之间有质子的转移。

因此，酸碱反应是两个共轭酸碱对之间共同作用的结果。例如，HCl 和 NH_3 的中和反应：

$$HCl + NH_3 \rightleftharpoons NH_4^+ + Cl^-$$

（NH_3 与 NH_4^+ 共轭；HCl 与 Cl^- 共轭）

可见，酸碱质子理论揭示了各类酸碱反应的实质。

4.2.2 酸碱解离平衡

(1) 水的离子积（K_W）

根据酸碱质子理论，当酸或碱加入溶剂后，就发生质子的转移过程，并产生相应的共轭碱或共轭酸。例如，HA 在水中发生解离反应:

$$HA + H_2O \rightleftharpoons H_3O^+ + A^-$$

$$K_a = \frac{[H^+][A^-]}{[HA]} \qquad K_b = \frac{[HA][OH^-]}{[A^-]}$$

既可作为酸，也可以作为碱的一类溶剂称为**“质子溶剂”**。质子溶剂自身分子之间也能相互发生一定的质子转移。这类同种溶剂分子之间质子的转移过程称为**“质子的自递反应”**。根据酸碱质子理论，质子溶剂分子也是酸碱两性物质。以 H_2O 为例：

$$H_2O + H_2O \rightleftharpoons H_3^+O + OH^-$$

（H_2O 与 H_3^+O 共轭，H_2O 与 OH^- 共轭）

可见，水也是两性物质，通常称之为**“两性溶剂”**。在水的质子自递反应中，反应的平衡常数称为溶剂的质子自递常数。水的质子自递常数又称为**水的离子积**（K_W），即：

$$K_W = [H_3O^+][OH^-] = 1.0\times10^{-14}\ (25℃)$$

$$pK_W = 14.00$$

（2）酸、碱的解离常数（K_a，K_b）

酸与碱既然是共轭的，K_a 与 K_b 之间必然有一定的关系，现以 NH_4^+-NH_3 共轭体系为例说明它们之间的关系。

$$NH_3 + H_2O \xrightleftharpoons{K_b} NH_4^+ + OH^-$$

$$NH_4^+ + H_2O \xrightleftharpoons{K_a} NH_3 + H_3^+O$$

$$K_b = \frac{[NH_4^+][OH^-]}{[NH_3]} \qquad K_a = \frac{[H_3^+O][NH_3]}{[NH_4^+]}$$

在水溶液中，水化质子用 H_3O^+ 表示，但为了简便起见，通常写成 H^+。

因此
$$K_W = K_aK_b \tag{4.8}$$

$$pK_W = pK_a + pK_b = 14\ (25℃)$$

对于其他溶剂有
$$K_W = K_aK_b = [H^+][OH^-]$$

对于 $NH_3\cdot H_2O$，其 $K_b = 1.8\times10^{-5}$，则其共轭酸 NH_4^+的 K_a 为

$$K_a = \frac{K_W}{K_b} = \frac{1.0\times10^{-14}}{1.8\times10^{-5}} = 5.6\times10^{-10}$$

上面讨论的是一元共轭酸碱对的 K_a 与 K_b 之间的关系。对于多元酸（碱），由于其在水溶液中是分级离解，存在着多个共轭酸碱对，这些共轭酸碱对的 K_a 和 K_b 之间也存在一定的关系，但情况较一元酸碱复杂些。

例如 H_3PO_4 共有三个共轭酸碱对：H_3PO_4-$H_2PO_4^-$，$H_2PO_4^-$-HPO_4^{2-} 和 HPO_4^{2-}-PO_4^{3-}。

于是
$$K_{a_1}K_{b_3} = K_{a_2}K_{b_2} = K_{a_3}K_{b_1} = [H^+][OH^-] = K_W \tag{4.9}$$

酸碱的强弱取决于酸碱本身给出质子或接受质子能力的强弱。物质给出质子的能力越强，其酸性越强；反之，其酸性就越弱。同理，物质接受质子的能力越强，其碱性越强；反之，其碱性就越弱。

酸碱的解离常数 K_a、K_b 的大小（见附录 6），可以定量说明酸或碱的强弱程度。

在共轭酸碱对中，若酸越易给出质子，则其酸性越强，而其共轭碱对质子的亲和力越弱，就越不容易接受质子，其碱性就越弱。如 $HClO_4$、H_2SO_4、HCl、HNO_3 都是强酸，它们在水溶液中给出质子的能力非常强，$K_a >> 1$，但它们相应的共轭碱几乎没有能力从 H_2O 中获得质子转化为共轭酸，其 K_b 小到无法测出。这些共轭碱都是极弱的碱。而 NH_4^+、HS^- 的 K_a 分别

为 5.6×10^{-10}、7.1×10^{-15}，它们是弱酸，其共轭碱就是较强的碱，S^{2-} 则是强酸。

为便于比较，将有关数据列于下表 4.1。

表 4.1　3 组共轭酸碱对的 K_a、K_b 值比较

共轭酸碱对	K_a	K_b
$H_2PO_4^{-}$-HPO_4^{2-}	6.3×10^{-8}	1.6×10^{-7}
NH_4^{+}-NH_3	5.6×10^{-10}	1.8×10^{-5}
HCO_3^{-}-CO_3^{2-}	5.6×10^{-11}	1.8×10^{-4}

由表 4.1 中所示的 K_a、K_b 值可见，三种碱的强弱顺序为：

$$\text{碱性}\quad CO_3^{2-} > NH_3 > HPO_4^{2-}$$

而它们的共轭酸的强度顺序恰恰相反：

$$\text{酸性}\quad H_2PO_4^{-} > NH_4^{+} > HCO_3^{-}$$

4.2.3　溶液 pH 值的计算

酸碱滴定的过程，也就是溶液的 pH 值不断变化的过程。为揭示滴定过程中溶液 pH 值的变化规律，需要学习几类典型酸碱溶液 pH 值的计算方法。

(1) 质子条件

质子条件又称质子平衡方程式，用 PBE 表示。酸碱反应的本质是物质间质子转移的结果。它反映了溶液中质子转移的量的关系。在酸碱反应达到平衡时，碱所得到的质子数（mol）和酸失去质子数（mol）一定相等。这种数量关系的表达式称为“质子条件”。因此，质子条件是处理酸碱平衡有关计算问题的基本关系式，是酸碱平衡的核心内容。

根据酸碱反应整个平衡体系中得质子产物与失质子产物的质子得失量相等的原则，可直接列出质子条件。由质子条件，可以计算溶液中 H^+的浓度$[H^+]$。

例如，在一元弱酸（HAc）的水溶液中，大量存在并参加质子转移的物质是 HAc 和 H_2O，整个平衡体系中的质子转移反应有：

HAc 的解离反应：　$HAc + H_2O \rightleftharpoons H_3O^+ + Ac^-$

水的质子自递反应：　$H_2O + H_2O \rightleftharpoons H_3O^+ + OH^-$

达到平衡时，溶液中的 H^+ 浓度是各种酸提供的 H^+ 浓度之和。即：

$$[H^+] = [H^+]_{HAc} + [H^+]_{H_2O}$$

其中，$[H^+]_{HAc} = [Ac^-]$。同理，$[H^+]_{H_2O} = [OH^-]$，故上式变为：

$$[H^+] = [Ac^-] + [OH^-]$$

(2) 酸碱溶液 pH 值的计算

① **一元弱酸(碱)溶液**　在水溶液中，一元弱酸 HA 有以下解离平衡：

$$HA \rightleftharpoons H^+ + A^-$$

同时，溶液中还有 H_2O 的解离平衡：

$$H_2O \rightleftharpoons H^+ + OH^-$$

以参考水准为 HA 和 H_2O，则 HA 在水中的质子条件是：

$$[H^+] = [A^-] + [OH^-]$$

由于 $[A^-] = K_a \dfrac{[HA]}{[H^+]}$，且 $[OH^-] = \dfrac{K_W}{[H^+]}$，代入上式中并经整理后，即得：

$$[H^+] = \sqrt{K_a[HA] + K_W} \tag{4.10}$$

式（4.10）为计算一元弱酸溶液 H^+ 浓度的精确计算式。若平衡时溶液中的 H^+ 的浓度远远小于弱酸的原始浓度，当 $c/K_a \geqslant 10^5$ 且 $cK_a \geqslant 10K_W$ 时，K_W 可忽略。这时式（4.10）可简化为

$$[H^+] = \sqrt{c_a K_a} \tag{4.11}$$

式（4.11）就是计算一元弱酸中 H^+ 浓度的最简公式。

例 4.7　求 0.10mol/L HAc 溶液的 pH 值。

解：已知 HAc 的 $K_a = 1.8 \times 10^{-5}$，$c = 0.10$mol/L，则：

$$c/K_a \geqslant 10^5 \text{ 且 } cK_a \geqslant 10K_W$$

故，由式（4.11）得：

$$[H^+] = \sqrt{c_a K_a} = \sqrt{0.10 \times 1.8 \times 10^{-5}} = 1.34 \times 10^{-3} \text{（mol·L}^{-1}\text{）}$$

所以

$$pH = -\lg[H^+] = 2.87$$

同理，对于一元弱碱（BOH）中 $[OH^-]$ 的计算也可按上式进行，只要将 K_a 换成 K_b 即可。

$$[OH^-] = \sqrt{c_b K_b} \tag{4.12}$$

② **多元酸碱溶液**　多元弱酸（碱）在溶液中是分级解离的，且通常多元酸的 $K_{a_1} >> K_{a_2}$，若 $K_{a_1} / K_{a_2} \geqslant 10^2$，则多元酸的第二步电离可忽略，其 H^+ 浓度计算方法与一元弱酸相似。

当 $c / K_{a_1} \geqslant 10^5$，$cK_{a_1} \geqslant 10K_W$ 时，多元酸溶液中的 H^+ 浓度可按下式进行：

$$[H^+] = \sqrt{c_a K_{a_1}} \tag{4.13}$$

同理，对于多元弱碱溶液中的 OH^- 浓度计算也可按上式进行，只是将 K_{a_1} 换成 K_{b_1} 即可。

$$[OH^-] = \sqrt{c_b K_{b_1}} \tag{4.14}$$

4.2.4　缓冲溶液

缓冲溶液是分析化学实验或其他化学实验中经常使用的一种重要溶液。通常所指的缓冲溶液是用于控制溶液酸度的溶液。换句话说，凡是具有能够抵抗外加少量强酸、强碱，或稍加稀释其自身 pH 值不发生显著变化的性质的溶液称为**“缓冲溶液”**。

缓冲溶液一般均由浓度较大的弱酸（碱）及其共轭碱（或共轭酸）组成。如 Hac-NaAc 体系、NH_3-NH_4Cl 体系等。

需要指出的是，高浓度的强酸或强碱溶液也具有调节溶液酸度的作用。这是由于溶液中的 H^+ 或 OH^- 的浓度本来就高，故外加少量的酸或碱不会对溶液的酸度产生太大的影响。在这种情况下，强酸或强碱也是缓冲溶液。但这类缓冲溶液不具有抗稀释的作用。

分析化学中用到的缓冲溶液大多数是为控制溶液酸度用的，称为“普通缓冲溶液”；有些则是在测量溶液 pH 值时作为参照标准用的，称为“标准缓冲溶液”。

(1) 缓冲溶液的 pH 值

缓冲溶液的缓冲作用主要依靠弱酸（碱）的解离平衡，作为一般控制酸度用的缓冲溶液，当它与其共轭酸（或共轭碱）共存时，其 pH 值取决于下列关系：

$$pH = pK_a + \lg\frac{[A^-]}{[HA]} \tag{4.15}$$

$$pOH = pK_b + \lg\frac{[HA]}{[A^-]} \tag{4.16}$$

例 4.8 某缓冲溶液含有 $0.10mol \cdot L^{-1}$ HAc 和 $0.15mol \cdot L^{-1}$ NaAc，试问此缓冲溶液的 pH 值为多少？

解：根据式（4.15），此缓冲溶液的 pH 值为：

$$pH = pK_a + \lg\frac{[A^-]}{[HA]} = 4.74 + \lg\frac{0.15}{0.10} = 4.92$$

例 4.9 欲制备 pH ＝ 10.0 的缓冲溶液 1L，已知 NH_4Cl 溶液的浓度为 $1.0mol \cdot L^{-1}$，问需用多少毫升密度为 $0.88g \cdot mL^{-1}$ 的氨水（w_{NH_3} 为 28%）？

解：已知 NH_3 的 $K_b = 10^{-4.74}$，则 NH_4^+ 的 K_a 为：

$$K_a = K_W/K_b = 10^{-14}/10^{-4.74} = 10^{-9.26}$$

代入式（4.15）：

$$pH = pK_a + \lg\frac{[A^-]}{[HA]}$$

则

$$10.0 = 9.26 + \lg\frac{c(NH_3)}{1.0}$$

从而求得 $c(NH_3) = 5.5mol \cdot L^{-1}$，即制备成的缓冲溶液中应维持 NH_3 的浓度为 $5.5mol \cdot L^{-1}$。

通过 NH_3 的质量分数（w_{NH_3}）、氨水的密度和 NH_3 的摩尔质量，便可算出应取用的氨水中 NH_3 的浓度。

$$c'_{NH_3} = \frac{w\rho \times 1000}{M} = \frac{28\% \times 0.88 \times 1000}{17} = 14.5\ (mol \cdot L^{-1})$$

由于缓冲溶液中 NH_3 与所取用的氨水中的 NH_3 的物质的量相等，即：

$$5.5mol \cdot L^{-1} \times 1L = 14.5mol \cdot L^{-1} \times V_{NH_3}$$

故

$$V_{NH_3} = 0.38L = 380mL$$

(2) 缓冲作用与缓冲范围

缓冲溶液的缓冲作用并不是无限的。也就是说，缓冲溶液只能在加入一定数量的酸碱，才能保持溶液的 pH 值基本保持不变。所以，每种缓冲溶液只具有一定的缓冲能力。

① **影响缓冲能力大小的因素** 缓冲溶液的缓冲能力大小与缓冲溶液的总浓度及组分比有关。

a．总浓度愈大，缓冲容量愈大。

b. 总浓度一定时，缓冲组分的浓度比愈接近于 1∶1，缓冲容量愈大。当组分浓度比为 1∶1 时，缓冲溶液的缓冲能力最大。两组分浓度相差愈大，缓冲能力愈小，直到丧失缓冲能力。

② **缓冲范围** 任何缓冲溶液的缓冲作用都有一个有效的缓冲范围。缓冲作用的有效 pH 值范围叫作缓冲范围。这个范围大概在 pK_a（或 pK'_a）两侧各一个 pH 单位之内。即：

$$pH = pK_a \pm 1 \quad (4.17)$$

例如，HAc-NaAc 缓冲溶液，其 $pK_a = 4.74$，即 pH = 4.71 时，缓冲能力最强，它可用于制备 pH = 3.74～5.74 范围内的缓冲溶液。

又如，NH_3 - NH_4Cl 缓冲溶液，其 $pK_b = 4.74$，即 pOH = 4.71，也就是说 pH = 14−4.74 = 9.26 时，缓冲能力最大，它可用于制备 pH = 8.26～10.26 范围内的缓冲溶液。

(3) 缓冲溶液的选择

由于共轭酸碱对的 K_a、K_b 值不同，所形成的缓冲溶液能调节和控制的 pH 值范围也不同。分析化学中用于控制溶液酸度的缓冲溶液很多。在选用缓冲溶液时，应考虑缓冲能力较大的溶液。

选择缓冲溶液的原则：

- 缓冲溶液对测量过程无干扰。
- 测量所需的 pH 值应在缓冲溶液的缓冲范围内。且尽量使 pK_a 值与所需控制的 pH 值一致，即 $pK_a \approx pH$。
- 缓冲溶液的缓冲能力应足够大，以满足实际工作的需要。
- 缓冲物质应价廉易得，避免污染。

所以，如果需要 pH 值为 4.2、4.8、5.0、5.2 等的缓冲溶液时，可以选择 HAc-NaAc 缓冲溶液，因为 HAc 的 $pK_a = 4.74$，与所需的 pH 接近。如果需要 pH 值为 9.0、9.5、10.0 等的缓冲溶液时，可以选择 NH_3-NH_4Cl 缓冲溶液，因为 $NH_3 \cdot H_2O$ 的 $pK_b = 4.74$，与所需的 pOH 接近，即 pH = 14 − 4.74 = 9.26，与所需的 pH 接近。

在实际工作中，强酸强碱主要用来控制高酸度（pH≤2）或高碱度（pH≥12）时溶液的酸度。例如，在配位滴定中，采用 HCl（1+1）调节试样溶液的 pH 值为 1.8～2.0 来测定 Fe_2O_3 含量；采用 KOH（20%）溶液调节试样溶液 pH≥13 来测定 CaO 含量。

注：缓冲溶液的制备，可查阅有关手册或参考书上的配方进行。

4.2.5 酸碱指示剂

(1) 酸碱指示剂的作用原理

酸碱滴定过程本身不发生任何外观的变化，故常借助酸碱指示剂的颜色变化来指示滴定的计量点。酸碱指示剂自身是弱的有机酸或有机碱，其共轭酸碱对具有不同的结构，且颜色不同。当溶液的 pH 值改变时，共轭酸碱对相互发生转变，从而引起溶液的颜色发生变化。

例如，甲基橙（MO）：

$$(CH_3)_2\overset{+}{N}=\langle\rangle=N-\underset{H}{N}-\langle\bigcirc\rangle-SO_3^- \underset{H^+}{\overset{OH^-}{\rightleftharpoons}} (CH_3)_2N-\langle\bigcirc\rangle-N=N-\langle\bigcirc\rangle-SO_3^-$$

红色（醌式）$pK_a = 3.4$　　　　黄色（偶氮式）

由上述平衡式可以看出，酸度增大，甲基橙以醌式结构的双极离子型体存在，溶液呈红色；而当酸度减小，甲基橙以偶氮式结构的型体存在，溶液呈黄色。故甲基橙是双色指示剂。

又如，酚酞（PP）在酸性溶液中为无色，而在碱性溶液中转化为醌式结构后呈红色。故酚酞是单色指示剂。单色指示剂与双色指示剂的显色原理不同，在实际工作中，如有可能，应尽可能选择使用双色指示剂。

可见，指示剂颜色的改变，是由于在不同 pH 值的溶液中，指示剂的分子结构发生了变化，因而显示出不同的颜色。但是否溶液的 pH 值稍有改变我们就能看到它的颜色变化呢？事实并不是这样，必须是溶液的 pH 值改变到一定的范围，我们才能看得出指示剂的颜色变化。也就是说，指示剂的变色，其 pH 值是有一定范围的，只有超过这个范围我们才能明显地观察到指示剂的颜色变化。下面我们就来讨论这个问题——指示剂的变色范围。

(2) 指示剂的变色范围

指示剂的变色范围，可用指示剂在溶液中的离解平衡过程来解释。现以弱酸型指示剂（HIn）为例来讨论。HIn 在溶液中的离解平衡为：

$$\underset{\text{酸式色}}{HIn} \rightleftharpoons H^+ + \underset{\text{碱式色}}{In^-}$$

$$K_{HIn} = \frac{[H^+][In^-]}{[HIn]} \tag{4.18}$$

式中，K_{HIn} 为指示剂的离解常数；$[In^-]$ 和 $[HIn]$ 分别为指示剂的碱式色和酸式色的浓度。由式（4.18）可知，溶液的颜色是由 $[In^-]/[HIn]$ 的比值决定的，而此比值又与 $[H^+]$ 和 K_{HIn} 有关。在一定温度下，K_{HIn} 是一个常数，比值 $[In^-]/[HIn]$ 仅为 $[H^+]$ 的函数，当 $[H^+]$ 发生改变时，$[In^-]/[HIn]$ 比值随之发生改变，溶液的颜色也逐渐发生改变。

需要指出的是，不是 $[In^-]/[HIn]$ 任何微小的改变都能使人观察到溶液颜色的变化，因为人眼辨别颜色的能力是有限的。

① 当 $[In^-]/[HIn] \leqslant 1/10$ 时，$pH \leqslant pK_a-1$；只能观察出酸式（HIn）颜色。

② 当 $[In^-]/[HIn] \geqslant 10$ 时，$pH \geqslant pK_a+1$；观察到的是指示剂的碱式色。

③ 当 $10 > [In^-]/[HIn] > 1/10$ 时，$pK_a-1 \leqslant pH \leqslant pK_a+1$；观察到的是混合色，人眼一般难以辨别。

当指示剂的 $[In^-]=[HIn]$ 时，则 $pH=pK_{HIn}$，人们称此 pH 值为**指示剂的理论变色点**。理想的情况是滴定的终点与指示剂的变色点的 pH 值完全一致，实际上这是有困难的。

根据上述理论推算，指示剂的变色范围应是两个 pH 单位。即：

$$pH = pK_{HIn} \pm 1 \tag{4.19}$$

式（4.19）表明，只有在 $pH = pK_{HIn} \pm 1$ 的范围内，人们才能觉察出由 pH 值改变而引起的指示剂颜色变化。这个可以看到的指示剂颜色变化的 pH 值区间，称为指示剂的变色范围。

但实际测得的各种指示剂的变色范围与其理论变色范围并不一致，而是略有上下。这是因为人眼对各种颜色的敏感程度不同，以及指示剂的两种颜色之间互相掩盖的缘故。

例如，甲基橙的 $pK_{HIn}=3.4$，理论变色范围应为 2.4～4.4，而实测变色范围是 3.1～4.4。这说明甲基橙要由黄色变成红色，碱式色的浓度 $[In^-]$ 应是酸式色浓度 $[HIn]$ 的 10 倍；而酸式色的浓度只要大于碱式色浓度的 2 倍，就能观察出酸式色（红色）。产生这种差异性的原因，是由于人眼对红色比对黄色更为敏感的缘故，所以甲基橙的变色范围在 pH 值小的一端就短一些（对理论变色范围而言）。

虽然指示剂变色范围的实验结果与理论推算之间存在着差别，但理论推算对粗略估计指示剂的变色范围，仍有一定的指导意义。

指示剂的变色范围越窄越好。因为 pH 值稍有改变，指示剂就可立即由一种颜色变成另一种颜色，即指示剂变色敏锐，有利于提高测定结果的准确度。人们观察指示剂颜色的变化约为 ±(0.2～0.5) 个 pH 单位的误差。常用的酸碱指示剂列于表 4.2 中。

表 4.2 常用的酸碱指示剂

指示剂	酸色	碱色	pK_a	变色范围	用法
甲基黄	红色	黄色	3.3	2.9～4.0	0.1%的 90%乙醇溶液
甲基橙	红色	黄色	3.4	3.1～4.4	0.05%水溶液
溴甲酚绿	黄色	蓝色	4.9	3.8～5.4	0.1%水溶液，每 100mg 指示剂加 $0.05mol \cdot L^{-1}$ NaOH 9mL
甲基红	红色	黄色	5.2	4.4～6.2	0.1%的 60%乙醇溶液
百里酚蓝	黄色	蓝色	8.9	8.0～9.6	0.1%的 20%乙醇溶液
酚酞	无色	红色	9.1	8.0～10.0	0.1%的 90%乙醇溶液
百里酚酞	无色	蓝色	10.1	9.4～10.6	0.1%的 90%乙醇溶液

（3）混合指示剂

表 4.2 所列指示剂都是单一指示剂，它们的变色范围一般都较宽，其中有些指示剂，如甲基橙，变色过程中还有过渡颜色，不易于辨别颜色的变化，这给滴定终点的确定带来了困难。同时，对于某些弱酸或弱碱的滴定，它们的滴定范围往往比较窄，这就要求选用变色范围较窄、色调变化敏锐的指示剂，否则将会造成较大的滴定误差。

因此，在实际测定中，常将 K 值相近的两种指示剂混配在一起，由于变色范围相互叠加，以及两种颜色的互补，从而形成了一个鲜明的变色点或者是一个极窄的变色范围，以图解决上述问题，这种混合制备的指示剂，即称为**“混合指示剂”**。

混合指示剂具有变色范围窄、变色明显等优点。实验室中使用的 pH 试纸，就是基于混合指示剂的原理制备而成的。一般来讲，指示剂应适当少用，变色会明显一些，引入的误差也会比较小。

4.3 酸碱滴定原理

酸碱滴定法是以质子传递反应为基础的滴定分析方法，是利用酸或碱标准滴定溶液来进行滴定的滴定分析方法，也称中和法，其反应实质是：

$$H^+ + OH^- \rightleftharpoons H_2O$$

一般的酸、碱以及能与酸、碱直接或间接发生质子传递反应的物质，几乎都可以利用酸碱滴定法进行测定。所以，酸碱滴定法是滴定分析中的重要方法之一。

4.3.1 酸碱滴定曲线

既然酸碱指示剂只是在一定的 pH 值范围内才发生颜色的变化，那么，为了在某一酸碱滴定中选择一种适宜的指示剂，就必须了解滴定过程中，尤其是化学计量点前后±0.1%相对误差范围内溶液 pH 值的变化情况。下面讨论几种常见类型酸碱滴定中 pH 值的变化规律和指示剂的选择原则。

4.3.1.1 强碱（酸）滴定强酸（碱）

这一类型滴定的基本反应为：

$$H^{+} + OH^{-} \rightleftharpoons H_2O$$

现以 0.1000mol·L^{-1}NaOH 溶液滴定 20.00mL 0.1000mol·L^{-1}HCl 溶液为例，讨论强碱滴定强酸的滴定规律。

设 HCl 的浓度为 c_a，体积为 V_a，NaOH 的浓度为 c_b，滴定时加入的体积为 V_b。整个滴定过程可分为以下四个阶段来考虑，即：滴定前→滴定开始至化学计量点前→化学计量点时→化学计量点后。

现分别讨论如下：

(1) 滴定前（V_b=0）

滴定开始前，溶液的 pH 值取决于 HCl 的原始浓度，即分析浓度。因 HCl 是强酸，故：

$$[H^+] = c_a = 0.1000\text{mol}\cdot\text{L}^{-1}$$

$$\text{pH} = 1.00$$

(2) 滴定开始至化学计量点前（$V_a > V_b$）

溶液的 pH 值取决于剩余 HCl 物质的量。

$$[H^+] = \frac{(V_a - V_b)c_a}{V_a + V_b} \tag{4.20}$$

若 V_b=19.98mL（−0.1%相对误差）

$$[H^+]=5.00\times10^{-5}\text{mol}\cdot\text{L}^{-1}$$

$$\text{pH} = 4.30$$

化学计量点前其他各点的 pH 值均按式（4.20）进行计算。

(3) 化学计量点时（$V_a = V_b$）

化学计量点时，NaOH 与 HCl 恰好全部中和完全，此时溶液中的 $[H^+] = [OH^-]$，即：

$$[H^+] = 1.0\times10^{-7}\text{mol}\cdot\text{L}^{-1}$$

$$\text{pH} = 7.00$$

(4) 化学计量点后（$V_b > V_a$）

计量点之后，NaOH 再继续滴入便过量了，溶液的酸度取决于过量的 NaOH 的浓度。

$$[OH^-] = \frac{(V_b - V_a)c_b}{V_a + V_b} \tag{4.21}$$

若 V_b = 20.02mL（+0.1%相对误差）

$$[OH^-] = 5.00\times10^{-5}mol\cdot L^{-1}$$

$$pH = 9.70$$

化学计量点后各点的 pH 值计算，均可按式（4.21）进行。

将上述计算值列于表 4.3 中，以 NaOH 加入量（V）为横坐标，pH 值为纵坐标，绘制 pH-V 关系曲线，即得一元强碱滴定一元强酸的酸碱滴定曲线。见图 4.1 中 a 所示。

表 4.3　用 0.1000mol·L^{-1} NaOH 溶液分别滴定 20.00mL 0.1000mol·L^{-1} HCl 溶液和 20.00mL 0.1000mol·L^{-1} HAc 溶液的 pH 值

加入 NaOH 溶液		pH 值	
V/mL	α[①]/%	滴定 HCl 溶液	滴定 HAc 溶液
0.00	0.00	1.00	2.87
18.00	90.0	2.28	5.70
19.80	99.0	3.30	6.74
19.98	**99.9**	**4.30**	**7.70**
20.00	**100.0**	**7.00**	**8.72**
20.02	**100.1**	**9.70**	**9.70**
20.20	101.0	10.70	10.70
22.00	110.0	11.70	11.70
40.00	200.0	12.50	12.50

① α 为滴定分数，其定义为：$\alpha=\dfrac{\text{酸（或碱）被滴定的物质的量}}{\text{酸（或碱）起始的物质的量}}\times100\%$。

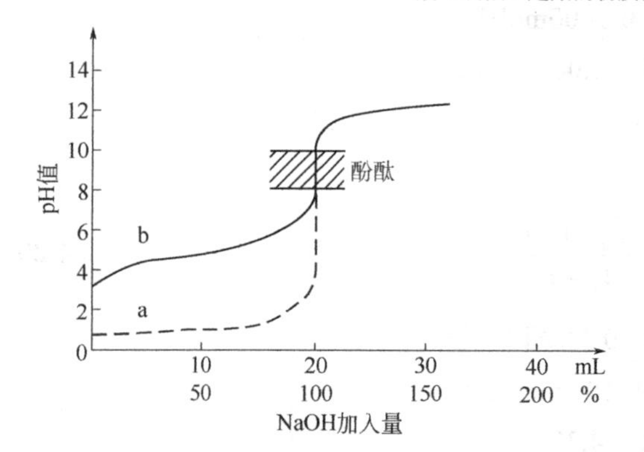

图 4.1　NaOH 溶液分别滴定 HCl 和 HAc 的滴定曲线
曲线 a—滴定 HCl；曲线 b—滴定 HAc

强酸滴定强碱与强碱滴定强酸的基本原理完全相同，它们的各对应公式也极相似，只需将强碱滴定强酸体系各公式中的酸碱参数互换，即可得到强酸滴定强碱体系的各有关公式。由于其滴定过程中滴定液的 pH 值是由大到小，故与相同条件的强碱滴定强酸的滴定曲线互成倒影。

图 4.1 表明，在滴定过程中的不同阶段加入单位体积的滴定剂时，被滴定液 pH 值的改变程度是有差异的。这是由于在滴定过程中，被滴定液的缓冲容量在不断发生变化的缘故。

由图 4.1 中曲线 a 可以看出：

① 滴定开始时曲线比较平坦。这是因为溶液中还存在着较多的 HCl，酸度较大。

② 化学计量点前后，随着 NaOH 不断滴入，HCl 的量逐渐减少，pH 值逐渐增大。当只剩下 0.1% HCl，即剩余 0.02mL HCl 时，pH 值为 4.30，再继续滴入仅过量 0.02mL NaOH，而溶液的 pH 值从 4.30 急剧升高到 9.70。因此，0.04mL（**大约 1 滴**）滴定剂就使溶液 pH 值增加 5 个多 pH 单位。这种在化学计量点附近溶液 pH 值发生急剧变化的现象称为滴定的**“pH 值突跃”**。换句话说，在计量点附近参数所出现的急剧变化现象称为**“滴定突跃”**。

滴定分析一般要求滴定终点误差不超过±0.1%，故突跃范围常以计量点前后对应量的 0.1%（即 −0.1%～+0.1%）为标准，确定相关参数区域。本例中为 pH 4.30～9.70，共 5.4 个

pH 单位。

在化学计量点前后相对误差为 −0.1%～+0.1% 的范围内，溶液 pH 值变化的突跃范围称为**“滴定的突跃范围”**，在曲线上表现为垂直部分。

突跃范围的意义：滴定中，若选择变色范围在突跃范围内的指示剂，则滴定终点将落在突跃范围内，终点误差自然符合分析要求。

对于 $0.1000\text{mol}\cdot\text{L}^{-1}$ NaOH 滴定 20.00mL $0.1000\text{mol}\cdot\text{L}^{-1}$ HCl 来说，凡在突跃范围（pH = 4.30～9.70）以内能引起变色的指示剂（即指示剂的变色范围全部或一部分落在滴定的突跃范围之内），都可作为该滴定的指示剂，如酚酞（pH = 8.0～10.0）、甲基橙（pH = 3.1～4.4）和甲基红（pH = 4.4～6.2）等。在突跃范围内停止滴定，则测定结果具有足够的准确度。

在强酸强碱滴定中，影响滴定突跃范围大小的唯一因素是滴定剂和被滴定液的浓度。若是浓度相等的强酸强碱相互滴定，其滴定起始浓度减小一个数量级，则滴定突跃缩小两个 pH 单位（图 4.2）。

③ 化学计量点以后，如果再继续滴加 NaOH 溶液，pH 值变化又快逐渐变慢，曲线也由倾斜逐渐变为平坦。

酸碱滴定过程中溶液 pH 值的变化规律：渐变→突变→渐变。

4.3.1.2 强碱（酸）滴定一元弱酸（碱）

这一类型滴定的基本反应为：

$$OH^- + HA \rightleftharpoons H_2O + A^-$$

$$H^+ + B \rightleftharpoons HB^+$$

现以 $0.1000\text{mol}\cdot\text{L}^{-1}$NaOH 溶液滴定 20.00mL $0.1000\text{mol}\cdot\text{L}^{-1}$ HAc 溶液为例，讨论强碱滴定弱酸的情况。已知 HAc 的解离常数 $\text{p}K_a = 4.74$。

与前例相同分四个阶段进行讨论。

(1) 滴定前（V_b=0）

溶液的 pH 值根据 HAc 得解离平衡来计算。

$$[H^+] = \sqrt{cK_a} = \sqrt{0.1000 \times 1.8 \times 10^{-5}}$$

$$= 1.35 \times 10^{-3}(\text{mol}\cdot\text{L}^{-1})$$

$$\text{pH} = 2.87$$

(2) 滴定开始至化学计量点前（$V_a > V_b$）

因 NaOH 的滴入使溶液成为 HAc-NaAc 缓冲体系，其 pH 值可按下式计算：

$$[Ac^-] = \frac{c_a V_b}{V_a + V_b} \text{ 和 } [HAc] = \frac{c_a V_a - c_b V_b}{V_a + V_b}$$

则
$$\text{pH} = pK_a + \lg\frac{[Ac^-]}{[HAc]}$$

若 $V_b = 19.98\text{mL}$（相对误差 −0.1%）

得 $\text{pH} = 7.74$

(3) 化学计量点时

NaOH 与 HAc 完全反应生成 NaAc，即一元弱碱的溶液。

$$[NaAc] = 0.05000 mol \cdot L^{-1}$$

则

$$[OH^-] = \sqrt{c_b K_b} = \sqrt{c_b \times \frac{K_W}{K_a}}$$

$$= 5.3 \times 10^{-6} mol \cdot L^{-1}$$

$$pH = 8.72$$

(4) 化学计量点后

因 NaOH 滴入过量，抑制了 Ac^- 的水解，溶液的酸度取决于过量的 NaOH 用量，其计算方法与强碱滴定强酸相同。

同样，将上述结果列表（见表 4.3），根据表中数据绘制滴定曲线，如图 4.1 中曲线 b 所示。由图 4.1 中曲线 b 可见，NaOH 滴定 HAc 的滴定曲线具有以下几个特点：

① NaOH-HAc 滴定曲线（图 4.1 曲线 b）起点比 NaOH 滴定 HCl 的滴定曲线（图 4.1 曲线 a）高 2 个 pH 单位。这是因为 HAc 是弱酸的缘故。滴定开始后至约 10% HAc 被滴定之前和 90% HAc 被滴定以后，NaOH-HAc 滴定曲线的斜率比 NaOH-HCl 的大。而在上述范围之间滴定曲线上升缓慢，这是因为滴定开始后有 NaAc 生成，与溶液中的 HAC 构成缓冲体系，致使溶液 pH 值变化缓慢。接近计量点时，缓冲作用减弱，因此溶液的 pH 值变化速度加快。

② 在计量点时，由于滴定产物 NaAc 的水解作用，溶液已呈碱性（pH = 8.72）。NaOH 滴定 HAc 滴定曲线的突跃范围（pH = 7.72～9.70）较滴定 HCl 的突跃范围小得多，且在碱性范围内，所以只有酚酞、百里酚酞等指示剂才可用于该滴定。显然，**突跃范围越大，越有利于指示剂的选择。**

③ 计量点后为 NaAc 和 NaOH 的混合溶液，由于 Ac^-的解离受到过量滴定剂 OH^-的抑制，故滴定曲线的变化趋势与 NaOH 滴定 HCl 溶液时基本相同。

滴定的突跃范围，随滴定剂和被滴定物浓度的改变而改变，指示剂的选择也应视具体情况而定。图 4.2 和图 4.3 所示分别为不同浓度 NaOH 溶液滴定 HCl 的滴定曲线和 NaOH 溶液滴定不同强度酸的滴定曲线。

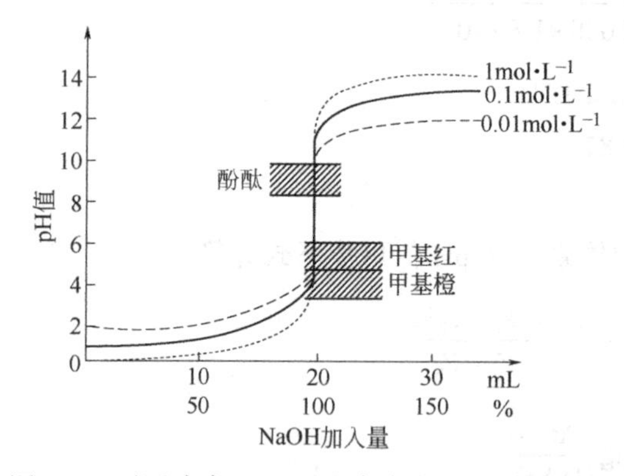

图 4.2 不同浓度 NaOH 溶液滴定 HCl 的滴定曲线

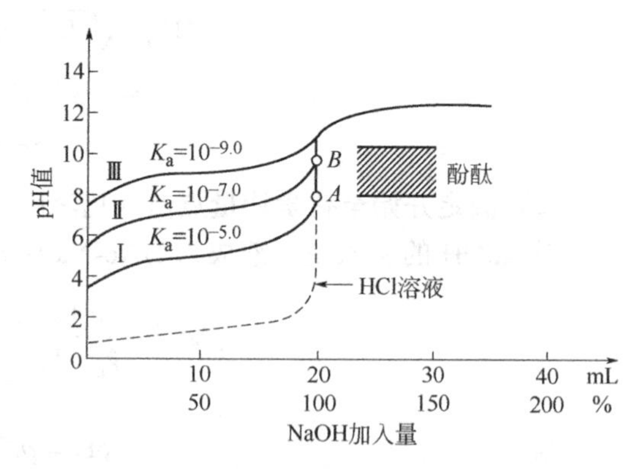

图 4.3 NaOH 溶液滴定不同强度酸的滴定曲线

影响滴定突跃范围的因素：

- 酸或碱（被滴定物）的浓度：c 越大, pH 值突跃越大。
- 酸或碱的强度（即 K_a 或 K_b）：K_a 或 K_b 越大，pH 值突跃范围越大。

4.3.2 酸碱滴定的可行性判据

4.3.2.1 一元弱酸（碱）被准确滴定的可行性判据

滴定反应的完全程度是能否准确滴定的首要条件。当浓度一定，K_a 值愈大，突跃范围愈大。若浓度为 0.1moL·L^{-1}，$K_a \leqslant 10^{-9}$ 时已无明显的突跃。

实践证明，人眼借助指示剂准确判断终点，滴定的 pH 值突跃必须在 0.2 个单位以上。在这个条件下，分析结果的相对误差<±0.1%。只有弱酸的 $c_{sp}K_a \geqslant 10^{-8}$ 才能满足这一要求。

因此，通常将 $c_{sp}K_a$ 或 $c_{sp}K_b \geqslant 10^{-8}$ 作为判断一元弱酸（或弱碱）能否被准确滴定的依据。

强调：$c_{sp}K_a \geqslant 10^{-8}$ 这条判据的提出是仅考虑了滴定过程中出现的一种误差，即由终点观测的不确定性引起的终点观测误差，并没有涉及其他可能的误差。所以不满足 $c_{sp}K_a \geqslant 10^{-8}$ 这个条件固然无法准确滴定，但满足了这一条件也只是提供了准确滴定的可能性，究竟能否真正实现准确滴定还要看其他误差能否受到适当控制。

$C_{sp}K_a \geqslant 10^{-8}$ 这条判据并不是绝对的，而是相对的、有条件的。它是在规定终点观测的不确定性为 ±0.2 个 pH 单位、允许滴定分析误差为 ±0.1% 的前提下确定的。另外，这条判据也并非在任意 c_{sp} 下都能使用，只有在满足 $c_{sp} \geqslant 4 \times 10^{-4}$mol·L^{-1} 时，才可使用。

4.3.2.2 多元酸碱分步滴定的可行性判据

问题的提出：

- 多元酸分步离解出来的 H^+ 是否均可被测定?
- 能否滴定它们给出或接受质子的总量?

在上述问题中，前者称为分级或分别滴定，后者称为滴定总量。

在多元酸碱或混合酸碱的滴定中，由于被滴定的酸或碱有逐级或分别依次解离的影响，此时仍只沿用一元弱酸碱能否直接准确滴定的判据就欠妥了。而且多元酸碱或混合酸碱一般滴定分析的误差难以小到 ±0.1%。如果将其滴定分析的误差放宽到 ±1%，终点观测的不确定性仍为 ±0.2 个 pH 单位。当多元酸为二元或三元时，可进行分级滴定的条件为：

$$c_{sp_{i-1}}K_{a_{i-1}} \geqslant 10^{-10}$$

K_a 或 K_b 的下标 i 表示为几元酸，i 的取值为 2 或 3。其滴定总量的判据为：

$$c_{sp_i}K_{a_i} \geqslant 10^{-10}\text{（滴定分析误差为±1\%）}$$

或

$$c_{sp_i}K_{a_i} \geqslant 10^{-8}\text{（滴定分析误差为±0.1\%）}$$

对于多元酸的滴定，首先根据 $c_{sp_1}K_{a_1} \geqslant 10^{-8}$ 判断能否对第一级解离 H^+ 进行准确滴定，然后再看相邻两级 K_a 的比值是否大于 10^4，以此判断第二级解离的 H^+ 是否对上述滴定产生干扰。

(1) 多元弱酸的滴定

例如，用 NaOH 标准溶液滴定 H_3PO_4（$K_{a_1} = 7.6 \times 10^{-3}$，$K_{a_2} = 6.3 \times 10^{-8}$，$K_{a_3} = 4.4 \times 10^{-13}$）。

这是一个很特殊的应用案例。在众多的无机或有机多元酸中，只有 H_3PO_4 不仅逐级的解离常数相距较大，且其间隔也比较均匀。当以 NaOH 标准溶液滴定其第一级解离的 H^+ 时，称为第一级滴定，其计量点称为第一计量点（sp_1）；滴定第二级所解离的 H^+ 时，称为第二级滴定，其计量点称为第二计量点（sp_2）。

在第一计量点时，$c_{sp_1}K_{a_1}=10^{-1.30}\times10^{-2.12}>10^{-10}$

在第二计量点时，$c_{sp_2}K_{a_2}=10^{-1.48}\times10^{-7.20}>10^{-10}$

因此，以 $0.1000mol\cdot L^{-1}$ NaOH 标准溶液滴定 20.00mL $0.1000mol\cdot L^{-1}H_3PO_4$ 溶液进行第一、第二级分级滴定是可行的。

H_3PO_4 第三级解离的 H^+，由于 HPO_4^{2-} 的酸性极弱（$pK_{a_3}=12.36$），无法以 NaOH 标准溶液直接滴定。

（2）强酸滴定二元碱

例如，以 $0.1000mol\cdot L^{-1}$ HCl 滴定 25.00mL $0.1000moL\cdot L^{-1}$ Na_2CO_3 溶液。

这是分析实验室中采用 Na_2CO_3 基准物质标定 HCl 标准滴定溶液的浓度，也是一个最好的强酸滴定多元碱的实例。

Na_2CO_3 的 $pK_{b_1}=3.75$，$pK_{b_2}=7.62$。由于 $K_{b_1}/K_{b_2}=10^{3.88}\approx10^4$，勉强可以分别滴定，但确定第二计量点的准确度稍差。Na_2CO_3 在水中的解离反应为：

$$CO_3^{2-}+H_2O \xrightleftharpoons{K_{b_1}} HCO_3^-+OH^-,\quad K_{a_1}=K_W/K_{b_2}=4.2\times10^{-7}$$

$$HCO_3^-+H_2O \xrightleftharpoons{K_{b_2}} H_2CO_3+OH^-,\quad K_{a_2}=K_W/K_{b_1}=5.6\times10^{-11}$$

用 HCl 标准滴定溶液滴定 Na_2CO_3 溶液到达第一计量点时，生成 $NaHCO_3$，其属于两性物质。此时的 $[H^+]$ 可按下式计算。

$$[H^+]=\sqrt{K_{a_1}K_{a_2}}=\sqrt{4.2\times10^{-7}\times5.6\times10^{-11}}=10^{-8.31}\ (mol\cdot L^{-1})$$

$$pH=8.31$$

第二计量点时，产物为 H_2CO_3（CO_2+H_2O），其饱和溶液的浓度约为 $0.04mol\cdot L^{-1}$。

$$[H^+]=\sqrt{cK_{a_1}}=\sqrt{0.04\times4.2\times10^{-7}}=1.3\times10^{-4}\ (mol\cdot L^{-1})$$

$$pH=3.89$$

根据指示剂的选择原则，上述情况第一化学计量点时可选用酚酞为指示剂，第二计量点时，若选择甲基橙（pH＝4.0）作指示剂，在室温下滴定时，终点变化不敏锐。为提高滴定的准确度，可采用甲基红（pH＝5.0）作指示剂，不过滴定时需加热除去 CO_2。实际操作是：当滴到溶液变红（pH＜4.4），暂时中断滴定，加热除去 CO_2，则溶液又变回黄色（pH＞6.2），继续滴定到红色。重复此操作 2～3 次，加热除去 CO_2 并将溶液冷却至室温，至溶液颜色不发生变化为止。此种方式的滴定终点变色敏锐，准确度高。

4.4　非水溶剂中的酸碱滴定

4.4.1　非水滴定法原理

(1) 非水酸碱滴定法

众所周知，水具有很大的极性，许多物质易溶于水，水也是最常用的溶剂，所以滴定分析法通常都是在水溶液中进行。事实上，以溶剂水为介质进行滴定分析时，会遇到难以准确测定的问题。这些问题主要表现为以下三种情形（以酸碱滴定法为例）：

① $K_a<10^{-7}$ 的弱酸或 $K_b < 10^{-7}$ 的弱碱，或 $cK_a < 10^{-8}$ 的弱酸或 $cK_b < 10^{-8}$ 的弱碱溶液，一般都无法被准确滴定。

② 许多有机酸在水中的溶解度很小，甚至难溶于水，使其滴定在水溶液中无法进行。

③ 强酸（或强碱）的混合溶液在水溶液中不能分别进行滴定。

由此可见，酸碱滴定法在水溶液中的应用受到了一定的局限性。

非水滴定法又称非水溶液滴定法，是指在水以外的溶剂中进行滴定的方法。非水滴定法由于采用了非水溶剂作为滴定反应的介质，使上述问题得以很好的解决，从而扩大了滴定分析法的应用范围。

通常，非水滴定法多指在非水溶液中的酸碱滴定法，所谓非水溶液酸碱滴定法是利用非水溶剂的特点来改变物质的酸碱相对强度。换句话说，就是在水溶液中呈弱酸性或弱碱性的化合物，由于其酸碱度太弱，不可能得到明显的滴定终点。如果选择某些适当的非水溶剂作溶剂使化合物增加相对的酸度成为强酸，或者增加相对的碱度成为强碱，就可以顺利地进行滴定的分析方法。

非水滴定法主要用于有机化合物的分析，比如用来测定有机碱及其氢卤酸盐、磷酸盐、硫酸盐或有机酸盐，以及有机酸碱金属盐类药物的含量，也用于测定某些有机弱酸的含量。

其实，非水溶液滴定法除有酸碱滴定外，尚有氧化还原滴定、络合滴定及沉淀滴定等，而在药物分析中，以非水溶液酸碱滴定分析法用得最为广泛。

(2) 非水滴定法的特点

使用非水溶剂，可以增大样品的溶解度，同时可增强其酸碱性，使在水中不能进行完全的滴定反应可以顺利进行，对有机弱酸、弱碱可以得到明显的终点突跃。水中只能滴定 $pK<8$ 的化合物，而在非水溶液中则可滴定 $pK<13$ 的物质。因此，非水滴定法被广泛应用于有机酸碱的测定中。

酸碱滴定法与非水酸碱滴定法的特点比较见表 4.4。

表 4.4　酸碱滴定法与非水酸碱滴定法的特点

以水为溶剂的酸碱滴定法	非水溶剂酸碱滴定法
优点：易得、易纯化、价廉、安全 **缺点**：当酸碱太弱时，无法准确滴定；有机酸碱溶解度小，无法确定；强度接近的多元酸碱或混合酸碱无法分步或分别滴定	以非水溶剂为滴定介质 **优点**：增大有机物溶解度；改变物质酸碱性；扩大酸碱滴定范围

4.4.2 非水溶剂

4.4.2.1 溶剂的分类

(1) 质子性溶剂

质子性溶剂是指具有较强接受质子能力的溶剂。

① **酸性溶剂** 这类溶剂给出质子的能力比水强，接受质子的能力比水弱，即酸性比水强，碱性比水弱，称为酸性溶剂。有机弱碱在酸性溶剂中可显著地增强其相对碱度，主要用于测定弱碱的含量。最常用的酸性溶剂为冰醋酸。

② **碱性溶剂** 这类溶剂给出质子的能力比水弱，接受质子的能力比水强，即酸性比水弱，碱性比水强，称为碱性溶剂。有机弱酸在碱性溶剂中可显著地增强其相对酸度，主要用于测定弱酸的含量。最常用的碱性溶剂为二甲基甲酰胺。

③ **两性溶剂** 这类溶剂的酸碱性与水相近，即它们给出和接受质子的能力相当，这类溶剂主要为醇类。主要用于测定酸碱性较强的有机酸或有机碱的含量。兼有酸、碱两种性能，最常用的两性溶剂为甲醇、乙醇。其作用是：中性介质，传递质子。

(2) 非质子性溶剂

非质子溶剂即指溶剂分子中无转移性质子的溶剂。

① **惰性溶剂** 这一类溶剂既没有给出质子的能力，又没有接受质子的能力，其介电常数通常比较小，在该溶质中物质难以离解，所以称为惰性溶剂。惰性溶剂常与质子溶剂混用，用来溶解、分散、稀释溶质，多用于滴定弱酸性物质。

在惰性溶剂中，溶剂分子之间没有质子自递反应发生，质子转移反应只发生在试样和滴定剂之间。最常见的惰性溶剂有苯、甲苯、氯仿等。

② **偶极亲质子性溶剂**（非质子亲质子性溶剂） 这类溶剂分子中无转移性质子，但具有较弱的接受质子的倾向，且具有程度不同的形成氢键的能力。如酮类、酰胺类、腈类、吡啶类。

偶极亲质子性溶剂具微弱碱性和弱的形成氢键的能力，多用于滴定弱碱性物质。

(3) 混合溶剂

混合溶剂是指质子性溶剂与惰性溶剂的混合。如：冰醋酸-醋酐、冰醋酸-苯用于弱碱性物质滴定，苯-甲醇用于羧酸类的滴定，二醇类-烃类用于溶解有机酸盐、生物碱和高分子化合物。此混合溶剂可使样品更加易溶，滴定突跃变宽，终点变色敏锐。

4.4.2.2 溶剂的性质

(1) 解离性

在非水溶剂中，只有惰性溶剂不能解离，其余均有不同程度的解离。

酸碱反应程度与溶剂的离解性有关。在水中，强酸与强碱的反应是水自身解离反应的逆反应；而在乙醇中，强酸与强碱的反应则是乙醇自身解离反应的逆反应。

(2) 酸碱性

酸的强弱与溶剂的碱性有关，碱的强弱与溶剂的酸性有关。

溶剂的酸性或碱性强弱分别由其共轭酸碱对决定，每一对共轭酸碱对中，酸越强，其对应的共轭碱越弱。

因此，物质的酸碱强度与其自身授受质子能力及溶剂接受质子能力有关；碱性溶剂使弱酸的酸性增强，酸性溶剂使弱碱的碱性增强。溶剂的酸碱性影响滴定反应的完全程度。

(3) 极性

溶剂的极性强弱用介电常数表示。介电常数的大小表示带相反电荷的质点在溶液中离解所需的能量大小。溶剂的极性越强，其介电常数越大。溶质带相反电荷离子间的吸引力越小，则溶质的解离能力越大。介电常数越大，越有利于离子对的解离，从而增大了酸或碱的强度。

(4) 拉平效应和区分效应

① **拉平效应** 根据质子理论，酸 HA 在水、乙醇、乙酸中的解离平衡分别表示如下：

$$HA + H_2O \rightleftharpoons H_3O^+ + A^-$$

$$HA + CH_3CH_2OH \rightleftharpoons CH_3CH_2OH_2^+ + A^-$$

$$HA + CH_3COOH \rightleftharpoons CH_3COOH_2^+ + A^-$$

由于溶剂接受质子的能力不同,它们接受质子的能力大小依次为：

$$CH_3CH_2OH > H_2O > CH_3COOH$$

因此，酸 HA 在上述溶剂中的酸性强弱依次是：

$$HA（CH_3CH_2OH）> HA（H_2O）> HA（CH_3COOH）$$

同理，$HClO_4$、H_2SO_4、HCl、HNO_3 的酸性强度本身是有差别的，其酸性强度为：

$$HClO_4 > H_2SO_4 > HCl > HNO_3$$

但是在水溶剂中它们的强度却没有显示出差别。

$HClO_4$、H_2SO_4、HCl、HNO_3 在水溶剂中发生如下的全部离解：

$$HClO_4 + H_2O \rightleftharpoons H_3O^+ + ClO_4^-$$

$$H_2SO_4 + 2H_2O \rightleftharpoons 2H_3O^+ + SO_4^-$$

$$HCl + H_2O \rightleftharpoons H_3O^+ + Cl^-$$

$$HNO_3 + H_2O \rightleftharpoons H_3O^+ + NO_3^-$$

由于这四种酸在水溶剂中给出质子的能力都很强,而水的碱性已足够使其充分接受这些酸给出的质子转化为 H_3O^+，因此这些酸的强度在水溶剂中全部被拉平到了 H_3O^+ 的水平。

这种将各种不同强度的酸拉平到溶剂化质子水平的效应,就是溶剂的**“拉平效应”**。这样的溶剂称为**拉平溶剂**。

碱性溶剂是酸的均化性溶剂，酸性溶剂是碱的均化性溶剂。

水溶剂就是 $HClO_4$、H_2SO_4、HCl 和 HNO_3 的拉平溶剂。所以，通过水溶剂的拉平效应，任何一种酸性比 H_3O^+更强的酸都被拉平到了 H_3O^+ 的水平。

② **区分效应** 能区分不同的酸或碱的强弱的效应称**“区分效应”**。具有区分效应的溶剂称作**“区分性溶剂”**。酸性弱的溶剂对碱起区分效应，碱性弱的溶剂对酸起区分效应。

如果我们采用 CH_3COOH 作溶剂，H_2SO_4、HCl 和 HNO_3 在 CH_3COOH 中就不是全部离解，而是存在如下解离平衡：

$$H_2SO_4 + CH_3COOH \rightleftharpoons 2CH_3COOH_2^+ + SO_4^{2-} \qquad pK_a = 8.2$$

$$HCl + CH_3COOH \rightleftharpoons CH_3COOH_2 + Cl^- \qquad pK_a = 8.8$$

$$HNO_3 + CH_3COOH \rightleftharpoons CH_3COOH_2^+ + NO_3^- \qquad pK_a = 9.4$$

根据 pK_a 值，我们可以看出，在 CH_3COOH 介质中，这些酸的强度就显示出了强弱。这是由于 $CH_3COOH_2^+$ 的酸性比水强，CH_3COOH 碱性比水弱，在这种情况下，这些酸就不能将其质子全部转移给 CH_3COOH，于是呈现出了酸碱性的差异。同理，在水溶剂中最强的碱是 OH^-，其他更强的碱却被拉平到 OH^- 的水平，只有比 OH^- 更弱的碱才能分辨出酸碱性的强弱。

4.4.3　非水溶液酸碱滴定条件的选择

（1）溶剂的选择

在非水溶液酸碱滴定中，溶剂的选择非常重要。在选择溶剂时，主要考虑的是溶剂酸碱性。所选溶剂必须满足以下条件：

① 对试样的溶解度较大，并能提高其酸度或碱度。

② 能溶解滴定生成物和过量的滴定剂。

③ 溶剂与样品及滴定剂不发生化学反应。

④ 有合适的终点判断方法。

⑤ 易提纯，挥发性低，易回收，使用安全。

在非水溶液滴定中，利用溶剂的均化效应，可以测定混合酸碱总量；利用溶剂的区分效应，能够测定混合碱中各组分的含量。

（2）滴定剂的选择

① **酸性滴定剂**　在非水介质中滴定碱时，常用乙酸作溶剂，采用 $HClO_4$ 的乙酸溶液作滴定剂。滴定过程中生成的高氯酸盐具有较大的溶解度。高氯酸的乙酸溶液采用含 70%的高氯酸的水溶液配制，其中的水分采用加入一定量乙酸酐的方法除去。

② **碱性滴定剂**　在非水介质中滴定酸时，常用惰性溶剂，采用醇钠或醇钾作滴定剂。滴定产物易溶于惰性溶剂。碱性非水滴定剂在储存和使用时，必须防止吸收水分和 CO_2。

（3）滴定终点的确定

在非水溶液的酸碱滴定中，常用电位法和指示剂法确定滴定终点。

① **电位法**　具有颜色的溶液，就可以采用电位法判断终点。

方法是：以玻璃电极为指示电极，饱和甘汞电极为参比电极，通过绘制出滴定曲线来确定滴定终点。

② **指示剂法**　酸性溶剂中，常用结晶紫、甲基紫、α-萘酚作指示剂；碱性溶剂中，常用百里酚蓝、偶氮紫、磷邻硝基苯胺作指示剂。

4.5　酸碱滴定法中的标准滴定溶液

酸碱滴定法中常用的标准滴定溶液是 HCl 标准溶液和 NaOH 标准溶液。

4.5.1　HCl 标准滴定溶液的制备

盐酸价格低廉，易于得到，稀盐酸无氧化还原性，酸性强且稳定，因此应用较多。

因为市售的盐酸中 HCl 含量不稳定，且常含有杂质，应采用间接法制备，再用基准物标定。常用的基准物有无水碳酸钠和硼砂。

4.5.1.1　粗配（$c_{HCl}=0.1mol \cdot L^{-1}$）

量取 9mL HCl（市售），注入预先盛有 1000m 水的试剂瓶中（在通风橱中进行），摇匀。

4.5.1.2　标定

（1）采用无水 Na_2CO_3 工作基准试剂

无水 Na_2CO_3 易吸收空气中的水分，故使用前应在 270～300℃高温炉中灼烧至恒重。然后放在干燥器中保存。

滴定反应：　$Na_2CO_3 + 2HCl \rightleftharpoons 2NaCl + CO_2\uparrow + H_2O$

① **标定方法**　准确称取 0.15～0.2g 已烘干的无水 Na_2CO_3 基准试剂，移入 250mL 锥形瓶中，加入 50mL 蒸馏水，使之溶解，加入 10 滴溴甲酚绿-甲基红混合指示剂，用待标定的盐酸滴定至溶液由绿色变为暗红色，煮沸 2min，冷却后继续滴定至试液再呈暗红色，即为终点。平行测定三次。

② **结果计算**　HCl 标准滴定溶液的浓度（c_{HCl}）按式（4.22）计算，其单位以 $mol \cdot L^{-1}$ 表示。

$$c_{HCl}=\frac{2m_{Na_2CO_3}}{M_{Na_2CO_3}V_{HCl}}\times 1000 \tag{4.22}$$

（2）采用硼砂（$Na_2B_4O_7 \cdot 10H_2O$）标定

硼砂不易吸收空气中的水分，但易失水，因而要求保存在相对湿度为 40%～60%的环境中，实验室常采用在干燥器底部装入食盐和蔗糖的饱和水溶液的方法，使相对湿度维持在 60%。采用硼砂标定 HCl 时，用甲基红作指示剂，其标定反应为：

$$Na_2B_4O_7 + 5H_2O + 2HCl \rightleftharpoons 4H_3BO_3 + 2NaCl$$

硼砂因摩尔质量大，称量的相对误差小，优于 Na_2CO_3。

① **标定方法**　采用减量法准确称取 0.36～0.47g 硼砂基准试剂，置于 250mL 锥形瓶中，加入约 30mL 水，加热使其溶解后冷却至室温。加入 2 滴甲基红指示剂，用待标定的 HCl 标准溶液滴定至溶液由黄色变为橙色，即为终点。记录终点时消耗 HCl 标准溶液的体积 V，计算其浓度。

平行测定三次，要求结果相对平均偏差不能超过 0.2%。

② **结果计算**　HCl 标准滴定溶液的浓度（c_{HCl}）按式（4.23）计算，其单位以 $mol \cdot L^{-1}$ 表示。

$$c_{HCl}=\frac{2m_{Na_2B_4O_7}}{M_{Na_2B_4O_7}\times V_{HCl}}\times 1000 \tag{4.23}$$

4.5.2　NaOH 标准滴定溶液的制备

市售的 NaOH 试剂中常含有 1%～2% 的 Na_2CO_3，且碱溶液易吸收空气中的 CO_2 和水分，且含有少量的硅酸盐、硫酸盐和氯化物等。应采用间接法制备，再用基准物标定。常用邻苯二甲酸氢钾（KHP）基准物标定。

4.5.2.1　粗配（$c_{NaOH}=0.1mol\cdot L^{-1}$）

迅速称取4g固体NaOH，置于烧杯中，加入新鲜的或新煮沸除去CO_2的冷蒸馏水，完全溶解后，转入带橡皮塞的硬质玻璃瓶或塑料瓶中，加水稀释至1000mL，摇匀。

4.5.2.2　标定

标定NaOH溶液最常用的基准物质是邻苯二甲酸氢钾（$KHC_8H_4O_4$，KHP），邻苯二甲酸氢钾工作基准试剂在使用前必须于105～110℃电烘箱中干燥至恒重。

标定反应为：　$KHC_8H_4O_4+NaOH \rightleftharpoons KNaC_8H_4O_4+H_2O$

滴定到计量点时，溶液呈弱碱性，故采用酚酞作指示剂。

此外，还可用已知准确浓度的HCl标准溶液来标定NaOH。在化学计量点时溶液呈中性，pH值的突跃范围约为4～10，可选用甲基橙、甲基红等作指示剂。

① **标定方法**　采用递减称量法称量0.4～0.6g KHP基准物，置于250mL锥形瓶中，加入40～50mL水，待试剂完全溶解后，加入2～3滴酚酞指示剂（$10g\cdot L^{-1}$），用待标定的NaOH标准溶液滴定至溶液呈微红色并保持30s不褪色即为终点，平行测定三次。

② **结果计算**　NaOH标准滴定溶液的浓度（c_{NaOH}）按式（4.24）计算，其单位以$mol\cdot L^{-1}$表示。

$$c_{NaOH}=\frac{m_{KHP}}{V_{NaOH}M_{KHP}}\times 1000 \tag{4.24}$$

③ **注意事项**　市售的NaOH试剂中常含有1%～2%的Na_2CO_3，且碱溶液易吸收空气中的CO_2，蒸馏水中也常含有CO_2，它们参与酸碱滴定反应之后，将产生多方面不可忽视的影响。因此在酸碱滴定中必须要注意CO_2的影响。

a．若在标定NaOH前的溶液中含有Na_2CO_3，用基准物草酸标定（酚酞指示剂）后，用此NaOH滴定其他物质时，必然产生误差。

b．若制备了不含CO_3^{2-}的溶液，保存不当的话还会从空气中吸收CO_2。用这样的碱液作滴定剂（酚酞指示剂）测定出的浓度与真实浓度不符。

c．对于NaOH标准溶液来说，无论CO_2的影响发生在浓度标定之前还是之后，只要采用甲基橙为指示剂进行标定和测定，其浓度都不会受影响。

d．溶液中CO_2还会影响某些指示剂终点颜色的稳定性。

实验实训

实验5　纯碱总碱度的测定

【实验目的】

1．熟练掌握相关的滴定操作技术。
2．掌握工业纯碱总碱量的测定原理及方法。
3．能正确读取并记录相关测量数据
4．能正确计算分析测试结果。

【测定原理】

纯碱主要成分为 Na_2CO_3，溶于水后溶液是碱性，以甲基红-溴甲酚绿混合指示剂作指示剂，用 HCl 标准溶液直接滴定。反应如下：

$$Na_2CO_3 + HCl \rightleftharpoons NaHCO_3 + NaCl$$

$$NaHCO_3 + HCl \rightleftharpoons NaCl + CO_2 + H_2O$$

【试剂与仪器】

试剂： HCl 标准溶液（$0.1mol \cdot L^{-1}$），Na_2CO_3 基准试剂，纯碱试样，甲基红-溴甲酚绿混合指示剂（0.2%）。

仪器： 碱式滴定管，移液管，分析天平，锥形瓶，烧杯，容量瓶。

【测定步骤】

1．HCl 标准溶液的制备与标定

HCl 标准溶液的制备按 4.5.1 节所述方法进行，并采用 Na_2CO_3 工作基准试剂标定。

2．试样溶液的制备

准确称取 0.5g 工业纯碱试样，准确至 0.0001g 试样质量记为 m_s。置于 300mL 烧杯中，加入约 100mL 煮沸并冷却后的蒸馏水使其溶解，必要时可加热促进溶解，冷却后，将溶液定量转入 250mL 容量瓶中，加水稀释至刻度，充分摇匀。

3．测定

吸取 25.00mL 试液置于 250mL 锥形瓶中，加 10 滴甲基红-溴甲酚绿混合指示剂，用 HCl 标准溶液滴定到溶液由绿色变为暗红色，煮沸 2min 冷却后继续滴定至暗红色即为终点，终点体积记为 V_{HCl}。平行测定 2～3 次。同时做空白试验，终点体积记为 V_0。

【结果计算】

$$w_{Na_2CO_3} = \frac{\frac{1}{2} c_{HCl}(V_{HCl} - V_0) M_{Na_2CO_3}}{m_s \times \frac{25.00}{250.0} \times 1000} \times 100\%$$

【思考题】

1．“总碱量”的测定应选用何种指示剂？终点如何控制？为什么？

2．本实验中加入的蒸馏水的体积是否一定要非常准确？为什么？

3．采用碳酸钠基准试剂标定 HCl 标准滴定溶液时，该基准试剂的称取量如何计算？

实验 6　食醋总酸度的测定

【实验目的】

1．理解并掌握食醋总酸度的测定原理及方法。

2．进一步熟练掌握滴定操作技术和滴定终点的判断。

3．学会并掌握液体试样中组分含量的表示方法。

【测定原理】

食醋的主要成分是乙酸（HAc），并含有少量其他弱酸（如乳酸等）。采用 NaOH 标准滴定溶液滴定相应的酸，在化学计量点时的溶液体系呈弱碱性，故以酚酞作指示剂，滴定到微红色即为终点，根据 NaOH 标准溶液的浓度及用量，计算试样中的总酸含量，结果以乙酸的质量浓度（g·L^{-1}）表示。滴定反应如下：

$$NaOH + HAc \rightleftharpoons NaAc + H_2O$$

【试剂与仪器】

试剂：NaOH标准滴定溶液（0.1mol·L^{-1}），酚酞指示剂（0.2%），白醋样品（市售）。

仪器：分析天平，容量瓶（250.0mL），移液管（25.00mL），锥形瓶，碱式滴定管。

【测定步骤】

1．NaOH标准溶液的制备与标定

NaOH标准溶液的制备按4.5.2节所述方法进行，并采用邻苯二甲酸氢钾基准物标定。

2．试液的制备

吸取10.00 mL醋样置于250 mL容量瓶中，用新煮沸后冷却的蒸馏水（不含CO_2）稀释，定容，摇匀。

注：建议食醋样品最好选用白醋，使用米醋和陈醋时，由于醋的颜色比较深，会影响滴定终点颜色的观察，需要进行脱色。但陈醋经几次脱色后颜色仍然很重，不利于观察，滴定误差比较大。

3．**测定**

吸取上述食醋试样25.00mL，于250mL锥形瓶中，加约60mL水（应该用新煮沸后冷却的蒸馏水），加2～3滴酚酞指示剂，用0.1mol·L^{-1} NaOH标准溶液滴定至溶液呈微红色，并在30s内不褪色，即为终点。同时做空白实验，终点体积记为V_0。

【结果计算】

$$\rho_{HAc} = \frac{c_{NaOH}(V_{NaOH} - V_0)M_{HAc} \times 10^{-3}}{10.00 \times \dfrac{25.00}{250.0}}$$

【注意事项】

1．测定食醋中的总酸含量时，所用的蒸馏水中不能含有CO_2，否则CO_2溶于水生成H_2CO_3，将同时被NaOH标准滴定溶液滴定。

2．重复性条件下获得的2次独立测定结果的绝对差值不得超过算术平均值的10%。

【思考题】

1．用NaOH标准滴定溶液滴定乙酸溶液，属于哪种滴定分析方法？哪种滴定方式？滴定的依据是什么？

2．滴定食醋时为何采用酚酞作指示剂？如采用甲基橙或甲基红作指示剂结果会怎样？

3．实验中做空白实验的目的是什么？如何做空白实验？

实验7　混合碱含量的测定

【实验目的】

1．学会用双指示剂法测定混合碱中各组分含量的原理和方法。

2．进一步熟练掌握滴定分析操作技术以及滴定终点的判断。

（查阅资料了解测定混合碱的分析意义）

【测定原理】

混合碱是 Na_2CO_3 与 NaOH 或 Na_2CO_3 与 $NaHCO_3$ 的混合物，对于上述混合物中的各组分的测定，通常有两种方法：①氯化钡法；②双指示剂法。这两种方法中，双指示剂法比较简单，但因其第一计量点酚酞变色不敏锐，误差较大。氯化钡法虽多几步操作，但较准确。

这两种方法均是国际公认的对化工产品烧碱或纯碱进行质量检定的标准分析方法。

本实验以 NaOH 与 Na_2CO_3 的混合物作为检测试样，采用双指示剂法进行测定。所谓双指示剂法就是指在同一份试液中采用两种指示剂，利用其在不同计量点时的颜色变化来确定组分含量的方法。测定原理是：

在混合碱的试液中加入酚酞指示剂，用 HCl 标准溶液滴定至溶液红色褪去，为第一计量点，消耗 HCl 标准溶液 V_1。此时试液中所含 NaOH 被完全中和，Na_2CO_3 也被滴定成 $NaHCO_3$，反应如下：

$$\left.\begin{aligned} NaOH + HCl &\rightleftharpoons NaCl + H_2O \\ Na_2CO_3 + HCl &\rightleftharpoons NaCl + NaHCO_3 \end{aligned}\right\}（酚酞，V_1）$$

再加入甲基橙指示剂，继续用 HCl 标准溶液滴定至溶液由黄色变为橙色，为第二计量点，消耗 HCl 标准溶液 V_2。此时 $NaHCO_3$ 被中和成 H_2CO_3，反应如下：

$$NaHCO_3 + HCl \rightleftharpoons NaCl + H_2O + CO_2\uparrow \quad（甲基橙，V_2）$$

根据 V_1 和 V_2 的大小，可以判断出混合碱的组成，并能计算出混合碱中各组分的含量。

（1）若 $V_1>V_2$，试液为 NaOH 和 Na_2CO_3 的混合物。其中，用于中和 NaOH 的 HCl 标准溶液体积为 V_1-V_2，而用于中和 Na_2CO_3 的 HCl 标准溶液体积为 $2V_2$。

（2）若 $V_1<V_2$，试液为 Na_2CO_3 和 $NaHCO_3$ 的混合物。其中，用于中和 Na_2CO_3 的 HCl 标准溶液体积为 $2V_1$，而用于中和 $NaHCO_3$ 的 HCl 标准溶液体积为 V_2-V_1。

【试剂与仪器】

试剂： HCl 标准滴定溶液，甲基橙指示剂（$1g\cdot L^{-1}$），酚酞指示剂（$2g\cdot L^{-1}$），混合碱试样。

仪器： 滴定管，锥形瓶，烧杯，容量瓶，分析天平。

【测定步骤】

1．HCl 标准溶液的制备

HCl 标准溶液的制备方法与标定方法同实验 5。

2．试样溶液的制备

准确迅速称取混合碱试样 1.0g，准确至 0.0001g，置于 250mL 烧杯中，加入少量无 CO_2 的蒸馏水，搅拌使其充分溶解，定量转移至 250mL 容量瓶中，稀释，定容，摇匀。

3．测定

准确移取 25.00mL 混合碱液于 250mL 锥形瓶中，加入约 25mL 水，加 2～3 滴酚酞指示剂，以 $0.10mol\cdot L^{-1}$HCl 标准溶液滴定至由红色刚好变为无色，为第一终点，记下所消耗的 HCl 标准溶液的体积 V_1；然后再加入 2 滴甲基橙指示剂，继续用 HCl 标准溶液滴定至溶液由黄色恰变为橙色，为第二终点，记下所消耗的 HCl 标准溶液的体积 V_2。平行测定三次，根据 V_1、V_2 计算出各组分的含量。

【结果计算】

若混合碱的组成是 NaOH 与 Na_2CO_3，则其相关组分含量按下式进行。

$$w_{NaOH}=\frac{c_{HCl}(V_1-V_2)M_{NaOH}}{m_s\times\frac{25.00}{250.0}\times1000}\times100\%$$

$$w_{Na_2CO_3}=\frac{\frac{1}{2}c_{HCl}\times2V_2M_{Na_2CO_3}}{m_s\times\frac{25.00}{250.0}\times1000}\times100\%$$

如果混合碱的组成是由 Na_2CO_3 和 $NaHCO_3$，则其含量的计算按下式进行。

$$w_{Na_2CO_3}=\frac{\frac{1}{2}c_{HCl}\times2V_1M_{Na_2CO_3}}{m_s\times\frac{25.00}{250.0}\times1000}\times100\%$$

$$w_{NaHCO_3}=\frac{c_{HCl}(V_2-V_1)M_{NaHCO_3}}{m_s\times\frac{25.00}{250.0}\times1000}\times100\%$$

【注意事项】

1．本实验的滴定速度不宜过快。

2．接近第一终点时的滴定速度不能过快，以防盐酸溶液发生局部过浓现象，导致 Na_2CO_3 直接被滴定至 CO_2。

3．当滴定接近第二终点时，一定要充分摇动，以防形成 CO_2 的过饱和溶液，颜色变化缓慢，而导致滴定终点提前。

【思考题】

1．什么是混合碱？双指示剂法测定混合碱的方法原理是什么？

2．采用双指示剂法测定混合碱，试判断下列情况下混合碱的组成。

（1）$V_1>V_2$；（2）$V_1<V_2$；（3）$V_1=0$，$V_2>0$；（4）$V_2=0$，$V_1>0$；（5）$V_1=V_2$

实验 8 硅酸盐材料中二氧化硅含量的测定

【实验目的】

1．掌握水泥生料二氧化硅的测定原理和测定方法。

2．熟悉容量分析和重量分析相关器皿的使用。

（查阅资料，了解测定水泥熟料中二氧化硅含量的分析意义）

【测定原理】（氟硅酸钾法）

在过量的 F^- 和 K^+ 存在下的强酸性溶液中，硅酸与氟离子作用，形成 SiF_6^{2-}，并进一步与过量的钾离子作用，生成氟硅酸钾（K_2SiF_6）沉淀。该沉淀在热水中水解，生成等物质的量的 HF，然后以酚酞作指示剂，用 NaOH 标准溶液滴定。根据滴定消耗 NaOH 的体积，计算出样品中二氧化硅的含量。相关反应如下：

$$SiO_3^{2-}+6F^-+6H^+ \rightleftharpoons SiF_6^{2-}+3H_2O$$

$$SiF_6^{2-}+2K^+ \rightleftharpoons K_2SiF_6\downarrow$$

$$K_2SiF_6+3H_2O \rightleftharpoons 2KF+H_2SiO_3+4HF$$

$$HF + NaOH \rightleftharpoons NaF + H_2O$$

【试剂与仪器】

试剂：固体 NaOH，浓 HCl，浓 HNO_3，固体 KCl，HCl（1+5），KF 溶液（15%），KCl 溶液（$50g \cdot L^{-1}$），KCl 的乙醇溶液（$50g \cdot L^{-1}$），NaOH 标准滴定溶液（$0.15mol \cdot L^{-1}$），酚酞指示剂，水泥熟料试样。

仪器：分析天平，银坩埚，烧杯，长颈漏斗，碱式滴定管，定性滤纸，塑料烧杯，塑料搅棒，容量瓶，高温炉等。

【测定步骤】

1．NaOH 标准溶液的制备

制备方法及标定方法见本章 4.5.2 节所述。

2．试样溶液的制备

准确称取水泥试样约 0.5g，精确至 0.0001g，置于银坩埚中，加入 6～7g NaOH，在 650～700℃的高温炉中熔融 25～30min。取出冷却，放入盛有 100mL 左右热水的烧杯中，盖上表面皿。置于电炉上加热。待熔融物完全浸出后，取出坩埚，用热水冲洗坩埚，在搅拌下一次加入 25mL 浓 HCl 和 1mL 浓 HNO_3，再用少量 HCl（1+5）及热水洗净坩埚及盖，将溶液加热至沸。使熔融物完全溶解。溶液冷却至室温后，移入 250mL 容量瓶中，用水稀释至标线，摇匀。

3．测定

吸取 50.00mL 上述试样溶液，放入 300mL 塑料烧杯中，加入 10～15mL 浓 HNO_3，搅拌，冷却。然后加入适量固体 KCl，仔细搅拌，并用搅棒压碎不溶颗粒，直至饱和，并有少量 KCl 析出。再加 2g KCl 以及 10mL KF 溶液，仔细搅拌 10min，静置 15～20min 后用中速滤纸过滤，用 KCl（$50g \cdot L^{-1}$）溶液洗涤塑料烧杯与沉淀 2～3 次。将滤纸连同沉淀一起取下并置于原塑料杯中，沿烧杯壁加入 10mL KCl 的乙醇溶液（$50g \cdot L^{-1}$）及 1mL 酚酞指示剂，用 $0.15mol \cdot L^{-1}$ NaOH 标准溶液中和烧杯中未洗净的酸，仔细搅动滤纸并随之擦洗烧杯壁，直至溶液呈微红色，然后向烧杯中加入 200mL 沸水（注：此沸水预先用 NaOH 溶液中和至酚酞呈微红色），以 $0.15mol \cdot L^{-1}$ NaOH 标准溶液滴定至溶液呈微红色，即达到终点。

【结果计算】

$$w_{SiO_2} = \frac{\frac{1}{4} c_{NaOH} V_{NaOH} M_{SiO_2} \times 5}{m_s \times 1000} \times 100\%$$

或

$$w_{SiO_2} = \frac{T_{SiO_2} V_{NaOH} \times 5}{m_s} \times 100\%$$

注：$T_{SiO_2} = c_{NaOH} \times \frac{1}{4} M_{SiO_2}$

【注意事项】

1．保证测定溶液有足够的酸度，酸度应保持在 $[H^+] = 3mol \cdot L^{-1}$ 左右，过低易形成其他盐类的氟化物沉淀而干扰测定，过高则给沉淀的洗涤和残余酸的中和带来困难。

2．应将试验溶液冷却至室温后，再加入固体 KCl 至饱和，且加入时一定要不断地搅拌。因 HNO_3 溶样时会放热，使试验溶液温度升高，若此时加入固体 KCl 至饱和，待放置后温度下降，致使 KCl 结晶析出太多，给过滤、洗涤造成困难。

3. 沉淀要放置一定时间（15～20min）。因 K_2SiF_6 为细小晶形沉淀，放置一定时间可使沉淀晶体长大，便于过滤和洗涤。

4. 严格控制沉淀、洗涤、中和残余酸时的温度，尽可能使温度降低，以免引起 K_2SiF_6 沉淀的预先水解。若室温高于 30℃，应将进行沉淀的塑料杯、洗涤液、中和液等放在冷水中冷却。

5. 必须有足够的 F^-、K^+，以降低 K_2SiF_6 沉淀的溶解度。溶液中有过量的 KF 和 KCl 存在时由于同离子效应而有利于 K_2SiF_6 沉淀反应进行完全。但要适当过量，否则会生成氟铝酸钾、氟钛酸钾沉淀，此沉淀也能在沸水中水解，游离出 HF，引起分析结果的偏高。

6. 用 KCl 溶液洗涤沉淀时操作应迅速，并严格控制洗涤液用量在 20～25mL，以防止 K_2SiF_6 沉淀提前水解。

7. 残余酸的中和应迅速完成，否则 K_2SiF_6 水解，会使分析结果偏低。中和时加入 KCl 的乙醇溶液作抑制剂可使结果准确；把包裹沉淀的滤纸展开，可使包在滤纸中的残余酸迅速被中和。

8. K_2SiF_6 沉淀水解反应是吸热反应，所以水解时水的温度愈高，体积愈大，愈有利于 K_2SiF_6 水解反应的进行。因此，加入 200mL 沸水使其水解完全，同时所用沸水须先用 NaOH 溶液中和至酚酞呈微红色，以消除水质对测定结果的影响。

9. 滴定时的温度不应低于 70℃，滴定速度适当加快，以防止 H_2SiO_3 参与反应使结果偏高。滴定至终点呈微红色即可，并与 NaOH 标准滴定溶液标定时的终点颜色一致，以减少滴定误差。

【思考题】

1. 本实验采用了哪种滴定方式测定 SiO_2 含量？为什么不能采用直接滴定方式进行？
2. 本实验中采用了 KCl 的乙醇溶液，它的作用是什么？
3. 本实验中为什么要采用沸水？滴定前应对沸水进行哪些处理？为什么？

习　题

一、简答题

1. 基准物质应符合什么要求？
2. 滴定分析方法的分类有哪些？
3. 滴定分析方法的滴定方式有哪些？
4. 何谓酸碱滴定的 pH 值突跃范围？影响强酸（碱）和一元弱酸（碱）滴定突跃范围的因素有哪些？
5. 在酸碱滴定中，酸碱指示剂的选择原则是什么？
6. 什么是酸碱缓冲溶液？查阅资料简述缓冲溶液在分析化学中的作用。
7. 简述氟硅酸钾法测定 SiO_2 的原理。
8. 氟硅酸钾法测定 SiO_2 时，在 K_2SiF_6 沉淀水解前，为什么要用 NaOH 溶液中和？
9. 本章实验实训溶解试样加入的蒸馏水的体积是否一定要很准确？为什么？
10. 纯碱“总碱量”的测定应选用何种指示剂？终点如何控制？为什么？
11. 用 NaOH 标准溶液测定食醋总酸量时，选用酚酞作指示剂的依据是什么？其中，所用的蒸馏水也不能含有 CO_2，为什么？NaOH 标准溶液中能否含有少量 CO_2，为什么？

12. 用于标定的锥形瓶，其内壁是否要预先干燥？是否要用待装溶液洗？为什么？

13. HCl和NaOH标准溶液为何不能用直接制备法？标定HCl的两种基准物碳酸钠和硼砂各有哪些优缺点？

14. 酚酞指示剂由无色变为微红色时，溶液的pH值为多少？变红的溶液在空气中放置后又会变为无色，其原因是什么？

15. 称取NaOH和$KHC_8H_4O_4$各用什么天平？为什么？

16. 用HCl滴定混合碱液时，将试液在空气中放置一段时间后滴定，将会给测定结果带来什么影响?若到达第一化学计算点前，滴定速度过快或摇动不均匀，对测定结果有何影响？

二、计算题

17. 称取已烘干的基准试剂碳酸钠 0.6000g，溶解后以甲基橙为指示刘，用盐酸标准溶液滴定消耗22.60mL，计算盐酸标准溶液的物质的量浓度。

18. 称取0.5000g玻璃配合料，将其溶解过滤后，转入250mL容量瓶中。摇匀后取出50mL，在适宜条件下，以$0.05000mol \cdot L^{-1}$盐酸标准溶液滴定，消耗21.45mL，求试样中Na_2CO_3的质量分数。

19. 取0.2500g不纯碳酸钙试样，溶解于25.00mL $0.2600mol \cdot L^{-1}$的HCl标准溶液中，过量的酸用去6.50mL $0.2450mol \cdot L^{-1}$的NaOH标准溶液返滴定，求试样中$CaCO_3$的质量分数。

20. 称取某混合碱试样0.6524g，以酚酞为指示剂，用$0.1992mol \cdot L^{-1}$ HCl标准溶液滴定至终点，消耗HCl标准溶液$V_1 = 21.76mL$，然后加甲基橙指示剂滴定至终点，消耗HCl标准溶液$V_2 = 27.15mL$，判断混合碱的组分，并计算试样中各组分的含量。

[illegible]定[illegible]，[illegible]是否[illegible]行[illegible]滴定？为什么？

13. HCl 和 NaOH 标准溶液为何不能用直接配制法？为何 HCl 标准[illegible]

[illegible]

14. [illegible]

[illegible]

15. [illegible] NaOH [illegible] $KHC_8H_4O_4$ [illegible]

16. [illegible] HCl [illegible]

[illegible]

[illegible]

17. [illegible] 0.6000g [illegible] 22.60mL [illegible]

18. [illegible] 0.5000g [illegible] 250mL 容量瓶中，[illegible] 50mL [illegible] 21.45mL [illegible] Na_2CO_3 [illegible]

[illegible]

19. [illegible] 0.2500g [illegible] 25.00mL 0.2600mol/L 的 HCl [illegible] 6.50mL 0.2450mol/L [illegible] NaOH [illegible] $CaCO_3$ 的[illegible]

20. [illegible] 0.1092mol/L 的 HCl [illegible] HCl [illegible]

[illegible]

第 5 章

氧化还原滴定法

学习目标

知识目标

- 了解氧化还原滴定法的基本原理。
- 掌握常用的氧化还原指示剂的使用要求和使用方法。
- 掌握重铬酸钾法、高锰酸钾法及碘量法的测定原理。
- 了解其他氧化还原滴定方法。
- 掌握氧化还原滴定分析结果的计算方法。

能力目标

- 能正确选择并使用氧化还原滴定中的指示剂。
- 会正确制备常用氧化还原滴定中的标准滴定溶液。
- 能应用氧化还原滴定法测定实际样品并给出正确的分析结果。

基础知识

氧化还原滴定法是以氧化还原反应为基础的一种滴定分析法，也是在滴定分析中应用最广泛的方法之一，能直接或间接测定许多无机物和有机物。

(1) 方法特点

与酸碱反应和配位反应不同，氧化还原反应是在溶液中氧化剂与还原剂之间的电子转移，反应机理比较复杂，除主反应外，经常可能发生各种副反应，使反应物之间不能定量进行，而且反应速率一般较慢。这对滴定分析是不利的，有的甚至根本不适于滴定分析。

因此，在考虑氧化还原滴定问题时，不仅要从氧化还原平衡角度考虑反应的可能性，还要从反应速率角度考虑反应的现实性。所以在氧化还原滴定中必须严格控制反应条件，使之符合滴定分析的基本要求。

(2) 方法分类

在氧化还原滴定法中，可以用作滴定剂的氧化剂或还原剂的种类较多，它们的反应条件又各不相同，所以氧化还原滴定法通常按照所采用的氧化剂或还原剂的种类进一步划分为高锰酸钾法、重铬酸钾法、碘量法等滴定方法。

因此，在学习氧化还原滴定法时，不仅要掌握氧化还原平衡和氧化还原滴定的一般原理和方法，还要具体研究各种特殊的氧化还原滴定方法，掌握它们的特殊规律。

5.1 氧化还原平衡

5.1.1 标准电极电位与条件电极电位

(1) 标准电极电位（$\varphi^{\ominus}_{Ox/Red}$）

在氧化还原反应中,任何一个氧化还原半反应均可表示为:

$$\text{Ox（氧化态）} + ne^- \rightleftharpoons \text{Red（还原态）}$$

当达到平衡时，对于可逆的氧化还原电对 Ox/Red，其电极电位与氧化态、还原态之间的关系遵循能斯特方程:

$$\varphi_{Ox/Red} = \varphi^{\ominus}_{Ox/Red} + \frac{0.059}{n}\lg\frac{\alpha_{Ox}}{\alpha_{Red}} \tag{5.1}$$

式中，α_{Ox}、α_{Red} 分别为氧化态和还原态的活度；$\varphi^{\ominus}_{Ox/Red}$为电对 Ox/Red 的标准电极电位；$n$ 为电极反应中转移的电子数。

当 $\alpha_{Ox} = \alpha_{Red} = 1\text{mol}\cdot\text{L}^{-1}$ 时，

$$\varphi_{Ox/Red} = \varphi^{\ominus}_{Ox/Red}$$

标准电极电位（$\varphi^{\ominus}_{Ox/Red}$）是指在一定温度下（通常为 25℃），氧化还原半反应中各组分都处于标准状态，即 $\alpha_{Ox} = \alpha_{Red} = 1mol \cdot L^{-1}$（反应中若有气体参加，则其分压等于 100kPa）时的电极电位。$\varphi^{\ominus}$仅随温度变化。常见电对的标准电极电位值见附录 7。

氧化剂和还原剂的强弱,可以利用相关电对的电极电位高低来衡量。电对（Ox/Red）的电极电位越高，则该电对中氧化态（Ox）的氧化能力越强，而其还原态（Red）的还原能力越弱；反之，若电对的电极电位越低，则此电对中还原态的还原能力越强，其氧化态的氧化能力越弱。氧化剂可以氧化电位比它低的还原剂，还原剂可以还原电位比它高的氧化剂。

(2) 条件电极电位

标准电极电位$\varphi^{\ominus}$是在特定条件下测得的。实际上通常知道的是离子的浓度而不是活度，为了简化起见，往往忽略溶液中离子强度的影响，而以溶液的浓度代替活度进行计算。但在实际工作中，溶液中离子强度常常是较大的，这种影响往往不能忽略，尤其是当溶液组成改变时，电对的氧化态和还原态的存在形式也随之改变，从而引起电极电位的变化。在这种情况下，用能斯特方程计算有关电对的电极电位时，如果采用该电对的标准电极电位，而不考虑这两个因素，那么计算的结果将与实际情况相差很大。因此，在实践中应予以校正。通常把这种校正了各种外界因素影响后所测得的电极电位称为“**条件电极电位**”，以$\varphi^{\ominus\prime}$表示。

条件电极电位（$\varphi^{\ominus\prime}$）一般由实验测得。它的特定条件是：在一定温度、一定介质条件下，氧化型和还原型的总浓度相等，且均为 $1mol \cdot L^{-1}$时的实际电位。它反映了离子强度及各种副反应影响的总结果，在一定条件下为常数。

条件电极电位$\varphi^{\ominus\prime}$和标准电极电位$\varphi^{\ominus}$的关系，与配位反应中校正了酸效应、配位效应等外界因素后的表观稳定常数 K'_{MY}和绝对稳定常数 K 的关系相似。

条件电极电位的大小，说明在某些外界因素影响下，氧化还原电对的实际氧化还原能力。因此，在分析化学中，应用条件电极电位比用标准电极电位更符合实际情况，更能正确判断氧化还原能力，进而正确判断氧化还原反应的方向、次序和反应的完全程度等。

当引入条件电极电位时，能斯特方程应表示为：

$$\varphi_{Ox/Red} = \varphi^{\ominus\prime}_{Ox/Red} + \frac{0.059}{n}\lg\frac{c_{Ox}}{c_{Red}} \qquad (5.2)$$

在处理有关氧化还原反应的电位计算时，采用条件电极电位是较为合理的，然而截至目前，条件电极电位的测得值仍不够完善，应用还不够普遍。因此，为简便起见，在处理氧化还原的电位计算时，仍采用标准电极电位。

5.1.2 氧化还原反应进行的程度

在氧化还原滴定分析法中，要求氧化还原反应进行得越完全越好，而反应的完全程度可以用反应的平衡常数 K 的大小来衡量。氧化还原反应的平衡常数，可以根据能斯特方程和有关电对的条件电极电位或标准电极电位求得。通常可将氧化还原反应式表示为：

$$n_2Ox_1 + n_1Red_2 \rightleftharpoons n_2Red_1 + n_1Ox_2$$

氧化剂和还原剂电对的电极电位分别为：

$$Ox_1 + n_1e^- \rightleftharpoons Red_1$$

$$\varphi_1 = \varphi_1^{\ominus} + \frac{0.059}{n_1}\lg\frac{c_{Ox_1}}{c_{Red_1}}$$

$$Ox_2 + n_2e^- \rightleftharpoons Red_2$$

$$\varphi_2 = \varphi_2^{\ominus} + \frac{0.059}{n_2}\lg\frac{c_{Ox_2}}{c_{Red_2}}$$

当反应达到平衡时，$\varphi_1 = \varphi_2$，则：

$$\varphi_1^{\ominus} + \frac{0.059}{n_1}\lg\frac{c_{Ox_1}}{c_{Red_1}} = \varphi_2^{\ominus} + \frac{0.059}{n_2}\lg\frac{c_{Ox_2}}{c_{Red_2}}$$

$$\varphi_1^{\ominus} - \varphi_2^{\ominus} = \frac{0.059}{n_1 n_2}\lg\left[\left(\frac{c_{Ox_2}}{c_{Red_2}}\right)^{n_1}\left(\frac{c_{Red_1}}{c_{Ox_1}}\right)^{n_2}\right]$$

由于
$$K = \frac{(c_{Red_1})^{n_2}(c_{Ox_2})^{n_1}}{(c_{Ox_1})^{n_2}(c_{Red_2})^{n_1}}$$

因此
$$\lg K = \frac{(\varphi_1^{\ominus} - \varphi_2^{\ominus})n_1 n_2}{0.059} \tag{5.3}$$

由式（5.3）可知，氧化还原反应平衡常数 K 值的大小是直接由氧化剂和还原剂两电对的条件电极电位之差决定的。两者差值越大，K 值也就越大，反应进行得越完全。对于滴定反应而言，反应的完全程度应当在99.9%以上。因此，根据式（5.3）就可以得到氧化还原反应定量进行的条件。

一般地，若氧化还原反应要定量地进行，则该反应达到平衡时，其 $\lg K \geqslant 6$，$\varphi_1^{\ominus} - \varphi_2^{\ominus} \geqslant 0.4V$，这样的氧化还原反应才能满足滴定分析的要求。在氧化还原滴定中，有很多强的氧化剂和较强的还原剂可作滴定剂，还可以控制介质条件来改变电对的电极电位，以达到此要求。

5.1.3 影响氧化还原反应速率的因素

氧化还原反应的平衡常数，只能说明该反应的可能性和反应完全的程度，而不能表明反应速率的快慢。不同的氧化还原反应，其反应速率可以有很大差别。这是因为氧化还原反应过程比较复杂，许多反应不是一步完成的，整个反应的速率是由最慢的一步决定的。因此不能笼统地按总的氧化还原反应式判断反应速率。很多因素会影响氧化还原反应的速率。

在滴定分析中，要求氧化还原反应必须定量、迅速地进行，所以对于氧化还原反应除了从平衡观点来了解反应的可能性外，还应考虑反应的速率，以判断用于滴定分析的可行性。

影响氧化还原反应速率的因素主要有以下几个方面。

(1) 反应物浓度

在一般情况下，增加反应物质的浓度可以加快反应速率。例如，在酸性溶液中重铬酸钾和碘化钾反应：

$$Cr_2O_7^{2-} + 6I^- + 14H^+ \rightleftharpoons 2Cr^{3+} + 3I_2 + 7H_2O$$

若适当增大I^-和H^+的浓度，可加快反应速率。实验结果表明，加入KI过量约5倍，在$[H^+] = 0.4mol·L^{-1}$条件下，反应速率会加快，放置5min反应就可以进行完全。但酸度不能太大，否则将促使空气中的氧对I^-的氧化速率也加快，造成分析误差。

（2）温度

温度对反应速率的影响也是很复杂的。温度的升高对于大多数反应来说，可以加快反应速率。通常温度每升高10℃，反应速率增加2～3倍。例如，高锰酸钾与草酸的反应：

$$2MnO_4^- + 5C_2O_4^{2-} + 16H^+ \rightleftharpoons Mn^{2+} + 10CO_2 + 8H_2O$$

该反应在常温下的反应速率很慢，若温度控制在75～85℃，反应速率显著提高。需要指出的是，升高温度对于氧化还原反应而言并非都是有利条件。比如上述$Cr_2O_7^{2-}$与KI的反应，尽管加热使反应速率加快了，但是却导致了I_2的挥发而引起损失。又如，高锰酸钾与草酸的反应，若加热温度过高或加热时间过长，将导致草酸分解而产生误差。

（3）催化剂

催化剂可以大大改变反应速率。使用催化剂是加快反应速率的有效方法之一。例如，在酸性溶液中$KMnO_4$与$H_2C_2O_4$的反应，即使加热，在滴定的最初阶段，该反应的反应速率仍很慢，$KMnO_4$褪色慢，但若加入少许Mn^{2+}，反应速率大大提高。这里Mn^{2+}就起了催化剂的作用。

由于在酸性介质中，MnO_4^-本身就被还原为Mn^{2+}，所以在用$KMnO_4$滴定$H_2C_2O_4$的过程中，即使不从外部加入催化剂Mn^{2+}，Mn^{2+}也可以由反应自身产生，这种生成物本身就起催化作用的反应称为**“自催化反应”**。

自催化反应的特点是：滴定开始反应速率较慢，而一旦有Mn^{2+}生成，其反应速率就变得非常快，随后由于反应物逐渐被消耗，其浓度越来越低，则反应速率又逐渐降低。

（4）诱导反应

有些氧化还原反应在通常情况下并不发生或进行极慢，但在另一反应进行时会促进这一反应的发生。这种由于一个氧化还原反应的发生促进另一个氧化还原反应的进行，称为**“诱导反应”**。

例如，在酸性溶液中，$KMnO_4$氧化Cl^-的反应速率很慢，当溶液中同时存在Fe^{2+}时，$KMnO_4$与Fe^{2+}的反应将可以大大加速$KMnO_4$与Cl^-的反应。这里，前一反应称为初级反应或诱导反应，后一种被诱导的反应称为受诱反应。

$$MnO_4^- + 5Fe^{2+} + 8H^+ \rightleftharpoons Mn^{2+} + 5Fe^{3+} + 4H_2O \qquad \text{（诱导反应）}$$

$$2MnO_4^- + 10Cl^- + 10H^+ \rightleftharpoons 2Mn^{2+} + 5Cl_2 + 8H_2O \qquad \text{（受诱反应）}$$

上述反应中，$KMnO_4^-$称为作用体，Fe^{2+}称为诱导体，Cl^-称为受诱体。

诱导反应与催化反应不同，催化反应中，催化剂参加反应后恢复到原来的状态；而诱导反应中，诱导体参加反应后变成其他物质，受诱体也参加反应，以致增加了作用体的消耗量。因此，诱导反应在氧化还原滴定中有时是有害的。例如在酸性介质中用$KMnO_4$滴定Fe^{2+}，当有Cl^-存在时，将使$KMnO_4$溶液消耗量增加，从而使测定结果产生误差。

5.2 氧化还原滴定原理

5.2.1 氧化还原滴定前的预处理

(1) 进行预处理的必要性

在氧化还原滴定之前，经常要进行一些预处理，以使待测组分处于所期望的一定价态，然后才能进行滴定。在预处理中，通常是将待测组分氧化为高价态，以便用还原剂滴定；或者是将待测组分还原为低价态，以便用氧化剂来滴定。

例如，在测定铁矿中总铁量时，试样溶解后部分铁以三价形态存在，一般须先用 $SnCl_2$ 将 Fe^{3+} 还原成 Fe^{2+}，然后才能用 $K_2Cr_2O_7$ 标准溶液滴定。这种为使反应顺利进行，在滴定前将全部被测组分转变为适宜滴定价态的氧化或还原处理步骤，称为“**氧化还原的预处理**”。

预处理时所用的氧化剂或还原剂必须符合下列条件：

① 预氧化或预还原反应必须将被测组分定量地氧化或还原成适宜滴定的价态，且反应速率要快。

② 过剩的氧化剂或还原剂必须易于完全除去。一般采取加热分解、沉淀过滤或其他化学处理方法。例如，对过量的 $(NH_4)_2S_2O_8$、H_2O_2 可加热分解除去，过量的 $NaBiO_3$ 不溶于水可过滤除去。

③ 氧化还原反应的选择性要好，以避免试样中其他组分的干扰。例如，用重铬酸钾法测定钛铁矿中铁的含量，若用金属锌（$\varphi^{\ominus}_{Zn^{2+}/Zn}=-0.76V$）作预还原剂，则不仅还原 Fe^{3+}，而且也能还原 Ti^{4+}（$\varphi^{\ominus}_{Ti^{4+}/Ti^{3+}}=0.10V$），其分析结果将是铁钛两者的总量。因此要选用 $SnCl_2$（$\varphi^{\ominus}_{Sn^{4+}/Sn^{2+}}=0.14V$）作预还原剂，它只能还原 Fe^{3+}，选择性比较好。

(2) 常用的预处理试剂

根据各种氧化剂、还原剂的性质，选择合理的实验步骤，即可达到预处理的目的。现将几种常用的预处理试剂分别列于表 5.1 中。

5.2.2 氧化还原滴定曲线

在氧化还原滴定过程中，随着标准滴定溶液的加入，溶液中氧化还原电对的电极电位数值不断发生变化。当滴定到化学计量点附近时，再滴入极少量的标准溶液就会引起电极电位的急剧变化。若用曲线形式表示标准溶液用量和电位变化的关系，即得到氧化还原滴定曲线。

氧化还原滴定曲线可以通过实验测出数据绘出，若反应中两个电对都是可逆的，就可以用能斯特方程计算出各滴定点的电位值。

现以在 $1mol\cdot L^{-1}$ H_2SO_4 溶液中，用 $0.1000mol\cdot L^{-1}$ Ce^{4+} 标准滴定溶液滴定 20.00mL $0.1000mol\cdot L^{-1}$ Fe^{2+} 为例，讨论滴定过程中 Ce^{4+} 标准滴定溶液加入量和体系电极电位之间的变化情况。

表 5.1 预处理时常用的氧化剂和还原剂

氧化剂	用途	使用条件	过量氧化剂除去方法
$NaBiO_3$	$Mn^{2+} \longrightarrow MnO_4^-$ $Cr^{3+} \longrightarrow Cr_2O_7^{2-}$	在 HNO_3 溶液中	$NaBiO_3$ 微溶于水，过量的 $NaBiO_3$ 可滤去
$(NH_4)_2S_2O_8$	$Ce^{3+} \longrightarrow Ce^{4+}$ $VO^{2+} \longrightarrow VO_3^-$ $Cr^{3+} \longrightarrow Cr_2O_7^{2-}$	在酸性介质（HNO_3 或 H_2SO_4）中有催化剂 Ag^+ 存在	加热煮沸 $S_2O_8^{2-}$
	$Mn^{2+} \longrightarrow MnO_4^-$	在 HNO_3 或 H_2SO_4 介质中并存在 H_3PO_3 以防止析出 $MnO(OH)_2$ 沉淀	
$KMnO_4$	$VO^{2+} \longrightarrow VO_3^-$ $Cr^{3+} \longrightarrow CrO_4^{2-}$ $Ce^{3+} \longrightarrow Ce^{4+}$	冷的酸性溶液中（Cr^{3+}存在） 在碱性介质中 在酸性溶液中（即使存在 F^-或 $H_2P_2O_7^{2-}$也可选择性地氧化）	加入 $NaNO_2$ 除去过量的 $KMnO_4$。但为防止 NO_2^- 同时还原 VO_3^-、$Cr_2O_7^{2-}$ 可先加入尿素，然后小心滴加 $NaNO_2$ 溶液至 MnO_4^-红色刚好褪去
H_2O_2	$Cr^{3+} \longrightarrow CrO_4^{2-}$ $Co^{2+} \longrightarrow Co^{3+}$ $Mn^{2+} \longrightarrow Mn^{4+}$	$2mol \cdot L^{-1}$ NaOH 在 $NaHCO_3$ 溶液中 在碱性介质中	在碱性溶液中加热煮沸
$HClO_4$	$Cr^{3+} \longrightarrow Cr_2O_7^{2-}$ $Co^{2+} \longrightarrow Co^{3+}$ $Ce^{3+} \longrightarrow Ce^{4+}$	$HClO_4$ 必须加热	放冷且冲稀即失去氧化性，煮沸除去所生成的 Cl_2，浓热的 $HClO_4$ 与有机物将爆炸，若试样含有机物，必须先除有机物
还原剂	用途	使用条件	过量还原剂除去方法
$SnCl_2$	$Fe^{3+} \longrightarrow Fe^{2+}$ Mo(Ⅵ) ⟶ Mo(Ⅴ) As(Ⅴ) ⟶ As(Ⅲ)	在 HCl 溶液中	加入过量 $HgCl_2$ 的氧化，或用 $K_2Cr_2O_7^{2-}$氧化除去
$TiCl_3$	$Fe^{3+} \longrightarrow Fe^{2+}$	在酸性溶液中	水稀释，少量 Ti^{3+} 被水中 O_2 氧化（可加 Cu^{2+} 催化）
Al	$Fe^{3+} \longrightarrow Fe^{2+}$ $Sn^{2+} \longrightarrow Sn^{4+}$ $TiO^{2+} \longrightarrow Ti^{3+}$	在 HCl 溶液中	—
联胺	As(Ⅴ) ⟶ As(Ⅲ) Sb(Ⅴ) ⟶ Sb(Ⅲ)	冷的酸性溶液中（Cr^{3+} 存在）	浓 H_2SO_4 中煮沸

滴定反应为：

$$Ce^{4+} + Fe^{2+} \rightleftharpoons Ce^{3+} + Fe^{3+}$$

氧化剂与还原剂电对的电极电位：

$$Fe^{3+} + e^- \rightleftharpoons Fe^{2+} \qquad \varphi^{\ominus} = 0.68V$$

$$Ce^{4+} + e^- \rightleftharpoons Ce^{3+} \qquad \varphi^{\ominus} = 1.44V$$

滴定前，体系为 $0.1000mol \cdot L^{-1}$ Fe^{2+}。由于空气中 O_2 的氧化作用，溶液中存在有极少量的 Fe^{3+}。但由于无法知道此时 Fe^{3+} 的确切浓度，故无法计算体系的电极电位。

但是当滴定一旦开始，体系中就会同时存在 Ce^{4+}/Ce^{3+} 和 Fe^{3+}/Fe^{2+} 两个电对，可以按照它们各自的能斯特方程计算体系的电极电位。

$$\varphi_{Fe^{3+}/Fe^{2+}} = \varphi^{\ominus}_{Fe^{3+}/Fe^{2+}} + 0.059\lg\frac{c_{Fe^{3+}}}{c_{Fe^{2+}}} \tag{5.4}$$

$$\varphi_{Ce^{4+}/Ce^{3+}} = \varphi^{\ominus}_{Ce^{4+}/Ce^{3+}} + 0.059\lg\frac{c_{Ce^{4+}}}{c_{Ce^{3+}}} \tag{5.5}$$

在滴定过程的任何一个时刻，当体系达到平衡时，其电极电位φ值是客观存在的定值。因此，不论采用上述哪一个公式进行计算，结果都是相同的。可以根据不同的具体情况，选择其中比较方便的公式或同时利用这两个公式来计算。为此，将滴定过程分为三个阶段。

(1) 滴定开始至化学计量点前

在化学计量点前，溶液中存在着过量的Fe^{2+}，故滴定过程中电极电位可根据Fe^{3+}/Fe^{2+}电对计算：

$$\varphi_{Fe^{3+}/Fe^{2+}} = \varphi^{\ominus}_{Fe^{3+}/Fe^{2+}} + 0.059\lg\frac{c_{Fe^{3+}}}{c_{Fe^{2+}}}$$

此时$\varphi_{Fe^{3+}/Fe^{2+}}$值随溶液中$c_{Fe^{3+}}$和$c_{Fe^{2+}}$的改变而变化。例如，当加入$Ce(SO_4)_2$标准溶液99.9%，$Fe^{2+}$剩余0.1%时，溶液电位是：

$$\varphi_{Fe^{3+}/Fe^{2+}} = 0.68 + 0.059\lg\frac{99.9\%}{0.1\%} = 0.86\ (V)$$

在化学计量点前各滴定点的电位值可按此法计算。

(2) 化学计量点时

$$\varphi = \frac{n_1\varphi^{\ominus}_{Ce^{4+}/Ce^{3+}} + n_2\varphi^{\ominus}_{Fe^{3+}/Fe^{2+}}}{n_1 + n_2} = \frac{1.44 + 0.68}{2} = 1.06\ (V)$$

(3) 化学计量点后

化学计量点后，加入了过量的Ce^{4+}，故可利用Ce^{4+}/Ce^{3+}电对来计算电位：

$$\varphi_{Ce^{4+}/Ce^{3+}} = \varphi^{\ominus}_{Ce^{4+}/Ce^{3+}} + 0.059\lg\frac{c_{Ce^{4+}}}{c_{Ce^{3+}}}$$

例如，当Ce^{4+}过量0.1%时，溶液电位是：

$$\varphi_{Ce^{4+}/Ce^{3+}} = \varphi^{\ominus}_{Ce^{4+}/Ce^{3+}} + 0.059\lg\frac{0.1}{100} = 1.26\ (V)$$

化学计量点过后各滴定点的电位值，均可按此法计算。

将滴定过程中，不同滴定点的电位计算结果列于表5.2，由表5.2的数据绘制的氧化还原滴定曲线如图5.1所示。

表5.2 在$1mol \cdot L^{-1}$ H_2SO_4溶液中，$0.1000mol \cdot L^{-1}$ $Ce(SO_4)_2$滴定 20.00mL $0.1000mol \cdot L^{-1}$ Fe^{2+}溶液的不同滴定点的电位计算结果

加入Ce^{4+}溶液		电位/V
V/mL	α/%	
1.00	5.0	0.60
8.00	40.0	0.67
10.00	50.0	0.68
12.00	60.0	0.69
18.00	90.0	0.74

续表

加入 Ce^{4+} 溶液		电位/V
V/mL	α/%	
19.80	99.0	0.80
19.98	**99.9**	**0.86**
20.00	**100.0**	**1.06**
20.02	**100.1**	**1.26**
22.00	110.0	1.38
30.00	150.0	1.42

从图 5.1 可以看出，溶液中电极电位的变化也有一定的规律，即开始时电极电位变化缓慢，但当接近化学计量点时，有一个电位突跃部分（0.86～1.26V），此时溶液的性质也发生了变化，由 Fe^{2+} 剩余变化到 Ce^{4+} 过量，化学计量点后，电极电位的变化又变得缓慢了。

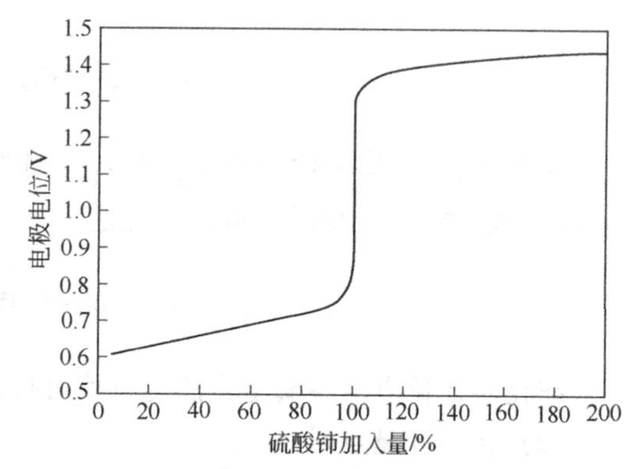

图 5.1 $0.1000mol \cdot L^{-1}$ $Ce(SO_4)_2$ 滴定 20.00mL $0.1000mol \cdot L^{-1}$ Fe^{2+} 溶液的氧化还原滴定曲线

由此可见，当 Ce^{4+} 标准溶液滴入 50%时，体系的电位等于还原剂电对的电极电位；当 Ce^{4+} 标准溶液滴入 200%时，体系的电位等于氧化剂电对的电极电位；滴定由 99.9%～100.1%时，电极电位变化范围为 1.26V−0.86V = 0.4V，即滴定曲线的电位突跃是 0.4V，这为判断氧化还原反应滴定的可能性和选择指示剂提供了依据。由于 Ce^{4+} 滴定 Fe^{2+} 的反应中，两电对电子转移数都是 1，化学计量点的电位（1.06V）正好处于滴定的突跃范围中间（0.86～1.26V），整个滴定曲线基本对称。

氧化还原滴定曲线突跃范围的长短和氧化剂/还原剂两电对的条件电极电位的差值大小有关。**相关电对的条件电极电位相差越大，滴定的突跃范围就越长；反之，其滴定的突跃范围就越短。**

5.2.3 氧化还原滴定终点的确定

在氧化还原滴定中，除了用通常属于仪器分析方法的电位滴定法确定其终点外，通常都是用指示剂来指示滴定终点。氧化还原滴定中常用的指示剂有以下三类。

（1）自身指示剂

在氧化还原滴定过程中，有些标准溶液或被测的物质本身有颜色，则滴定时就无须另加指示剂，它本身的颜色变化起着指示剂的作用，这类指示剂称为“**自身指示剂**”。例如，以 $KMnO_4$ 标准溶液滴定 $FeSO_4$ 溶液：

$$MnO_4^- + 5Fe^{2+} + 8H^+ \rightleftharpoons Mn^{2+} + 5Fe^{3+} + 4H_2O$$

由于 $KMnO_4$ 本身具有紫红色，而 Mn^{2+} 几乎无色，所以，当滴定到化学计量点时，稍微过量的 $KMnO_4$ 就使被测溶液出现粉红色，表示滴定终点已到。实验证明，$KMnO_4$ 的浓度约为 $2\times10^{-6}mol \cdot L^{-1}$ 时，就可以观察到溶液的粉红色。$KMnO_4$ 在发挥其标准滴定溶液作用的同时，也承担着自身指示剂的作用。

(2) 专属指示剂

专属指示剂的特点是：指示剂本身并没有氧化还原性质，但它能与滴定体系中的氧化剂或还原剂结合而显示出与其自身不同的颜色。

例如，可溶性淀粉溶液作为指示剂常用于碘量法，被称为淀粉指示剂。它在氧化还原滴定中并不发生任何氧化还原反应，本身亦无色，但它与 I_2 生成的 I_2-淀粉配合物呈深蓝色，当 I_2 被还原为 I^- 时，蓝色消失；当 I^- 被氧化为 I_2 时，蓝色出现。这种可溶性淀粉与 I_2 生成深蓝色配合物的反应就称为专属反应。当 I_2 的浓度为 $2\times10^{-6}mol\cdot L^{-1}$ 时即能看到蓝色，反应极灵敏。因此淀粉是碘量法的专属指示剂。

另外，无色的 KSCN 也可以作为 Fe^{3+} 滴定 Sn^{2+} 的专属指示剂。化学计量点时，Sn^{2+} 全部反应完毕，再稍过量的 Fe^{3+} 即可与 SCN^- 结合，生成红色的 $Fe(SCN)_3^-$ 配合物，指示终点。

(3) 氧化还原指示剂

氧化还原指示剂是指本身具有氧化还原性质的有机化合物。在氧化还原滴定过程中能发生氧化还原反应，而它的氧化态和还原态具有不同的颜色，因而可指示氧化还原滴定终点。现以 In(Ox) 和 In(Red) 分别表示指示剂的氧化态和还原态，则其氧化还原半反应如下：

$$\text{In(Ox)} + ne^- \rightleftharpoons \text{In(Red)}$$

根据能斯特方程得：

$$\varphi_{\text{In}} = \varphi_{\text{In}}^{\ominus} + \frac{0.059}{n}\lg\frac{c_{\text{Ox}}}{c_{\text{Red}}} \tag{5.6}$$

式中，$\varphi_{\text{In}}^{\ominus}$ 为指示剂的条件/标准电极电位，随着滴定体系电位的改变，指示剂氧化态和还原态的浓度比也发生变化，因而使溶液的颜色发生变化。同酸碱指示剂的变色情况相似，氧化还原指示剂变色的电位范围是：

$$\varphi_{\text{In}}^{\ominus} \pm \frac{0.059}{n}\ (\text{V}) \tag{5.7}$$

$\varphi_{\text{In}}^{\ominus}$ 是氧化还原指示剂的理论变色点。必须注意，指示剂不同，其 $\varphi_{\text{In}}^{\ominus}$ 不同，同一种指示剂在不同的介质中，其 $\varphi_{\text{In}}^{\ominus}$ 也不同。表 5.3 列出了一些重要的氧化还原指示剂的条件电极电位及颜色变化。

表 5.3 一些重要的氧化还原指示剂的条件电极电位及颜色变化

指示剂	$\varphi^{\ominus}([H^+]=1mol\cdot L^{-1})$/V	颜色变化	
		氧化态	还原态
亚甲基蓝	0.36	蓝色	无色
二苯胺	0.76	紫色	无色
二苯胺磺酸钠	0.84	紫红色	无色
邻苯氨基苯甲酸	0.89	紫红色	无色
邻二氮菲亚铁	1.06	浅蓝色	红色
硝基邻二氮菲亚铁	1.25	浅蓝色	紫红色

氧化还原指示剂是氧化还原滴定的通用指示剂。在选择指示剂时，应使氧化还原指示剂的条件电极电位处于滴定突跃范围内，并尽量与反应的化学计量点的电位相一致，以减小滴定终点的误差。

5.3 常用的氧化还原滴定方法

5.3.1 高锰酸钾法

(1) 方法原理及应用

高锰酸钾法是以 $KMnO_4$ 作滴定剂。$KMnO_4$ 是一种强氧化剂，它的氧化能力和还原产物都与溶液的酸碱性有关。

在强酸性溶液中，$KMnO_4$ 被还原成 Mn^{2+}：

$$MnO_4^- + 8H^+ + 5e^- \rightleftharpoons Mn^{2+} + 4H_2O \qquad \varphi^{\ominus} = 1.507V$$

在弱酸性、中性或弱碱性溶液中，$KMnO_4$ 被还原成 MnO_2：

$$MnO_4^- + 2H_2O + 3e^- \rightleftharpoons MnO_2 + 4OH^- \qquad \varphi^{\ominus} = 0.595V$$

在强碱性溶液中，MnO_4^- 被还原成 MnO_4^{2-}：

$$MnO_4^- + e^- \rightleftharpoons MnO_4^{2-} \qquad \varphi^{\ominus} = 0.56V$$

可见，在应用高锰酸钾法时，可以根据被测物质的性质等具体情况采用不同的 pH 值。同时也说明，在高锰酸钾法中必须严格控制反应的 pH 值条件，以保证滴定反应自始至终按照预期的确定反应式来进行。

在弱酸性、中性或弱碱性溶液中，由于 $KMnO_4$ 被还原成棕色的 MnO_2 沉淀，影响终点的观察，故应用较少。在强碱性时，当 NaOH 浓度大于 $2mol \cdot L^{-1}$ 时，很多有机物与 $KMnO_4$ 作用。

由于 $KMnO_4$ 在强酸性溶液中有更强的氧化能力，同时生成无色的 Mn^{2+}，便于滴定终点的观察，因此，高锰酸钾法主要是在强酸溶液中使用，所用强酸为 H_2SO_4，而不用 HCl 或 HNO_3，因为 Cl^- 也能还原 MnO_4^-，HNO_3 具有氧化性，它可能氧化某些被测物质。

需要指出的是，在碱性条件下 $KMnO_4$ 氧化有机物的反应速率比在酸性条件下更快，所以用高锰酸钾法测定有机物时，大都在碱性溶液中（≥2mol/L 的 NaOH 溶液）进行。

应用高锰酸钾法，可直接滴定许多还原性物质，如 Fe^{2+}、As(Ⅲ)、Sb(Ⅲ)、W(Ⅴ)、H_2O_2、$C_2O_4^{2-}$、NO_2^- 以及其他还原性物质（包括很多有机物）等；采用返滴定法可以测定某些具有氧化锌的物质如 MnO_2、PbO_2 等，还可以通过 MnO_4^- 与 $C_2O_4^{2-}$ 的反应间接测定一些非氧化还原性物质，如 Ca^{2+}、Th^{4+} 和稀土离子等。

(2) 方法特点

高锰酸钾法在应用中主要有如下特点：

① 在酸性介质中氧化能力很强，应用广泛，可直接或间接地测定许多无机物和有机物。

② 在滴定时 $KMnO_4$ 自身可作指示剂。

③ $KMnO_4$ 性质不够稳定，反应历程比较复杂，易发生副反应，滴定的选择性较差。

④ $KMnO_4$ 标准滴定溶液不能直接制备，其标准溶液不够稳定，不能久置，需现用现标。

5.3.2 重铬酸钾法

重铬酸钾法是以 $K_2Cr_2O_7$ 作标准滴定溶液。$K_2Cr_2O_7$ 是一种常用的强氧化剂，它只能在酸性条件下应用，其半反应式为：

$$Cr_2O_7^{2-} + 14H^+ + 6e^- \rightleftharpoons 2Cr^{3+} + 7H_2O \qquad \varphi^{\ominus} = 1.33V$$

虽然 $K_2Cr_2O_7$ 在酸性溶液中的氧化能力不如 $KMnO_4$ 强，应用范围不如 $KMnO_4$ 法广泛，但与 $KMnO_4$ 法相比，$K_2Cr_2O_7$ 法具有以下特点：

① 易提纯，含量达 99.99%，在 140～150℃干燥至恒重后，可直接制备成标准滴定溶液。

② 性质非常稳定。在密闭容器中可长期保存，浓度不变。

③ 选择性比 $KMnO_4$ 强。室温下不与 Cl^- 作用（煮沸可以），当 HCl 浓度低于 $3mol \cdot L^{-1}$ 时可在 HCl 介质中进行滴定。

④ 有机物存在对测定无影响。

⑤ $Cr_2O_7^{2-}$ 的还原产物 Cr^{3+} 呈绿色，终点时无法辨别出 $Cr_2O_7^{2-}$ 的黄色，因此其自身不能作为指示剂，需外加指示剂。常用的指示剂有二苯胺磺酸钠或邻苯氨基苯甲酸。

⑥ 六价铬是致癌物，其废液污染环境，应加以处理，这是该法的最大缺点。

5.3.3 碘量法

碘量法是利用 I_2 的氧化性和 I^- 的还原性来进行滴定的分析方法。由于固体 I_2 在水中的溶解度很小（$0.0013mol \cdot L^{-1}$）且易挥发，所以将 I_2 溶解在 KI 溶液中，在这种情况下，I_2 是以 I_3^- 形式存在于溶液中：

$$I_2 + I^- \rightleftharpoons I_3^-$$

$$I_2 + 2e^- \rightleftharpoons 2I^- \qquad \varphi^{\ominus}=0.545V$$

可见，I_2 是较弱的氧化剂，可与较强的还原剂作用；而 I^- 则是中等强度的还原剂，能与许多氧化剂作用。因此，碘量法在实际应用中可分别以直接碘量法和间接碘量法两种方式进行。碘量法采用淀粉作指示剂，灵敏度甚高，其应用范围十分广泛。

(1) 直接碘量法（碘滴定法）

直接碘量法是用 I_2 溶液作为标准滴定溶液直接滴定一些还原性物质的方法。凡是电极电势小于 $\varphi^{\ominus}_{I_2/I^-}$ 的还原性物质都能被 I_2 氧化，可用 I_2 标准溶液进行滴定，这种方法称为“直接碘量法”。

例如，SO_2 用水吸收后，可用 I_2 标准溶液直接滴定，其反应式为：

$$I_2 + 2SO_2 + 2H_2O \rightleftharpoons 2I^- + SO_4^{2-} + 4H^+$$

由于 I_2 是一种较弱的氧化剂，因此利用直接碘量法可以测定 SO_2、S^{2-}、As_2O_3、$S_2O_3^{2-}$、Sn(Ⅱ)、Sb(Ⅲ)、维生素 C 等强还原剂。

直接碘量法可以在弱酸性或中性条件下进行，而不能在碱性条件下进行，因为当溶液的 pH＞8 时，部分 I_2 会发生歧化反应从而产生测定误差。反应如下：

$$3I_2 + 6OH^- \rightleftharpoons 5I^- + IO_3^- + 3H_2O$$

直接碘量法也不能在酸性条件下进行。因为在此条件下 I^- 易被溶解的 O_2 所氧化。同时在强酸性条件下，淀粉指示剂也容易水解和分解。

$$4I^- + O_2 + 4H^+ \rightleftharpoons 2I_2 + 2H_2O$$

由于能被碘氧化的物质不多，所以直接碘法不如间接碘量法应用得广泛。

（2）间接碘量法（滴定碘法）

I^- 是还原剂，但不适合作为滴定剂直接滴定氧化性物质，这主要是由于有关的化学反应速率较慢，同时也缺少合适的指示剂。而间接碘量法是利用将待测的氧化性物质与过量的 I^- 反应，生成与该氧化性物质计量相当的 I_2，再用 $Na_2S_2O_3$ 标准溶液滴定所析出的 I_2，从而间接求出该氧化性物质的含量。滴定反应为：

$$I_2 + 2S_2O_3^{2-} \rightleftharpoons 2I^- + S_4O_6^{2-}$$

故间接碘量法又称“滴定碘法”。例如，铜的测定是将过量的 KI 与 Cu^{2+} 反应，定量析出 I_2，然后用 $Na_2S_2O_3$ 标准溶液滴定，其反应如下：

$$2Cu^{2+} + 4I^- \rightleftharpoons 2CuI + 2I_2$$

$$I_2 + 2S_2O_3^{2-} \rightleftharpoons 2I^- + S_4O_6^{2-}$$

间接碘量法可用于测定 Cu^{2+}、$KMnO_4$、K_2CrO_4、$K_2Cr_2O_7$、H_2O_2、AsO_4^{3-}、SbO_4^{3-}、ClO_4^-、NO_2^-、IO_3^-、BrO_3^- 等氧化性物质。

在间接碘量法应用过程中必须注意如下三个反应条件：

① **控制溶液的酸度**　I_2 和 $S_2O_3^{2-}$ 之间的反应**必须在中性或弱酸性溶液**中进行。

a．如果在碱性溶液中，I_2 会发生歧化反应，同时部分 $S_2O_3^{2-}$ 会被 I_2 氧化为 SO_4^{2-}，这将影响反应的定量关系。相关反应如下：

$$3I_2 + 6OH^- \rightleftharpoons 5I^- + 8IO_3^- + 3H_2O$$

$$4I_2 + S_2O_3^{2-} + 10OH^- \rightleftharpoons 8I^- + 2SO_4^{2-} + 5H_2O$$

b．如果在强酸性溶液中，$Na_2S_2O_3$ 溶液会发生分解，其反应为：

$$S_2O_3^{2-} + 2H^+ \rightleftharpoons SO_2\uparrow + S\downarrow + H_2O$$

② **防止碘的挥发和 I^- 被空气中的 O_2 氧化**　加入的 KI 必须过量（一般比理论用量大 2～3 倍），以增大碘的溶解度，降低 I_2 的挥发性。滴定一般在室温下进行，操作要迅速，不宜过分振荡溶液，以减少 I^- 与空气的接触。酸度较高和阳光直射，都可促进空气中的 O_2 对 I^- 的氧化作用：

$$4I^- + O_2 + 4H^+ \rightleftharpoons 2I_2 + 2H_2O$$

因此，酸度不宜太高，同时要避免阳光直射，滴定时最好使用带有磨口玻璃塞的碘量瓶。

③ **注意淀粉指示剂的使用**　应用间接碘量法时，一般要在滴定接近终点前再加入淀粉指示剂。若是加入太早，则大量的 I_2 与淀粉结合生成蓝色物质，而 I_2-淀粉配合物的解离速率较慢，这一部分 I_2 就不易与 $Na_2S_2O_3$ 溶液反应，会导致终点拖后。

综上所述，碘量法的主要误差来源有两种：一是 I_2 易挥发；二是 I^- 易被空气中的 O_2 氧化。应采取的措施见表 5.4。

表5.4 防止I_2挥发及I^-被氧化应采取的措施

防止I_2挥发	防止I^-被氧化
1. 加入过量的I^-使之与I_2生成I_3^-。	1. 避光，反应应置于暗处进行。
2. 避免加热，反应要在室温下进行。	2. pH值不易太低。
3. 析出I_2的反应应在碘量瓶中进行。	3. 在间接碘法中，当析出I_2的反应完成后，应立即用$Na_2S_2O_3$滴定，滴定速度也应加快。

5.3.4 其他方法

(1) 溴酸钾法

溴酸钾法以氧化剂$KBrO_3$为滴定剂。$KBrO_3$在酸性溶液中是一个强氧化剂，其半反应式为：

$$BrO_3^- + 6H^+ + 6e^- \rightleftharpoons Br^- + 3H_2O \qquad \varphi^\ominus = 1.44V$$

$KBrO_3$易从水溶液中重结晶而提纯，在180℃烘干后，就可以直接称量制备成$KBrO_3$标准溶液。$KBrO_3$溶液的浓度也可以用间接碘法进行标定。一定量的$KBrO_3$在酸性溶液中与过量KI反应而析出I_2：

$$BrO_3^- + 6H^+ + 6I^- \rightleftharpoons Br^- + 3I_2 + 3H_2O$$

然后用$Na_2S_2O_3$标准溶液进行滴定。

利用溴酸钾法可以直接测定一些还原性物质，如As(Ⅲ)、Sb(Ⅲ)、Fe(Ⅱ)、H_2O_2、N_2H_4、Sn(Ⅱ)等，部分滴定反应如下：

$$BrO_3^- + 3Sb^{3+} + 6H^+ \rightleftharpoons 3Sb^{5+} + Br^- + 3H_2O$$

$$BrO_3^- + 3As^{3+} + 6H^+ \rightleftharpoons 3As^{5+} + Br^- + 3H_2O$$

$$2BrO_3^- + 3N_2H_4 \rightleftharpoons 2Br^- + 3N_2 + 6H_2O$$

用BrO_3^-标准溶液滴定时，可以采用甲基橙或甲基红的钠盐水溶液作指示剂，当滴定到达化学计量点之后，稍微过量的$KBrO_3$与Br^-作用生成Br_2，使指示剂被氧化而破坏，溶液褪色显示到达滴定终点。

但是，在滴定过程中应尽量避免滴定剂的局部过浓，导致滴定终点过早出现。再者，甲基橙或甲基红在反应中由于指示剂结构被破坏而褪色，必须再滴加少量指示剂进行检验，如果新加入少量指示剂也立即褪色，则说明真正到达滴定终点，如果颜色不褪就应该小心地继续滴定至终点。溴酸钾法主要用于测定有机物质。

(2) 铈量法

硫酸高铈$Ce(SO_4)_2$在酸性溶液中是一种强氧化剂，其半反应式为：

$$Ce^{4+} + e^- \rightleftharpoons Ce^{3+} \qquad \varphi^\ominus_{Ce^{4+}/Ce^{3+}} = 1.61V$$

Ce^{4+}/Ce^{3+}电对的电极电位与酸性介质的种类和浓度有关。由于Ce^{4+}在$HClO_4$中不形成配合物，所以在$HClO_4$介质中，Ce^{4+}/Ce^{3+}的电极电位最高，应用也较多。

$Ce(SO_4)_2$标准溶液一般都用硫酸铈铵$Ce(SO_4)_2 \cdot 2(NH_4)_2SO_4 \cdot 2H_2O$或硝酸铈铵$Ce(NO_3)_4 \cdot 2NH_4NO_3$直接称量制备而成。由于它们容易提纯，不必另行标定，但是Ce^{4+}极易水解，在制备Ce^{4+}溶液和滴定时，都应在强酸溶液中进行，$Ce(SO_4)_2$虽呈黄色，但显色不够灵敏，常用邻二氮菲亚铁作指示剂。

$Ce(SO_4)_2$的氧化性与$KMnO_4$差不多，凡是$KMnO_4$能测定的物质几乎都能用铈量法测定。但是铈量法与高锰酸钾法相比，还具有如下优点：

① $Ce(SO_4)_2$标准溶液很稳定，加热到100℃也不分解；

② 铈的还原反应是单电子反应，没有中间产物形成，反应简单；

③ 可以在HCl介质中进行滴定；

④ $Ce(SO_4)_2$标准溶液可直接制备而成。

5.4 氧化还原滴定法中的标准滴定溶液[1]

5.4.1 $KMnO_4$标准滴定溶液

市售高锰酸钾常含有MnO_2及其他杂质，纯度一般为99%～99.5%，达不到基准物质的要求。其次，蒸馏水中也常含有少量的尘埃、有机物等还原性物质，高锰酸钾会与其逐渐反应生成$MnO(OH)_2$，从而促使高锰酸钾溶液进一步分解。所以，$KMnO_4$标准滴定溶液不能采用直接制备法，而是应采用间接制备法获得。即必须先制备成近似浓度的溶液，放置一周后滤去沉淀，然后再进行标定。

（1）粗略制备（$c_{\frac{1}{5}KMnO_4} = 0.1mol\cdot L^{-1}$）

【制备方法】称取3.3g $KMnO_4$，置于400mL烧杯中，溶于约250mL水中，加热至沸并保持微沸15min，冷却至室温，用已处理过的耐酸漏斗（G_4型）过滤，储存于1L棕色瓶中，再用新煮沸过的冷水稀释至1L，摇匀，于暗处放置一周后待标定。

注：①称取的高锰酸钾应略多于理论计算用量（想一想：为什么？）。

②玻璃滤锅的处理是指玻璃滤锅在相同浓度的高锰酸钾溶液中缓慢煮沸5min。

（2）标定

标定$KMnO_4$的基准物质有很多，如$Na_2C_2O_4$、$H_2C_2O_4\cdot 2H_2O$、$(NH_4)_2Fe(SO_4)_2\cdot 6H_2O$、$As_2O_3$和纯铁丝等。其中$Na_2C_2O_4$最常用，因它易提纯，不含结晶水，性质稳定，在105～110℃下烘干至恒重，冷却后就可以使用。

在H_2SO_4介质中，MnO_4^-与$C_2O_4^{2-}$的反应为：

$$2MnO_4^- + 5C_2O_4^{2-} + 16H^+ \rightleftharpoons 2Mn^{2+} + 10CO_2 + 8H_2O$$

【标定方法】准确称取约0.25g于105～110℃烘箱中干燥至恒重的工作基准试剂草酸钠（$Na_2C_2O_4$），精确到0.0001g。置于250mL锥形瓶中，加入约100mL水及20mL硫酸（1+1），用待标定的$KMnO_4$标准滴定溶液滴定，近终点时加热至约65℃，继续滴定至溶液呈微红色，并保持30s不变色。平行测定3～4次。

（3）结果计算

$KMnO_4$标准滴定溶液的准确浓度按式（5.8）进行计算。

[1] 国家标准《化学试剂 标准滴定溶液的制备》（GB/T601—2016）。

$$c_{\frac{1}{5}KMnO_4}=\frac{m_{Na_2C_2O_4}\times 1000}{V_{KMnO_4}\times M_{Na_2C_2O_4}} \tag{5.8}$$

(4) 注意事项

为使标定准确，要注意以下几个反应条件：

① **温度** 室温下，此反应的速率极慢，需加热至70～85℃，但不能超过90℃，否则$H_2C_2O_4$会部分分解，导致标定结果偏高。

$$H_2C_2O_4 \rightleftharpoons H_2O + CO_2\uparrow + CO\uparrow$$

滴定结束时，介质温度不应低于60℃。

② **酸度** 滴定开始时，酸度应控制在0.5～1mol·L^{-1}。若酸度过低，会使部分MnO_4^-分解生成MnO_2沉淀；而酸度过高，将促使$H_2C_2O_4$会分解。为防止诱导氧化Cl^-的反应发生，应当尽量避免在HCl介质中滴定，通常在硫酸介质中进行。

③ **滴定速度** MnO_4^-与$C_2O_4^{2-}$的反应开始时速率很慢，当有Mn^{2+}生成后反应速率逐渐加快。因此，开始滴定时速度不能快，当第一滴高锰酸钾红色没有褪去之前，不要加第二滴，否则加入的$KMnO_4$来不及与$C_2O_4^{2-}$反应，即在热的酸性溶液中发生分解，使标定结果偏低。

$$4MnO_4^- + 12H^+ \rightleftharpoons 4Mn^{2+} + 5O_2\uparrow + 6H_2O$$

只有滴入的高锰酸钾反应生成Mn^{2+}作为催化剂时，滴定才可逐渐加快。若滴定前加入少量的$MnSO_4$为催化剂，则在滴定的最初阶段就可以较快的速率进行。

④ **滴定终点** 用$KMnO_4$标准滴定溶液滴定至溶液呈淡粉红色，且在30s不褪色即为终点。溶液放置过程中，空气中的还原性气体和灰尘都能使高锰酸根还原而使红色消失。

标定好的$KMnO_4$标准滴定溶液在放置一段时间后，如果发现有$MnO(OH)_2$沉淀析出，应重新过滤并标定。因此，$KMnO_4$标准滴定溶液应现用现标。

5.4.2 $K_2Cr_2O_7$标准滴定溶液

$K_2Cr_2O_7$本身就是基准物，因此可直接制备成标准溶液（无须标定）。

【制备方法】已知$c_{\frac{1}{6}K_2Cr_2O_7}=0.1mol\cdot L^{-1}$

准确称取(4.9±0.20)g已在(120±2)℃下干燥至恒重的工作基准试剂$K_2Cr_2O_7$，溶于水，移入1L容量瓶中，稀释至刻度，摇匀。

根据称取的$K_2Cr_2O_7$的准确质量（m）以及容量瓶的容积（V），按照下式计算该标准溶液的浓度。

$$c_{\frac{1}{6}K_2Cr_2O_7}=\frac{m_{K_2Cr_2O_7}\times 1000}{VM_{K_2Cr_2O_7}} \tag{5.9}$$

注：在工厂由于使用的试剂量大，一般采用间接法制备，采用$Na_2S_2O_3$标准溶液进行标定（比较法）。

5.4.3　I_2标准滴定溶液和$Na_2S_2O_3$标准滴定溶液

碘量法中常使用的标准滴定溶液有I_2和$Na_2S_2O_3$两种。

（1）I_2**标准滴定溶液的制备**

用升华法得到的纯碘可作为基准物质，用它可直接配成标准溶液。但由于I_2的挥发性及其对分析天平的腐蚀性，所以多选用市售碘。但市售碘不纯，常含有杂质，必须采用间接法制备，即将市售碘制备成近似浓度，再标定。

由于I_2难溶于水，易溶于KI溶液，因此，在制备时常将碘与过量的KI共置于研钵中，加少量水研磨，待溶解后再稀释至一定体积，制备成近似浓度的溶液，再标定。

注：制备好的I_2标准溶液应保存在棕色试剂瓶中，避免与橡胶皮接触，并防止日光照射、受热等。

① **粗略制备**（$c_{\frac{1}{2}I_2}=0.1\text{mol}\cdot\text{L}^{-1}$）

【制备方法】称取13g I_2及35g KI，溶于100mL水中，稀释至1000mL，摇匀，储存于棕色瓶中，暗处放置3～5d后待标定。

② **标定**　I_2标准溶液的准确浓度，可用已知准确浓度的$Na_2S_2O_3$标准溶液比较滴定而求得（即比较法），也可以用基准物质As_2O_3（**砒霜，剧毒！**）来标定。

本教材推荐采用$Na_2S_2O_3$标准溶液标定。

标定反应为：

$$I_2+2S_2O_3^{2-} \rightleftharpoons 2I^-+S_4O_6^{2-}$$

【标定方法】移取25.00mL $Na_2S_2O_3$标准滴定溶液（$c_{Na_2S_2O_3}=0.1\text{mol}\cdot\text{L}^{-1}$），置于250mL锥形瓶中，加50mL水和2mL淀粉溶液，用待标定的I_2溶液滴定至稳定的蓝色30s不褪色为终点，计算I_2溶液的浓度。平行测定三次。

③ **结果计算**　I_2标准滴定溶液的浓度按式（5.10）计算：

$$c_{\frac{1}{2}I_2}=\frac{c_{Na_2S_2O_3}V_{Na_2S_2O_3}}{V_{I_2}} \qquad (5.10)$$

（2）$Na_2S_2O_3$**标准滴定溶液的制备**

固体$Na_2S_2O_3\cdot 5H_2O$容易风化，并含有少量S、S^{2-}、SO_3^{2-}、CO_3^{2-}和Cl^-等杂质，不能直接制备标准溶液，只能采用间接法制备。

制备好的$Na_2S_2O_3$溶液也不稳定，易分解，其浓度发生变化的主要原因体现在以下几方面：

a. $Na_2S_2O_3$与水中的CO_2反应　溶于水中的CO_2使水呈弱酸性，而$Na_2S_2O_3$在酸性溶液中会缓慢分解：

$$Na_2S_2O_3+H_2CO_3 \rightleftharpoons NaHCO_3+NaHSO_3+S\downarrow$$

这个分解作用一般在制备成溶液后的最初几天内发生。必须注意，当一分子$Na_2S_2O_3$分解后，生成一分子HSO_3^-，但HSO_3^-与I_2的反应为：

$$HSO_3^-+I_2+H_2O \rightleftharpoons HSO_4^-+2I^-+2H^+$$

由此可知，一分子的$NaHSO_3$要消耗一分子的I_2，而两分子的$Na_2S_2O_3$才能和一分子的I_2作用，这样就影响I_2与$Na_2S_2O_3$反应时的化学计量关系，导致$Na_2S_2O_3$对I_2的滴定度增加，造成误差。

b．与水中的微生物作用　水中的微生物会消耗 $Na_2S_2O_3$ 中的硫，使它变成 Na_2SO_3，这是 $Na_2S_2O_3$ 浓度变化的主要原因。加入少量 Na_2CO_3 使溶液保持微碱性，可抑制微生物的生长，防止 $Na_2S_2O_3$ 的分解。

c．空气中氧的氧化作用

$$2Na_2S_2O_3 + O_2 \rightleftharpoons 2Na_2SO_4 + 2S\downarrow$$

此反应的速率较慢，但水中的微量 Cu^{2+} 或 Fe^{3+} 等杂质能加速反应。

因此，制备 $Na_2S_2O_3$ 溶液时常采用以下步骤：称取需要量的 $Na_2S_2O_3 \cdot 5H_2O$，溶于新煮沸且冷却至室温的蒸馏水中，并加入少量 Na_2CO_3，使溶液保持微碱性，抑制微生物的生长，防止 $Na_2S_2O_3$ 的分解。具体方法如下：

① **粗略制备**（$c_{Na_2S_2O_3} = 0.1mol \cdot L^{-1}$）

【制备方法】 称取 16g 无水 $Na_2S_2O_3$（或 26g $Na_2S_2O_3 \cdot 5H_2O$），加入 0.2g 无水 Na_2CO_3，搅拌溶解后移入棕色试剂瓶中，再以新煮沸且冷却的蒸馏水稀释至 1L，暗处放置 1～2 周后过滤，待标定。

② **标定**　$Na_2S_2O_3$ 溶液的准确浓度，可用 $K_2Cr_2O_7$、KIO_3、$KBrO_3$ 等基准物质进行标定。通常采用 $K_2Cr_2O_7$ 基准物以间接碘量法标定。在酸性溶液中 $K_2Cr_2O_7$ 与过量 KI 作用，析出相当量的 I_2，然后以淀粉为指示剂，用 $Na_2S_2O_3$ 溶液滴定析出的 I_2，以溶液的深蓝色褪去为终点。其反应如下：

$$Cr_2O_7^{2-} + 6I^- + 14H^+ \rightleftharpoons 2Cr^{3+} + 3I_2 + 7H_2O$$

$$I_2 + 2S_2O_3^{2-} \rightleftharpoons 2I^- + S_4O_6^{2-}$$

根据 $K_2Cr_2O_7$ 的质量及 $Na_2S_2O_3$ 溶液滴定时的用量，可以计算出 $Na_2S_2O_3$ 溶液的准确浓度。

【标定方法】 准确称取 0.18g 于 (120±2)℃下干燥至恒重的工作基准试剂 $K_2Cr_2O_7$ 于碘量瓶中，加 2g KI 和 50mL 水，溶解后加入 10mL 硫酸（1+1），摇匀，于暗处放置约 10min，加少量水冲洗瓶壁及瓶塞，以待标定的 $Na_2S_2O_3$ 标准滴定溶液滴定，至淡黄色，加 2mL 淀粉（$10g \cdot L^{-1}$）指示剂，继续滴定至蓝色消失变为亮绿色。

③ **结果计算**　$Na_2S_2O_3$ 标准滴定溶液的浓度按式（5.11）计算：

$$c_{Na_2S_2O_3} = \frac{m_{K_2Cr_2O_7} \times 1000}{V_{Na_2S_2O_3} \times M_{\left(\frac{1}{6}K_2Cr_2O_7\right)}} \tag{5.11}$$

(3) 注意事项

用 $K_2Cr_2O_7$ 为基准物标定 $Na_2S_2O_3$ 溶液时应注意以下几点。

① $K_2Cr_2O_7$ 与 KI 反应时，溶液的酸度一般以 0.2～$0.4mol \cdot L^{-1}$ 为宜。如果酸度太大，I^- 易被空气中的 O_2 氧化；酸度过低，则 $Cr_2O_7^{2-}$ 与 I^- 反应较慢。

② 由于 $K_2Cr_2O_7$ 与 KI 的反应速率慢，应将溶液放置暗处 3～5min，待反应完全后，再以 $Na_2S_2O_3$ 溶液滴定。

③ 用 $Na_2S_2O_3$ 溶液滴定前，应先用蒸馏水稀释。一是降低酸度可减少空气中 O_2 对 I^- 的氧化，二是使 Cr^{3+} 的绿色减弱，便于观察滴定终点。但若滴定至溶液从蓝色转变为无色后，又很快出现蓝色，这表明 $K_2Cr_2O_7$ 与 KI 的反应还不完全，应重新标定。如果滴定到终点后，经过几分钟，溶液才出现蓝色，这是由空气中的 O_2 氧化 I^- 所引起的，不影响标定的结果。

实验9　双氧水含量的测定

【实验目的】

1．掌握用 $KMnO_4$ 法测定 H_2O_2 含量的原理及方法。

2．掌握 $KMnO_4$ 法滴定操作技术（吸量管的使用）及终点的判断方法。

（查阅资料：H_2O_2 有哪些重要性质？使用时应注意些什么？）

【测定原理】（高锰酸钾法）

商品双氧水中的 H_2O_2 可用 $KMnO_4$ 标准溶液直接滴定。

在稀硫酸中，H_2O_2 与 $KMnO_4$ 的反应如下：

$$5H_2O_2 + 2MnO_4^{-1} + 6H^+ \rightleftharpoons 2Mn^{2+} + 5O_2\uparrow + 8H_2O$$

滴定开始时，反应速率较慢，但当 Mn^{2+} 生成后，由于 Mn^{2+} 的催化作用，反应速率加快。$KMnO_4$ 自身可作指示剂。

【试剂与仪器】

试剂：H_2SO_4（1+3），$KMnO_4$ 标准滴定溶液（$0.1mol\cdot L^{-1}$），$Na_2C_2O_4$（优级纯），双氧水试样。

仪器：分析天平，棕色酸式滴定管，移液管，锥形瓶，电炉，棕色试剂瓶，容量瓶。

【测定步骤】

1．$KMnO_4$ 标准滴定溶液的制备与标定

$KMnO_4$ 标准滴定溶液的制备以间接制备法进行（见5.4.1节），采用 $Na_2C_2O_4$ 标定。

2．试液的制备

用吸量管吸取1.00mL工业品双氧水试样，置于已装有约200mL蒸馏水的250mL容量瓶中，用蒸馏水稀释至刻度，摇匀。

3．测定

准确移取25.00mL上述试液于250mL锥形瓶中，加25mL水和10mL H_2SO_4(1+3)，用 $KMnO_4$ 标准滴定溶液滴定至溶液呈粉红色，保持30s内不褪色即为终点。平行测定三次。

【结果计算】

双氧水含量按下式计算：

$$w_{H_2O_2} = \frac{\frac{5}{2} c_{KMnO_4} V_{KMnO_4} M_{H_2O_2}}{1.00\rho \times \frac{25}{250} \times 1000} \times 100\%$$

式中，ρ 为 H_2O_2 的密度。H_2O_2(30%)：$\rho = 1.10\ g\cdot mL^{-1}$；$H_2O_2$(34%)：$\rho = 1.20g\cdot mL^{-1}$。

【注意事项】

1．$KMnO_4$ 标准滴定溶液应现用现标。

2．使用吸量管时，若使用5mL容量的吸量管，应将试液调至5mL后再放出1mL，而不是直接吸至1mL处放出。

3．$KMnO_4$ 标准滴定溶液除了作为滴定剂，其自身还可以作为指示剂，因此，滴定终点的颜色由无色变为浅紫色。

【思考题】

1．制备 $KMnO_4$ 标准滴定溶液时应注意哪些问题？

2．为何 $KMnO_4$ 标准滴定溶液应现用现标？

3．用 $Na_2C_2O_4$ 标定 $KMnO_4$ 溶液时，为什么开始滴入的 $KMnO_4$ 溶液紫红色消失缓慢，后来却越来越快，直至滴定终点出现稳定的紫红色？滴定开始时反应较慢，能否加热？

4．用 $KMnO_4$ 法测定 H_2O_2 时，能否用 HNO_3 和 HCl 控制酸度？为什么？

实验 10　铁矿石中铁含量的测定

【实验目的】

1．掌握重铬酸钾法测定铁含量的原理及方法。

2．掌握重铬酸钾标准滴定溶液的制备及使用。

3．掌握铁矿石或铁粉试样的溶解及其预处理的相关操作。

【测定原理】（重铬酸钾法）

试样用 HCl 加热分解后，先用 $SnCl_2$ 将大部分 Fe^{3+} 还原，以钨酸钠（Na_2WO_4）为指示剂，再用 $TiCl_3$ 溶液将剩余少部分 Fe^{3+} 全部还原成 Fe^{2+}。当 Fe^{3+} 定量还原成 Fe^{2+} 后，稍微过量的 $TiCl_3$ 溶液使 Na_2WO_4 还原为蓝色（钨蓝，即六价钨部分地被还原为五价钨），之后滴加 $K_2Cr_2O_7$ 溶液使钨蓝刚好褪去。在 H_2SO_4-H_3PO_4 混酸介质中，以二苯胺磺酸钠为指示剂，用 $K_2Cr_2O_7$ 标准定溶液滴定至紫色，即为终点。有关反应如下：

1．试样的溶解

$$Fe_2O_3 + 6HCl \rightleftharpoons 2FeCl_3 + 3H_2O$$

$$FeCl_3 + Cl^- \longrightarrow [FeCl_4]^-$$

$$FeCl_3 + 3Cl^- \longrightarrow [FeCl_6]^{3-}$$

2．Fe^{3+} 的还原

$$2Fe^{3+} + SnCl_4^{2-} + 2Cl^- \rightleftharpoons 2Fe^{2+} + SnCl_6^{2-}$$

$$Fe^{3+} + Ti^{3+} + H_2O \rightleftharpoons Fe^{2+} + TiO^{2+} + 2H^+$$

3．滴定

$$6Fe^{2+} + Cr_2O_3^{2-} + 14H^+ \rightleftharpoons 6Fe^{3+} + 2Cr^{3+}\ 7H_2O$$

【试剂与仪器】

试剂： 铁矿石或铁粉试样，重铬酸钾，HCl（1+1），H_2SO_4-H_3PO_4 混酸（H_2SO_4、H_3PO_4 和 H_2O 的体积比为 3∶3∶14），二苯胺磺酸钠指示剂，Na_2WO_4 指示剂，$TiCl_3$ 溶液（$40g \cdot L^{-1}$，用时现配），$SnCl_2$ 溶液（$30g \cdot L^{-1}$，用时现配）。

仪器： 分析天平，酸式滴定管，烧杯，电炉，表面皿。

【测定步骤】

1．$K_2Cr_2O_7$ 标准滴定溶液的制备（$c_{\frac{1}{6}K_2Cr_2O_7} = 0.1mol \cdot L^{-1}$）

$K_2Cr_2O_7$ 标准定滴定溶液的制备按照直接制备法进行，见 5.4.2 节。

2．试样分解与试液的制备

准确称取约 0.2g 试样，精确至 0.0001g，置于 250mL 烧杯中，加 30mL HCl（1+1），盖上表面皿，低温加热 10～20min，直到试样完全溶解。

3．还原 Fe^{3+}

用少量水吹洗表面皿和烧杯内壁，边搅拌边滴加 $SnCl_2$ 溶液至试液呈浅黄色，流水冷却至室温（若 $SnCl_2$ 溶液过量使试液呈无色，应滴加少量 $KMnO_4$ 溶液使试液呈淡黄色）。加入 15 滴 Na_2WO_4 指示剂，再滴加 $TiCl_3$ 溶液至试液出现蓝色后过量 1～2 滴，用 $K_2Cr_2O_7$ 溶液回滴至试液蓝色刚好消失(此时溶液呈浅绿色或无色)，不计 $K_2Cr_2O_7$ 溶液用量(但也不能过量)。

4．Fe 含量的测定

用少量水吹洗烧杯内壁，加入 20mL H_2SO_4-H_3PO_4 混酸溶液，加 5 滴二苯胺磺酸钠指示剂，用 $K_2Cr_2O_7$ 标准溶液滴定至溶液呈紫色 30s 不褪色，即为终点。

平行测定三次，且三次测定结果的极差不应大于 0.4%，以其平均值为最终结果。

【结果计算】

$$w_{Fe_2O_3}=\frac{c_{\frac{1}{6}K_2Cr_2O_7}\times V_{K_2Cr_2O_7}\times M_{Fe_2O_3}}{m_s\times 1000}\times 100\%$$

【注意事项】

1．试样完全分解后，应还原一份滴定一份，不要同时还原多份试样，以免 Fe^{2+}在空气中曝气太久，被 O_2 氧化导致分析结果偏低。

2．加入 $SnCl_2$ 不宜过量，否则会使结果偏高。如不慎过量，可滴加 2%$KMnO_4$ 溶液使试液呈浅黄色。

3．Fe^{2+}在酸性介质中极易被氧化，必须在“钨蓝”褪色后 1min 内立即滴定，否则测量结果偏低。

【思考题】

1. 用 $SnCl_2$ 还原溶液中的 Fe^{3+}时，$SnCl_2$ 过量溶液呈什么颜色？对分析结果有什么影响？

2．为什么 $K_2Cr_2O_7$ 可以直接制备成标准滴定溶液？$KMnO_4$ 是否也可以直接制备成标准滴定溶液？

3．为什么不能直接使用 $TiCl_3$ 还原 Fe^{3+} 而先用 $SnCl_2$ 还原溶液中大部分 Fe^{3+}，然后再用 $TiCl_3$ 还原？能否只用 $SnCl_2$ 还原而不用 $TiCl_3$ 还原？

4．用 $K_2Cr_2O_7$ 标准滴定溶液滴定 Fe^{2+} 前，为什么要加 H_2SO_4-H_3PO_4 混合酸溶液？

实验 11　胆矾中铜含量的测定

【实验目的】

1．掌握 $Na_2S_2O_3$ 标准溶液的制备与标定。

2．掌握间接法测定铜含量的原理及方法。

3．掌握采用淀粉指示剂确定滴定终点的方法。

【测定原理】（间接碘量法）

在弱酸溶液中，Cu^{2+}与过量的 KI 作用，生成 CuI 沉淀，同时析出 I_2，析出的 I_2 可用 $Na_2S_2O_3$ 标准溶液滴定，以淀粉作指示剂。相关反应式如下：

$$2Cu^{2+} + 4I^- \rightleftharpoons 2CuI\downarrow + I_2$$

$$I_2 + 2S_2O_3^{2-} \rightleftharpoons 2I^- + S_4O_6^{2-}$$

Cu^{2+}与I^-的作用是可逆的，任何引起Cu^{2+}浓度减小或CuI溶解度增加的因素均使反应不完全。加入过量KI可使反应趋于完全。这里KI既是Cu^{2+}的还原剂，又是CuI的沉淀剂，还是I_2的配位剂，防止I_2挥发损失。

但是，CuI沉淀强烈吸附I_3^-，又会使结果偏低。通常的办法是在临近终点时加入硫氰酸盐，将CuI转化成溶解度更小的CuSCN沉淀，把吸附的碘释放出来，使反应更完全。即：

$$CuI + SCN^- \rightleftharpoons CuSCN + I^-$$

KSCN应在接近终点时加入，否则SCN^-会还原大量存在的I_2，导致测定结果偏低。

【试剂与仪器】

试剂： KI固体，H_2SO_4（1+1），KSCN（10%），胆矾试样，$Na_2S_2O_3$标准滴定溶液（$0.1mol\cdot L^{-1}$），$K_2Cr_2O_7$基准试剂，淀粉指示剂。

仪器： 棕色试剂瓶，容量瓶，烧杯，碘量瓶，分析天平，锥形瓶。

【测定步骤】

1．$Na_2S_2O_3$标准溶液的制备与标定

制备方法见5.4.3，采用$K_2Cr_2O_7$基准物标定。

2．试液的制备

准确称取6g试样，精确至0.0001g，试样质量记为m_s。置于300mL烧杯中，加入10mL $H_2SO_4(1+1)$，并加少量水使试样溶解，定量转移到250mL容量瓶中，稀释，定容，摇匀。

3．测定

准确移取25.00mL上述试液，置于250mL锥形瓶中，加50mL水和1g KI固体，用$Na_2S_2O_3$标准溶液滴定至溶液呈淡黄色，然后加入2mL淀粉指示剂，继续滴定至溶液呈浅蓝色，再加入10mL KSCN溶液，充分摇匀，此时溶液颜色变深，然后再继续以$Na_2S_2O_3$标准溶液滴定至蓝色恰好消失（呈肉粉色）即为终点。平行测定三次。

【结果计算】

$$w_{Cu} = \frac{c_{Na_2S_2O_3} V_{Na_2S_2O_3} M_{Cu}}{m_s \times \frac{25}{250}} \times 100\%$$

【注意事项】

1．加入指示剂前，应快滴慢摇，防止碘的挥发造成终点提前。

2．加入指示剂后，应慢滴快摇，以防止反应不充分造成终点滞后。

3．淀粉指示剂不可过早加入，防止I_2吸附严重，使终点滞后。

【思考题】

1．测定铜含量时，加入KI为何要过量？加入KSCN的作用是什么？为什么要在临近终点时加入？

2．间接碘量法一般选用中性或弱酸性条件。本实验要加入硫酸，为什么？能否加盐酸？为什么？酸度过高会对分析结果有何影响？

实验 12 天然水中溶解氧的测定

【实验目的】

1．掌握重铬酸钾法测定水中溶解氧（DO）的测定原理和方法。

2．学习水样的采集、保存和水中溶解氧的固定等操作技术。

（查阅资料，了解测定水中溶解氧的基本概念、表示方法及其分析意义）

【测定原理】（间接碘量法）

在碱性试剂中，二价锰离子与氢氧化钠反应生成白色的氢氧化亚锰沉淀。

$$MnSO_4 + 2NaOH \rightleftharpoons Mn(OH)_2\downarrow(白色) + NaSO_4$$

水中的溶解氧立即将生成的 $Mn(OH)_2$ 沉淀氧化成棕色的 H_2MnO_3 沉淀。

$$2Mn(OH)_2 + O_2 + H_2O \rightleftharpoons 2H_2MnO_3\downarrow(棕色)$$

加入浓硫酸后，在酸性条件下，H_2MnO_3 沉淀溶解并氧化 I^-（已加入 KI）释出一定量的 I_2。

$$H_2MnO_3 + 2KI + 2H_2SO_4 \rightleftharpoons MnSO_4 + I_2 + K_2SO_4 + 3H_2O$$

然后 $Na_2S_2O_3$ 用标准溶液滴定释出的 I_2。

$$2Na_2S_2O_3 + I_2 \rightleftharpoons Na_2S_4O_6 + 2NaI$$

从上述的定量关系可以看出：

$$n_{O_2} : n_{S_2O_3^{2-}} = 1 : 4$$

由所用 $Na_2S_2O_3$ 的浓度和体积，计算水中溶解氧的含量。

【试剂与仪器】

试剂：$MnSO_4$ 溶液（$340g\cdot L^{-1}$），碱性 KI 溶液（35g NaOH 和 30g KI 溶于 50mL 水中，保持在棕色瓶中），H_2SO_4 溶液（1+1），淀粉指示剂（$10g\cdot L^{-1}$），$K_2Cr_2O_7$ 标准溶液（$c_{K_2Cr_2O_7} = 0.004167mol\cdot L^{-1}$），$Na_2S_2O_3$ 标准滴定溶液（$0.10mol\cdot L^{-1}$），H_2SO_4（1+5）。

仪器：滴定管，溶解氧瓶，移液管，分析天平，棕色试剂瓶，锥形瓶。

【测定步骤】

1．$K_2Cr_2O_7$ 标准滴定溶液的制备（$c_{K_2Cr_2O_7} = 0.004167mol\cdot L^{-1}$）

$K_2Cr_2O_7$ 标准溶液的制备采用直接法制备，见本书 5.4.2 节相关内容。

2．$Na_2S_2O_3$ 标准滴定溶液的制备（$c_{Na_2S_2O_3} = 0.1mol\cdot L^{-1}$）

$Na_2S_2O_3$ 标准滴定溶液的制备按照间接制备法进行，采用 $K_2Cr_2O_7$ 基准物标定，见本书 5.4.3 相关内容。

3．测定

（1）取样：橡皮管一段紧接水龙头，另一端深入溶解氧测定瓶瓶底，任水沿瓶壁注满溢出数分钟后，取出橡皮管，迅速加塞盖紧，不留气泡。

（2）溶解氧的固定：用移液管插入溶解氧瓶的液面下，加入 1mL 硫酸锰溶液、2mL 碱性碘化钾溶液（试剂应加到液面以下），小心盖好瓶塞（避免将空气泡带入），颠倒转动数次溶解氧瓶，使内部组分充分混匀，静置 5min，待沉淀下降到瓶底（一般在取样现场固定），再重新颠倒混合，以保证混合均匀。

（3）析出 I_2：打开瓶塞，立即用吸管插入液面下加入 2.0mL 硫酸。盖好瓶塞，颠倒混合摇匀，至沉淀物全部溶解，放于暗处静置 5min。

（4）滴定：移取 100.0mL 上述溶液于 250mL 锥形瓶中，用 $Na_2S_2O_3$ 标准滴定溶液滴定至溶液呈淡黄色后，加入 1mL 淀粉指示剂（$10g \cdot L^{-1}$），继续滴定至蓝色恰好褪去即为终点。平行测定三次。

【结果计算】

$$\mathrm{DO} = \frac{\frac{1}{4} c_{Na_2S_2O_3} V_{Na_2S_2O_3} M_{O_2} \times 1000}{V_{水样}}$$

【思考题】

1. 本实验中，所取水样为什么不能与空气接触？如何操作才能避免和空气接触？
2. 碘量法测定 DO 的原理是什么？淀粉指示剂为什么不能在滴定开始时加入？

习　题

一、简答题

1. 氧化还原滴定法有哪些？所用的指示剂有哪些？
2. 影响氧化还原反应速率的因素有哪些？在分析中是否都能利用加热的方法来加快反应速率？为什么？
3. 在氧化还原滴定之前，为什么要进行预处理？
4. 制备、标定和保存 $Na_2S_2O_3$ 溶液应注意哪些问题？为什么？
5. 碘量法测定铜为什么要在弱酸性介质中进行？酸度太高或太低对实验结果会有何影响？
6. 碘量法的滴定方法有哪些？指示剂是什么？间接法何时加入指示剂？
7. 碘量法主要误差有哪些？如何避免？
8. 制备 I_2 溶液时为何要加入 KI？为何要先用少量水溶解后再稀释至所需体积？
9. 制备 $KMnO_4$ 标准溶液应注意些什么？用 $Na_2C_2O_4$ 标定 $KMnO_4$ 标准溶液时，为什么开始滴入的 $KMnO_4$ 标准溶液紫红色消失缓慢，后来却越来越快，直至滴定终点出现稳定的紫红色？
10. 用 $KMnO_4$ 法测定双氧水中 H_2O_2 含量时，能否用 HCl、HNO_3 来控制酸度？为什么？

二、计算题

11. 将 0.1963g $K_2Cr_2O_7$ 试剂溶于水，酸化后加入过量的 KI，析出的 I_2 用 33.61mL $Na_2S_2O_3$ 溶液滴定，求 $Na_2S_2O_3$ 溶液的浓度。

12. 称取 0.2000g 草酸钠以标定 $KMnO_4$ 溶液，若消耗掉 $KMnO_4$ 溶液 29.76mL，求 $KMnO_4$ 溶液的浓度。

13. 称取 0.3228g 铁矿石试样，溶解后将 Fe^{3+} 还原成 Fe^{2+} 以 $0.02500mol \cdot L^{-1}$ 的 $K_2Cr_2O_7$ 标准溶液滴定，用去 23.60mL，求试样中的 Fe_2O_3 的质量分数。

14. 分析草酸钠的纯度时，称取 0.4006g 试样，入于水后，在酸性介质中用 $KMnO_4$ 标准溶液（1.00mL $KMnO_4$ 溶液含 5.980g $KMnO_4$）滴定，用去 28.62mL，计算草酸钠样品的纯度。

15. 某黏土试样 1.005g，用重量法得 Fe_2O_3 和 Al_2O_3 共 0.1201g，将其中铁还原后，用 $0.02500mol \cdot L^{-1}$ $KMnO_4$ 标准溶液滴定，消耗 8.21mL，求该黏土试样中 Fe_2O_3 和 Al_2O_3 的质量分数。

第6章

配位滴定法

基础知识

6.1 引言

6.2 配位平衡

6.3 配位滴定原理

6.4 配位滴定法中的标准滴定溶液

实验实训

实验13 水硬度的测定

实验14 复方氢氧化铝片（胃舒平）中Al和Mg含量的测定

实验15 Bi^{3+}、Pb^{2+}含量的测定

学习目标

知识目标

- 了解金属与 EDTA 配合物的特点以及 EDTA 的基本性质。
- 理解并掌握配位滴定法的基本原理。
- 理解条件稳定常数的意义以及酸度对配位滴定的影响。
- 掌握金属离子被准确滴定的条件。
- 掌握提高配位滴定选择性的方法，理解掩蔽原理。

能力目标

- 能正确使用金属指示剂并会正确判断滴定终点。
- 能够结合分析实践，正确解释并合理应用提高配位滴定选择性的方法。
- 熟悉 EDTA 标准溶液的制备及其标定方法。
- 会计算试样中的相关组分含量，并对实验结果进行正确的分析评价。
- 熟练掌握相关滴定操作技术，并能正确选择适宜的分析仪器完成相应的分析任务。

6.1 引言

配位滴定法是以配位反应为基础的滴定分析方法。配位反应在分析化学中应用非常广泛，除用于滴定反应外，还常用于显色反应、萃取反应、沉淀反应及掩蔽反应等各种分离和测定中。因此，配位反应的有关理论和实践知识是定量分析化学的重要内容之一。

6.1.1 配位反应的普遍性

配位反应具有超乎想象的普遍性。在溶液中，由于溶剂化作用，对于金属离子而言，一般不存在独立的简单离子，而是多以配合物存在，最常见的便是水合物。比如，Cu^{2+}在水中形成 $[Cu(H_2O)_4]^{2+}$ 配离子。因此，在水溶液中金属离子与其他配位体所发生的反应，实际是配位体与溶剂分子之间的交换。如以 L 为其他配位体的代表符号，M^{n+}作为金属离子的代表符号，$M(H_2O)_m^{n+}$ 为 M 的配离子，则：

$$M(H_2O)_m^{n+} + L \rightleftharpoons [M(H_2O)_{m-1}L]^{n+} + H_2O$$

$$[M(H_2O)_{m-1}L]^{n+} + L \rightleftharpoons [M(H_2O)_{m-2}L_2]^{n+} + H_2O$$

如此的交换反应可进行到 $[ML_n]^{n+}$，为方便起见，这种配位体的交换反应通常可以如下简化方式表示：

$$M^{n+} + L \rightleftharpoons ML^{n+}$$

$$ML^{n+} + L \rightleftharpoons ML_2^{n+}$$

在化学反应中，虽然配位反应很普遍，但并不是所有的配位反应都能用于滴定分析。

配位滴定法对配位反应的要求：

- 生成的配合物要有确定的组成，即配位反应必须定量进行。
- 生成的配合物要有足够的稳定性，即配位反应必须完全。
- 配位反应的速率要足够快。
- 有适当的反映理论终点到达的指示剂或其他方法。

在配位反应中提供配位原子的物质，称为“**配位剂**”。通常分为无机配位剂和有机配位剂两种。

① **无机配位剂** 其分子或离子中大多只含有一个配位原子，它与金属离子形成多级配合物，是逐级形成的。由此形成的配合物多数不稳定，不符合配位滴定反应的要求；此外，

这类配合物的逐级稳定常数也比较接近，因此其逐级形成的配位反应都进行得不够完全，难以得到某一固定组成的产物，导致滴定过程突跃不明显，终点难以判断，无法建立恒定的化学计量关系。所以无机配位剂在分析化学中的应用受到一定限制，不宜用于配位滴定，通常用作掩蔽剂、辅助配位剂和显色剂等。

② **有机配位剂** 这类分子中常含有两个以上的配位原子，它与金属离子配位形成低配位比且具有环状结构的螯合物，这类螯合物不仅稳定性高，且一般只形成一种型体的配合物。由此建立的配位反应由于减少甚至消除了逐级配位现象，以及生成的配合物稳定性增加，使得这类配位反应很适用于配位滴定。

目前广泛用作配位滴定剂的有机配位剂是其分子中含有氨氮（≡N:）和羧氧（COÖ—）配位原子的氨基多元羧酸，统称为**"氨羧配位剂"**。这类配位剂能与多种金属形成稳定的可溶性配位化合物，其中应用最为广泛的是乙二胺四乙酸。

6.1.2 乙二胺四乙酸的分析特性

乙二胺四乙酸简称"EDTA"（ethlene-diamine tetraacetic acid），其分子结构如下：

$$\begin{array}{c} HOOCH_2C \\ {}^{-}OOCH_2C \end{array} \!\!>\! \overset{H}{\underset{+}{N}} - CH_2 - CH_2 - \overset{H}{\underset{+}{N}} \!<\! \begin{array}{c} CH_2COO^{-} \\ CH_2COOH \end{array}$$

EDTA 的结构中含有两个氨基（—N<）和四个羧基（—COOH），可见，EDTA 是一种四元酸，通常用 H_4Y 表示。

在水溶液中，EDTA 分子中互为对角的两个羧基上的 H^+会转移到氮原子上，形成双偶极离子。在强酸性溶液中， H_4Y 的两个羧酸根可再接受质子，当完全质子化后便形成 H_6Y^{2+}，从而成为六元酸。其各级解离过程可简写如下：

$$H_6Y^{2+} \underset{0.9}{\overset{pK_{a_1}}{\rightleftharpoons}} H_5Y^{+} \underset{1.6}{\overset{pK_{a_2}}{\rightleftharpoons}} H_4Y \underset{2.07}{\overset{pK_{a_3}}{\rightleftharpoons}} H_3Y^{-} \underset{2.75}{\overset{pK_{a_4}}{\rightleftharpoons}} H_2Y^{2-} \underset{6.24}{\overset{pK_{a_5}}{\rightleftharpoons}} HY^{3-} \underset{10.34}{\overset{pK_{a_6}}{\rightleftharpoons}} Y^{4-}$$

可见，在水溶液中 EDTA 可以 H_6Y^{2+}、H_5Y^+、H_4Y、H_3Y^-、H_2Y^{2-}、HY^{3-}和 Y^{4-}七种型体存在。在 EDTA 的这七种型体中，**只有 Y^{4-} 型体能够与金属离子直接配位！**

pH＜1 的强酸性溶液中，EDTA 主要以 H_6Y^{2+}形式存在；

pH＞10.26 的碱性溶液中，EDTA 才主要以 Y^{4-}形式存在。

所以，溶液的酸度越低，EDTA 的配位能力越强。

(1) EDTA 的一般物理化学性质

① 水中溶解度较小［$0.02g\cdot(100g\ H_2O)^{-1}$，22℃］。

② 难溶于酸和一般有机试剂，易溶于氨溶液、苛性碱溶液中，生成相应的盐。

③ 乙二胺四乙酸二钠盐（$Na_2H_2Y\cdot 2H_2O$）习惯上也称为 EDTA。

$Na_2H_2Y\cdot 2H_2O$：白色结晶状粉末，无臭无味，无毒，稳定。易溶于水［$11.1g\cdot(100g\ H_2O)^{-1}$，22℃］，室温下饱和溶液的浓度为 $0.3mol\cdot L^{-1}$，pH = 4.7。因此，实验室中制备 EDTA 标准滴定溶液时，常用它的二钠盐 $Na_2H_2Y\cdot 2H_2O$。

(2) EDTA 与金属离子配位作用的一般特点

① 具有广泛的配位性能。EDTA 几乎能与所有的金属离子形成易溶的配合物。

② 配位比简单。EDTA 与金属离子配位基本上均按 1∶1 配位。

③ 稳定性高。EDTA 与金属离子配位多数形成具有五元环或六元环结构的**螯合物**[1]。如图 6.1 所示。

④ 水溶性好。使配位滴定能在水溶液中进行。

⑤ 有色金属离子的配合物颜色要加深。多数金属-EDTA 配合物为无色，这有利于指示剂确定滴定终点。但对于有色金属离子，其 EDTA 配合物的颜色比其简单离子的颜色要深。例如：CuY^{2-}，深蓝色；NiY^{2-}，蓝色；CoY^{2-}，紫红色；MnY^{2-}，紫红色。

因此，在滴定这些离子时，浓度不宜过大，否则会影响滴定终点的判断。

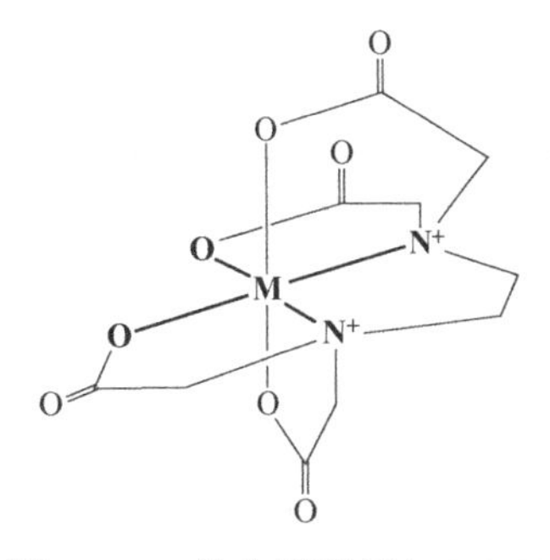

图 6.1 二价金属离子与 EDTA 形成配合物的结构示意图

上述特点表明，EDTA 和金属离子 M 的配位反应完全符合滴定分析对其反应的要求。

6.2 配位平衡

配位平衡所涉及的平衡关系较为复杂，为能定量处理各种因素对配位平衡的影响，引入了副反应系数的概念，并导出相应的条件稳定常数。

6.2.1 配合物的绝对稳定常数

配位平衡常数常用稳定常数（亦称“形成常数”）表示。在配位滴定中，金属离子与 EDTA（简单表示为 Y）的配位反应大多形成 1∶1 型配合物，在不表示酸度和电荷的情况下，其反应式可简写为：

$$M + Y \rightleftharpoons MY$$

其稳定常数记为 K_{MY}，根据平衡关系可表示为：

$$K_{MY} = \frac{[MY]}{[M][Y]} \tag{6.1}$$

K_{MY} 越大，表示相应配合物越稳定；反之，就越不稳定。配合物的稳定常数大多都较大，故常用其对数形式表示，即 $\lg K_{MY}$。常见金属离子与 EDTA 形成配合物的稳定常数见表 6.1。

6.2.2 配位反应的副反应及副反应系数

在化学反应中，通常把应用或考察的主体反应称为“**主反应**”，而其他相伴发生的能影响主反应中反应物或生成物平衡浓度的各种反应，则统称为“**副反应**”。在配位滴定中，主反应是被测金属离子（M）与滴定剂 EDTA（Y）的配位反应。同时由于为提高配位滴定的准

---

[1] 螯合物（chelate compound）：具有环状（五元环、六元环等）结构的配合物。通常以具有五元环或六元环的螯合物最为稳定，且很多螯合物均具有鲜明的颜色。环状结构是螯合物的最显著特征。

表 6.1 一些常见金属离子与 EDTA 形成配合物的稳定常数

（溶液离子强度 I=0.1，温度 20℃）

阳离子	$\lg K_{MY}$	阳离子	$\lg K_{MY}$	阳离子	$\lg K_{MY}$
Na^{+}	1.66	Ce^{3+}	15.89	Cu^{2+}	18.80
Li^{+}	2.79	Al^{3+}	16.3	Hg^{2+}	21.8
Ba^{2+}	7.86	Co^{2+}	16.31	Th^{4+}	23.2
Sr^{2+}	8.73	Cd^{2+}	16.46	Cr^{3+}	23.4
Mg^{2+}	8.69	Zn^{2+}	16.50	Fe^{3+}	25.1
Ca^{2+}	10.69	Pb^{2+}	18.04	U^{4+}	25.80
Mn^{2+}	13.87	Y^{3+}	18.09	Bi^{3+}	27.94
Fe^{2+}	14.32	Ni^{2+}	18.62		

确度和选择性而加入的缓冲溶液、掩蔽剂以及其他干扰离子的存在，还可能发生以下反应方程式所表达的各种重要的副反应：

主反应　M + Y ⇌ MY

副反应：
- M：OH → M(OH) … $M(OH)_n$；L → ML … ML_n
- Y：H → $[HY]^{3-}$ … $[H_6Y]^{2+}$；N → NY
- MY：H → MHY；OH → M(OH)Y

式中，L 为辅助配位剂；N 为干扰/共存离子。

上述各种副反应的发生都将影响主反应进行的完全程度。其中金属离子 M 和滴定剂 EDTA（Y）所发生的任何副反应均使主反应的反应平衡向左移动,不利于主反应的进行。而产物 MY 在强酸性（pH<3）或强碱性（pH>11）条件下所发生的各种副反应则有利于主反应的进行。然而，由于其产物 MHY 或 M(OH)Y 与 MY 相比较大多数都不太稳定，其影响可以忽略不计。M、Y、MY 的各种副反应进行的程度，均可由其副反应系数的大小来衡量。根据平衡关系计算副反应的影响，即求未参加主反应组分 M 或 Y 的总浓度与平衡浓度 [M] 或 [Y] 的比值，即可得到副反应系数（α）。其表达式为：

$$\alpha=\frac{[\text{总浓度}]}{[\text{平衡浓度}]} \tag{6.2}$$

下面将对 EDTA 的酸效应和 M 的配位效应及其副反应系数分别进行讨论。

(1) EDTA 的酸效应及酸效应系数 $\alpha_{Y(H)}$

EDTA 与金属离子的反应本质是 Y^{4-}与金属离子 M 的反应。由 EDTA 的离解平衡可知，Y^{4-}只是 EDTA 各种存在型体中的一种，只有当 pH≥12 时，EDTA 才全部以 Y^{4-} 形式存在。随着溶液 pH 值减小，则 Y^{4-}会被进一步质子化，发生 Y^{4-} 与 H^{+} 的副反应，从而逐级形成 HY、H_2Y、…、H_6Y 等一系列氢配合物，使 Y^{4-} 减少，导致 EDTA 与 M 的反应能力降低，影响主反应进行的程度。这种由于 H^{+}与 Y^{4-}作用而使 Y^{4-}参与主反应能力下降的现象称为“EDTA 的酸效应”。表征这种副反应进行程度的副反应系数，称为“**酸效应系数**”，以 $\alpha_{Y(H)}$表示。其下标 Y(H) 表示该副反应系数为配位剂 Y 只与 H^{+} 发生副反应。以 [Y′] 表示尚未参加主反应的 EDTA 的总浓度，即 $[Y']=[Y]+[HY]+[H_2Y]+\cdots+[H_6Y]$，则 $\alpha_{Y(H)}$ 的表达式为：

$$\alpha_{Y(H)}=\frac{[Y']}{[Y]}=\frac{[Y]+[HY]+[H_2Y]+\cdots+[H_6Y]}{[Y]}$$

$$=1+\beta_1[H]+\beta_2[H]^2+\cdots+\beta_6[H]^6 \tag{6.3}$$

式中，β_1、β_2、…、β_6 为 EDTA 的累积形成常数❶。

由式（6.3）可知，EDTA 的酸效应系数与 EDTA 的各级解离常数和溶液的酸度有关。在一定温度下，解离常数为定值，因而，EDTA 的酸效应系数 $\alpha_{Y(H)}$ 就只随溶液酸度的变化而变化。溶液的酸度越大，$\alpha_{Y(H)}$ 值就越大，表明 EDTA 的酸效应程度就越严重。

$\alpha_{Y(H)}$ 的物理意义在于：当反应达到平衡时，未参与主反应的 EDTA 的总浓度是其游离状态存在下的配位剂 Y 的平衡浓度的倍数。

当无副反应时，$[Y']=[Y]$，$\alpha_{Y(H)}=1$；而有副反应时，$[Y']>[Y]$，$\alpha_{Y(H)}>1$。

因此，EDTA 酸效应系数有意义的取值为 $\alpha_{Y(H)}\geqslant 1$。无副反应只是有副反应时的一个特例。其他各种副反应系数的物理意义均与此相似。

不同 pH 值时 EDTA 的 $\lg\alpha_{Y(H)}$ 见表 6.2。

表 6.2 不同 pH 值时 EDTA 的 $\lg\alpha_{Y(H)}$

pH 值	$\lg\alpha_{Y(H)}$	pH 值	$\lg\alpha_{Y(H)}$	pH 值	$\lg\alpha_{Y(H)}$	pH 值	$\lg\alpha_{Y(H)}$
0.0	23.64	3.1	10.27	6.2	4.34	9.3	1.01
0.1	23.06	3.2	10.14	6.3	4.20	9.4	0.92
0.2	22.47	3.3	9.32	6.4	4.06	9.5	0.83
0.3	21.89	3.4	9.70	6.5	3.02	9.6	0.75
0.4	21.32	3.5	9.48	6.6	3.70	9.7	0.67
0.5	20.75	3.6	9.27	6.7	3.67	9.8	0.59
0.6	20.18	3.7	9.05	6.8	3.55	9.9	0.52
0.7	19.63	3.8	8.85	6.9	3.43	10.0	0.45
0.8	19.08	3.9	8.65	7.0	3.32	10.1	0.39
0.9	18.54	4.0	8.44	7.1	3.21	10.2	0.33
1.0	18.01	4.1	8.24	7.2	3.10	10.3	0.28
1.1	17.49	4.2	8.04	7.3	2.99	10.4	0.24
1.2	16.98	4.3	7.84	7.4	2.88	10.5	0.20
1.3	16.49	4.4	7.64	7.5	2.78	10.6	0.16
1.4	16.02	4.5	7.44	7.6	2.68	10.7	0.13
1.5	15.55	4.6	7.24	7.7	2.57	10.8	0.11
1.6	15.11	4.7	7.04	7.8	2.47	10.9	0.09
1.7	14.68	4.8	6.84	7.9	2.37	11.0	0.07
1.8	14.27	4.9	6.65	8.0	2.27	11.1	0.06
1.9	13.88	5.0	6.45	8.1	2.17	11.2	0.05
2.0	13.51	5.1	6.26	8.2	2.07	11.3	0.04
2.1	13.16	5.2	6.07	8.3	1.97	11.4	0.03
2.2	12.82	5.3	5.88	8.4	1.87	11.5	0.02
2.3	12.50	5.4	5.69	8.5	1.77	11.6	0.02
2.4	12.19	5.5	5.51	8.6	1.67	11.7	0.02
2.5	11.90	5.6	5.33	8.7	1.57	11.8	0.01
2.6	11.62	5.7	5.13	8.8	1.47	11.9	0.01
2.7	11.35	5.8	4.98	8.9	1.38	12.0	0.01
2.8	11.09	5.9	4.81	9.0	1.28	12.1	0.01
2.9	10.84	6.0	4.65	9.1	1.19	12.2	0.005
3.0	10.60	6.1	4.49	9.2	1.10	13.0	0.0008

❶ $\beta_1=1/K_{a_6}$，$\beta_2=1/(K_{a_6}K_{a_5})$，…，$\beta_6=1/(K_{a_6}K_{a_5}K_{a_4}K_{a_3}K_{a_2}K_{a_1})$。

（2）**金属离子的配位效应及其副反应系数 α_M**

在配位滴定中，金属离子常发生两类副反应：一类是金属离子在水中和 OH^- 生成各种羟基化配离子，使金属离子参与主反应的能力下降，这种现象称为金属离子的羟基配位效应，也称金属离子的水解效应，其羟基配位效应系数可用 $\alpha_{M(OH)}$ 表示。例如 Fe^{3+} 在水溶液中能生成 $Fe(OH)^{2+}$、$Fe(OH)_2^+$ 等羟基配离子。

金属离子的另一类副反应是金属离子与辅助配位剂的作用，有时为了防止金属离子在滴定条件下生成沉淀或为了掩蔽干扰离子等，需在试液中加入某些辅助配位剂（L），使金属离子与辅助配位剂发生作用，产生金属离子的辅助配位效应。

例如，在 pH = 10 时滴定 Zn^{2+}，加入 $NH_3 \cdot H_2O\text{-}NH_4Cl$ 缓冲溶液，这一方面是为了控制滴定时所需的 pH 值，同时又使 Zn^{2+} 与 NH_3 配位形成 $[Zn(NH_3)_4]^{2+}$，从而防止 $Zn(OH)_2$ 沉淀析出。该反应是 Zn^{2+} 的副反应，它影响 Zn^{2+} 与 EDTA 的主反应。这种由于配位体 L 与金属离子 M 的配位反应而使主反应能力降低的现象称为“**配位效应**”。配位效应进行的程度用配位效应系数 $a_{M(L)}$ 表示，它表示未与 Y 反应的金属离子的各种型体的总浓度 [M′] 与游离金属离子的平衡浓度 [M] 的比值。即：

$$\alpha_{M(L)} = \frac{[M]+[ML]+[ML_2]+\cdots+[ML_n]}{[M]}$$

$$= 1+\beta_1[L]+\beta_2[L]^2+\cdots+\beta_n[L]^n \tag{6.4}$$

综合上述两种情况，金属离子总的副反应系数可用 α_M 表示：

$$\alpha_M = \frac{[M']}{[M]} \tag{6.5}$$

6.2.3 配合物的条件稳定常数

如果 M 和 Y 在形成配合物 MY 时存在副反应，那么 K_{MY} 的大小就不能完全反映主反应进行的完全程度。因为这时未参加主反应的 M 和 Y 的总浓度是 [M′] 和 [Y′]，而不单单是各自游离状态下的平衡浓度 [M] 和 [Y]，其配合物 MY 的浓度也不仅仅是[MY]，应该是包括 MY 发生副反应的产物在内的 [(MY)′]。若以 K'_{MY} 表示有副反应存在时主反应的平衡常数，其表达式为：

$$K'_{MY} = \frac{[(MY)']}{[M'][Y']} \tag{6.6}$$

由于 MY 生成的混合配合物大多数不稳定，因此它的混合配位效应副反应系数一般情况下可以忽略。

由前述副反应系数的定义可知：[M′] = α_M[M]，[Y′] = α_Y[Y]。

则
$$K'_{MY} = \frac{[MY]}{\alpha_M[M]\alpha_Y[Y]} = \frac{K_{MY}}{\alpha_M\alpha_Y}$$

即
$$\lg K'_{MY} = \lg K_{MY} - \lg\alpha_Y - \lg\alpha_M \tag{6.7}$$

式（6.7）表明：反应物发生副反应将导致主反应进行的完全程度降低。当各种副反应均不存在时，其各种副反应系数均为 1，即：$\lg K'_{MY} = \lg K_{MY}$。所以，K'_{MY} 有意义的取值范围是 $K'_{MY} \leqslant K_{MY}$。K'_{MY} 是定量表示有副反应发生时 MY 稳定性的重要参数。

在一定条件下，M 和 Y 为定值，故在一定条件下 K'_{MY} 为常数，称为**“条件稳定常数”**，也称**“表观稳定常数”**。显然，副反应系数越大，K'_{MY} 就越小。这说明酸效应和配位效应越大，配合物的实际稳定性就越小。

影响配位滴定主反应完全程度的因素很多，但一般情况下当系统中既无共存离子干扰也不存在辅助配位剂时，影响主反应的是 EDTA 的酸效应和金属离子的羟基配位效应；当金属离子不会形成羟基配合物时，影响主反应的因素就是 EDTA 的酸效应。这时，$\lg\alpha_M = 0$，此时式（6.7）可简化为：

$$\lg K'_{MY} = \lg K_{MY} - \lg \alpha_{Y(H)} \tag{6.8}$$

例 6.1 计算 pH 值为 2.0、5.0、10.0 和 12.0 时 ZnY 的条件稳定常数（$\lg K'_{ZnY}$）。

解：该反应体系中可能存在的副反应是 EDTA 的酸效应和 Zn^{2+}的水解效应。

由表 6.1 可查得 $\lg K_{ZnY}=16.5$。另外，不同 pH 值时 EDTA 的酸效应系数（见表 6.2）和 Zn^{2+}的羟基配位效应系数也可以查得。

（1）pH =2.0 时，$\lg \alpha_{Y(H)} = 13.51$，$\lg \alpha_{Zn(OH)} = 0$。则：

$$\lg K'_{ZnY} = \lg K_{ZnY} - \lg \alpha_{Y(H)} - \lg \alpha_{Zn(OH)} = 16.5 - 13.51 = 2.99$$

（2）pH = 5.0 时，$\lg \alpha_{Y(H)} = 6.45$，$\lg \alpha_{Zn(OH)} = 0$。则：

$$\lg K'_{ZnY} = \lg K_{ZnY} - \lg \alpha_{Y(H)} - \lg \alpha_{Zn(OH)} = 16.5 - 6.45 = 10.05$$

（3）pH =10.0 时，$\lg \alpha_{Y(H)} = 0.45$，$\lg \alpha_{Zn(OH)} = 2.40$。则：

$$\lg K'_{ZnY} = \lg K_{ZnY} - \lg \alpha_{Y(H)} - \lg \alpha_{Zn(OH)} = 16.5 - 0.45 - 2.40 = 13.65$$

（4）pH =12.0 时，$\lg \alpha_{Y(H)} = 0.01$，$\lg \alpha_{Zn(OH)} = 8.5$。则：

$$\lg K'_{ZnY} = \lg K_{ZnY} - \lg \alpha_{Y(H)} - \lg \alpha_{Zn(OH)} = 16.5 - 0.01 - 8.5 = 7.99$$

上述结果表明，在强酸性溶液中，配位剂的酸效应增强，配合物极不稳定；而在碱性条件下，尽管酸效应的影响降低了，但当 pH 值增大到一定程度时，金属离子的水解效应出现了。因此，在配位滴定中，酸度直接影响反应的完全程度。

欲使配位滴定反应进行完全，控制适宜的 pH 值条件非常重要！

6.3 配位滴定原理

配位滴定法是以配位反应为基础的滴定分析方法。作为滴定用的配位剂，目前应用最多的是氨羧类的有机配位剂，并以 EDTA 为主要代表，因此，配位滴定法主要是指用 EDTA 作为标准溶液的滴定分析法,亦称“EDTA 滴定法”。

6.3.1 滴定条件

6.3.1.1 单一离子被准确滴定的条件

配位滴定中，常采用金属指示剂指示滴定终点，由于人眼判断颜色变化的局限性，总有

±(0.2～0.5) 个 pM 单位的不确定性，必然造成终点观测误差。即使指示剂的变色点与滴定的化学计量点完全一致，使得终点误差为零，这种由于终点观测的不确定性造成的终点观测误差依然存在。

若要求控制滴定分析误差在 ±0.1% 之内，并规定终点观测的不确定性为 ±0.2 个 pM 单位，用等浓度的 EDTA 滴定浓度为 c 的金属离子 M，可得到配位滴定中，单一金属离子 M 能够被直接滴定的条件为：

$$\lg(c_{\mathrm{M}}^{\mathrm{sp}}K'_{\mathrm{MY}}) \geqslant 6 \tag{6.9}$$

通常将式（6.9）作为判断能否准确进行配位滴定的条件。这个条件不是绝对的无条件的。如果允许滴定分析的误差不同，则该判据也将有所不同。使用式（6.9）判断能否准确滴定时，金属离子的浓度是采用计量点时的浓度还是原始浓度，可以视计算的方便进行选择。

6.3.1.2 配位滴定中的酸度控制与选择

在各种影响配位滴定的因素中，酸度的影响是最重要的。一般来说，如果 pH 值太低，EDTA 的酸效应会很严重，将导致滴定的突跃过小，从而无法滴定；而如果 pH 值太高，金属离子则可能产生氢氧化物沉淀，也同样使滴定无法进行。因此，pH 值条件的控制就成为配位滴定中特别要注意的问题，也是本章学习的重点之一。

在配位滴定中通常以选择适当的缓冲溶液来控制滴定溶液的酸度！

下面讨论单一金属离子 M 被 EDTA 准确滴定时，应当如何确定其适宜的 pH 值范围和最佳 pH 值。

(1) 最高酸度（最低 pH 值）

有可能直接滴定某种金属离子的最大酸性条件，称为滴定该金属离子的**最高允许酸度**，简称**“最高酸度”**。最高酸度（最低 pH 值）的概念是与直接准确滴定的概念联系在一起的。前已述及，某金属离子 M 只有当其满足 $\lg(c_{\mathrm{M}}^{\mathrm{sp}}K'_{\mathrm{MY}}) \geqslant 6$ 时，才有可能直接准确滴定。如果这时除了 EDTA 的酸效应外，不存在其他的副反应，则可据此判据直接导出滴定该金属离子的最高酸度条件。

当相对误差 TE≤±0.1%，可准确滴定的条件为：$\lg(c_{\mathrm{M}}^{\mathrm{sp}}K'_{\mathrm{MY}}) \geqslant 6$。

若金属离子的浓度 $c_{\mathrm{M}}^{\mathrm{sp}} = 1.0\times10^{-2}\mathrm{mol\cdot L^{-1}}$，上述判据可简化为：

$$\lg K'_{\mathrm{MY}} \geqslant 8 \tag{6.10}$$

由于在 pH 值较小时，EDTA 的酸效应是影响滴定的主要因素，M 的水解效应很小，可忽略不计。因此根据判据 $\lg K'_{\mathrm{MY}} \geqslant 8$，即：

$$\lg K'_{\mathrm{MY}} = \lg K_{\mathrm{MY}} - \lg \alpha_{\mathrm{Y(H)}} \geqslant 8$$

则：

$$\lg \alpha_{\mathrm{Y(H)}} \leqslant \lg K_{\mathrm{MY}} - 8 \tag{6.11}$$

根据式（6.11）可计算出滴定各种金属离子允许的最大 $\lg\alpha_{\mathrm{Y(H)}}$，其所对应的酸度（pH 值）就是在此条件下滴定金属离子 M 所允许的最高酸度，即最低 pH 值。

例 6.2 试计算以 $0.02\mathrm{mol\cdot L^{-1}}$ EDTA 标准滴定溶液滴定相同浓度的 Zn^{2+}溶液所允许的最低 pH 值。

解：已知：$\lg K_{\mathrm{ZnY}}=16.5$，由式（6.11）得：

$$\lg \alpha_{\mathrm{Y(H)}} \leqslant \lg K_{\mathrm{MY}} - 8 = 16.5 - 8 = 8.5$$

用内插法，查表 6.2 可知，当 $\lg\alpha_{Y(H)} = 8.5$ 时，pH≈4.0。

因此，采用 EDTA 准确滴定 Zn^{2+}的最大允许酸度是 $pH_{min} \geqslant 4.0$。

在配位滴定中，了解各种金属离子滴定时的最高允许酸度，对解决实际问题是有一定意义的。根据式(6.11)，采用与例 6.2 相同的方法计算滴定各种金属离子所允许的最高酸度（即最低 pH 值)，并将所得最高酸度对其 $\lg K_{MY}$ 作图（或以最低 pH 值对应最大 $\lg\alpha_{Y(H)}$作图)，所得曲线称为“酸效应曲线”（又称“林邦曲线”)，见图 6.2。

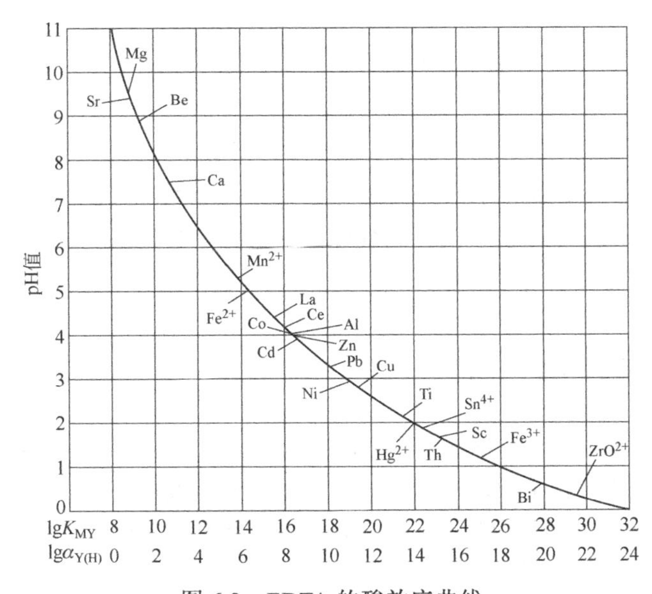

图 6.2　EDTA 的酸效应曲线

（$c_M = c_Y = 0.01 mol \cdot L^{-1}$，TE = ±0.1%）

如图 6.2 所示，金属离子位置所对应的 pH 值，就是准确滴定该金属离子时所允许的最低 pH 值。

酸效应曲线的用途：

- 粗略确定各种单一金属离子进行准确滴定所允许的最低 pH 值。
- 估计各金属离子的滴定酸度。
- 判断出某一酸度下各共存离子相互间的干扰情况。

(2) 最低酸度（最高 pH 值）

在配位滴定中，如果仅从 EDTA 的酸效应的角度考虑，似乎酸性越低，K'_{MY} 越大，滴定突跃也越大，对准确滴定就越有利。实际上，对多数金属离子来说，当酸性降低到一定水平之后，不仅金属离子本身的水解效应会突出起来，该金属离子的氢氧化化物沉淀也会产生。而由此产生的氢氧化物在滴定过程中有时根本不可能再转化为 EDTA 的配合物，或者可以转化但转化率非常小。毫无疑问，这样都将严重影响滴定的准确度。因此，在这样低的酸性条件下进行配位滴定是不可取的。配位滴定的最低允许酸度的概念便由此提出。通常把金属离子开始生产氢氧化物沉淀时的 pH 值称为**最低酸度**。它可以由该金属离子氢氧化物沉淀的溶度积求出。

$$M + nOH^- \rightleftharpoons M(OH)_n \downarrow$$

$$[OH^-] = \sqrt[n]{\frac{K_{SP}}{c_M}} \tag{6.12}$$

例 6.3 求 EDTA 滴定 $0.02mol \cdot L^{-1}$ Zn^{2+}的最低酸度$[pK_{Zn(OH)_2} = 15.3]$。

解：

$$[OH^-]^2[Zn^{2+}] = K_{sp, Zn(OH)_2} = 10^{15.3}$$

则：

$$[OH^-] = \sqrt{\frac{K_{sp, Zn(OH)_2}}{c_{Zn^{2+}}}} = \sqrt{\frac{10^{15.3}}{0.02}} = 10^{-6.8}$$

$$pH = 14-6.8 = 7.2$$

计算结果表明：EDTA 滴定 Zn^{2+}的最低酸度为 pH = 7.2。

需要指出的是：滴定金属离子的最高酸度和最低酸度都是在一定假设条件下求得的。当条件不同时，其数值将相应发生变化。

6.3.2 配位滴定曲线

在配位滴定中，随着 EDTA 标准滴定溶液的加入，溶液中金属离子 M 的浓度在相应的逐渐减少，其变化与酸碱滴定类似，在化学计量点 pM[❶]附近发生突跃。以 pM 值对 EDTA 的加入量（mL）作图，即可得到相应的配位滴定曲线。以此来表示一定条件下，在配位滴定过程中 pM 的变化规律，如图 6.3 所示。

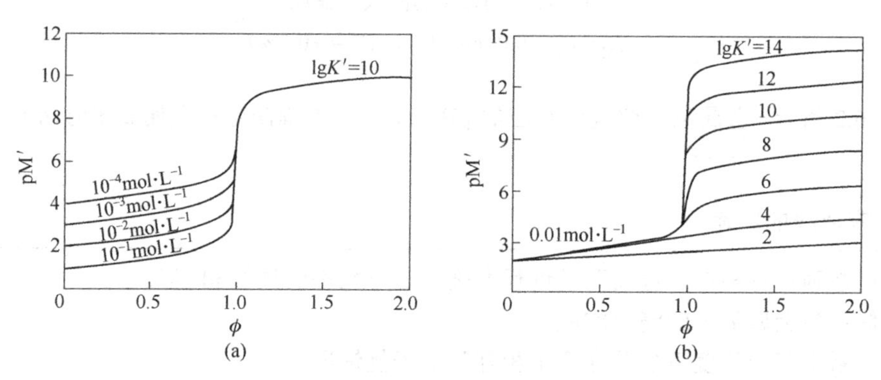

图 6.3 不同条件下 EDTA 对金属离子的滴定曲线变化

（a）不同 c_M；（b）不同 K'_{MY}

影响滴定突跃大小的主要因素：

(1) 金属离子 M 的浓度（c_M） 图 6.3（a）表明：K'_{MY}一定时，c_M越大，滴定曲线的起始点的 pM 越小，滴定的突跃范围就越大。

(2) 配合物的条件稳定常数（$\lg K'_{MY}$） 图 6.3（b）表明：在 M 和 Y 浓度一定的条件下，K'_{MY}越大，则滴定的突跃范围越大。

❶ pM = −lg[M]。

① K_{MY}值越大，K'_{MY}值相应地就增大，pM突跃也就越大；反之就越小。

② 滴定体系的酸度越大（pH 值越小），$\alpha_{Y(H)}$值越大，则K'_{MY}值相应地就越小，使 pM 突跃变小。

③ 缓冲溶液及其他辅助配位剂的配位作用：当缓冲溶液对 M 有配位效应或为了防止 M 的水解，加入辅助配位剂以阻止 M 水解沉淀的析出时，OH^-和所加入的辅助配位剂对 M 就会有配位效应。缓冲剂或辅助配位剂的浓度越大，α_M值越大，同样K'_{MY}值相应地就越小，使 pM 突跃变小。

与酸碱滴定相比，酸碱滴定曲线除了说明其 pH 值在滴定过程中的变化规律外，还具有选择酸碱指示剂的重要功能；但对于配位滴定曲线而言，它仅仅能够说明在不同 pH 值条件下，金属离子的 pM 在滴定过程中的变化情况，而用于选择配位滴定指示剂的实用意义并不大，目前选择金属指示剂都是通过实验来确定的。

6.3.3 金属指示剂

配位滴定与其他滴定一样，判断滴定终点的方法有多种，其中最常用的是以金属指示剂判断滴定终点的方法。金属指示剂可分为两类：一类指示剂其本身在不同酸度条件下具有明显的颜色，与金属离子配位后，又呈现出另一种与其本身不同的颜色，这类指示剂称为**“金属显色指示剂”**；另一类指示剂其本身无色或颜色很浅，与金属离子反应后形成有色配合物，这类指示剂称为**“无色金属指示剂”**。在配位滴定中普遍使用的是金属显色指示剂，下面将对其做进一步讨论。

6.3.3.1 金属指示剂的性质和作用原理

金属指示剂与酸碱指示剂的作用原理不同。金属指示剂也是一种有机配位剂，同时也多为有机弱酸，存在着酸效应。在一定条件下它与金属离子形成一种稳定且颜色与其自身颜色显著不同的配合物，从而指示滴定过程中金属离子浓度的变化情况。

滴定前，加入的指示剂 In 与 M 形成配合物 MIn：

$$\underset{}{M} + \underset{\text{甲色}}{In} \rightleftharpoons \underset{\text{乙色}}{MIn} \quad \text{（显色反应）}$$

滴入 EDTA，金属离子 M 逐渐被配位。当接近化学计量点时，已与指示剂配位的金属离子被 EDTA 夺出，释放出指示剂，于是形成了溶液颜色的变化。

$$\underset{\text{乙色}}{MIn} + Y \rightleftharpoons MY + \underset{\text{甲色}}{In} \quad \text{（变色反应）}$$

可见，金属指示剂变色反应的实质是滴定剂与指示剂同金属离子形成配合物间的置换反应。

金属指示剂应具备的条件：

- 颜色的对比度要大。即在滴定条件下，指示剂本身颜色应与配合物颜色有明显不同。
- MIn 配合物的稳定性要适当。$\lg K_{MIn}$既不能太大，也不能太小。也就是说它既要有足够的稳定性，但又要比 MY 的稳定性小。$\lg K_{MIn}$太大，在终点时 EDTA 无法将指示剂 In 从 MIn 中置换出来，使终点滞后甚至有可能无法产生正常色变；$\lg K_{MIn}$ 太小，则 MIn 易解离，导致终点变色不敏锐或终点提前。

（这是配位滴定选择指示剂与滴定条件的一个重要原则！）

- MIn 的水溶性要好。若生成胶体或沉淀，会使变色不明显。
- 显色反应要灵敏、迅速，且有良好的变色可逆性。

6.3.3.2 使用金属指示剂时的几个常见问题

（1）指示剂的“封闭”现象

在配位滴定中，如果指示剂与金属离子形成更稳定的配合物而不能被 EDTA 置换（即 $\lg K_{MIn} > \lg K_{MY}$），则到滴定终点时，即使加入过量的 EDTA 也无法置换出 MIn 中的 In，导致在化学计量点附近没有颜色变化，这种状况称为指示剂的“**封闭**”现象。

消除指示剂封闭现象的方法常采用加入适当掩蔽剂，使干扰离子与之形成更稳定的其他配合物，从而不再与指示剂作用。例如，在 pH=10 时，用 EDTA 滴定 Ca^{2+}、Mg^{2+}总量时，以铬黑 T（EBT）作指示剂，溶液中的 Fe^{3+}、Al^{3+}等离子的存在就会封闭 EBT，对此，加入适量的三乙醇胺和 KCN 或硫化物等掩蔽剂，即可消除上述封闭现象。若干扰离子含量较大，应进行分离处理。

此外，被测金属离子与指示剂的反应可逆性较差（即 $\lg K_{MIn}$ 太小）也能造成指示剂的封闭，对此，应更换指示剂或改变滴定方式（如采用返滴定法）。有时，使用的蒸馏水不合要求，其中含有微量的重金属离子，也能引起指示剂的封闭，因此，配位滴定要求蒸馏水有一定的质量指标。

（2）指示剂的“僵化”现象

有些指示剂（In）或其金属离子配合物（MIn）在水中的溶解性太小，导致 EDTA 与 MIn 的置换反应进行缓慢，使终点变化拖长，这种现象称为指示剂的“**僵化**”。

消除指示剂僵化现象的方法一般采用加热或加入与水互溶的有机溶剂以增大其溶解度。加热还可以加快反应速率。例如，以 PAN 作指示剂时，在温度较低时容易发生僵化，因此在测定时，常加入乙醇或丙酮，或在加热下测定，从而消除指示剂的僵化现象。

若可能发生僵化，接近终点时更要缓慢滴定，剧烈振摇。

（3）指示剂的氧化变质

金属指示剂大多数为含双键的有机化合物，易受日光、氧化剂、空气等作用而分解，有些在水溶液中不稳定，日久变质，导致在使用时出现反常现象。

为了防止指示剂的氧化变质，有些指示剂可以用中性盐（如 NaCl、KNO_3）固体稀释后，配成固体指示剂使用，依次增强其稳定性。一般金属指示剂都不宜久放，最好是现用现配。

注：常用金属指示剂的使用情况可查阅有关分析化学手册或其他参考资料。

6.3.4 提高配位滴定选择性的途径

当溶液中只存在单一离子时，只要根据其表观稳定常数，计算出合适的 pH 值，在此 pH 值条件下选择合适的指示剂，就可以进行滴定。然而在实际分析工作中，测定对象很少是只存在一种金属离子，常常是含有两种或两种以上的混合离子体系，由于 EDTA 能和许多金属离子生成配合物，在用 EDTA 进行滴定时，混合离子之间会相互干扰，给测定带来困难。

如果M和N均可与EDTA形成配合物，即MY和NY，当用EDTA滴定M和N的混合液时，由于它们的配位能力不同，会优先与其中一种金属离子配位，而后再与另一种配位。这样从化学计量关系上讲，可以获得两个化学计量点，但首先要解决谁优先被配位的问题。这可从$\lg K'_{MY}$和$\lg K'_{NY}$的相对大小来判断。

对于分析工作者来说，更为关注的是对M和N能否实施选择滴定，即只滴定M而不滴定N；或能否分别滴定M和N，即滴定完M后再接着滴定N；或能否对M和N实施含量滴定。这就是配位滴定的选择性问题，也是配位滴定需要解决的重要问题。

6.3.4.1 混合离子选择性滴定的条件

前已述及，当滴定单一金属离子M时，只要满足$\lg(c_M^{sp}K'_{MY})\geqslant 6$的条件，就可以进行准确滴定。然而，在实际工作中，经常遇到的情况是多种金属离子共存于同一溶液中，若溶液中有两种或两种以上的金属离子共存，情况就比较复杂。因此，在配位滴定中，判断能否进行分别滴定是极其重要的。

若溶液中含有金属离子M和N，它们均可与EDTA形成配合物，在一定条件下，拟以EDTA标准溶液测定M的含量，N离子是否对M离子的测定产生干扰呢？

设金属离子M、N在化学计量点的浓度分别为c_M、c_N，且$\lg K_{MY}>\lg K_{NY}$，对于有干扰离子存在时的配位滴定，一般允许有≤±0.5%的相对误差，当$c_M=c_N$时，则：

$$\Delta\lg K=\lg K_{MY}-\lg K_{NY}\geqslant 5 \tag{6.13}$$

式（6.13）是配位滴定的分别滴定判断式，它表示滴定体系满足此条件时，只要有合适的指示M终点的方法，则在M的适宜酸度范围内，都可以准确滴定M，而N不干扰。

在实现直接准确滴定M之后，是否可实现继续滴定金属离子N，可再按滴定单一金属离子的一般方法进行判断。

6.3.4.2 实现选择性滴定的措施

在配位滴定中提高配位滴定选择性的途径，主要是设法降低干扰离子（N）与EDTA形成配合物的稳定性，或者降低干扰离子的浓度，通常可采用以下几种方法来实现选择性滴定。

(1) 控制pH值条件

当溶液中有两种金属离子共存，若它们与EDTA所形成的配合物的稳定性有明显差异，即满足$\Delta\lg K=\lg K_{MY}-\lg K_{NY}\geqslant 5$时，就可通过控制pH值的方法在较大酸度条件下先滴定MY稳定性大的M离子，再在较小的酸度下滴定N离子。

例6.4 某一硅酸盐试样中含有Fe^{3+}、Al^{3+}、Ca^{2+}和Mg^{2+}四种金属离子，假定它们的浓度皆为$10^{-2}mol\cdot L^{-1}$，能否用控制酸度的方法分别滴定Fe^{3+}和Al^{3+}？

（已知：$\lg K_{FeY}=25.1$，$\lg K_{AlY}=16.3$，$\lg K_{CaY}=10.69$，$\lg K_{MgY}=8.70$）

解：① 选择滴定Fe^{3+}的可能性

$$\Delta\lg K=\lg K_{FeY}-\lg K_{CaY}=25.1-10.69=14.4>5$$

$$\Delta\lg K=\lg K_{FeY}-\lg K_{MgY}=25.1-8.70=16.4>5$$

可见，Ca^{2+}、Mg^{2+}不干扰Fe^{3+}的测定。

又 $$\Delta\lg K=\lg K_{FeY}-\lg K_{AlY}=25.1-16.3=8.8>5$$

因此，在Al^{3+}存在下，可以利用控制酸度的方法选择滴定Fe^{3+}。

从酸效应曲线可查得测定Fe^{3+}的$pH_{min}\approx1$，考虑到Fe^{3+}的水解效应，需$pH<2.2$，因此

测定 Fe^{3+}的 pH 值范围应在 1～2.2。据此可选择磺基水杨酸钠作指示剂，用 EDTA 标准滴定溶液准确滴定 Fe^{3+}。滴定 Fe^{3+}后的溶液继续滴定 Al^{3+}。

② 选择滴定 Al^{3+}的可能性

因为 Fe^{3+}、Al^{3+}连续滴定，即在滴定完 Fe^{3+}后再滴 Al^{3+}，所以不考虑 Fe^{3+}的干扰。那么，Ca^{2+}、Mg^{2+}是否会对 Al^{3+}有干扰呢？

由于
$$\Delta \lg K = \lg K_{AlY} - \lg K_{CaY} = 16.3 - 10.70 = 5.61 > 5$$

可见 Ca^{2+}、Mg^{2+}不会造成干扰。故在 Ca^{2+}、Mg^{2+}存在下，可以选择性滴定 Al^{3+}。

滴定 Al^{3+}的 $pH_{min}\approx 4.2$，考虑到 Al^{3+}与 EDTA 的配位速度较慢，故采用返滴定法。即在滴完 Fe^{3+}后的溶液中，加入过量的 EDTA，调整溶液的 pH 值在 3.8～4.0，煮沸使 Al^{3+}与 EDTA 配位完全，以 PAN 作指示剂，用 $CuSO_4$ 标准溶液滴定过量的 EDTA，即可测得 Al^{3+}的含量。

控制溶液的 pH 值范围是在混合离子溶液中进行选择性滴定的途径之一，滴定的 pH 值是综合了滴定适宜的 pH 值、指示剂的变色，同时考虑了共存离子的存在等情况后确定的，实际滴定时确定的 pH 值范围通常要比上述求得的 pH 值范围更窄些。

(2) 利用掩蔽效应

如果被测金属离子 M 和共存离子 N 与滴定剂 EDTA 所形成的配合物的稳定性相差不大，甚至共存离子 N 与 EDTA 所形成的配合物 NY 反而更加稳定，即 M、N 之间不能满足 $\Delta \lg K = \lg K_{MY} - \lg K_{NY} \geqslant 5$ 的条件，这就意味着利用控制酸度的方法不可能消除干扰。在这种情况下，采用掩蔽剂，利用掩蔽效应就是提高配位滴定选择性的又一个重要途径。这种方法的好处在于它既可以消除干扰离子对测定的影响，又可以有效防止干扰离子对指示剂的封闭作用。

掩蔽效应是利用加入某种试剂使之与干扰离子 N 作用，降低 N 与 EDTA 的反应能力，致使其不与 EDTA 或指示剂配位，以消除 N 干扰被测离子 M 滴定的过程。其中起掩蔽作用的试剂称为“掩蔽剂”。

有时，也可加入某种试剂，破坏掩蔽，使已被 EDTA 配位或与掩蔽剂配位的金属离子释放出来，这一过程称为**“解蔽”**。起解蔽作用的试剂称为**“解蔽剂”**。

根据掩蔽剂与共存离子所发生反应类型的不同，掩蔽方法可分为配位掩蔽法、沉淀掩蔽法和氧化还原掩蔽法。其中最常用的是配位掩蔽法。

① **配位掩蔽法**　此法是一种基于掩蔽剂与干扰离子形成稳定配合物的反应，从而降低干扰离子浓度以消除干扰的方法。

使用配位掩蔽剂时应注意以下几点：

- $\lg K_{NL} >> \lg K_{NY}$。即：干扰离子与掩蔽剂形成的配合物应远比它与 EDTA 形成的配合物稳定。且该配合物应为无色或浅色，不影响终点的判断。
- 掩蔽剂 L 不与待测离子 M 配位，或 $\lg K_{ML} << \lg K_{MY}$。
- 掩蔽剂的应用有一定的 pH 值范围。且在滴定所要求的 pH 值范围内有很强的掩蔽能力。

例如，用 EDTA 测定水泥中的 Ca^{2+}、Mg^{2+}时，Fe^{3+}、Al^{3+}等离子的存在对测定有干扰。因此，可采用三乙醇胺作掩蔽剂。三乙醇胺能与 Fe^{3+}、Al^{3+}等离子形成稳定的配合物，而且不与 Ca^{2+}、Mg^{2+}作用，这样就可以消除 Fe^{3+}、Al^{3+}等离子对滴定 Ca^{2+}、Mg^{2+}的干扰。

② **氧化还原掩蔽法**　此法系利用氧化还原反应，变更干扰离子价态，以消除其干扰。

例如，在 pH = 1.0 条件下，用 EDTA 滴定 Bi^{3+}、ZrO^{2+} 等离子时，如有 Fe^{3+} 存在干扰测定，则加入抗坏血酸或盐酸羟胺等，将 Fe^{3+} 还原为 Fe^{2+}，即可消除干扰。因为 FeY^{2-} 的稳定性要比 FeY^- 的稳定性要小得多（$\lg K_{FeY^{2-}} = 14.32$，$\lg K_{FeY^-} = 25.1$）。

有时某些干扰离子的高价态形式在溶液中以酸根形式存在，它与 EDTA 的配合物的稳定常数要比其低价态形式与 EDTA 的配合物的稳定常数小，这样就可预先将低价干扰离子氧化为其高价酸根形式以消除干扰。如 $Cr^{3+} \rightarrow Cr_2O_7^{2-}$，$Mo^{3+} \rightarrow MoO_4^{2-}$ 等。

氧化还原掩蔽法的应用范围比较窄，只限于那些易发生氧化还原反应的金属离子，其氧化型物质或还原型物质均不干扰测定的情况。因此，目前只有少数几种离子可用这种方法来消除干扰。

③ **沉淀掩蔽法** 此法是一种基于沉淀反应使干扰离子与加入的掩蔽剂生成沉淀，不需分离，在沉淀存在的条件下直接滴定被测金属离子的掩蔽方法。

采用沉淀掩蔽法的沉淀反应应具备以下条件：

- 生成的沉淀溶解度小，且沉淀反应要完全。
- 生成的沉淀应是无色或浅色，并且结构应是致密的，最好是形成晶形沉淀，其吸附能力应很小。

例如，水泥化学分析中 Ca^{2+}含量的测定，通常 Ca^{2+}、Mg^{2+} 两种离子共存，单独测 Ca^{2+}，Mg^{2+}有干扰，当用 KOH 将溶液酸度调至 pH > 12 时，则 Mg^{2+}生成 $Mg(OH)_2$ 沉淀，消除了 Mg^{2+}对 Ca^{2+}测定的影响。

沉淀掩蔽法有一定的局限性，沉淀反应不完全，掩蔽效率不高，常常伴有共沉淀现象，影响滴定的准确度。此外，沉淀对指示剂有吸附作用，也影响终点观察。所以，沉淀掩蔽法不是理想方法。

(3) 利用其他配位剂

EDTA 等氨羧配位剂虽然有与各种金属离子形成配合物的性质，但它们与某种金属离子形成配合物的稳定性是有差异的。因此，通过选用不同的氨羧配位剂作为滴定剂，可以实现对某种金属离子的选择性滴定。

例如，EDTA 与 Ca^{2+}、Mg^{2+}两种离子形成的配合物的稳定性相差并不大（$\lg K_{CaY} = 10.69$，$\lg K_{MgY} = 8.70$），而 EGTA（乙二醇乙二醚二胺四乙酸）与 Ca^{2+}、Mg^{2+} 形成的配合物的稳定性则相差较大（$\lg K_{Ca\text{-}EGTA} = 11.0$，$\lg K_{MgY\text{-}EGTA} = 5.2$）；故可在 Ca^{2+}、Mg^{2+} 两种离子共存时，用 EGTA 直接滴定 Ca^{2+}。

CyDTA（1,2-环己烷二胺四酸，亦称 DCTA）与金属离子形成的配合物普遍比相应的 EDTA 配合物稳定，但 CyDTA 与金属离子的配位反应速率一般比较慢，然而，它与 Al^{3+} 的配位反应速率却比 EDTA 大，因此，采用 CyDTA 直接滴定 Al^{3+}目前已被许多实验室所接受。

此外，还可同时应用两种滴定剂分别对同一种混合金属离子溶液进行滴定，以达到分别测定两种金属离子的目的。

(4) 预先分离

在实际工作中如果单独应用以上三种方法均无法实现选择性滴定，也可相互联合使用借以达到选择性滴定的目的。倘若仍难以实现选择性滴定，可考虑将干扰离子预先分离从而消除干扰，然后以滴定单一离子的方式进行测定。

6.4　配位滴定法中的标准滴定溶液

EDTA 是配位滴定法中常用的标准滴定溶液。

6.4.1　EDTA 标准滴定溶液的制备

由于 EDTA 酸在水中的溶解度小，不适于作滴定剂，通常采用它的二钠盐（$Na_2H_2Y \cdot 2H_2O$）作滴定剂。EDTA 的二钠盐试剂常因吸附约 0.3%的水分和其中含有少量的杂质，不能直接制备标准溶液，一般采用间接法制备。

为防止 EDTA 溶液溶解玻璃中的 Ca^{2+}形成 CaY，EDTA 溶液应储存于聚乙烯塑料瓶或硬质玻璃瓶中。

【制备方法】（$c_{EDTA} = 0.015mol \cdot L^{-1}$）称取 5.6g 乙二胺四乙酸二钠，置于烧杯中，加入约 200mL 水，加热溶解，冷却，稀释至 1L，转入聚乙烯塑料瓶中，摇匀。

6.4.2　EDTA 标准滴定溶液的标定

标定 EDTA 的基准物很多，如含量不低于 99.95%的金属铜、锌、镍、铅等，以及它们的金属氧化物，或某些盐类，如 $ZnSO_4 \cdot 7H_2O$、$MgSO_4 \cdot 7H_2O$、$CaCO_3$ 等。

通常选用其中与被测金属相同的物质作基准物，标定条件与测定条件尽量一致，以减少误差。

（1）以纯 Zn 为基准物质标定

① **Zn^{2+} 标准溶液（c_{Zn} = $0.02mol \cdot L^{-1}$）的制备**　准确称取金属 Zn 0.3～0.4g（精确至 0.0001g），置于 250mL 烧杯中，盖好表面皿，逐滴加入 10mL HCl（1+1），必要时微热使之溶解，冷却后，定量转入 250mL 容量瓶中，稀释，定容，摇匀。

② **EDTA 溶液的标定**　准确移取 25.00mL Zn^{2+}标准溶液，置于 250mL 锥形瓶中，加水约 30mL，加入二甲酚橙指示剂 1～2 滴，滴加 $NH_3 \cdot H_2O$ 溶液（1+1）至溶液由黄色刚好变为橙色，然后加 5mL 六亚甲基四胺缓冲溶液，用待标定的 EDTA 溶液滴定至溶液由紫红色恰好变为亮黄色，即为终点。平行测定三次。

根据 Zn 的质量和消耗的 EDTA 标准滴定溶液的体积即可求得 EDTA 标准滴定溶液的物质的量浓度。

EDTA 溶液的浓度计算采用下式进行。

$$c_{EDTA} = \frac{m_{Zn} \times 1000 \times 25.00}{M_{Zn} \times V_{EDTA} \times 250.0} = \frac{m_{Zn} \times 100}{M_{Zn} \times V_{EDTA}} \quad (6.14)$$

注： 此条件下，除了金属 Zn，还可以采用 ZnO、$ZnCl_2$ 等基准物质标定 EDTA。

（2）以 $CaCO_3$ 基准物质标定

① **Ca^{2+}标准溶液（$0.024mol \cdot L^{-1}$）的制备**　准确称取已于 105～110℃烘过 2h 的 $CaCO_3$ 基

准物 0.5～0.6g，精确至 0.0001g，置于 400mL 烧杯中，盖好表面皿，沿杯口逐滴加入 5～10mL HCl（1+1），搅拌至 $CaCO_3$ 全部溶解，加热煮沸并微沸 1～2min，冷却至室温后，定量转入 250mL 容量瓶中，稀释，定容，摇匀。

② **EDTA 标准滴定溶液浓度的标定** 准确移取 25.00mL 上述 Ca^{2+} 标准溶液，置于 300mL 烧杯中，加水稀释至 200mL，加入适量的 CMP 混合指示剂，在搅拌下加入 KOH 溶液至出现绿色荧光后再过量 1～2mL，用待标定的 EDTA 溶液滴定至绿色荧光消失并呈现红色，即为终点。平行测定三次。

EDTA 溶液的浓度计算采用下式进行。

$$c_{Ca^{2+}} = \frac{m_{CaCO_3} \times 1000}{M_{CaCO_3} \times 250.0} \tag{6.15}$$

$$c_{EDTA} = \frac{(cV)_{Ca^{2+}}}{V_{EDTA}} \tag{6.16}$$

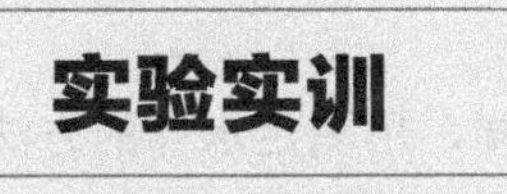

实验 13 水硬度的测定

【实验目的】

1. 理解水硬度的分析意义及表示方法。
2. 掌握正确选择实验条件的方法。
3. 熟练掌握滴定分析基本操作技术。
4. 学会正确表示分析结果。

（查阅资料，了解关于水硬度的相关知识及其分析意义，水硬度的各种表示方法）

【测定原理】

在 pH 值为 10.0 的被测溶液中，用 K-B 作指示剂，以 EDTA 标准溶液滴定至蓝色为终点，根据消耗 EDTA 标准溶液的体积，即可算出水硬度。

【试剂与仪器】

试剂： EDTA 标准滴定溶液（$0.015mol \cdot L^{-1}$），NH_3-NH_4Cl 缓冲溶液（pH 10.0），K-B 指示剂，CMP 指示剂，$CaCO_3$ 基准物质。

仪器： 移液管，碱式滴定管，锥形瓶，烧杯，量筒。

【测定步骤】

1. EDTA 标准滴定溶液的制备（$c_{EDTA} = 0.015\ mol \cdot L^{-1}$）

EDTA 标准滴定溶液的制备按照本书 6.4.1 相关内容进行，采用 $CaCO_3$ 基准物质标定。

2. 水硬度的测定

准确吸取 100.00mL 透明水样（或自来水样）置于 250mL 锥形瓶中，加 3～5mL NH_3-NH_4Cl 缓冲溶液及适量 K-B 指示剂，在不断摇动下，用 EDTA 标准溶液滴定至由紫红色变为蓝色即为终点，记录上述标准溶液所消耗的体积。平行测定三次。同时做空白试验，所消耗的 EDTA 标准溶液体积记为 V_0。

注：所消耗 EDTA 标准溶液体积极差应不大于 0.10mL。

【结果计算】

水的总硬度以 $CaCO_3$（$mg \cdot L^{-1}$）表示。

$$\rho_{CaCO_3} = \frac{c_{EDTA}(V_{EDTA} - V_0)M_{CaCO_3}}{V_s} \times 1000$$

【注意事项】

1．水样的采集方法

采集给水、锅炉水样时，原则上应是连续流动之水，采集其他水样时，将管道中的积水放尽并冲洗后方可取样。

盛水样的容器（采样瓶）必须是硬质玻璃或塑料制品（测定测量成分分析的样品必须使用塑料容器），采样前，应先将采样容器彻底清洗干净。采样时再用水样冲洗三次（方法中另有规定外）以后才能采集水样，采样后应迅速加盖封存。

2．空白试验

在一般测定中，为提高分析结果的准确性，以空白水代替水样，用测定水样的方法和步骤进行测定，其测定值称为空白值，然后对水样测定结果进行空白值校正。

本方法中“空白水”是指用来制备试剂和做空白试验用的水，如蒸馏水、除盐水、高纯水等。

3．标定 EDTA 标准溶液

EDTA 标准滴定溶液应采用 $CaCO_3$ 基准物质标定，应平行滴定三次，其体积极差应小于 0.05mL，以其平均体积计算 EDTA 标准溶液的浓度。

4．滴定终点

滴定时，反应速率比较慢，在接近终点时 EDTA 应缓慢加入，并充分摇动。

【思考题】

1．查阅资料，什么是硬水和水的硬度？水硬度的表示方法有哪些？

2．在测定水的总硬度时，先于三个锥形瓶中加水样，加氨缓冲溶液等，然后再一份一份地滴定，这样做好不好？为什么？

3．使用 CMP 和 K-B 指示剂时应注意些什么？

实验 14　复方氢氧化铝片（胃舒平）中 Al 和 Mg 含量的测定

【实验目的】

1．理解并掌握金属离子选择性滴定的原理及条件。

2．掌握金属指示剂的作用原理、适宜 pH 值范围及指示剂的选择。

3．掌握返滴定法测定铝的原理及方法。

4．掌握 Zn^{2+} 标准溶液的制备方法。

【测定原理】（返滴定）

复方氢氧化铝片（胃舒平）的主要成分为氢氧化铝、三硅酸镁及少量中药颠茄流浸膏，在制成片剂时还加了大量糊精等赋形剂。药片中 Al 和 Mg 的含量可以采用 EDTA 配位滴定法测定。

试样经酸溶解，分离除去不溶物质，制备成待测母液。分取该试液加入过量 EDTA 标准滴定溶液，调节溶液酸度为 pH 4.0 左右，煮沸，使 EDTA 与 Al 配位完全，以二甲酚橙作指示剂，用 Zn^{2+}标准溶液返滴定过量 EDTA，即可测定 Al 含量。

另取一份试液，调节溶液酸度使 Al 形成的沉淀过滤后与 Mg 分离，控制滤液的 pH 值在 10 左右，以甲基红和铬黑 T 为指示剂，用 EDTA 标准滴定溶液滴定 Mg^{2+}。

【试剂与仪器】

试剂：EDTA 标准滴定溶液（$0.1mol \cdot L^{-1}$），Zn^{2+}标准溶液（$0.05mol \cdot L^{-1}$），HCl（1+1），$NH_3 \cdot H_2O$（1+1），六亚甲基四胺（20%），二甲酚橙指示剂（0.2%），NH_4Cl 固体（AR），三乙醇胺（1+2），NH_3-NH_4Cl 缓冲溶液（pH＝10），甲基红指示剂（0.2%），铬黑 T 指示剂（将铬黑 T 与 NH_4Cl 固体按质量比 1∶100 研细，混合均匀）。

仪器：分析天平，酸碱滴定管，烧杯，容量瓶，锥形瓶，温度计，电炉，研钵。

【测定步骤】

1．Zn^{2+}标准溶液（$0.05mol \cdot L^{-1}$）的制备与标定

（1）制备：

① 制备 Zn^{2+}标准溶液（$0.1mol \cdot L^{-1}$）：称取 14g $ZnCl_2$，溶于 1000mL HCl 溶液（1+2000）中，摇匀。

② 制备 Zn^{2+}标准溶液（$0.05mol \cdot L^{-1}$）：由 $0.1mol \cdot L^{-1}$ Zn^{2+}标准溶液稀释、定容后制得。

（2）标定：从滴定管中缓慢放出 10.00～15.00mL EDTA 标准滴定溶液（$0.1mol \cdot L^{-1}$）于 300mL 烧杯中，加水稀释至约 150mL，加入 10mL NH_3-NH_4Cl 缓冲溶液（pH=10），加热至沸，用 Zn^{2+}标准溶液（$0.05mol \cdot L^{-1}$）滴定，近终点时加 5 滴铬黑 T 指示剂继续滴定至溶液由蓝色变为紫红色。即为终点。同时做空白试验。

2．试样溶液的制备

取 10 片药片，研细，从中准确称取药粉 2～3g（精确至 0.0001g），置于 400mL 烧杯中，加入 20mL HCl 溶液（1+1），加 100mL 水，煮沸，溶解。将该试液冷却后过滤，并以水洗涤沉淀，定量收集滤液及洗涤液于 250mL 容量瓶中，稀释至标线，摇匀。

3．Al 含量的测定

分取 5.00mL 上述试液置于 250mL 锥形瓶中，加水至 25mL 左右。滴加氨水（1+1）至刚好出现浑浊，再滴加 HCl 溶液（1+1）至沉淀恰好溶解。准确加入 25.0mL $0.05mol \cdot L^{-1}$ EDTA 标准滴定溶液，再加入 10mL 六亚甲基四胺溶液（20%），煮沸 10min。冷却后，加入 2～3 滴二甲酚橙指示剂，用 Zn^{2+}标准溶液（$0.05mol \cdot L^{-1}$）返滴定至试液由黄色变为红色，即为终点。根据 EDTA 标准滴定溶液的加入量和 Zn^{2+}标准溶液的消耗量，计算每片药片（或每克药品）中氢氧化铝 [$Al(OH)_3$] 的质量分数。

4．沉淀 Al

分取 25.00mL 上述试液置于 250mL 烧杯中，滴加氨水（1+1）至刚好出现沉淀，再滴加 HCl 溶液（1+1）至沉淀恰好溶解。加入 2g NH_4Cl 固体，滴加六亚甲基四胺溶液（20%）至沉淀出现并过量 15mL。加热至 80℃，维持 10～15min。

5．Mg 含量的测定

将上述沉淀冷却，过滤，以少量水洗涤沉淀数次，收集滤液与洗液于 250mL 锥形瓶中，加入 10mL 三乙醇胺溶液（1+2）、10mL NH_3-NH_4Cl 缓冲溶液（pH=10），再加入 1 滴甲基红指示剂和少许铬黑 T 指示剂，用 EDTA 标准滴定溶液滴定至试液由暗红色转变蓝绿色，即为终点。根据 EDTA 标准滴定溶液的消耗量，计算每片药片或每克药品中 MgO 的质量分数。

【结果计算】

（1）Al_2O_3 的质量分数

$$w_{Al_2O_3}=\frac{(c_{EDTA}V_{EDTA}-c_{ZnCl_2}V_{ZnCl_2})\times\frac{1}{2}M_{Al_2O_3}}{m_s\times\frac{5.00}{250.0}\times1000}\times100\%$$

（2）MgO 的质量分数

$$w_{MgO}=\frac{c_{EDTA}V_{EDTA}\times M_{MgO}}{m_s\times\frac{25.00}{250.0}\times1000}\times100\%$$

【注意事项】

1．试样（药片）中 Al 和 Mg 的含量可能不均匀，为使测定结果具有代表性，本实验取较多试样，研细后再取部分进行分析。

2．实验结果表明，采用六亚甲基四胺溶液调节 pH 值以分离 $Al(OH)_3$，其结果比用氨水好，可以减少氢氧化铝对 Mg^{2+}的吸附。

3．测定时，加入 1 滴甲基红指示剂能使滴定终点更加敏锐。

【思考题】

1．在控制一定的条件下，能否用 EDTA 标准滴定溶液直接滴定 Al^{3+}?

2．在分离了 Al^{3+}后的滤液中测定 Mg^{2+}，为什么还要加入三乙醇胺溶液？

实验 15　Bi^{3+}、Pb^{2+}含量的测定

【实验目的】

1．掌握 EDTA 标准溶液的制备与标定方法。

2．了解合金试样的酸溶解技术。

3．掌握用控制酸度进行 Pb^{2+}和 Bi^{3+}连续配位滴定的原理和方法。

4．熟练掌握滴定分析基本操作技术。

5．能正确记录实验数据并计算测定结果。

【测定原理】（连续滴定）

Bi^{3+}与 EDTA 的配合物远比 Pb^{2+}与 EDTA 的配合物稳定（$\lg K_{BiY}=27.9$，$\lg K_{PbY}=18.0$），因此可以用控制酸度的方法在同一份试液中连续滴定 Bi^{3+}和 Pb^{2+}。二甲酚橙在 pH＜6 时显黄色，但 Bi^{3+}、Pb^{2+}与二甲酚橙形成的配合物显紫红色，故可作为连续滴定的指示剂。

首先，调节试液的酸度为 pH≈1，加入二甲酚橙指示液后，试液呈现二甲酚橙铋配合物的紫红色，用 EDTA 标准溶液滴定至试液呈亮黄色，即可测得 Bi^{3+}的含量。

然后，加入六亚甲基四胺溶液，使试液的酸度为 pH≈5，此时 Pb^{2+}与二甲酚橙形成紫红色的配合物，再用 EDTA 标准溶液滴定至试液变为亮黄色，由此可测得 Pb^{2+}的含量。

【试剂与仪器】

试剂：EDTA 标准溶液（$0.02mol \cdot L^{-1}$），HNO_3 溶液（1+1），二甲酚橙指示液（0.2%），六亚甲基四胺溶液（15%）；

Bi^{3+}-Pb^{2+}混合试液（含 Bi^{3+}、Pb^{2+}各约 $0.01mol \cdot L^{-1}$）：称取 4.8g $Bi(NO_3)_3$ 和 3.3g $Pb(NO_3)_2$，加入盛有 30mL HNO_3（1+1）溶液的烧杯中，在电炉上微热溶解后，稀释至 1L。

仪器：分析天平，滴定管，容量瓶，锥形瓶，试剂瓶，烧杯。

【测定步骤】

1．$0.02mol \cdot L^{-1}$ EDTA 标准溶液的制备与标定

制备方法同实验 13，采用 Zn^{2+}基准溶液标定 EDTA，并以二甲酚橙为指示剂。

2．Bi^{3+} 和 Pb^{2+} 含量的测定

准确移取 25.00mL Bi^{3+}-Pb^{2+} 混合试液于 250mL 锥形瓶中，加 2～3 滴二甲酚橙指示液，用 EDTA 标准溶液滴定至试液由紫红色变为亮黄色，即为测 Bi^{3+} 的终点，记录 EDTA 消耗的体积为 V_1。

向上述试液中另加 10mL 六亚甲基四胺溶液，此时溶液又变为紫红色，继续用 $0.02mol \cdot L^{-1}$ EDTA 标准溶液滴定至试液呈亮黄色，即为测 Pb^{2+}的终点，记录 EDTA 消耗的体积为 V_2。平行测定三次，计算试样中 Pb^{2+} 和 Bi^{3+} 的质量分数，以 $g \cdot L^{-1}$ 计。

【结果计算】

$$w_{Bi^{3+}} = \frac{c_{EDTA} V_1 M_{Bi}}{V_s}$$

$$w_{Pb^{2+}} = \frac{c_{EDTA} V_2 M_{Pb}}{V_s}$$

【注意事项】

本实验中，所加六亚甲基四胺是否够量，应在第一次滴定时用 pH 试纸检验（pH ≈ 5），以便调整后续滴定。

【思考题】

1．滴定 Bi^{3+}时，要控制溶液 pH=1，酸度过低或过高对测定结果有何影响？实验中是如何控制这个酸度的？

2．滴定 Pb^{2+}前要调节 pH=5，为什么用六亚甲基四胺而不用强碱或氨水、乙酸钠等弱碱？

3．若样品中混入铁、铝等杂质，能不能采用本方法进行铅铋的连续配位滴定？为什么？

习　题

一、简答题

1．在 pH=10，以铬黑 T 作指示剂测定水硬度时，为什么滴定的是 Ca^{2+}、Mg^{2+}总量？

2．EDTA 与金属离子的配合物有哪些特点？

3．试区别配合物的稳定常数和条件稳定常数，并指出引入条件稳定常数的意义。

4．在配合滴定中，影响滴定突跃范围大小的主要因素有哪些？

5. 直接滴定单一金属离子的条件是什么？

6. 金属离子分步滴定的条件是什么？

7. 试述金属指示剂的作用原理，金属指示剂应具备哪些条件？

8. 为什么使用金属指示剂要限制 pH 值范围？为什么同一种金属指示剂用于不同的金属离子滴定时，其 pH 值条件不同？

9. 何谓金属指示剂的封闭与僵化？应如何避免？

10. 常使用掩蔽的方法进行分步滴定。掩蔽的方法有哪些？试举例说明。是否在任何情况下都可以应用掩蔽方法？

11. Ca^{2+}与 PAN 不显色，但在 pH = 12～13 时，加入适量的 CuY，可用 PAN 作滴定 Ca^{2+} 的指示剂。简述其原因。

12. 用 EDTA 滴定含有少量 Fe^{3+} 的 Ca^{2+}、Mg^{2+} 试液时，用三乙醇胺、KCN 都可以掩蔽 Fe^{3+}，抗坏血酸则不能掩蔽；在滴定含有少量 Fe^{3+} 的 Bi^{3+} 试液时却相反，即抗坏血酸可以掩蔽 Fe^{3+}，而三乙醇胺、KCN 都不能掩蔽 Fe^{3+}。说明其原因。

13. 请拟定简要分析方案。

（1）用 EDTA 测定 Cu^{2+}、Zn^{2+}、Mg^{2+}共存液中三者的质量分数。

（2）用 EDTA 测定 Bi^{2+}、Pb^{2+}、Al^{3+}和 Mg^{2+}溶液中的 Pb^{2+}含量，其他三种离子是否有干扰？如何测定 Pb^{2+}含量？

二、计算题

14. 计算 pH = 5.0 时，Zn^{2+} 与 EDTA 配合物的条件稳定常数是多少，并说明此时能否用 EDTA 滴定 Zn^{2+}？（设 EDTA 和 Zn^{2+} 的浓度均为 0.010 $mol \cdot L^{-1}$ 且不考虑 Zn^{2+} 的副反应）。

15. 计算 pH = 6.0 时，Ca^{2+}与 EDTA 配合物的条件稳定常数，并说明此时能否用 EDTA 标准溶液准确滴定 0.010 $mol \cdot L^{-1}$ 的 Ca^{2+}。求出滴定 Ca^{2+} 的最低 pH 值。

16. pH = 3.0 时，能否用 EDTA 标准溶液准确滴定 0.010 $mol \cdot L^{-1}$ 的 Cu^{2+}？pH = 5.0 时又怎样？计算滴定 Cu^{2+}的最低 pH 值和最高 pH 值。（已知 $K^{\ominus}_{sp,Cu(OH)_2}=2.20\times10^{-20}$）

17. 称取用来标定 EDTA 的基准物 $CaCO_3$ 0.1008g，溶解后用容量瓶配成 100.00mL，吸取 25.00mL，在 pH>12 时，以钙指示剂指示终点，用 EDTA 标准溶液滴定，用去 25.36mL，试计算：

（1）EDTA 标准溶液的浓度。

（2）EDTA 对 ZnO 和 Fe_2O_3 的滴定度。

18. 通过计算说明能否利用控制酸度的方法用 EDTA 标准溶液分步滴定等浓度的 Bi^{3+}、Zn^{2+}、Mg^{2+}？

19. 用 0.01060$mol \cdot L^{-1}$EDTA 标准溶液滴定水中钙和镁的含量，取 100.00mL 水样，以铬黑 T 为指示剂，在 pH = 10 时滴定，消耗 EDTA 标准溶液 31.30mL。另取一份 100.00mL 水样，加入 NaOH 呈强碱性，使 Mg^{2+}生成 $Mg(OH)_2$ 沉淀，以钙指示剂指示终点，用 EDTA 标准溶液滴定，用去 19.20mL，试计算：

（1）水的总硬度（以 $CaCO_3$ $mg \cdot L^{-1}$ 表示）。

（2）水中钙和镁的含量（以 $CaCO_3$ $mg \cdot L^{-1}$ 和 $MgCO_3$ $mg \cdot L^{-1}$ 表示）。

20. 用配合滴定法测定氯化锌的含量。称取 0.2502g 试样，溶于水后，调 pH = 5～6 时，用二甲酚橙作指示剂，用 0.01032$mol \cdot L^{-1}$ EDTA 标准溶液滴定，用去 20.56mL，试计算试样中氯化锌的质量分数。

21. 称取1.032g氧化铝试样，溶解后移入250mL容量瓶稀释至刻度。吸取25.00mL，加入$T_{Al_2O_3/EDTA}=1.505\,mg\cdot mL^{-1}$的EDTA标准溶液10.00mL，以二甲酚橙为指示剂，用$Zn(Ac)_2$标准溶液进行返滴定，至红紫色终点，消耗$Zn(Ac)_2$溶液12.20mL。已知1mL $Zn(Ac)_2$溶液相当于0.6812 mL EDTA溶液，求试样中Al_2O_3的质量分数。

22. 采用配位滴定法分析水泥熟料中铁、铝、钙、镁含量时，称取0.5000g试样，碱熔后分离除去SiO_2，滤液收集于250.0mL的容量瓶中定容。以下均用同一浓度的EDTA标准溶液。

（1）移取25.00mL试样溶液，加入磺基水杨酸钠指示剂，用快速法调整溶液至pH 2.0，用$T_{CaO/EDTA}$=0.5608mg/mL的EDTA标准溶液滴定至由紫红色变为亮黄色，用去EDTA 3.30mL。

（2）在上述滴定完铁后的溶液中，加入15.00mL的EDTA标准溶液，加热至70～80℃，加入pH = 4.3的HAc-NaAc缓冲溶液，加热至沸1～2min，稍冷后以PAN为指示剂，用$0.1000mol\cdot mL^{-1}$的硫酸铜标准溶液滴定过量的EDTA至亮紫色，用去硫酸铜溶液9.80mL。

（3）移取25.00mL试样溶液，加入三乙醇胺掩蔽铁、铝、钛，然后用$200g\cdot L^{-1}$的KOH溶液调节溶液pH > 13，以CMP三混指示剂指示，用EDTA标准溶液滴定至黄绿色荧光消失呈稳定的橘红色，用去EDTA 22.94mL。

（4）同样移取25.00mL的试样溶液，联合掩蔽剂掩蔽铁、铝、钛后，加入pH = 10的氨缓冲溶液，以K-B为指示剂，用EDTA标准溶液滴定至纯蓝色，用去EDTA 23.54mL。

试计算上述水泥熟料中Fe_2O_3、Al_2O_3、CaO、MgO的质量分数。

第7章

沉淀滴定法

基础知识

实验实训

学习目标

☛ 知识目标

- 了解沉淀滴定法的一般分类及其特点。
- 掌握常用的沉淀滴定法的原理及应用。
- 理解并掌握沉淀滴定分析结果的相关计算。

☞ 能力目标

- 能正确运用沉淀滴定法测定试样中 Cl^- 等相关组分的含量。
- 能熟练运用滴定分析技术并正确判断滴定终点。

基础知识

沉淀滴定是以沉淀反应为基础的滴定分析方法。按照滴定分析对滴定反应的要求，通常适用于沉淀滴定分析的沉淀反应须具备以下条件：

① 沉淀物质有恒定的组成，反应物间有确定的计量关系；

② 沉淀反应的速率快，沉淀物的溶解度小；

③ 有适当的方法确定滴定终点；

④ 沉淀的吸附现象不影响滴定终点的确定。

实际的分析实践中，尽管形成沉淀的反应很多，但是能够用于滴定分析的却很少。其原因主要是相当多的沉淀反应都不能完全符合沉淀滴定对化学反应的基本要求，因而无法应用于沉淀滴定分析。在实际工作中，应用最多的是银量法，即以生成银盐沉淀的反应为基础的沉淀滴定法。它的滴定反应可表示为：

$$Ag^+ + X^- \rightleftharpoons AgX\downarrow$$

这里 X^-可以是 Cl^-、Br^-、I^-或 SCN^-等阴离子。

本教材主要讨论银量法。在银量法中，根据所采用的指示剂不同，按照其创立者的姓名命名，又分为莫尔（F. Mohr）法、佛尔哈德（J. Volhard）法和法扬司（K. Fajans）法。

7.1 莫尔法

7.1.1 方法原理

以 K_2CrO_4 作指示剂确定终点的银量法称为**莫尔法**。该方法主要是以 $AgNO_3$ 标准滴定溶液测定 Cl^-、Br^-，或者测定二者的混合物。

以测定 Cl^-为例。在含有 Cl^-的中性溶液中，以 K_2CrO_4 作指示剂，用 $AgNO_3$ 标准溶液滴定。由于 AgCl 的溶解度比 Ag_2CrO_4 小，根据分步沉淀原理，溶液中首先析出 AgCl 沉淀（K_{sp}=1.8×10^{-10}）而非 Ag_2CrO_4 沉淀（K_{sp} = 2.0×10^{-12}）。因此，在进行莫尔法滴定 Cl^-时，首先发生滴定反应：

$$Ag^+ + Cl^- \rightleftharpoons AgCl\downarrow \text{（白色）}$$

到达化学计量点时，Cl^-已被全部滴定完毕，稍过量的 Ag^+ 就会与 CrO_4^{2-} 生成 Ag_2CrO_4 砖红色沉淀，从而指示终点。终点反应为：

$$2Ag^+ + CrO_4^{2-} \rightleftharpoons Ag_2CrO_4\downarrow \text{（砖红色）}$$

莫尔法可用于测定 Cl^-和 Br^-，但不能用于测定 I^-和 SCN^-，因为 AgI 和 AgSCN 的吸附能力太强，滴定到终点时有部分 I^-或 SCN^-被吸附，将引起较大的负误差。

还需指出，莫尔法也不能用 NaCl 标准滴定溶液直接测定 Ag^+。因为溶液中的 Ag^+与CrO_4^{2-}在滴定前就会生成沉淀，而 Ag_2CrO_4 沉淀转化为 AgCl 沉淀的速度比较缓慢，致使滴定终点难以确定。若用莫尔法测定 Ag^+，应采用返滴定法进行。

7.1.2 滴定条件

指示剂的用量和溶液的酸度是莫尔法应用中的重要条件。

（1）指示剂的用量

采用莫尔法测定 Cl^-时，指示剂 K_2CrO_4 的用量将对滴定终点产生较显著的影响。

若指示剂 K_2CrO_4 的浓度过高（用量过多），终点将过早出现，且因溶液颜色过深而影响终点的观察；相反，若 K_2CrO_4 浓度过低（用量过少），终点将推迟出现，也会影响滴定的准确度。因此，要求 Ag_2CrO_4 沉淀应恰好在滴定反应的化学计量点时产生。实验证明，应控制 K_2CrO_4 的浓度在 $5.0\times10^{-3}mol\cdot L^{-1}$ 为宜。

（2）溶液的酸度

莫尔法应当在中性或弱碱性介质中进行。因为在酸性介质中，CrO_4^{2-} 将转化为 $Cr_2O_7^{2-}$，这样就相当于降低了溶液中 CrO_4^{2-}的浓度，导致终点拖后，甚至难以出现终点。

$$2CrO_4^{2-} + 2H^+ \rightleftharpoons 2HCrO_4^- \rightleftharpoons Cr_2O_7^{2-} + H_2O$$

但如果溶液的碱性太强，则有 Ag_2O 沉淀析出。

$$2Ag^+ + 2OH^- \rightleftharpoons 2AgOH\downarrow \longrightarrow Ag_2O\downarrow + H_2O$$

同样不能在氨性溶液中进行。若试液中有铵盐存在，pH 值较大时会有相当数量的 NH_3 生成，它与 Ag^+生成银氨配离子，致使 AgCl 和 Ag_2CrO_4 沉淀的溶解度增大，测定的准确度降低。

$$AgCl + 2NH_3 \rightleftharpoons Ag(NH_3)_2^+ + H_2O$$

因此，莫尔法的适宜酸度范围是 pH = 6.5～10.5。如果 pH 值很高，可用稀 HNO_3 溶液中和；pH 值过低，可用 NaOH、$NaHCO_3$、$CaCO_3$、硼砂等中和。当有 NH_4^+存在时，控制溶液的酸度在 pH = 6.5～7.2 范围内滴定，可得到满意的结果。

7.1.3 方法应用

以 K_2CrO_4 作指示剂，可用 $AgNO_3$ 标准溶液直接滴定 Cl^-或 Br^-。原则上，此法也可用于滴定 I^-及 SCN^-，但由于 AgI 及 AgSCN 沉淀具有强烈的吸附作用，使终点变色不明显，误差较大，一般不采用 $AgNO_3$ 标准溶液滴定 I^-及 SCN^-。如果要用此法测定试样中的 Ag^+，则应在试液中加入定量且过量的 NaCl 标准溶液，然后用 $AgNO_3$ 标准溶液返滴定过量的 Cl^-。

凡能与 Ag^+生成微溶性沉淀或络合物的阴离子都干扰测定，如 PO_4^{3-}、AsO_4^{3-}、SO_3^{2-}、S^{2-}、CO_3^{2-}、$C_2O_4^{2-}$等。大量 Cu^{2+}、Co^{2+}、Ni^{2+}等有色离子影响终点的观察。Ba^{2+}、Pb^{2+}能与 CrO_4^{2-}生成 $BaCrO_4$ 及 $PbCrO_4$ 沉淀，干扰滴定。Ba^{2+}的干扰可通过加入过量的 Na_2SO_4 消除。Al^{3+}、Fe^{3+}、Bi^{3+}、Sn^{4+}等高价金属离子在中性或弱碱性溶液中发生水解，也会产生干扰。

7.2　佛尔哈德法

7.2.1　方法原理

用铁铵矾 $NH_4Fe(SO_4)_2$ 作指示剂的银量法称为**佛尔哈德法**。按其滴定方式的不同来划分，佛尔哈德法可分为直接滴定法和返滴定法两种。直接滴定法用于测定 Ag^+，返滴定法则用于测定 Cl^-、Br^-、I^- 和 SCN^-。

（1）直接滴定法

在直接滴定法中，佛尔哈德法是在含有 Ag^+ 的 HNO_3 溶液中，以铁铵矾 $NH_4Fe(SO_4)_2$ 作指示剂，采用 NH_4SCN（或 NaSCN、KSCN）标准滴定溶液滴定 Ag^+，其滴定反应为：

$$SCN^- + Ag^+ \rightleftharpoons AgSCN\downarrow \text{（白色）}$$

化学计量点时，Ag^+已被全部滴定完毕，稍过量的 SCN^-就将与指示剂 Fe^{3+} 生成血红色配合物，从而指示终点。终点反应为：

$$SCN^- + Fe^{3+} \rightleftharpoons FeSCN^{2+}\text{（血红色）}$$

AgSCN 会吸附溶液中的 Ag^+，所以在滴定时必须剧烈振荡，避免指示剂过早显色，以减少测定误差。

（2）返滴定法

在含有卤素离子（X^-）或硫氰根离子（SCN^-）的 HNO_3 溶液中，加入定量且过量的 $AgNO_3$ 标准滴定溶液，以 $NH_4Fe(SO_4)_2$ 作指示剂，用 NH_4SCN 标准滴定溶液返滴定剩余的 Ag^+。相关反应如下。

沉淀反应：　$Ag^+ + X^- \rightleftharpoons AgX\downarrow$

滴定反应：　$Ag^+ + SCN^- \rightleftharpoons AgSCN\downarrow$

终点反应：　$Fe^{3+} + SCN^- \rightleftharpoons Fe(SCN)^{2+}$（血红色）

7.2.2　滴定条件

适宜的溶液酸度是佛尔哈德法的关键。

（1）在强酸条件下进行

佛尔哈德法的最大优点是滴定在酸性介质中进行，一般酸度大于 $0.3mol\cdot L^{-1}$。在此酸度下，许多弱酸根离子如 PO_4^{3-}、AsO_4^{3-}、CrO_4^{2-}、$C_2O_4^{2-}$、CO_3^{2-}等都不干扰滴定，因而**方法的选择性高**。

但一些强氧化剂、氮的低价氧化物以及铜盐、汞盐等能与 SCN^-起作用，干扰测定。此外，大量的 Cu^{2+}、Ni^{2+}、Co^{2+}等有色离子的存在会影响终点观察，必须预先除去。

（2）滴定时应剧烈摇动

在应用 SCN^-滴定 Ag^+时，生成的 AgSCN 沉淀对溶液中过量的构晶离子 Ag^+具有强烈的吸附作用，使得 Ag^+的表观浓度降低，这样就有可能会造成终点提前，导致结果偏低。因此，在滴定时必须要剧烈摇动，以使得被 AgSCN 吸附的 Ag^+能够及时释放出来。

7.2.3 方法应用

对于佛尔哈德法来说，其真正广泛应用的并不是直接滴定方式测定 Ag^+，而是以返滴定方式测定卤素离子。

用返滴定法测定卤离子的原理是：在含有卤离子的酸性介质（HNO_3）中，先加入准确过量的 $AgNO_3$ 标准溶液，使得溶液中的卤离子都反应生成卤化银沉淀。然后再加入铁铵矾，以 NH_4SCN 标准溶液返滴定过量的标准 $AgNO_3$。根据所加入的 $AgNO_3$ 总量和所消耗的 NH_4SCN 的量即可求得卤离子的含量。

由于滴定是在 HNO_3 介质中进行，所以该法的选择性较高。但是，由于 AgCl 的溶解度比 AgSCN 大，故到达终点后，过量的 SCN^- 将与 AgCl 发生置换反应，使 AgCl 沉淀转化为溶解度更小的 AgSCN 沉淀：

$$AgCl(s) + SCN^- \rightleftharpoons AgSCN(s) + Cl^-$$

所以，当溶液中出现红色之后，随着不断地摇动溶液，红色又逐渐消失，这将会导致终点拖后，甚至得不到稳定终点。

为了避免上述情况发生，通常采取下述措施：

① **将溶液煮沸** 其目的是使 AgCl 沉淀凝聚，以减少 AgCl 沉淀对 Ag^+的吸附，滤去 AgCl 沉淀，并用稀 HNO_3 洗涤沉淀，洗涤液并入滤液中，然后用 NH_4SCN 标准溶液返滴滤液中过量的 Ag^+。

② **加入有机溶剂** 如硝基苯或 1,2-二氯乙烷。用力摇动，使 AgCl 沉淀表面覆盖一层有机溶剂，避免沉淀与溶液接触，这就阻止了 SCN^-与 AgCl 发生转化反应。此法比较简便。

注意：硝基苯污染环境！

用返滴定法测定溴化物或碘化物时，由于 AgBr 及 AgI 的溶解度均比 AgSCN 小，不发生上述转化反应。但在测定碘化物时，指示剂必须在加入过量的 $AgNO_3$ 溶液后才能加入，否则 Fe^{3+} 将氧化 I^- 为 I_2，影响分析结果的准确度。

$$2Fe^{3+} + 2I^- \rightleftharpoons 2Fe^{2+} + I_2$$

此外，有机卤化物中的卤素可采用佛尔哈德返滴定法测定。一些重金属硫化物也可以用佛尔哈德法测定，即在硫化物沉淀的悬浮液中加入定量且过量的 $AgNO_3$ 标准溶液，发生沉淀转化反应。例如：

$$CdS + 2Ag^+ \rightleftharpoons Ag_2S + Cd^{2+}$$

将沉淀过滤后，再用 NH_4SCN 标准溶液返滴定过量的 Ag^+。从反应的化学计量关系计算该金属硫化物的含量。

7.3 法扬司法

7.3.1 方法原理

以 $AgNO_3$ 为标准滴定溶液，用吸附指示剂[1]指示滴定终点的银量法，称为法扬司法。

吸附指示剂可分为两类：一类是酸性染料，如荧光黄及其衍生物，它们是有机弱酸，解离出指示剂阴离子；另一类是碱性染料，如甲基紫、罗丹明 6G 等，解离出指示剂阳离子。

例如荧光黄，它是一种有机弱酸（用 HFI 表示），在溶液中可解离为荧光黄阴离子 FI^-，呈黄绿色。用荧光黄作为 $AgNO_3$ 滴定 Cl^- 的指示剂时，在化学计量点以前，溶液中 Cl^- 过量，AgCl 胶粒带负电荷，FI^- 也带负电荷，不被吸附。当达到化学计量点后，AgCl 胶粒带正电荷，会强烈地吸附 FI^-，使沉淀表面呈淡红色，从而指示剂滴定终点。

如果使用 NaCl 滴定 Ag^+，颜色的变化恰好相反。

利用法扬司法可以测定 Cl^-、Br^-、I^- 和 SCN^- 以及生物碱盐类（如盐酸麻黄碱）等。

7.3.2 滴定条件

(1) 尽量使沉淀呈胶体状态

由于吸附指示剂的颜色变化发生在沉淀颗粒的表面，因此应尽量使 AgX 沉淀呈胶体状态，以增大其比表面，也就是说使沉淀的颗粒小一些，以增强其吸附能力。为此，在滴定前应将溶液稀释，加入糊精、淀粉等保护剂以保护胶体，防止 AgX 沉淀过分凝聚，从而使终点变色明显。

(2) 控制适当的酸碱度

常用的吸附指示剂大多为弱酸，而起指示作用的是它们的阴离子，当酸度大时，H^+ 与指示剂阴离子结合形成不被吸附的指示剂分子，导致无法指示终点。

各种吸附指示剂的特性差别很大，对滴定条件，特别是酸度的要求有所不同，适用范围也不相同。例如荧光黄的 $pK_a \approx 7.0$，因此当溶液的 $pH < 7$ 时，荧光黄将大部分以 HFI 形式存在，它不被卤化银沉淀所吸附，也无法指示终点。所以用荧光黄作指示剂时，溶液的酸度应控制在 $pH = 7 \sim 10$。

二氯荧光黄的 $K_a \approx 10^{-4}$，适应的范围就大一些，溶液的 pH 值可为 4～10。曙红（四溴荧光黄）$K_a \approx 10^{-2}$，酸性更强，溶液的 pH 值小至 2 时，它仍可以指示终点。

(3) 滴定中应避免强光照射

卤化银沉淀对光敏感，易分解析出金属银使沉淀变为灰黑色，影响滴定终点的观察。所以，在滴定过程中应避免强光照射，防止卤化银沉淀分解。

---

[1] 吸附指示剂是一类有机染料，当它被吸附在胶粒表面时，吸附力会导致指示剂分子结构发生变化，从而引起颜色的变化。

(4) 指示剂的吸附能力要适当

指示剂的吸附能力过大或过小都不好。例如曙红，它虽然是滴定 Br^-、I^-、SCN^-的良好指示剂，但不适用于滴定 Cl^-，因为 Cl^-的吸附性能较差，在化学计量点前，就有一部分指示剂的阴离子取代 Cl^-而进入到吸附层中，以致无法指示终点。当然，指示剂的性能如何，最好根据实验结果来确定。卤化银对卤化物和几种吸附指示剂的吸附能力的大小顺序如下：

$$I^- > SCN^- > Br^- > \text{曙红} > Cl^- > \text{荧光黄}$$

表 7.1 列出了一些常见的吸附指示剂的应用。

表 7.1　一些常见的吸附指示剂及其应用

指示剂	被测定离子	滴定剂	滴定条件
荧光黄	Cl^-	Ag^+	pH 7～8
二氯荧光黄	Cl^-	Ag^+	pH 4～8
曙红	Br^-、I^-、SCN^-	Ag^+	pH 2～8
溴甲酚绿	SCN^-	Ag^+	pH 4～5
甲基紫	Ag^+	Cl^-	酸性溶液

7.4　沉淀滴定法中的标准滴定溶液

沉淀滴定法中常用的标准滴定溶液主要有硝酸银溶液和硫氰酸铵（或硫氰酸钾、硫氰酸钠）标准滴定溶液。

7.4.1　$AgNO_3$标准滴定溶液

$AgNO_3$标准滴定溶液可以用基准试剂硝酸银直接配制，也可用市售硝酸银普通试剂间接配制。因为市售硝酸银常含杂质如金属银、氧化银、游离硝酸、亚硝酸盐等，因此，$AgNO_3$标准溶液通常采用间接法制备，采用基准物质 NaCl 标定。

(1) 粗略制备（$c_{AgNO_3} = 0.1\text{mol}\cdot\text{L}^{-1}$）

【制备方法】称取 17.5g $AgNO_3$，溶于 1L 不含 Cl^-的蒸馏水中，摇匀，储存于棕色瓶中置于暗处，以免见光分解。

(2) 标定

标定 $AgNO_3$标准滴定溶液的基准物质是 NaCl，可用莫尔法标定。滴定时使用棕色酸式滴定管，$AgNO_3$具有腐蚀性，应注意不要使它接触到衣服和皮肤。

【标定方法】称取 0.15g（精确至 0.0001g）在 500～600℃马弗炉中灼烧至恒重的工作基准试剂 NaCl（记为 m_{NaCl}）于 150mL 烧杯中，加入少量水溶解后转移至 250mL 容量瓶中，稀释定容，摇匀。

移取上述 NaCl 基准溶液 25.00mL 于 250mL 锥形瓶中，加入约 50mL 蒸馏水，加 1mL 5% K_2CrO_4 指示液，用待标定的 $AgNO_3$ 标准滴定溶液滴定至试液呈砖红色，即为终点，记录消

耗的 $AgNO_3$ 标准滴定溶液体积为 V_{AgNO_3}。同时做空白试验，记录空白值为 V_0。平行测定三次。

（3）浓度计算

$AgNO_3$ 标准滴定溶液的浓度按下式计算。

$$c_{AgNO_3}=\frac{m_{NaCl}\times 10}{M_{NaCl}(V_{AgNO_3}-V_0)} \tag{7.1}$$

7.4.2 NH_4SCN 标准滴定溶液

NH_4SCN 标准滴定溶液（或 KSCN、NaSCN 标准滴定溶液）也是采用间接法制备。

（1）粗略制备（$c_{NH_4SCN}=0.1mol\cdot L^{-1}$）

【制备方法】称取 8.2g NH_4SCN（或 9.7g KSCN 或 7.9g NaSCN），溶于 1L 不含 Cl^- 的蒸馏水中，转入棕色试剂瓶中，摇匀备用。

（2）标定

在硝酸溶液中，以 $NH_4Fe(SO_4)_2$ 作指示剂，用待标定的 $NH_4Fe(SO_4)_2$ 溶液滴定一定量的 $AgNO_3$ 标准溶液至呈现为红色即为终点。有关反应为：

滴定反应： $SCN^- + Ag^+ \rightleftharpoons AgSCN\downarrow$

终点反应： $SCN^- + Fe^{3+} \rightleftharpoons FeSCN^{2+}$（血红色）

根据 $AgNO_3$ 基准物的质量和消耗 NH_4SCN 溶液的体积，计算 NH_4SCN 溶液的浓度。

【标定方法】移取 25.00mL $AgNO_3$ 标准溶液（$c_{AgNO_3}=0.1mol\cdot L^{-1}$）于 250mL 锥形瓶中，加入约 50mL 水，再加 5mL $NH_4Fe(SO_4)_2$ 指示剂（20%），用待标定的 NH_4SCN 标准滴定溶液滴定至溶液呈现微红色即为终点，记录所消耗的 NH_4SCN 标准滴定溶液的体积，平行测定三次。

（3）浓度计算

NH_4SCN 标准滴定溶液的浓度采用下式计算。

$$c_{NH_4SCN}=\frac{c_{AgNO_3}V_{AgNO_3}}{V_{NH_4SCN}} \tag{7.2}$$

实验 16 水（或盐水）中氯离子含量的测定

【实验目的】

1. 学习莫尔法的基本原理。
2. 掌握水中氯离子含量的测定方法。
3. 掌握用莫尔法进行沉淀滴定的方法和实验操作。

【测定原理】（莫尔法）

莫尔法是在中性或弱碱性溶液中，以 K_2CrO_4 为指示剂，以 $AgNO_3$ 标准溶液进行滴定。由于 AgCl 沉淀的溶解度比 Ag_2CrO_4 小，所以 AgCl 定量沉淀后，稍过量的 Ag^+就会与 CrO_4^{2-} 生成 Ag_2CrO_4 砖红色沉淀，从而指示终点。

滴定反应： $Ag^+ + Cl^- \rightleftharpoons AgCl\downarrow$ （白色）

滴定终点： $2Ag^+ + CrO_4^{2-} \rightleftharpoons Ag_2CrO_4\downarrow$ （砖红色）

【试剂与仪器】

试剂：$AgNO_3$ 溶液（$0.02mol \cdot L^{-1}$，临用前用浓溶液稀释，标定后立即使用），K_2CrO_4 指示剂（$50g \cdot L^{-1}$）。

仪器：分析天平，滴定管，锥形瓶。

【测定步骤】

1．$AgNO_3$ 标准滴定溶液的制备（$c_{AgNO_3} = 0.1mol \cdot L^{-1}$）

$AgNO_3$ 标准滴定溶液的制备以间接制备法进行，采用 NaCl 基准物标定，见本书 7.4.1 节相关内容。

2．测定

准确吸取水样 100.00mL 于 250mL 锥形瓶中，加入 2mL K_2CrO_4 指示剂（$50g \cdot L^{-1}$），在充分摇动下，用 $AgNO_3$ 标准滴定溶液滴定至溶液呈砖红色即为终点，记下消耗的 $AgNO_3$ 标准滴定溶液体积，平行测定三次。同时做空白试验，记录消耗的体积 V_0。

【结果计算】

水中氯离子的质量浓度 $\rho_{Cl^{-1}}$，单位为 $g \cdot L^{-1}$，按下式计算：

$$\rho_{Cl^{-1}} = \frac{(V_{AgNO_3} - V_0)c_{AgNO_3} \times M_{Cl^-}}{V_{水样}}$$

【注意事项】

1．如果 $pH > 10.5$，产生 AgCl 沉淀；$pH < 6.5$，则大部分 CrO_4^{2-}转变为 $Cr_2O_7^-$，使终点推迟出现。如果有铵盐存在，为了避免产生 $Ag(NH_3)_2^+$，滴定时溶液的 pH 值应控制在 6.5 ~ 7.9 的范围内，当 NH_4^+浓度大于 $0.1mol \cdot L^{-1}$ 时，便不能用莫尔法进行滴定。

2．准确分析时，需做空白试验。

【思考题】

1．采用莫尔法测 Cl^- 含量时，为什么溶液的 pH 值要控制在 6.5～10.5？

2．以 K_2CrO_4 作指示剂时，指示剂的浓度过大或过小对测定结果有何影响？

3．为什么莫尔法测定稀溶液的 Cl^-含量时要进行空白试验校正？若空白值太大，会影响测定结果吗？为什么？

4．滴定过程中，为什么要充分摇动溶液？

习 题

一、简答题

1. 为什么莫尔法只能在中性或弱碱性溶液中进行？

2. 何种离子干扰莫尔法测定？干扰应如何消除？

3. 莫尔法中 K_2CrO_4 指示剂用量对分析结果有何影响？

4. 在下列情况下，测定结果是偏高、偏低，还是无影响？并说明其原因。

（1）在 pH ≈ 4 时，用莫尔法测定 Cl^-。

（2）试液中含有铵盐，在 pH ≈ 10 时，用莫尔法测定 Cl^-。

（3）用佛尔哈德法测定 Cl^-，既没有将 AgCl 沉淀滤去或加热促其凝聚，又没有加有机溶剂。

（4）用佛尔哈德法测定 I^-，先加铁铵矾指示剂，然后再加入过量 $AgNO_3$ 标准溶液。

（5）用莫尔法测定 Cl^-，指示剂 K_2CrO_4 溶液浓度过稀。

（6）佛尔哈德法测定 Ag^+时，终点前未充分摇动。

5. 欲用莫尔法测定 Ag^+，其滴定方式与测定 Cl^-有何不同？为什么？

6. 法扬司法使用吸附指示剂时，应注意哪些问题？

二、计算题

7. 将 30.00mL $AgNO_3$ 溶液作用于 0.1357g NaCl，过量的银离子需用 2.50mL NH_4SCN 溶液滴定至终点。预先知道滴定 20.00mL $AgNO_3$ 溶液需要 19.85mL NH_4SCN 溶液。试计算：

（1）$AgNO_3$ 溶液的浓度；

（2）NH_4SCN 溶液的浓度。

8. 取某含 Cl^-废水样 100mL，加入 20.00mL 0.1120mol·L^{-1} $AgNO_3$ 溶液，然后用 0.1160mol·L^{-1} NH_4SCN 溶液滴定过量的 $AgNO_3$ 溶液，用去 10.00mL，求该水样中 Cl^- 的含量（以 mg·L^{-1}表示）。

9. 将 0.1159mol·L^{-1} $AgNO_3$ 溶液 50.00mL 加入含有氯化物试样 0.2546g 的溶液中，然后用 20.16mL 0.1033mol·L^{-1} NH_4SCN 溶液滴定过量的 $AgNO_3$。计算试样中氯的质量分数。

10. 称取一定量的约含 52% NaCl 和 44% KCl 的试样。将试样溶于水后，加入 0.1128mol·L^{-1} $AgNO_3$ 溶液 30.00mL。过量的 $AgNO_3$ 需用 10.00mL 标准 NH_4SCN 溶液滴定。已知 1.00mL NH_4SCN 相当于 1.15mL $AgNO_3$。应称取试样多少克？

11. 称取粗食盐样品 0.2809g，滴定时用去 0.1023mol·L^{-1} $AgNO_3$ 标准溶液 26.58mL，求食盐样品的纯度。

12. 将 0.3211g 银合金溶于 HNO_3 后，加入铁铵矾指示剂，用 0.1036mol·L^{-1} NH_4SCN 标准溶液滴定，用去 23.51mL，计算银的质量分数。

13. 称取基准物 NaCl 0.7256g，定容于 250mL 容量瓶中，摇匀。移取 25.00mL，加入 40.00mL $AgNO_3$ 溶液，滴定剩余的 $AgNO_3$ 时，用去 18.25mL NH_4SCN 溶液。直接滴定 40.00mL $AgNO_3$ 溶液时，需要 42.60mL NH_4SCN 溶液。求 $AgNO_3$ 和 NH_4SCN 的物质的量浓度。

14. 称取含有 NaCl 和 NaBr 的试样 0.6021g，溶解后用 $AgNO_3$ 溶液处理，得干燥的 AgCl 和 AgBr 沉淀 0.5079g。另取同样质量的试样 1 份，用 0.1081mol·L^{-1} $AgNO_3$ 标准溶液滴定至终点，消耗 26.36mL。计算试样中 NaCl 和 NaBr 的质量分数。

习　题

一、简答题

1. [illegible]沉淀滴定中[illegible]
2. [illegible]法的[illegible]
3. [illegible] K_2CrO_4 指示剂[illegible]
4. [illegible]

（1）[illegible]

（2）[illegible]

（3）[illegible] AgCl [illegible]

（4）[illegible] AgNO₃ [illegible]

（5）[illegible]

（6）[illegible]

5. [illegible]
6. [illegible]

二、计算题

7. [illegible] $AgNO_3$ [illegible] NaCl [illegible] 2.50mL NH_4SCN [illegible] 20.00mL $AgNO_3$ [illegible] 19.85mL NH_4SCN [illegible]

（1）$AgNO_3$ 溶液的浓度；

（2）NH_4SCN 溶液的浓度。

8. [illegible] 20.00mL 0.1120mol/L $AgNO_3$ [illegible] 0.1200mol/L NH_4SCN [illegible] $AgNO_3$ [illegible] 10.00mL [illegible] Cl^- [illegible]

9. [illegible] 0.1173mol/L $AgNO_3$ [illegible] 0.2540g [illegible] 0.1035mol/L NH_4SCN [illegible] $AgNO_3$ [illegible]

10. [illegible] 55% NaCl [illegible] 44% KCl [illegible] 0.1128mol/L $AgNO_3$ [illegible] 30.00mL [illegible] $AgNO_3$ [illegible] 1.00mL [illegible] NH_4SCN [illegible] 1.00mL NH_4SCN [illegible] 1.15mL $AgNO_3$ [illegible]

11. [illegible] 0.2800 [illegible] 0.1025mol/L $AgNO_3$ [illegible]

12. [illegible] 0.2211g [illegible] HNO_3 [illegible] 0.1050mol/L NH_4SCN [illegible] 23.51mL [illegible]

13. [illegible] NaCl 0.1156g [illegible] 250mL [illegible] 25.00mL [illegible] 30.00mL $AgNO_3$ [illegible] NH_4SCN [illegible] 18.25mL NH_4SCN [illegible] 40.00mL $AgNO_3$ [illegible] 42.60mL NH_4SCN [illegible] $AgNO_3$ 和 NH_4SCN [illegible]

14. [illegible] NaCl 和 NaBr [illegible] 0.5021g [illegible] $AgNO_3$ [illegible] AgCl 和 AgBr [illegible] 0.5070g [illegible] 0.1050mol/L $AgNO_3$ [illegible] 28.50mL [illegible] NaCl 和 NaBr [illegible]

第 8 章 重量分析法

基础知识

8.1 挥发重量法

8.2 沉淀重量法

8.3 重量分析法中的计算

实验实训

实验 17 胆矾中结晶水含量的测定

实验 18 煤中灰分的测定

实验 19 水泥中三氧化硫含量的测定

实验 20 硫酸镍中镍含量的测定

学习目标

知识目标

- 理解重量分析法的基本原理与特点。
- 理解影响沉淀类型、溶解度以及纯度等的主要因素。
- 掌握不同类型沉淀的形成条件。
- 掌握重量分析法的相关计算原理。

能力目标

- 能熟练运用重量分析法的相关实验技术。
- 能根据沉淀类型选择正确的沉淀形成条件。
- 能按照要求正确进行重量分析的相关计算，并对实验结果进行正确的分析评价。

基础知识

重量分析法是将被测组分以某种形式与试样中其他组分分离，然后转化为一定的形式，用准确称量的方法确定被测组分含量的分析方法。重量分析法又称质量分析法或称量分析法。

根据被测组分与试样中其他组分分离的方法不同，重量分析法一般分为沉淀法、挥发法和电解法三类。沉淀法是使被测组分以难溶化合物的形式与其他组分分离。挥发法是利用物质的挥发性，使其以气体形式与其他组分分离。电解法则是利用电解原理，使被测金属离子在电极上析出而与其他组分分离。

其中沉淀重量分析法应用最广，最为重要；而电解法由于需要特殊的装置，在本章不做介绍。

重量分析法是直接通过称量试样及所得物质的质量得到分析结果，不需用基准物质和容量仪器，引入误差机会少，准确度高，对于常量组分分析，相对误差约 0.1%～0.2%，因此重量分析法常用于仲裁分析或校准其他方法的准确度。但重量分析操作比较烦琐，耗时较长，满足不了快速分析的要求，不适于生产中的控制分析。同时，对于低含量组分的测定，误差较大，不适用于微量和痕量组分分析。

8.1 挥发重量法

挥发重量分析法又称“气化法”，该法是利用物质的挥发性质，通过加热或其他方法使试样中某挥发性组分逸出，根据试样质量的减少计算该组分的含量（间接称量法）；或是利用某种吸收剂吸收挥发出的气体，根据吸收剂质量的增加计算该组分的含量（直接称量法）。

挥发法常用于物料水分、挥发分、灰分的测定。利用加热方法使挥发性组分逸出时，要注意控制加热温度和加热时间。不同组分的测定，加热温度和加热时间是不同的。

8.1.1 物料水分的测定

物料中的水分有多种存在状态，包括因空气潮湿附着在物料表面的附着水，符合化合物化学计量关系的结晶水及分子内组成水（如 $NaHCO_3$ 加热分解而生成的水）等。由于这些水分与物料微粒间作用力不同，驱除水分的方法不同，所需的温度及加热时间也不相同。

例如，《石膏化学分析方法》（GB/T 5484—2012）中规定，石膏附着水的测定需在 (45±3)℃的烘箱内烘 1h，而结晶水的测定则在 (230±5)℃的烘箱中加热 1h。

物料水分的测定，通常采用间接称量的方法，即根据样品质量的减少，计算水分的含量。根据物料的成分及分析需要，通过控制加热温度与时间的不同，可以分别测定不同存在状态的水分。

8.1.2 物料挥发分的测定

物料经高温加热使挥发物质逸出，或高温分解释放出气体，逸出部分占物料的质量分数，称为物料的“挥发分”。通常对于有机物料称为“挥发分”，对于无机物料称为“灼烧损失”或“烧失量”。挥发分、灼烧损失等指标均没有指明具体化学组成，不同物料的挥发分是不同的。

例如煤的挥发分是在隔绝空气的条件下，于 (900±10)℃高温加热 7min，挥发物主要包括苯、甲苯、二甲苯、苯酚等芳香烃物质和氨、萘等几十种化合物。再比如，水泥生料烧失量的测定，是在 950～1000℃下灼烧 15～20min，其主要成分为碳酸盐高温分解生成的二氧化碳气体和少量有机物。

挥发分的测定通常也采用间接称量的方式，即称量加热后残余物的质量，计算方法与物料水分测定相同。

8.1.3 物料灰分的测定

有机物料在高温和有氧的条件下灼烧氧化，残余物占物料的质量分数称为“灰分”。例如煤的工业分析中灰分的测定，煤样在 (815±10)℃高温下灼烧，水分与挥发性物质以气体形式放出，碳及有机物则氧化生成二氧化碳和水等挥发出来，剩下的各种金属无机盐及氧化物等不可燃烧部分，即为灰分。

测定物料灰分时，样品不同，灼烧条件不同，残留物也各不相同。例如煤的灰分测定是在 (815±10)℃高温下灼烧 1h，植物样品的灰分测定通常是在 (525±25)℃高温下灼烧 1h。因此，在测定灰分时，要严格控制灼烧温度与时间，同时注意灼烧灰化的速度不宜过快，避免物料剧烈燃烧，引起测定误差。

8.2 沉淀重量法

沉淀重量法是重量分析法的最主要方法。该方法是利用沉淀反应使被测组分以难溶化合物的形式沉淀出来，经过滤、洗涤、烘干或灼烧后，转化为组成一定的物质，然后称其质量，根据称得沉淀的质量计算出被测组分的含量。

例如，测定试样中 SO_4^{2-} 含量时，在试样溶液中加入过量的 $BaCl_2$ 溶液，使 SO_4^{2-} 完全生成 $BaSO_4$ 沉淀，经过滤、洗涤、烘干、灼烧后，称量 $BaSO_4$ 的质量，再计算试样中 SO_4^{2-} 的含量。

8.2.1 沉淀重量法的操作过程

利用沉淀反应进行重量分析时，首先将试样分解制成分析试液，然后在一定条件下加入适当的沉淀剂，使被测组分以适当的“沉淀形式”沉淀出来，沉淀形式经过滤、洗涤、烘干、灼烧后，得到可以用来称量的“称量形式”，再进行称量，最后计算出被测组分的含量。重量分析法的主要操作过程可表示如下：

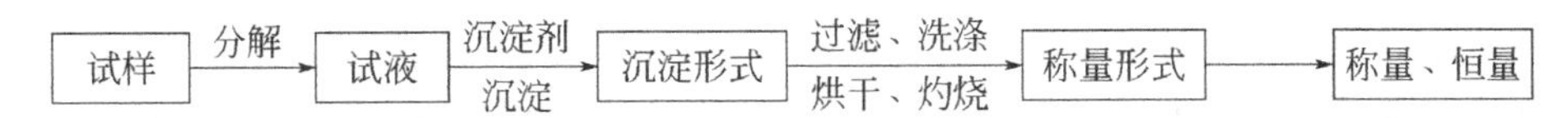

(1) 试样分解

将试样制成分析试液。根据试样的不同性质，选择适当的溶剂。对于难溶于水的试样，一般采取酸溶法、碱溶法或熔融法进行。

(2) 沉淀

在一定条件下，加入适当的沉淀剂，使被测组分生成符合要求的难溶化合物。

(3) 过滤和洗涤

过滤的目的是使沉淀与母液分开。过滤时要注意选择适当的滤器与滤纸。需要灼烧的沉淀应选用定量滤纸（或称无灰滤纸），一般无定形沉淀选用快速滤纸，粗晶形沉淀选用中速滤纸，细晶形沉淀选用慢速滤纸。不需要灼烧的沉淀应用玻璃砂芯漏斗过滤，注意选择适当的规格，在过滤前应将其洗净、烘干、冷却，准确称量，直至恒重。

洗涤沉淀的目的是除去沉淀表面上不易挥发的杂质和残留母液。洗涤沉淀时要选择合适的洗涤剂，尽可能减少沉淀的溶解损失和避免形成胶体。

洗涤剂选择的原则：溶解度小且不易形成胶体的沉淀，可用蒸馏水洗涤；溶解度大的晶形沉淀，应选用易挥发的沉淀剂稀溶液洗涤；易形成胶体的无定形沉淀，选用挥发性的电解质稀溶液洗涤。

洗涤的原则：依据“少量多次”的洗涤原则进行。洗净与否，应以检查最后流出的洗涤液是否含有母液中的某种离子为依据。沉淀的洗涤必须连续进行，中途不能放置，以免再吸附杂质不易洗净。

(4) 烘干和灼烧

烘干和灼烧是为了除去沉淀中的水分和挥发性物质，使沉淀变为纯净、干燥、组成恒定的便于称量的称量形式。烘干和灼烧的温度与时间随着沉淀不同而不同。

以滤纸过滤的沉淀，常置于已恒重的瓷坩埚中进行烘干和灼烧。若沉淀需要加 HF 处理，则改用铂坩埚。使用玻璃砂芯漏斗过滤的沉淀，应在电热烘箱内烘干。玻璃砂芯漏斗、坩埚及坩埚盖在使用前，均应预先烘干或灼烧至恒重，且温度与时间和沉淀烘干、灼烧时的温度与时间相同。

(5) 称量、恒量

沉淀反复烘干或灼烧，经冷却后称量，直至两次称量的质量相差不大于 0.2mg，即为“恒量”。称量时应选择符合精度要求的分析天平。

8.2.2 沉淀形式和称量形式

在沉淀重量法中，被测组分与沉淀剂生成的沉淀称为沉淀的“沉淀形式”，而沉淀形式经过滤、洗涤、烘干、灼烧后得到的沉淀称为沉淀的“称量形式”。沉淀形式和称量形式在组成上可能相同，也可能不同。例如：

$$\underset{\text{被测组分}}{SO_4^{2-}} \xrightarrow[\text{沉淀}]{BaCl_2} \underset{\text{沉淀形式}}{BaSO_4} \xrightarrow[\text{烘干、灼烧}]{\text{过滤、洗涤}} \underset{\text{称量形式}}{BaSO_4}$$

$$\underset{\text{被测组分}}{Mg^{2+}} \xrightarrow[\text{沉淀}]{(NH_4)_2HPO_4} \underset{\text{沉淀形式}}{MgNH_4PO_4} \xrightarrow[\text{烘干、灼烧}]{\text{过滤、洗涤}} \underset{\text{称量形式}}{MgP_2O_7}$$

由此可见，在沉淀重量法中，沉淀形式起着分离作用，而称量形式则承担称量作用。因此，沉淀重量法对二者的要求也不相同。沉淀重量法对沉淀形式和称量形式的要求见表 8.1。

表 8.1 沉淀重量法对沉淀形式和称量形式的要求

对沉淀形式的要求	对称量形式的要求
1．沉淀的溶解度要小 ——沉淀的溶解损失不能超过分析天平的称量误差	1．化学组成必须与化学式相符 ——这是定量分析计算的基本依据
2．沉淀必须纯净 ——沉淀的纯度是获得准确结果的重要因素之一	2．有足够的稳定性 ——称量时，不易被氧化；干燥、灼烧时不易被分解
3．沉淀易于过滤和洗涤，并易于转化为称量形式 ——这是保证沉淀纯度的一个重要方面	3．摩尔质量要大 ——旨在减小称量误差，提高分析结果准确度

8.2.3 沉淀剂的选择

根据沉淀重量法对沉淀形式和称量形式的要求，选择沉淀剂时应考虑以下几方面。

① 沉淀剂与被测组分生成的难溶化合物溶解度要小。即得到溶解度小的沉淀形式，保证被测组分沉淀完全。

② 沉淀剂具有较好的选择性。沉淀剂只能和待测组分生成沉淀，而与试液中其他组分不发生作用。这样既可以简化分析程序，又可以提高分析结果的准确度。

③ 沉淀剂具有挥发性。沉淀剂应易挥发或易灼烧除去，这样可以减少或避免由于沉淀剂掺入沉淀而带来误差。

④ 沉淀剂本身具有较大的溶解度。沉淀剂本身应具有较大的溶解度，这样可以减少沉淀对它的吸附，易得到纯净的沉淀。

沉淀剂有无机沉淀剂和有机沉淀剂。一般来说，无机沉淀剂选择性差，有的沉淀溶解度较大和易引入杂质，须经灼烧才能得到组成恒定的称量形式；有机沉淀剂因溶解度小，选择性高，摩尔质量较大，所得沉淀大多数烘干后即可直接称量，简化了测定手续，因此有机沉淀剂在沉淀重量分析中获得了广泛的应用。

8.2.4 沉淀的溶解度及其影响因素

8.2.4.1 溶度积和溶解度

难溶化合物 MA 在水溶液中的沉淀溶解平衡表示如下：

$$\mathrm{MA\,(s)} \rightleftharpoons \mathrm{MA\,(aq)} \rightleftharpoons \mathrm{M}^{n+}\,\mathrm{(aq)} + \mathrm{A}^{n-}\,\mathrm{(aq)}$$

沉淀重量法中所用沉淀多为强电解质，MA 在水溶液中几乎完全离解，因此难溶化合物在水溶液中的沉淀溶解平衡可简化表示如下：

$$\mathrm{MA\,(s)} \rightleftharpoons \mathrm{M}^{n+}\mathrm{(aq)} + \mathrm{A}^{n-}\mathrm{(aq)}$$

$$\text{平衡常数 } K = \frac{[\mathrm{M}^{n+}][\mathrm{A}^{n-}]}{[\mathrm{MA}]}$$

[MA]是未溶解固体的浓度，视为常数并入 K 中，则有：

$$K_{\mathrm{sp}}=[\mathrm{M}^{n+}][\mathrm{A}^{n-}] \tag{8.1}$$

式中，K_{sp} 称为溶度积常数，简称溶度积。溶度积随温度的变化而变化，与溶液的浓度无关。

对于一般的难溶化合物 M_mA_n，其在水溶液中的沉淀溶解平衡为：

$$M_mA_n\,(s) \rightleftharpoons mM^{n+}\,(aq) + n\,A^{m-}\,(aq)$$

其溶度积常数可表示为：

$$K_{sp,\,M_mA_n} = [M^{n+}]^m[A^{m-}]^n \tag{8.2}$$

例如：

$$BaSO_4 \rightleftharpoons Ba^{2+} + SO_4{}^{2-} \qquad K_{sp,\,BaSO_4} = [Ba^{2+}][SO_4{}^{2-}]$$

$$Mg(OH)_2 \rightleftharpoons Mg^{2+} + 2OH^- \qquad K_{sp,\,Mg(OH)_2} = [Mg^{2+}][OH^-]^2$$

沉淀的溶解度是指难溶化合物溶于溶液中的浓度，对于强电解质来讲，溶解度即为溶解离子的浓度，常用 s 表示。在一定温度下，沉淀的溶解度可根据溶度积常数来计算，计算时要注意溶解度 s 的单位为 $mol \cdot L^{-1}$。

对于 MA 型难溶化合物，其溶解度：

$$s = [M^{n+}] = [A^{n-}]$$

而

$$[M^{n+}][A^{n-}] = K_{sp}$$

因此，MA 型难溶化合物的溶解度可按式（8.3）计算：

$$s = \sqrt{K_{sp,\,MA}} \tag{8.3}$$

对于 M_mA_n 型难溶化合物，若其溶解度为 s，则有：

$$M_mA_n\,(s) \rightleftharpoons mM^{n+} + nA^{m-}$$

平衡时浓度： ms ns

$$[M^{n+}] = ms，\ [A^{m-}] = ns$$

$$K_{sp} = [M^{n+}]^m[A^{m-}]^n = (ms)^m(ns)^n = m^m n^n s^{m+n}$$

因此，M_mA_n 型难溶化合物溶解度可按式（8.4）计算：

$$s = \sqrt[m+n]{\frac{K_{sp,\,M_mA_n}}{m^m n^n}} \tag{8.4}$$

例如：

$BaSO_4$ 沉淀溶解度 $s = \sqrt{K_{sp,\,BaSO_4}}$

$Mg(OH)_2$ 沉淀溶解度 $s = \sqrt[3]{\dfrac{K_{sp,\,Mg(OH)_2}}{4}}$

溶解度和溶度积都可以用来衡量难溶化合物的溶解能力。对于同种类型（MA 型、MA_2 型等）的难溶化合物，在同一温度下，溶度积常数 K_{sp} 越小，沉淀溶解度也越小。但对不同类型的沉淀，不能简单地从溶度积的大小判断溶解度的大小，需根据溶度积换算成溶解度，然后再比较大小。

8.2.4.2 影响沉淀溶解度的因素

沉淀溶解度的大小，从本质上讲，取决于沉淀本身的性质。同时，沉淀的溶解度还受其外部条件的影响，如同离子效应、盐效应、酸效应、配位效应等。此外，温度、溶剂、沉淀的颗粒大小等，也对沉淀溶解度有影响。

（1）同离子效应

组成沉淀的离子称为构晶离子。当沉淀反应达到平衡时，因向溶液中加入含有某一构晶离子的试剂或溶液，使沉淀溶解度减小的现象，称为“**同离子效应**”。

例如，用 $BaCl_2$ 将 SO_4^{2-} 沉淀为 $BaSO_4$（$K_{sp} = 1.1\times10^{-10}$），当加入与 SO_4^{2-} 等物质的量 $BaCl_2$ 时，$BaSO_4$ 沉淀的溶解度 s 为：

$$s = \sqrt{K_{sp,\,BaSO_4}} = \sqrt{1.1\times10^{-10}} \approx 1.0\times10^{-5}\ (mol\cdot L^{-1})$$

在 200mL 溶液中因溶解损失的 $BaSO_4$ 的质量为：

$$m = sVM_{BaSO_4} = 1.0\times10^{-5}\times233.4\times\frac{200}{1000} \approx 5\times10^{-4}\ (g) = 0.5\ (mg)$$

显然，溶解损失量已超过分析天平允许的称量误差（0.1mg），即超过了重量分析法对沉淀形式损失量的要求。如果向溶液中加入过量的 $BaCl_2$，使溶液中 $[Ba^{2+}] = 0.01mol\cdot L^{-1}$，此时 $BaSO_4$ 沉淀的溶解度为 s'，则有：

$$BaSO_4\,(s) \rightleftharpoons Ba^{2+} + SO_4^{2-}$$

平衡时：　　0.01　　s'

由于

$$K_{sp,\,BaSO_4} = [Ba^{2+}][SO_4^{2-}] = 0.01s'$$

因此

$$s' = \frac{K_{sp,\,BaSO_4}}{[Ba^{2+}]} = \frac{1.1\times10^{-10}}{0.01} = 1.1\times10^{-8}\ (mol\cdot L^{-1})$$

在 200mL 溶液中因溶解而损失的 $BaSO_4$ 的质量为：

$$m' = s'VM_{BaSO_4} = 1.0\times10^{-8}\times233.4\times\frac{200}{1000} \approx 5\times10^{-7}\ (g) = 0.0005\ (mg)$$

此损失质量远小于分析天平允许称量误差，可以认为 SO_4^{2-} 已沉淀完全。

因此，在实际分析工作中，常通过加入过量的沉淀剂，利用同离子效应使被测组分沉淀完全。但是，并非加入沉淀剂越多越好。沉淀剂过量太多时，还可能引起盐效应、配位效应等，反而使沉淀的溶解度增大。一般来讲，对于烘干或灼烧易挥发除去的沉淀剂，过量 50%～100% 为宜；对于不易挥发除去的沉淀剂，过量 20%～30% 为宜。

（2）盐效应

当沉淀反应达到平衡时，因强电解质的存在或向溶液中加入其他易溶强电解质，使难溶化合物的溶解度增大的现象，称为“**盐效应**”。

例如，测定 Pb^{2+} 时，采用 Na_2SO_4 为沉淀剂，生成 $PbSO_4$ 沉淀，在不同浓度的 Na_2SO_4 溶液中 $PbSO_4$ 溶解度的变化情况如表 8.2 所示。

表 8.2　$PbSO_4$ 在 Na_2SO_4 溶液中的溶解度

$Na_2SO_4/mol\cdot L^{-1}$	0	0.001	0.01	0.02	0.04	0.100	0.200
$PbSO_4/mol\cdot L^{-1}$	0.15	0.024	0.016	0.014	0.013	0.016	0.019
影响因素	同离子效应					盐效应	

表8.2结果表明，$PbSO_4$的溶解度并非随着Na_2SO_4浓度的增大而持续降低，而是降低到一定程度之后，反而增大了。当Na_2SO_4浓度小于$0.04mol \cdot L^{-1}$时，同离子效应占优势，$PbSO_4$的溶解度随Na_2SO_4浓度的增大而减小；当Na_2SO_4浓度大于$0.04mol \cdot L^{-1}$时，盐效应占优势，所以$PbSO_4$的溶解度随Na_2SO_4浓度的增大而增大。这进一步说明过量太多沉淀剂是应避免的。

如果在溶液中加入的强电解质非同离子，只存在盐效应，则盐效应的影响更为显著。例如，AgCl、$BaSO_4$在KNO_3溶液中的溶解度比在纯水中大，而且溶解度随KNO_3浓度的增大而增大。

盐效应与同离子效应对沉淀溶解度的影响恰恰相反，因此在沉淀重量法中，除应控制沉淀剂加入量外，还应注意避免引入大量强电解质，使盐效应占主导，沉淀的溶解度增大；如果沉淀的溶解度本身很小，通常可以不考虑盐效应。

(3) 酸效应

溶液的酸度对沉淀溶解度的影响称为“**酸效应**”。

酸效应对沉淀溶解度的影响比较复杂，对于不同类型的沉淀，酸度对沉淀溶解度的影响不同。

① 若沉淀为弱酸盐，如CaC_2O_4、$BaCO_3$、$MgNH_4PO_4$等，酸度增加，沉淀的溶解度增大。因此，生成这些沉淀时，应在较低酸度条件下进行。

② 若沉淀为难溶酸，如硅酸（$SiO_2 \cdot nH_2O$）、钨酸（$WO_3 \cdot nH_2O$）等沉淀，易溶于碱溶液，酸度增加，沉淀溶解度降低。因此，应在强酸性介质中进行沉淀。

③ 若沉淀为强酸盐，如AgCl、$BaSO_4$等，一般来讲溶液的酸度对沉淀溶解度影响不大。但若酸度过高，硫酸盐的溶解度会随之增大，因为SO_4^{2-}会与H^+结合生成HSO_4^-，使SO_4^{2-}浓度降低，沉淀的溶解度增大。

(4) 配位效应

进行沉淀反应时，若溶液中存在能与构晶离子形成可溶性配合物的配位剂，则会使沉淀的溶解度增大，甚至完全溶解，这种现象称为“**配位效应**”。

配位效应对沉淀溶解度的影响程度，与配位剂的浓度及生成配合物的稳定性有关。配位剂浓度愈大，生成的配合物愈稳定，沉淀的溶解度愈大。

例如，在含有AgCl沉淀的溶液中，加入氨水，存在如下平衡：

$$AgCl(s) \rightleftharpoons Ag^+Cl^- \underset{-2NH_3}{\overset{+2NH_3}{\rightleftharpoons}} [Ag(NH_3)_2]^+ + Cl^-$$

由于Ag^+与NH_3生成$[Ag(NH_3)_2]^+$配离子，AgCl沉淀溶解度增大，且沉淀的溶解度随NH_3浓度增大而增大。当NH_3浓度足够大时，可使沉淀全部溶解。

沉淀反应中的配位剂主要来自两方面，一是沉淀剂本身就是配位剂，二是另外加入的其他试剂。若沉淀剂本身就是配位剂，此时，体系中既有同离子效应，降低沉淀的溶解度；又有配位效应、盐效应，增大沉淀的溶解度。例如，AgCl沉淀在不同浓度NaCl溶液中的溶解度就存在此种情况，见表8.3。

表8.3 AgCl沉淀在不同浓度NaCl溶液中的溶解度

$NaCl/mol \cdot L^{-1}$	0	0.001	0.01	0.1	1.0	2.0
$AgCl/mmol \cdot L^{-1}$	1.3×10^{-2}	8.3×10^{-4}	7.5×10^{-4}	4.5×10^{-3}	1.5×10^{-1}	7.1×10^{-1}
影响因素	同离子效应				配位效应	

由表 8.3 可知，当 NaCl 浓度小于 $0.1mol \cdot L^{-1}$ 时，沉淀剂适当过量，同离子效应起主要作用，AgCl 沉淀溶解度随 NaCl 浓度的增加而减小；当 NaCl 浓度大于 $0.1mol \cdot L^{-1}$ 时，由于 Ag^+ 与 Cl^- 生成 $[AgCl_2]^-$ 配离子，配位效应占优势，AgCl 的溶解度反而增加；当 NaCl 浓度达到 $1.0mol \cdot L^{-1}$ 时，同离子效应已被配位效应完全抵消，AgCl 溶解度比它在纯水中的溶解度还大。

注：在实际分析工作中，应根据具体情况确定哪一种是影响沉淀溶解度的主要因素。一般来说，对无配位效应的强酸盐沉淀，主要考虑同离子效应；弱酸盐沉淀主要考虑酸效应；对能与配位剂形成稳定的配合物且溶解度不是太小的沉淀，则应主要考虑配位效应。此外，还应考虑其他因素如温度、溶剂、沉淀颗粒大小对沉淀溶解度的影响。

（5）其他因素

① **温度** 沉淀的溶解反应绝大多数为吸热反应，因此，大多数沉淀的溶解度一般随着温度的升高而增大。但沉淀的性质不同，温度对其溶解度的影响程度也不一样。在沉淀重量分析法中，对于溶解度较大的沉淀，如 CaC_2O_4、$MgNH_4PO_4$ 等，通常在沉淀反应完成后，需将溶液冷却至室温，再进行沉淀过滤、洗涤等操作，以减小温度升高带来溶解度增大的不利影响；对于溶解度较小的沉淀，如大多数的无定形沉淀，温度对其溶解度影响不明显，且温度降低后，沉淀难以过滤、洗涤，因此要趁热过滤，并且用热的洗涤剂洗涤沉淀，这样有利于增大杂质溶解度，得到纯净的沉淀。

② **溶剂** 大多数无机物沉淀在有机溶剂中的溶解度比在水中小。例如，$PbSO_4$ 沉淀在水中溶解度为 $4.5mg \cdot (100mL)^{-1}$，而在 30% 的乙醇溶液中溶解度则降为 $0.23mg \cdot (100mL)^{-1}$。因此，向水溶液中加入适量与水互溶的有机溶剂，如乙醇、丙酮等，可显著降低沉淀的溶解度，减小沉淀的溶解损失。但是，需要指出的是，如采用有机沉淀剂，所得沉淀在加入有机溶剂后反而使溶解度增大，将增大沉淀的溶解损失。

③ **沉淀颗粒的大小** 一般来说，对于同一种沉淀，大颗粒沉淀溶解度小，小颗粒沉淀溶解度大。这是因为颗粒小的沉淀比表面积大，有更多的角、边和表面，处于这些位置的离子受到晶体内部的作用力小，更易受到溶剂的作用而进入溶液。利用这一现象，晶形沉淀在沉淀生成后，沉淀与母液放置一段时间，使小颗粒逐渐溶解，大颗粒不断长大，不仅有利于沉淀的过滤和洗涤，还可减少沉淀对杂质的吸附，使沉淀更加纯净。

8.2.5 沉淀的类型与形成

（1）沉淀的类型

沉淀按其颗粒直径的大小，通常可粗略地分为两大类：一类是晶形沉淀，如 CaC_2O_4、$BaSO_4$ 等，其粒径约为 0.1～1μm；另一类是无定形沉淀，又称非晶形沉淀，如 $Fe_2O_3 \cdot nH_2O$ 等，粒径通常小于 0.02μm。

① **晶形沉淀** 晶形沉淀的颗粒直径比较大，比表面积小，吸附杂质较少，内部颗粒排列整齐、结构紧密，整个沉淀的体积较小，极易沉降于容器的底部，有利于过滤和洗涤。

② **无定形沉淀** 无定形沉淀的颗粒较小，由许多微小的沉淀颗粒疏松地聚集在一起组成，沉淀比表面积较大，吸附杂质较多，沉淀颗粒的排列杂乱无章，其中又包含大量数目不定的水分子，体积庞大疏松，难以沉降，不易过滤和洗涤。

在沉淀重量法中，最希望获得颗粒粗大的晶形沉淀。但是生成何种类型的沉淀，首先取决于沉淀的性质，其次也与沉淀形成的条件及沉淀后的处理有密切的关系。

(2) 沉淀的形成

沉淀的形成过程是一个复杂的过程，目前尚无成熟的理论。一般认为，沉淀的形成需经过以下过程：

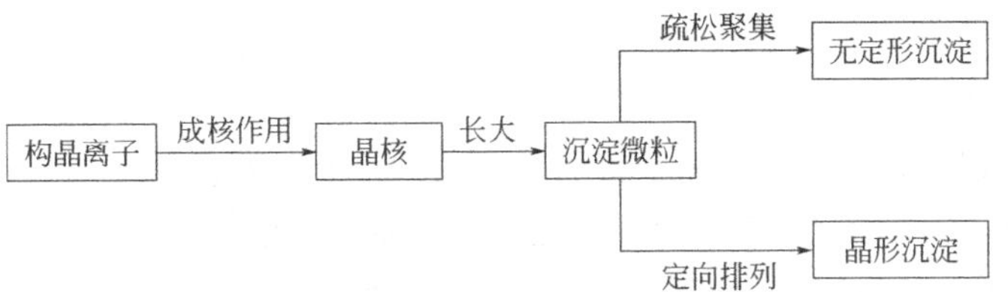

过饱和溶液中，构晶离子由于静电作用相互碰撞而结合形成晶核，晶核形成后，溶液中的构晶离子会在晶核表面沉积，晶核逐渐长大成沉淀微粒，这些沉淀微粒有相互聚集的倾向，形成较大的聚集体，这一聚集过程的速度称为“**聚集速度**”。同时溶液中构晶离子也会在一定空间构型在沉淀微粒表面定向排列，形成大的晶粒，这种排列的速度称为“**定向速度**”。

沉淀的类型是由聚集速度和定向速度的相对大小决定的。如果聚集速度小于定向速度，则获得颗粒数目少而粒径大的晶形沉淀；如果聚集速度大于定向速度，则沉淀颗粒数目较多，沉淀颗粒难以长大，形成无定形沉淀。

定向速度主要取决于沉淀的性质，通常极性强的化合物一般具有较大的定向速度，易形成晶形沉淀，如 $BaSO_4$、$MgNH_4PO_4$ 等；而极性较弱的化合物，定向速度较小，一般形成无定形沉淀，如 $Fe(OH)_3$、$Al(OH)_3$ 等。

聚集速度的大小主要取决于沉淀时溶液的条件，与溶液中构晶离子的相对过饱和度有关，经验公式如下：

$$v = K\frac{Q-s}{s} \tag{8.5}$$

式中，v 为聚集速度；K 为常数，与沉淀的性质、温度、溶液介质等因素有关；Q 为加入沉淀剂瞬间，生成沉淀物质的浓度；s 为沉淀的溶解度；$Q-s$ 为过饱和度；$\frac{Q-s}{s}$ 为相对过饱和度。

由式（8.5）可见，相对过饱和度越大，聚集速度越大，越易形成无定形沉淀；相对过饱和度越小，聚集速度越小，则越有利于形成晶形沉淀。

重量分析中，总是希望得到粗大颗粒的晶形沉淀，因此，可通过控制溶液的条件，如采用较稀溶液和增大沉淀溶解度等措施，降低相对过饱和度，减小聚集速度，使之有利于生成大颗粒晶形沉淀。

8.2.6 沉淀的纯度

8.2.6.1 影响沉淀纯度的因素

在沉淀重量分析中，不仅要求沉淀完全，而且还要保证沉淀纯净。但是当沉淀从溶液中析出时，总有一些可溶性物质随之一起沉淀下来，使沉淀沾污。

影响沉淀纯净度的因素主要有共沉淀现象和后沉淀现象两种。

(1) 共沉淀

当一种沉淀从溶液中析出时，溶液中某些可溶性杂质同时随沉淀同时析出，这种现象称为“**共沉淀**”现象。共沉淀现象是沉淀重量分析中误差的主要来源之一。

产生共沉淀现象的原因主要有表面吸附、吸留/包藏和形成混晶三种。

① **表面吸附**　表面吸附是在沉淀的表面吸附了杂质。产生这种现象的根本原因是沉淀晶体表面的静电引力。由于沉淀晶体表面上的离子与沉淀晶体内部的离子所处状况不同，表面构晶离子所受静电引力是不平衡的，存在剩余引力，因而沉淀表面上的构晶离子就有吸附溶液中带相反电荷离子的能力，被吸附的离子再通过静电引力吸引溶液中其他离子，形成双电层。

例如，用过量的 $BaCl_2$ 沉淀 SO_4^{2-}，在生成的 $BaSO_4$ 沉淀晶体内部，每个 Ba^{2+}周围有六个 SO_4^{2-}包围着，每个 SO_4^{2-}周围也有六个 Ba^{2+}交换，他们的静电引力相互平衡而稳定。但是，在晶体表面离子只能被五个带相反电荷的离子包围，至少有一面未被带相反电荷的离子相吸引，静电引力不平衡。因此，沉淀表面的 SO_4^{2-}就会由于静电引力而吸引溶液中过剩的 Ba^{2+}，形成表面带正电荷的第一吸附层，第一吸附层又会吸引溶液中带相反电荷的离子（如 Cl^-），形成第二吸附层（扩散层），第一吸附层和第二吸附层构成电中性的双电层，双电层离子组成的化合物（$BaCl_2$）即为沉淀吸附的杂质。如图 8.1 所示。

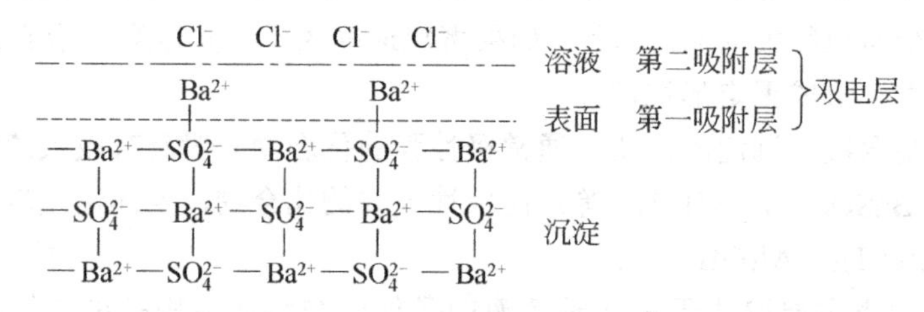

图 8.1　$BaSO_4$ 晶体的表面吸附作用示意图

从静电引力的作用来说，在溶液中任何带相反电荷的离子都同样有被吸附的可能性。但是实际上表面吸附是有选择性的。对第一吸附层吸附来讲，首先吸附构晶离子，其次吸附与构晶离子大小接近、电荷相同的离子，例如，$BaSO_4$ 沉淀首先吸附 Ba^{2+}或 SO_4^{2-}。对第二吸附层来讲，与构晶离子生成溶解度或离解度较小的化合物的离子优先被吸附；被吸附离子带电荷数越高，离子浓度越大，越容易被吸附。

沉淀吸附杂质量的多少，主要与沉淀总表面积、杂质离子的浓度及温度有关。沉淀总表面积越大，杂质离子浓度越大，吸附杂质的量越多。所以，相同质量的同种沉淀，大颗粒比表面积小，吸附杂质较少；而小颗粒沉淀比表面积大，吸附杂质多。由于吸附过程是一个放热过程，温度越高，吸附杂质量越少。

吸附作用是一个可逆过程。一方面，杂质被沉淀吸附；另一方面，被吸附的离子能够被溶液中某些离子所置换，重新进入溶液。利用这一性质可选择适当的洗涤液，通过洗涤的方法除去沉淀表面的部分杂质离子。

② **吸留/包藏**　在沉淀过程中，当沉淀剂浓度较大、加入速度较快时，沉淀表面吸附的杂质离子来不及离开，就被新生成的沉淀包藏到沉淀内部，这种共沉淀现象称为“**吸留**”，也称为“**包藏**”。由于杂质留在沉淀内部，吸留引入的杂质无法用洗涤的方法除去，但可以通过沉淀陈化或重结晶的方法予以减少。在沉淀过程中，要注意沉淀剂浓度不能太大，沉淀剂加入的速度不要太快，否则沉淀速度过快，易引起吸留。

③ **形成混晶**　当试液中杂质离子与构晶离子的半径相近、晶体结构相同时，杂质离子将进入晶格排列中，形成**混晶**。混晶引入的杂质离子，不能用洗涤、陈化或重结晶的方法除

去，应该在进行沉淀前将这些离子分离除去。

(2) 后沉淀

在沉淀过程结束后，当沉淀与母液一起放置时，溶液中某些杂质离子在沉淀表面慢慢析出，这种现象称为**后沉淀**。例如，用$(NH_4)_2C_2O_4$分离Ca^{2+}和Mg^{2+}时，由于$K_{sp,MgC_2O_4} > K_{sp,CaC_2O_4}$，当$CaC_2O_4$沉淀时，$MgC_2O_4$不沉淀，但是在$CaC_2O_4$沉淀放置过程中，$CaC_2O_4$晶体表面吸附大量的$C_2O_4^{2-}$，使$CaC_2O_4$沉淀表面附近$C_2O_4^{2-}$的浓度增大，这时$[Mg^{2+}][C_2O_4^{2-}] > K_{sp,MgC_2O_4}$，$MgC_2O_4$沉淀在$CaC_2O_4$表面慢慢析出。

后沉淀现象与共沉淀现象的主要区别表现在以下几方面。

① 后沉淀引入杂质的量，随着沉淀在试液中放置时间的增长而增多，而共沉淀量几乎不受放置时间的影响。所以避免或减少后沉淀的主要方法是缩短沉淀与母液共置的时间，沉淀形成后尽快过滤，不能进行陈化。

② 不论杂质是在沉淀之前就存在的，还是沉淀形成后加入的，后沉淀引入的杂质的量基本一致。

③ 温度升高，后沉淀现象有时更为严重。

④ 后沉淀引入杂质的程度比共沉淀严重得多。杂质引入的量，可能达到与被测组分的量差不多。

8.2.6.2 提高沉淀纯度的方法

为得到纯净的沉淀，针对共沉淀和后沉淀现象为造成沉淀不纯的主要原因，可采取下列措施。

(1) 选择适当的分析程序

例如在分析试液中，被测组分含量较少、杂质含量较多时，则应使少量被测组分先沉淀下来。如果先分离杂质，则会使部分低含量的被测组分共沉淀，产生较大的误差。

(2) 降低易吸附离子的浓度

对于易被吸附的杂质离子，可采用适当的掩蔽方法来降低其浓度，或使其转化为不易被吸附的离子，以减少吸附共沉淀。例如，沉淀$BaSO_4$时，Fe^{3+}容易被吸附，可将其还原为Fe^{2+}或用EDTA掩蔽，可使Fe^{3+}共沉淀大大减少。

(3) 选择适当的洗涤溶液洗涤沉淀

由于吸附作用是一种可逆过程，选择适当的洗涤液通过洗涤交换的方法，使洗涤液中的离子与沉淀吸附的杂质离子交换，再通过灼烧除去沉淀表面的洗涤液离子，提高沉淀的纯度。因此，洗涤液应选择易挥发的物质的溶液。

(4) 选择适当的沉淀条件

不同类型的沉淀，应选用不同的沉淀条件，以减少沉淀沾污杂质。沉淀的条件主要包括溶液浓度、温度、试剂加入的次序和速度、陈化等。这些条件对沉淀纯度的影响见表8.4。

表8.4 沉淀条件对沉淀纯度的影响

沉淀条件	表面吸附	吸留/包藏	形成混晶	后沉淀
稀溶液	+	+	0	0
慢沉淀	+	+	不定	−
搅拌	+	+	0	0
陈化	+	+	不定	−

续表

沉淀条件	表面吸附	吸留/包藏	形成混晶	后沉淀
加热	+	+	不定	0
洗涤沉淀	+	0	0	0
重结晶	+	+	不定	+

注：表中，+表示提高纯度；−表示降低纯度；0表示影响不大。

（5）进行再沉淀

将已得到的沉淀过滤洗涤后，再重新溶解，进行第二次沉淀。第二次沉淀时，溶液中杂质的量大为降低，共沉淀或后沉淀现象自然减少。同时再沉淀可以减少或除去吸留的杂质。

8.2.7　沉淀条件的选择

在沉淀重量分析中，为了获得准确的分析结果，要求沉淀完全、纯净，易于过滤和洗涤。为此必须根据不同类型沉淀的特点，采取适宜的沉淀条件，使得到的沉淀符合沉淀重量分析的要求。

8.2.7.1　晶形沉淀的沉淀条件

（1）在适当稀的溶液中进行沉淀

在适当稀的溶液中进行沉淀，有利于生成大颗粒的晶形沉淀。同时，在稀溶液中，杂质离子的浓度较小，所以共沉淀现象也相应减少，有利于得到纯净的沉淀。但是，对于溶解度较大的沉淀，溶液不能太稀，否则沉淀溶解损失较多，影响结果的准确度。

（2）在不断搅拌下缓慢地加入沉淀剂

在搅拌的同时缓慢加入沉淀剂，可使沉淀剂有效地分散开，避免出现沉淀剂局部过浓现象，有利于得到大颗粒晶形沉淀。

（3）在热溶液中进行沉淀

在热溶液中进行沉淀，一方面随温度升高，沉淀吸附杂质的量减少，有利于得到纯净的沉淀；另一方面，温度升高，有利于生成大颗粒晶体。但应注意，随温度升高，沉淀溶解度增加，为防止沉淀在热溶液中的溶解损失，在沉淀析出完全后，宜将溶液冷却至室温，再进行过滤。

（4）进行陈化

沉淀完全后，让初生成的沉淀与母液一起放置一段时间，这个过程称为**“陈化”**。

陈化过程是小晶粒逐渐溶解、大晶粒不断长大的过程。因为在同样条件下，小晶粒溶解度比大晶粒大。在同一溶液中，对大晶粒为饱和溶液时，对小晶粒则为不饱和，小晶粒就要溶解，直至达到饱和，此时对大晶粒则为过饱和，因此，溶液中的构晶离子就在大晶粒上沉积。沉积到一定程度后，溶液对大晶粒为饱和溶液时，对小晶粒又变为不饱和，小晶粒又要溶解。如此循环下去，小晶粒逐渐消失，大晶粒不断长大。陈化过程如图8.2所示。

陈化过程又是不纯沉淀转化为较纯净沉淀的过程。因为晶粒变大后，沉淀吸附杂质量减少；同时，由于小晶粒溶解，原来吸附、吸留的杂质，也重新进入溶液，因而提高了沉淀的纯度。以$BaSO_4$为例，其陈化效果如图8.3所示。但是，陈化作用对混晶共沉淀带入的杂质，不能除去；对于有后沉淀的沉淀，不仅不能提高纯度，有时反而会降低纯度，此时应注意陈化时间的控制。

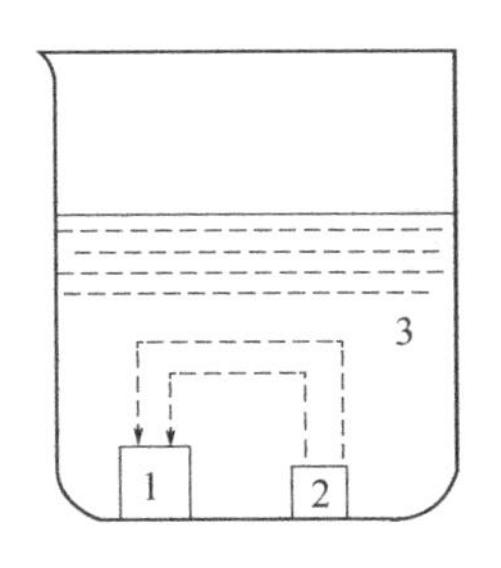

图 8.2 陈化过程

1—大晶粒；2—小晶粒；3—溶液

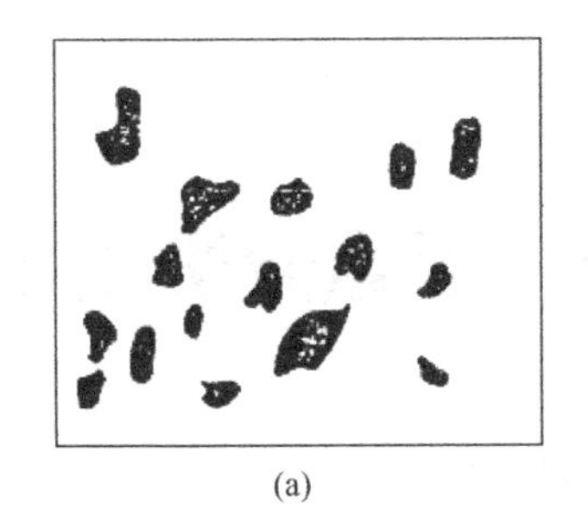

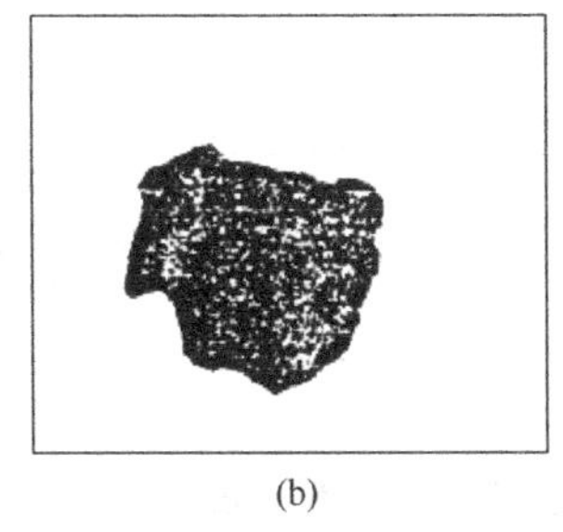

(a) (b)

图 8.3 $BaSO_4$沉淀的陈化效果

（a）未陈化；（b）陈化 4d 后

在室温条件下进行陈化所需时间较长，加热和搅拌可以加速陈化进程，缩短陈化时间，能从数小时缩短至 1～2h，甚至几十分钟。

8.2.7.2 无定形沉淀的沉淀条件

无定形沉淀一般颗粒较小，结构疏松，体积庞大，吸附杂质较多，而且易形成胶体溶液，不易过滤和洗涤。因此，对于无定形沉淀来说，主要是设法加速沉淀微粒凝聚，获得结构紧密的沉淀，减少杂质吸附和防止形成胶体溶液。

(1) 在较浓溶液中进行沉淀

在浓溶液中进行沉淀，离子水化程度小，得到的沉淀结构比较紧密，表观体积较小，这样的沉淀较易过滤和洗涤。但是在浓溶液中杂质浓度也比较高，沉淀吸附杂质的量也较多。因此，在沉淀完毕后，应立刻加入大量的热水稀释并搅拌，使被吸附的杂质部分转入溶液中。

(2) 在热溶液中及电解质存在下进行沉淀

在热溶液中进行沉淀可以防止胶体生成，同时减少了杂质的吸附作用。在电解质存在条件下进行沉淀，可促使带电胶体粒子相互凝聚，破坏胶体；同时电解质离子可以取代杂质离子在沉淀表面的吸附位置，提高沉淀的纯度。但应加入易挥发的物质，如 NH_4NO_3、NH_4Cl 等。

(3) 趁热过滤洗涤，不必陈化

无定形沉淀放置后，会逐渐失去水分而聚集得更为紧密，使已吸附的杂质难以洗涤除去。因此，在沉淀完毕后，应趁热过滤和洗涤。

8.2.7.3 均匀沉淀法

均匀沉淀法是通过某一化学反应，在溶液内部逐渐地产生沉淀剂，使沉淀在整个溶液中缓慢均匀地析出的方法。由于此种方法可以避免加入沉淀剂而引起的局部过浓现象，因此可获得颗粒粗大、结构紧密、纯净而且易于过滤和洗涤的沉淀。

例如，测定 Ca^{2+}时，先将溶液酸化，加入$(NH_4)_2C_2O_4$，此时溶液中草酸根主要以 $HC_2O_4^-$ 和 $H_2C_2O_4$形式存在，不会产生沉淀，然后再加入尿素，加热，尿素逐渐水解生成 NH_3。

$$CO(NH_2)_2 + H_2O \longrightarrow CO_2\uparrow + 2NH_3$$

生成的 NH_3 中和溶液中的 H^+，逐渐降低溶液的酸度，$C_2O_4^{2-}$浓度逐渐增大，并缓慢地与 Ca^{2+}形成 CaC_2O_4 沉淀。这样得到的 CaC_2O_4 沉淀颗粒较大，结构紧密，纯度较高。

8.3 重量分析法中的计算

8.3.1 试样称取量的估算

重量分析所称取试样质量的多少，主要取决于试样中被测物质的含量及生成沉淀的类型。对于生成体积较小、结构紧密、易于过滤和洗涤的晶形沉淀，可多称量一些，但也不能太多，否则会产生大量沉淀，延长过滤和洗涤时间。对于生成结构疏松、体积较大、不易过滤和洗涤的无定形沉淀，应少称量一些，但也不能太少，否则会引起较大的称量误差。

一般来讲，沉淀称量形式较适宜的质量为：

晶形沉淀：0.3～0.5g；

无定形沉淀：0.1～0.2g。

根据沉淀称量形式的质量要求，即可计算出称取试样的质量。

例 8.1 用 $BaSO_4$ 重量法测定芒硝中 Na_2SO_4 的含量。问：应称取多少克芒硝（$Na_2SO_4 \cdot 10H_2O$）试样？

解：$BaSO_4$ 为晶形沉淀，其称量质量应在 0.3～0.5g。设需称芒硝试样 m（g）。

$$
\begin{array}{lcl}
Na_2SO_4 \cdot 10H_2O & —— & BaSO_4 \\
322.2 & & 233.4 \\
m & & 0.3 \sim 0.5
\end{array}
$$

$$m = \frac{(0.3 \sim 0.5) \times 322.2}{233.4} = 0.41 \sim 0.69(\text{g})$$

因此，芒硝试样取量在 0.4～0.7g 即可。

8.3.2 重量分析结果的计算

分析结果的计算，通常可按下式进行。

$$w_{被测组分} = \frac{m_{被测组分}}{m_{试样}} \times 100\% \tag{8.6}$$

在重量分析中，最后得到的是沉淀称量形式的质量，如果称量形式与被测组分的表示形式一样，则被测组分的质量就等于称量形式的质量，即可按式（8.6）直接进行计算；如果称量形式与被测组分的表示形式不一样，这时就需要将称量形式的质量换算为被测组分的质量。

例如，将质量为 1.000g $BaSO_4$ 的质量换算为被测组分 S 的质量，方法如下：

$$
\begin{array}{lcl}
BaSO_4 & \longleftrightarrow & S \\
233.4 & & 32.06 \\
1.000 & & m
\end{array}
$$

$$m = 1.000 \times \frac{32.06}{233.4} = 0.1473(\text{g})$$

由上例可以看出，被测组分的质量等于称量形式的质量乘以被测组分的摩尔质量与称量形式的摩尔质量的比值，这一比值称为“换算因数”，又称“化学因数”，常用 F 表示。

$$F = \frac{M_{被测组分}}{M_{称量形式}} \tag{8.7}$$

注： 在计算换算因数时，分子和分母中所含被测组分的原子数目必须相同。若不同，则应在分子或分母上分别乘以适当的系数，使之相同。

例 8.2 计算将 $PbCrO_4$ 换算为 Cr_2O_3 和 PbO 的换算因数。

解：（1）将 $PbCrO_4$ 换算为 Cr_2O_3

$$F = \frac{M_{Cr_2O_3}}{2M_{PbCrO_4}} = \frac{152.0}{2 \times 323.2} = 0.2351$$

（2）将 $PbCrO_4$ 换算为 PbO

$$F = \frac{M_{PbO}}{M_{PbCrO_4}} = \frac{223.2}{323.2} = 0.6906$$

根据换算因数 F，即可方便地将称量形式的质量换算为被测组分的质量。

$$m_{被测组分} = Fm_{称量形式}$$

因此，重量分析的结果计算可表示为：

$$w_{被测组分} = \frac{m_{被测组分}}{m_{试样}} \times 100\%$$

$$w_{被测组分} = \frac{Fm_{称量形式}}{m_{试样}} \times 100\% \tag{8.8}$$

例 8.3 测定某水泥试样中 SO_3 的含量，称取水泥试样 0.5000g，最后得到 $BaSO_4$ 沉淀的质量为 0.0420g，计算试样中 SO_3 的百分含量。

解： $BaSO_4$ 的摩尔质量为 $233.4\text{g}\cdot\text{mol}^{-1}$，$SO_3$ 的摩尔质量为 $80.06\text{g}\cdot\text{mol}^{-1}$。

换算因数为：

$$F = \frac{M_{SO_3}}{M_{BaSO_4}} = \frac{80.06}{233.4} = 0.3430$$

则试样中的 SO_3 的百分含量为：

$$w_{SO_3} = \frac{Fm_{BaSO_4}}{m_{试样}} \times 100\% = \frac{0.3430 \times 0.0420}{0.5000} \times 100\% = 2.88\%$$

例 8.4 测定某铁矿石中铁的含量时，称取试样 0.2500g，经处理后，将铁沉淀为 $Fe(OH)_3$，然后灼烧得到 Fe_2O_3 0.2490g，计算试样中 Fe 的百分含量。若以 Fe_3O_4 表示结果，其百分含量为多少？

解：（1）计算 Fe 的百分含量

$$F=\frac{2M_{Fe}}{M_{Fe_2O_3}}=\frac{2\times55.85}{159.7}=0.6994$$

则试样中 Fe 的百分含量为：

$$w_{Fe}=\frac{Fm_{Fe_2O_3}}{m_{试样}}\times100\%=\frac{0.6994\times0.2940}{0.2500}\times100\%=69.66\%$$

（2）计算 Fe_3O_4 的百分含量

$$F=\frac{2\times M_{Fe_3O_4}}{3\times M_{Fe_2O_3}}=0.9664$$

Fe_3O_4 的百分含量为：

$$w_{Fe_3O_4}=\frac{Fm_{Fe_2O_3}}{m_{试样}}\times100\%=\frac{0.9664\times0.2940}{0.2500}\times100\%=96.25\%$$

实验实训

实验 17　胆矾中结晶水含量的测定

【实验目的】

1．掌握 $CuSO_4 \cdot 5H_2O$ 结晶水含量的测定方法与原理。
2．掌握分析天平及烘箱等设备的使用及维护方法。
3．掌握恒重（量）的基本条件。
4．理解并掌握挥发称量法的方法原理及方法特点。

【测定原理】

存在于物质中的水分一般有两种形式：一种是吸湿水，另一种是结晶水。吸湿水是物质从空气中吸收的水分，其含量随空气中的湿度而改变，一般在不太高的温度下即能除掉。结晶水是水合物内部的水，它有固定的质量，可以在化学式中表示出来。例如，$Na_2CO_3 \cdot 10H_2O$、$CuSO_4 \cdot 5H_2O$、$BaCl_2 \cdot 2H_2O$ 等，均可测定其中结晶水的含量。

$CuSO_4 \cdot 5H_2O$ 中的结晶水，在 218℃时能完全挥发失去。

48℃时：　$CuSO_4 \cdot 5H_2O \longrightarrow CuSO_4 \cdot 3H_2O + 2H_2O$

99℃时：　$CuSO_4 \cdot 3H_2O \longrightarrow CuSO_4 \cdot H_2O + 3H_2O$

218℃时：　$CuSO_4 \cdot H_2O \longrightarrow CuSO_4 + 2H_2O$

其中，无水胆矾不挥发，故可根据加热后质量的减少，测得胆矾中结晶水的含量。

【试剂与仪器】

试剂：$CuSO_4 \cdot 5H_2O$ 试样。

仪器：扁形称量瓶，干燥器，电热烘箱，分析天平。

【测定步骤】

1．取两只洗净的称量瓶，在烘箱中于 105℃开盖烘干 1h，取出稍冷放入干燥器中冷却 30 min，在分析天平上称量其质量。然后再放入烘箱中于 105℃烘干 1h，冷却、称量，直至恒重为止。两次称量之差不超过 0.2mg 即为恒量，记为 m_1。

2．称取胆矾试样 1.0g，准确至 0.0001g，平铺在上述恒重的称量瓶中。试样质量记为 m_2。

3．将盛有 $CuSO_4 \cdot 5H_2O$ 试样的称量瓶开盖，将盖斜靠瓶口放入烘箱内逐渐升温，于 218℃烘干 2h，从烘箱中取出称量瓶，立即盖上盖，放入干燥器中冷却至室温（约 30min）后称量。

重复上述操作，直至恒重为止，记为 m_3。由加热前称量瓶和样品的质量，减去加热后称量瓶和无水胆矾的质量，即为失去水分的质量。

【结果计算】

结晶水的质量分数按下式计算：

$$w_{结晶水} = \frac{m_2 - m_3}{m_2 - m_1} \times 100\%$$

式中，m_1 为干燥恒重后称量瓶的质量，g；m_2 为干燥前胆矾试样的质量，g；m_3 为干燥恒重后胆矾试样的质量，g。

【注意事项】

1．温度不要高于 280℃，否则 $CuSO_4$ 可能会部分挥发。

2．在加热的情况下，称量瓶盖子不要盖严，以免冷却后盖子打不开。

3．加热脱水一定要完全，晶体一定要变为灰白色，不能是浅蓝色。

【思考题】

1．什么是恒量？称量分析中为什么一定要恒量？

2．加热后的称量瓶能否未冷却至室温就去称量？加热后的称量瓶为什么要放在干燥器内冷却？

实验 18　煤中灰分的测定

【实验目的】

1．掌握煤中灰分含量的测定方法与原理。

2．掌握分析天平及高温炉等设备的使用及维护方法。

3．掌握恒重（量）的基本条件。

4．进一步理解并掌握挥发称量法的方法原理及特点。

【测定原理】（缓慢灰化法）

《煤的工业分析方法》（GB/T 212—2008）中包括两种测定煤中灰分的方法——缓慢灰化法和快速灰化法，其中缓慢灰化法为仲裁法。

本实验的测定原理是：称取一定量的空气干燥煤样，放入高温炉中，以一定速度加热到

(815±10)℃，灰化并灼烧到质量恒定。以残留物的质量占煤样质量的百分数作为煤样的灰分。

【仪器与设备】

高温炉，干燥器，分析天平，耐热瓷板或石棉板；灰皿：瓷质，长方形，底长 45mm，底宽 22mm，高 14mm（如下图所示）。

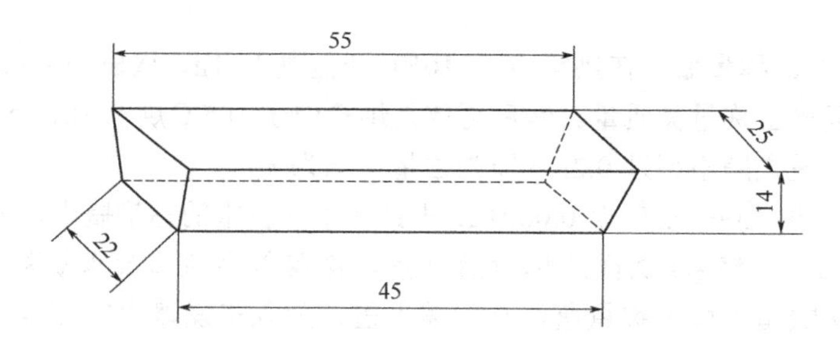

【测定步骤】

在预先灼烧至质量恒量（m_0）的灰皿中，称取粒度小于 0.2mm 的空气干燥煤样 (1±0.1)g（m_1），精确至 0.0002g，均匀地摊平在灰皿中，使其每平方厘米的质量不超过 0.15g。

将灰皿送入炉温不超过 100℃的高温炉恒温区，关上炉门留有 15mm 左右的缝隙。在不少于 30min 的时间内将炉温缓慢升至 500℃，并在此温度下保持 30min。继续升温到 (815±10)℃，并在此温度下灼烧 1h。

从炉中取出灰皿，放在耐热瓷板或石棉板上，在空气中冷却 5min 左右，移入干燥器中冷却至室温（约 20min）后，称量（m_2）。

进行检查性灼烧，每次 20min，直到连续两次灼烧后的质量变化不超过 0.0010g 为止。以最后一次灼烧的质量为计算依据。灰分低于 15.00% 时，不必进行检查性灼烧。

【结果计算】

空气干燥煤样的灰分可按下式计算：

$$A_{ad}=\frac{m_2-m_0}{m_1}\times 100\%$$

式中，A_{ad}为空气干燥煤样的灰分。

【注意事项】

1．灰皿中的试样要摊平，且试样的厚度不得太大。

2．在灰化过程中如有煤样着火爆燃，则这只煤样作废，必须重新称样灰化。

3．测定灰分的高温炉应有烟囱或通风孔，以使煤样在灼烧过程中能排除燃烧产物和保持空气的流通。

4．高温炉的控制系统必须指示准确，高温炉的温升能力必须达到测定灰分的要求。

5．灼烧灰化时间要严格控制，保证试样在 (815±10)℃的温度下完全灰化，但随意延长灰化时间也是不利的。

【思考题】

1．什么是煤的灰分？

2．测定中，为什么要严格控制灰化时间？

3．本实验中对恒量/重的认定标准是什么？

实验19 水泥中三氧化硫含量的测定

【实验目的】

1．学习晶形沉淀的沉淀条件。

2．学习并掌握沉淀、洗涤、灼烧与恒量等重量分析操作技术。

3．掌握 $BaSO_4$ 重量法测定三氧化硫的方法和原理。

【测定原理】（$BaSO_4$ 重量法）

在酸性溶液中，用氯化钡溶液沉淀硫酸盐，经过滤灼烧后，以硫酸钡形式称量。测定结果以三氧化硫计。

【试剂与仪器】

试剂：$BaCl_2$ 溶液（$100g \cdot L^{-1}$），$AgNO_3$ 溶液（$5g \cdot L^{-1}$），HCl（1+1），水泥试样。

仪器：高温炉，分析天平，瓷坩埚，干燥器，漏斗等。

【测定步骤】

称取约 0.5g 试样（m_s），精确至 0.0001g，置于 200mL 烧杯中，加入约 40mL 水，搅拌使试样完全分散，在搅拌下加入 10mL 盐酸（1+1），用平头玻璃棒压碎块状物，加热煮沸并保持微沸 (5±0.5)min。用中速滤纸过滤，用热水洗涤 10～12 次，滤液及洗液收集于 400mL 烧杯中。

向盛有滤液的烧杯中加水稀释至约 250mL，玻璃棒底部压一小片定量滤纸，盖上表面皿，加热煮沸下从杯中缓慢逐滴加入 10mL 热的氯化钡溶液，继续微沸 3min 以上使沉淀良好地形成，然后在常温下静置 12～24h 或温热处静置至少 4h（仲裁分析应在常温下静置 12～24h），此时溶液体积应保持在约 200mL。用慢速定量滤纸过滤，以温水洗涤，直至检验无氯离子为止（用硝酸银溶液检验）。

将沉淀及滤纸一并移入已灼烧恒量的瓷坩埚中，灰化完全后，放入 800～950℃高温炉内灼烧 30min，取出坩埚，置于干燥器中冷却至室温，称量。反复灼烧，直至恒量（m_1）。

【结果计算】

试样中三氧化硫的质量分数按下式计算：

$$w_{SO_3} = \frac{m_1 \times 0.343}{m_s} \times 100\%$$

式中，0.343 为硫酸钡对三氧化硫的换算系数。

【注意事项】

1．本方法适用于各种水泥中三氧化硫的测定，同时也可用于磷石膏、氟石膏、黏土质石膏样品以及煤的工业分析中三氧化硫的测定。

2．称取的水泥试样应置入干燥的烧杯中，或加入少许水用玻璃棒预先将试样分散，否则，时间稍长，试样结块，不易分解。对于熟料试样，加热溶解试样的时间不宜过长，否则会析出硅酸，不易过滤。

3．沉淀过程中，应加入适当过量的沉淀剂 $BaCl_2$，利用同离子效应以降低 $BaSO_4$ 沉淀的溶解度。但 $BaCl_2$ 不宜过量太多，否则钡离子容易共沉淀。

4．在沉淀及沉淀放置过程中，酸度控制要适当。溶液酸度过低，钙、铁离子及碳酸盐等易共沉淀；酸度过高，能促使 $BaSO_4$ 形成酸式盐而增大其溶解度。水泥试样测定过程中，溶液的酸度可保持在 0.3～0.4mol·L^{-1}，这样既可以减少共沉淀，又有利于得到粗大颗粒的晶形硫酸钡沉淀，易于操作。

5．溶样时，水泥中硅酸盐可能部分生成硅酸沉淀，妨碍测定，因此在沉淀 $BaSO_4$ 前，将其连同溶液中的酸不溶物一起过滤除去。

6．灼烧沉淀前，应先充分灰化，滤纸呈灰白色为灰化完全。否则，未燃尽的碳可能将 $BaSO_4$ 还原为 BaS（浅绿色），使测定结果偏低。反应为：

$$BaSO_4 + 2C \rightleftharpoons BaS + 2CO_2 \uparrow$$

7．恒重空坩埚和恒重沉淀时，掌握的条件（如灼烧的温度、冷却时间等）都应一致。反复灼烧的时间每次约为 15 min。

【思考题】

1．沉淀完毕后，为什么要静置一段时间后才进行过滤？

2．$BaSO_4$ 沉淀适合在什么条件下形成？本实验中哪些操作方法有利于 $BaSO_4$ 沉淀的形成？

3．沉淀 $BaSO_4$ 时，为何在稀 HCl 介质中进行？

实验 20 硫酸镍中镍含量的测定

【实验目的】

1．掌握丁二酮肟镍重量法测定镍的基本原理与沉淀条件。

2．掌握抽滤过滤的操作技术及微孔玻璃坩埚的使用方法。

【测定原理】

在氨性溶液中，加入酒石酸与铁、铝等杂质形成可溶性配合物以消除干扰，以丁二酮肟和镍生成红色的丁二酮肟镍沉淀，过滤、洗涤、干燥称量，计算出镍的含量。

【试剂与仪器】

试剂：乙醇溶液（1+4），HCl 溶液（1+1），氨水溶液（1+1），酒石酸溶液（200g·L^{-1}），丁二酮肟乙醇溶液（10g·L^{-1}），氯化铵溶液（200g·L^{-1}）等。

仪器：玻璃砂芯坩埚（5～15μm），烧杯（250mL，400mL），容量瓶，移液管。

【测定步骤】

准确称取 2g 试样，精确至 0.0002g，置于 250mL 烧杯中，加入 1mL HCl 溶液、50mL 蒸馏水，加热至试样溶解，冷却至室温，完全转移至 100mL 容量瓶中，用水稀释至刻度，摇匀。

用移液管移取 10mL 试验溶液，置于 400mL 烧杯中，加入 150mL 蒸馏水、5mL 氯化铵溶液、5mL 酒石酸溶液，盖上表面皿，加热至沸。冷却至 70～80℃时，在不断搅拌下缓慢加入 30mL 丁二酮肟乙醇溶液。滴加氨水调节溶液 pH 8～9（用精密 pH 试纸检验），再过量 1～2mL。在 70～80℃下保温 30min，用已于 105～110℃干燥至质量恒重的玻璃砂芯坩埚过滤，用乙醇溶液洗涤 4～5 次，于 105～110℃干燥至恒重。

【结果计算】

镍含量以镍的质量分数计：

$$w_{Ni}=\frac{(m_1-m_0)\times 0.2031}{m\times\frac{10.00}{100.0}}\times 100\%$$

式中，m_1为沉淀和玻璃砂芯坩埚的质量，g；m_0为玻璃砂芯坩埚的质量，g；0.2031为丁二酮肟镍换算为镍的系数；m为试样质量，g。

【思考题】

1．为了得到纯净的丁二酮肟镍沉淀，应选择和控制好哪些实验条件？

2．为什么要用玻璃砂芯坩埚抽滤过滤丁二酮肟镍沉淀？

习　题

一、简答题

1．什么是重量分析法？重量分析法主要有哪些种类？

2．沉淀重量法对沉淀形式和称量形式各有哪些要求？为什么？

3．沉淀溶解度与溶度积常数关系如何？

4．影响沉淀溶解度的因素有哪些？是怎样发生影响的？

5．什么是共沉淀现象？产生共沉淀的原因有哪些？

6．为使沉淀完全，必须加入过量的沉淀剂，但又不能过量太多，为什么？

7．影响沉淀纯度的因素有哪些？如何提高沉淀的纯度？

8．晶形沉淀和无定形沉淀的沉淀条件是什么？为什么？

9．什么是陈化？对晶形沉淀进行陈化有何好处？

10．在测定Ba^{2+}时，$BaSO_4$沉淀中有少量$BaCl_2$共沉淀，测定结果偏高还是偏低？如果混有少量H_2SO_4呢？在测定SO_4^{2-}时，情况又如何？

11．试解释为什么AgCl沉淀在$0.01mol\cdot L^{-1}$的NaCl溶液中溶解度比纯水中小，而在$1.0mol\cdot L^{-1}$的NaCl溶液中溶解度却比纯水中大。

12．以$BaSO_4$沉淀重量法测定SO_4^{2-}时，下列操作对测定结果有何影响？

（1）在强酸性溶液中进行沉淀；

（2）灰化不完全，灼烧时将部分还原为BaS。

二、计算题

13．计算下列换算因数

称量形式	测定形式	换算因数
Al_2O_3	Al	
$Al(C_9H_6ON)_3$	Al_2O_3	
$Mg_2P_2O_7$	MgO	
$Mg_2P_2O_7$	P_2O_5	
$BaSO_4$	S	

14．某黄铁矿试样含FeS约80%，用$BaSO_4$重量法测定试样中S的含量，欲得0.40g左右的$BaSO_4$沉淀，问应称取黄铁矿试样多少克？

15．测定硅酸盐中SiO_2的含量，称取试样0.5000g，最后得到不纯SiO_2 0.2630g，再用HF和H_2SO_4处理，剩余残渣质量为0.0013g，计算试样中SiO_2的含量。若不用HF处理，分析结果的误差有多大？

16. 分析矿石中 Mn 的含量，如果 1.520g 试样产生 0.1260g Mn_3O_4，计算试样中 Mn 和 Mn_2O_3 的百分含量。

17. 称取只含 CaO 和 BaO 的混合物试样 2.212g，溶样后使其沉淀为硫酸盐沉淀，得 $BaSO_4$ 和 $CaSO_4$ 混合沉淀 5.023g，计算原混合物中 Ca 和 Ba 的百分含量。

18. 准确称取某水泥生料试样 1.000g，置于已灼烧恒量的瓷坩埚中（空坩埚质量为 19.3256g），于 (950 ± 25)℃高温炉内灼烧后，残渣与坩埚质量为 19.6925g，计算该生料烧失量。

19. 测定某煤样灰分。准确称量煤样 1.000g，置于灰皿中，经灼烧处理后，得残渣 0.1326g，该煤样灰分为多少？

第三部分

仪器分析基础

第9章 光谱分析法

基础知识

9.1 光谱分析法基础

9.2 紫外-可见分光光度法

9.3 原子吸收分光光度法

9.4 原子发射光谱法

实验实训

实验21 邻二氮菲分光光度法测定石灰石中的微量氧化铁

实验22 分光光度法测定钢铁中的二氧化硅

实验23 人发中锌含量的测定

实验24 硅酸盐物料中氧化钾、氧化钠含量的测定

学习目标

☛ 知识目标

- 掌握常见几种光谱分析法原理及方法特点。
- 理解常见光谱分析仪的构造及作用。
- 掌握光谱分析常见定量分析方法。
- 掌握定量分析方法。

☞ 能力目标

- 能够正确使用常见光谱分析仪器，根据不同测定项目，选择适当的分析条件。
- 能按照要求正确选择仪器的测试参数。
- 能够利用工作曲线法进行光度定量分析。

基础知识

前面几章我们讨论的滴定分析法和重量分析法都属于化学分析法。化学分析法适用于测量试样中含量在 1% 以上的常量组分，而对于含量在 1%以下的微量组分就应采用仪器分析法进行测定。

仪器分析法是以物质的物理性质和物理化学性质为基础的分析方法。由于该法通常都要使用较特殊的仪器，因而称之为“仪器分析法”。对于微量组分（如质量分数为 10^{-8} 或 10^{-9} 数量级）的测定，仪器分析具有操作简便、分析速度快的特点。

相比于化学分析法，仪器分析法的一个共同问题是，准确度不够高，通常相对误差在百分之几左右，有的甚至更大。这样的准确度对于微量组分的分析已能满足分析要求。因此，在选择分析方法时，必须考虑这一点。

仪器分析方法的内容非常丰富，且种类繁多。为了便于学习和掌握，我们将部分常用的仪器分析方法按其最后测量过程中所观测的性质进行了分类，见表 9.1。

表 9.1　常用仪器分析方法分类

方法分类	被测组分的物理性质	部分分析方法
光学分析法	1. 辐射的发射	1. 原子发射光谱法
	2. 辐射的吸收	2. 原子吸收光谱法（AAS）、红外吸收光谱法（IR）、紫外-可见吸收光谱法（UV-Vis）、荧光光谱法（AFS）、核磁共振波谱法（NMR）
	3. 辐射的散射	3. 拉曼光谱法、浊度法
	4. 辐射的衍射	4. X 射线衍射法，电子衍射法
电分析法	1. 电导	1. 电导法
	2. 电流	2. 电流滴定法
	3. 电位	3. 电位分析法
	4. 电量	4. 库仑分析法
	5. 电流-电压特性	5. 极谱分析法、伏安法
色谱分析法	两相间的分配	气相色谱法（GC）、高效液相色谱法（HPLC）
其他分析法	质荷比	质谱法

本书将主要介绍常用的几种光谱分析方法：紫外-可见光分光光度法、原子吸收分光光度法和原子发射光谱法的基础知识与实验技术；电分析法中的电位分析法以及气相色谱分析法的基础理论和实验技术。

9.1　光谱分析法基础

光学分析法是基于电磁辐射作用于待测物质后产生的辐射信号或所引起的变化而建立的分析方法。光学分析法可分为光谱分析法和非光谱分析法两大类。

光谱分析法是基于物质与辐射能作用时，测量由物质内部发生量子化的能级之间的跃迁而产生的发射、吸收或散射辐射的波长和强度进行分析的方法。

非光谱分析法则是利用物质与辐射相互作用时，辐射的某些性质，如折射、干涉、衍射和偏振等产生变化而建立起来的分析方法，其不涉及物质内部能级的跃迁。

基于光谱分析法在工业分析中的广泛应用，本教材将主要介绍光谱分析法的一般问题。

9.1.1　电磁辐射和电磁波谱

(1) 电磁辐射

电磁辐射是一种以很高速度通过空间传播的光量子流，包括从γ射线到无线电波的所有电磁波谱范围，而不只局限于光学光谱区。

电磁辐射具有波动性和微粒性。波动性主要用于解释折射、衍射、干涉和散射等波动现象，可以用波长、频率和速度等参数来描述，它们之间的关系为：

$$\nu = \frac{v}{\lambda} \tag{9.1}$$

式中，λ为波长，不同的电磁波谱区采用不同的波长单位，可以是 m、cm、μm 或 nm 等；ν为频率，单位时间内电磁场振动的次数，单位为赫兹，用 Hz 表示；v为辐射的传播速度，单位为 $cm \cdot s^{-1}$，在真空中辐射的传播速度与频率无关，并有最大值，用 c 表示，其准确值为 $2.9979 \times 10^{10} cm \cdot s^{-1}$。

电磁辐射的微粒性表明电磁辐射是由大量以光速运动的粒子流组成，这种粒子称为光子。光子是具有能量的，每个光子的能量为：

$$E = h\nu = h \times \frac{c}{\lambda} \tag{9.2}$$

式中，E 为光子的能量，单位常用焦耳（J），也可用电子伏特（eV）表示；h 为普朗克常量，其值为 6.626×10^{-34} J·s。

由式（9.2）可见，光子的能量与它的频率成正比，与波长成反比。波长越长，频率越低，光子具有的能量就越低；波长越短，频率越高，光子能量就越高。

(2) 电磁波谱

将各种电磁辐射按照波长或频率的大小顺序排列起来即称为电磁波谱，如图 9.1 所示。

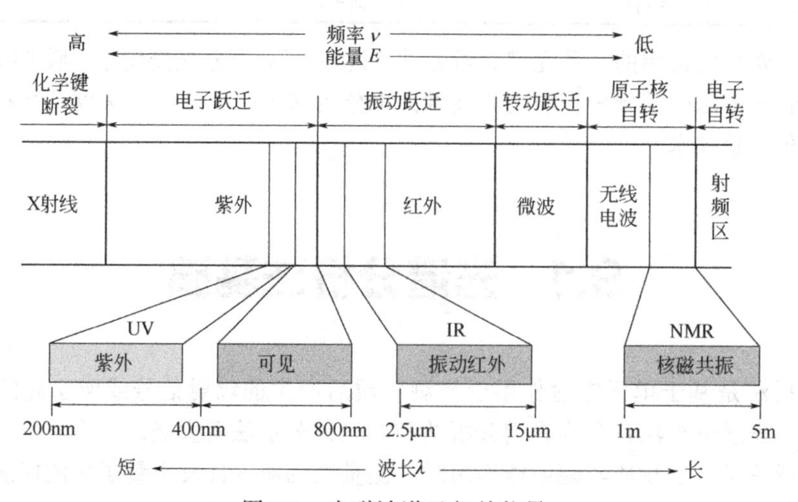

图 9.1　电磁波谱及相关能量

各电磁波谱区波长不同，其能量也不相同，在光谱分析中的应用也不相同。表 9.2 中列出了各波谱区对应的光谱分析方法。

表 9.2　各光谱区及对应的光谱分析方法

光谱区	波长范围	光谱分析法	量子化跃迁形式
X 射线	0.01～10nm	X 射线荧光光谱分析、X 射线吸收分析法等	内层电子跃迁
真空紫外线	10～200nm	远紫外吸收光谱	外层电子（价电子）
紫外-可见光	200～780nm	紫外-可见光吸收、发射和荧光光谱	外层电子（价电子）
红外线	$780\sim3\times10^5$nm	红外吸收光谱等	转动、振动的分子
微波	$3\times10^5\sim10^9$nm	微波吸收	分子的转动
无线电波	0.6～10m	核磁共振波谱	磁场中核的自旋

9.1.2　光谱分析法分类

光谱分析法按照产生光谱的基本微粒不同可分为原子光谱和分子光谱；根据辐射传递的情况又可分为发射光谱和吸收光谱。

(1) 发射光谱

通常状态下，物质微粒处于基态 M，通过电致激发、热致激发或光致激发等激发过程获得能量，变为激发态原子或分子 M^*，由于处于激发态的微粒是十分不稳定的，大约经过 $10^{-9}\sim10^{-8}$s，便会从激发态重新回到基态，并以辐射的形式释放出多余的能量，此过程称为辐射的发射。

$$M^* \longrightarrow M + h\nu$$

通过测量物质的发射光谱的波长和强度来进行定性和定量分析的方法叫作“发射光谱分析法”。常见发射光谱分析法见表 9.3。

表 9.3　常见发射光谱分析法

方法名称	激发方式	作用物质	检测信号
X 射线荧光光谱法	X 射线	原子内层电子的逐出，外层电子跃入空位	特征 X 射线（X 射线荧光）
原子发射光谱	火焰、电弧、火花、等离子炬等	气态原子外层电子	紫外、可见光
原子荧光光谱法	高强度紫外、可见光	气态原子外层电子跃迁	原子荧光
分子荧光光谱法	紫外、可见光	分子	荧光（紫外、可见光）

(2) 吸收光谱

当物质所吸收的电磁辐射能与该物质的原子核、原子或分子的两个能级间跃迁所需的能量满足 $\Delta E = h\nu$ 的关系时，将产生吸收光谱。

$$M + h\nu \longrightarrow M^*$$

常见的吸收光谱分析法见表 9.4。

表 9.4　常见的吸收光谱分析法

方法名称	激发方式	作用物质	检测信号
原子吸收光谱法	紫外、可见光	气态原子外层电子	吸收后的紫外、可见光
紫外-可见分光光度法	紫外、可见光	分子外层电子	吸收后的紫外、可见光
红外吸收光谱法	炽热的硅碳棒等红外光	分子振动	吸收后的红外光
核磁共振波谱法	0.1～900MHz 射频	原子核磁量子	吸收

9.2　紫外-可见分光光度法

紫外-可见分光光度法是指在紫外-可见光谱区内（200～800nm），通过测量物质分子或离子吸收光辐射的大小来测定物质含量的一种分析方法。

紫外-可见分光光度法具有如下特点：

- 灵敏度高。适于微量组分的测定，可测定质量分数为10^{-4}%～10^{-3}%的微量组分。
- 准确度适当。测量相对误差一般在 2%～5%，虽不及重量分析法及滴定分析法，但完全能满足对微量组分测定的要求。
- 操作简便，测定快速。仪器设备相对比较简单，操作简便，将样品处理为溶液后，通常只经过显色和测定吸光度就可得到结果。
- 应用范围广。既可用于定性分析，又可用于定量分析；既能够测定无机物，又能够测定有机物；既常用于微量组分分析，也可用于常量组分分析。

9.2.1　基本原理

9.2.1.1　物质对光的选择性吸收

（1）光的互补原理

光具有波粒二象性，不同波长的光具有不同的能量。人的眼睛对不同波长的光的感觉是不同的，凡能被肉眼感觉到的光称为“**可见光**”，其波长范围为 400～780nm。波长小于 400 nm 的紫外光和波长大于 780 nm 的红外光，人的眼睛均感觉不到。具有单一波长的光称为“**单色光**”，而由多种波长的光组成的光称为“**复合光**”。我们日常所熟悉的日光、白炽灯光等白光都是复合光。在可见光范围内，不同波长的光刺激眼睛后产生不同的颜色感觉。光的波长范围与颜色的关系大致如表 9.5 所示。

表 9.5　可见光的波长范围与颜色的关系

波长/nm	400～450	450～480	480～490	490～500	500～560	560～600	600～650	650～780
颜色	紫	蓝	青蓝	青	绿	黄	橙	红

我们日常所见的白光是由这些波长不同的单色光混合而成的。如果把适当颜色的两种单色光按一定强度比例混合，也可得到白光，这两种颜色的光称为“**互补色光**”。

单色光的互补关系如图 9.2 所示，图中处于直线关系的两种颜色的光即为互补色光。例如，绿色光与紫色光互补，黄色光与蓝色光互补等。由此可见，日光等白色光实际上是由一对对互补色光按适当强度比例混合而成的。

物质的颜色是物质对光的选择性吸收的结果。当自然光白光照射到某物质上，若各种色光均未被吸收，则物质为白色，对于溶液而言则是无色透明的；若各种颜色的光都被吸收了，则物质为黑色；若物质只选择性地吸收其中某种颜色的光，则呈现的颜色为吸收光颜色的互补色。溶液的颜色也是由于溶液中质点位（分子或离子）选择性地吸收某种颜色的光而引起的，例如硫酸铜溶液就是由于选择性地吸收定量白光中的黄色光，所以呈现蓝色；而 $KMnO_4$ 溶液则是由于吸收了 500～560nm 的绿色光，因此呈现紫色。

图 9.2 单色光的互补关系示意图

物质颜色与吸收光颜色的互补关系如表 9.6 所示。

表 9.6 物质的颜色与吸收光颜色的互补关系

物质的颜色	吸收光	
	颜色	波长/nm
黄绿	紫	400～450
黄	蓝	450～480
橙	青蓝	480～490
红	青	490～500
紫红	绿	500～560
紫	黄绿	560～580
蓝	黄	580～600
青蓝	橙	600～650
青	红	650～780

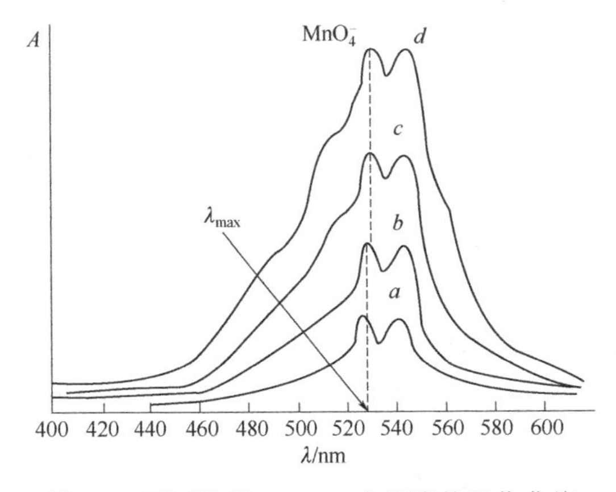

图 9.3 不同浓度 $KMnO_4$ 水溶液的吸收曲线（$KMnO_4$ 浓度：$a<b<c<d$）

(2) 吸收曲线

为了更清楚地了解物质对各种波长的光的选择性吸收情况，可以将不同波长的光依次通过某一固定浓度和厚度的有色溶液，分别测量溶液对各种波长光的吸光度（以 A 表示），以波长为横坐标，吸光度为纵坐标作图，得到的 A-λ 关系曲线称为**“吸收曲线”**，也称**“吸收光谱”**。图 9.3 所示为四种浓度不同的 $KMnO_4$ 水溶液的吸收曲线。

由图 9.3 可见：

① 同一浓度的有色溶液对不同波长的光有不同的吸光度；

② 对于同一有色溶液，在相同波长条件下，溶液浓度愈大，吸光度也愈大，这是物质进行**定量分析的依据**；

③ 对于同一物质，不论浓度大小如何，其最大吸收峰对应的波长（称为最大吸收波长，用 λ_{max} 表示）不变，并且曲线形状也完全相同。

最大吸收峰对应的波长称为**“最大吸收波长”**，用 λ_{max} 表示。在进行光度测定时，通常都是选择在 λ_{max} 处测定，此时可以获得最高的灵敏度。因此，吸收曲线是分光光度法中选择测量波长的主要依据。

9.2.1.2　光的吸收定律——朗伯-比尔定律

(1) 吸光度与透光率

当一束平行光通过均匀的液体介质时，光的一部分被溶液中的有色物质吸收，一部分透过溶液，还有一部分则被器皿表面反射。

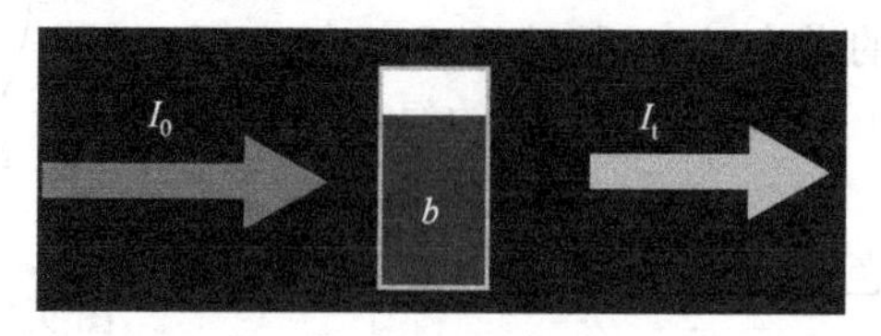

设入射光强度为 I_0，吸收光强度为 I_a，透射光强度为 I_t，反射光强度为 I_r，则：

$$I_0 = I_a + I_t + I_r \tag{9.3}$$

在分光光度分析法中，被测溶液和参比溶液一般是分别放在相同材料和厚度的吸收池中，让强度为 I_0 的单色光分别通过两个吸收池，再测量透射光的强度。所以反射光的影响可相互抵消，则上式可简化为：

$$I_0 = I_a + I_t \tag{9.4}$$

透射光强度 I_t 与入射光强度 I_0 之比称为“**透射比**”，也称“**透光率**”，用“T”表示。即：

$$T = \frac{I_t}{I_0} \tag{9.5}$$

溶液的透光率越大，表示它对光的吸收越小；反之，透光率越小，表示它对光的吸收越大。常用吸光度“A”来表示物质对光的吸收程度，其定义式为：

$$A = \lg\frac{1}{T} = \lg\frac{I_0}{I_t} \tag{9.6}$$

吸光度 A 的取值范围为 0～∞。A 值越大，表明物质对光的吸收越大。$A = 0$，表明光全部透过；$A=\infty$，表明光全部被吸收。

透光率 T 的取值范围是 0～1.0。T 越大，表明物质对光的吸收越少，透过的光越多；T 越小，则物质对光的吸收越多，透过光越少。$T = 0$，表明光全部被吸收；$T=1.0$，表明光全部透过。

由式（9.6）可见，透光率和吸光度都是表示物质对光的吸收程度的一种量度。透光率常以百分率表示，称为百分透光率，用 T（%）表示；吸光度（A）和透光率（T）均可由式（9.6）相互换算。

例 9.1　已知某溶液的 $T = 60.0\%$，试计算该溶液的吸光度 A。

解：由式（9.6）可得：

$$A = -\lg T = -\lg 0.600 = 0.222$$

(2) 朗伯-比尔定律

朗伯-比尔定律是光吸收法的基本定律，也是分光光度法定量分析的理论依据和基础。

① **朗伯定律**　用一束平行的单色光照射在一定浓度的均匀透明的溶液时，该溶液的吸光度（A）与液层的厚度（b）即吸收池的厚度成正比，此关系即为“**朗伯定律**”。其数学表达式为：

$$A = K_1 b \tag{9.7}$$

式中，b 为液层的厚度，也称光程长度，单位为 cm 或 mm；K_1 为比例常数，与溶液性质、入射光波长、溶液浓度和温度等因素有关。

② **比尔定律** 若液层厚度一定，当入射光通过不同浓度的同一种均匀透明的溶液时，其吸光度（A）与溶液浓度（c）成正比，此关系即为“比尔定律”，其数学表达式为：

$$A = K_2c \tag{9.8}$$

式中，c 为溶液浓度，单位为 $mol \cdot L^{-1}$ 或 $mg \cdot mL^{-1}$；K_2 为比例常数，与溶液性质、入射光波长、溶液浓度和温度等因素有关。

③ **朗伯-比尔定律** 溶液浓度和液层厚度都改变时，需要考虑两者同时对透射光强度的影响。当一束平行的单色光垂直照射到均匀、非散射且透明的稀溶液时，溶液的吸光度（A）与待测物质浓度（c）和液层厚度（b）成正比，此关系即为**“朗伯-比尔定律”**。其数学表达式为：

$$A = Kbc \tag{9.9}$$

朗伯-比尔定律表明，当一束平行单色光通过单一均匀的、非散射的吸光物质溶液时，溶液的吸光度与溶液浓度和液层厚度的乘积成正比。此定律不仅适用于溶液，也适用于其他均匀非散射的体系（气体或固体），是各类分光光度法定量分析的依据。

④ **吸光系数** 式（9.9）表明，吸光度与溶液浓度和液层厚度的乘积成正比。式中的比例系数 K 称为“吸光系数”（也称吸收系数），其大小取决于吸光物质的性质、入射光波长、溶液温度和溶剂性质等，与溶液浓度大小和液层厚度无关。但 K 的数值及单位与溶液浓度和液层厚度采用的单位有关，常用的有摩尔吸光系数和质量吸光系数。

a. 摩尔吸光系数 当溶液浓度（c）以 $mol \cdot L^{-1}$ 为单位，液层厚度（b）以 cm 为单位时，比例系数 K 称为**“摩尔吸光系数”**，以 ε 表示，单位为 $L \cdot mol^{-1} \cdot cm^{-1}$。此时，朗伯-比尔定律常表示为：

$$A = \varepsilon bc \tag{9.10}$$

摩尔吸光系数（ε）在特定波长和溶剂的情况下是吸光物质的重要参数之一，在数值上等于吸光物质浓度为 $1mol \cdot L^{-1}$、液层厚度为 1cm 时溶液的吸光度。

摩尔吸光系数能反映在一定波长下物质的吸光能力，ε 越大，表示该物质的吸光能力越强，测定的灵敏度也就越高。因而 ε 通常作为选择显色反应的依据。

b. 质量吸光系数 当溶液浓度以质量浓度单位 $g \cdot L^{-1}$ 表示，液层厚度单位以 cm 来表示，相应的吸光系数则为质量吸光系数，以 a 表示，其单位为：$L \cdot g^{-1} \cdot cm^{-1}$。质量吸光系数用于摩尔质量未知的化合物的定量分析。此时，朗伯-比尔定律可表示为：

$$A = abc \tag{9.11}$$

例 9.2 已知 Fe^{2+} 的质量浓度为 $1.0\mu g \cdot mL^{-1}$，采用邻二氮菲分光光度法于 508nm 波长下测定其在 1cm 比色皿中的吸光度 A= 0.200，计算其质量吸光系数（a）和摩尔吸光系数（ε）。

解：

$$c_{Fe^{2+}} = \frac{1.0 \times 1000 \times 10^{-6}}{55.85} = 1.8 \times 10^{-5}\ (mol \cdot L^{-1})$$

据式（9.10），得：

$$\varepsilon=\frac{A}{bc}=\frac{0.200}{1\times1.8\times10^{-5}}=1.1\times10^{4}\ (\mathrm{L\cdot mol^{-1}\cdot cm^{-1}})$$

根据式（9.11），可得：

$$a=\frac{A}{bc}=\frac{0.200}{1\times1.0\times1000\times10^{-6}}=2.0\times10^{2}\ (\mathrm{L\cdot g^{-1}\cdot cm^{-1}})$$

9.2.2　紫外-可见分光光度计

（1）仪器基本构造

用于测量溶液吸光度的仪器称为“分光光度计”。紫外-可见分光光度计型号、种类繁多，但其基本结构和原理相似，都是由光源、单色器、吸收池、检测器和信号指示系统五部分组成，如图 9.4 所示。

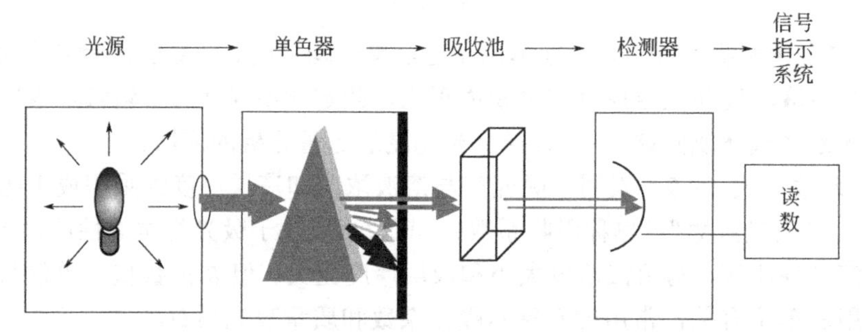

图 9.4　紫外-可见分光光度计基本构造示意图

① **光源**　提供入射光的装置。分光光度计对光源的要求是：在所需光谱区域内，提供连续的具有足够强度的紫外-可见光，并且辐射强度要稳定，随波长变化尽可能小，使用寿命长。图 9.5 所示为分光光度计中常用的几种光源。

在可见光区常用钨丝灯，其光谱波长范围为 350～2500nm；在紫外光区常用氢灯和氘灯，其发射光谱波长范围为 180～360nm，其中氘灯辐射强度大、稳定性好、使用寿命长。

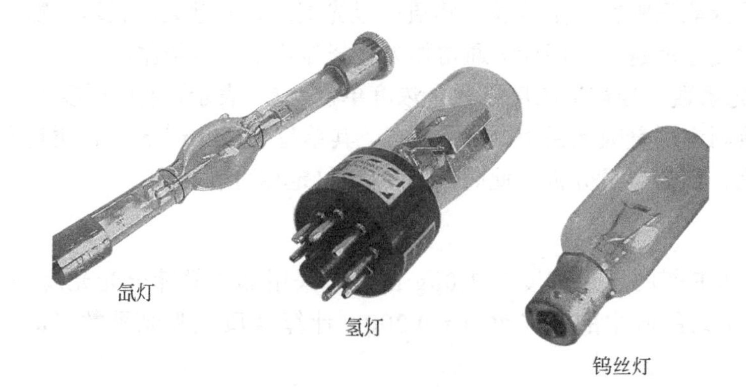

图 9.5　分光光度计中常用光源示意图

② **单色器**　单色器的作用是将光源发射的复合光分成单色光。单色器主要由狭缝、色散元件和透镜组成，其中最关键的部件是色散元件，常用的有棱镜和光栅。

棱镜是根据不同波长的光在同一介质中具有不同的折射率进行分光的［见图9-6（a）］，通常有玻璃和石英两种材质，其中玻璃材质适用于可见光区，石英棱镜适用于紫外光区。光栅则是根据光的干涉与衍射的联合作用进行分光的［见图9.6（b）］。

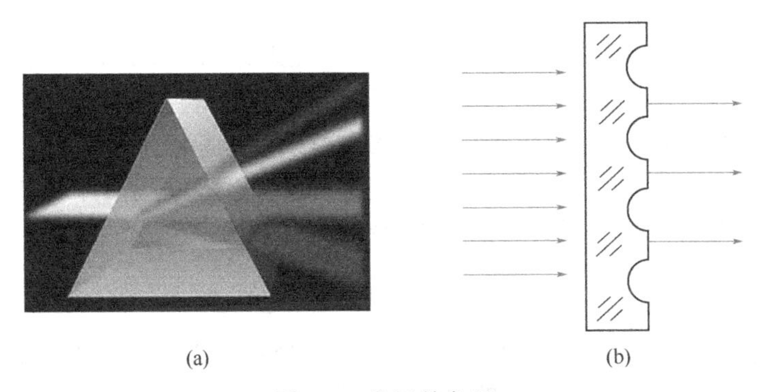

(a) (b)

图9.6 常用单色器

（a）棱镜；（b）光栅

③ **吸收池** 又称“比色皿”，是用于盛放试液的装置，通常由光透明的材料制成，如图9.7所示。在紫外光区，采用石英材料；可见光区，则采用硅酸盐玻璃。

大多数仪器都配有厚度为0.5cm、1cm、2cm、3cm等的一套长方体比色皿，同样厚度的比色皿透光率之差不大于0.5%。

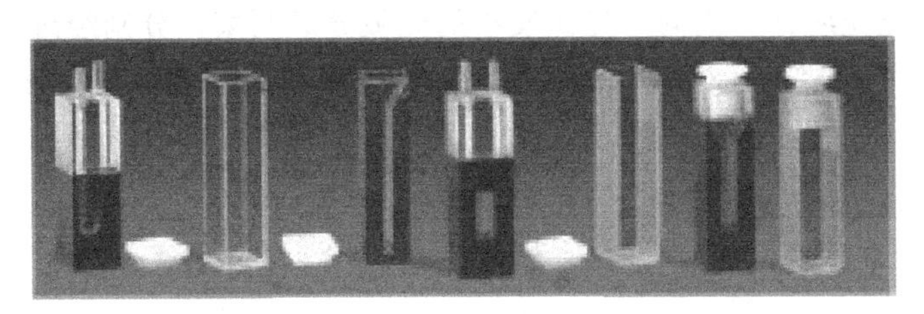

图9.7 比色皿示意图

使用比色皿应注意的事项：

- 手执两侧的毛面，盛放液体的体积应在比色皿容积的约3/4处。
- 要用擦镜纸或丝绸擦拭比色皿的光学面。
- 比色皿必须配套使用，否则将使测试结果失去意义。
- 使用比色皿后应立即用水冲洗干净，有色物污染可以用3mol·L^{-1} HCl溶液和等体积乙醇的混合液浸泡洗涤。
- 凡含有腐蚀玻璃的物质（如F^-、$SnCl_2$、H_3PO_4等）的溶液，不得长时间盛放在比色皿中。
- 不得在火焰或电炉上进行加热或烘烤比色皿。

④ **检测器** 检测器即光电转换装置，其作用是将光信号变成电信号。分光光度计对检测器的要求是：对测定波长范围内的光有快速、灵敏的响应，且有良好的稳定性。

常用的检测器有硒光电池、光电管、光电倍增管、硅二极管阵列等。

⑤ **信号指示系统** 信号指示系统的作用是将检测器传来的电信号放大并以适当的方式

显示或记录下来。目前，分光光度计多采用数字显示装置，直接显示吸光度或透光率，有些分光光度计还配有微处理机，一方面可以对仪器进行控制，另一方面可以进行图谱储存和数据处理。

（2）**仪器类型**

紫外-可见分光光度计有单光束分光光度计、双光束分光光度计、双波长分光光度计、多通道分光光度计及探头式分光光度计等多种类型，其中前三种类型较为普遍。

① **单光束分光光度计** 经单色器分光后的一束平行光，轮流通过参比溶液和样品溶液，以进行吸光度的测定。仪器结构简单、操作方便、价格低廉，适用于在给定波长处测量吸光度或透光率，要求光源和检测器具有很高的稳定性。

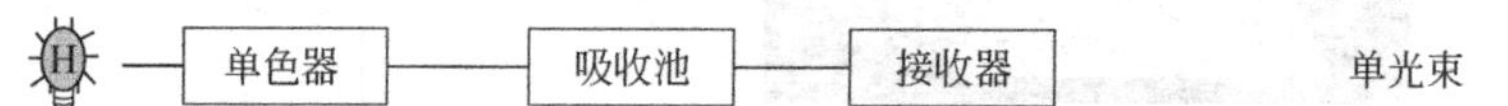

② **双光束分光光度计** 入射光经单色器分光后分解为强度相等的两束光，一束通过参比溶液，一束通过样品溶液。仪器能够自动比较两束光的强度，并将它转换成吸光度记录下来。由于两束光同时通过参比溶液和试样溶液，可消除光源不稳定、检测器灵敏度变化等因素所引起的误差。但仪器复杂，价格较高。

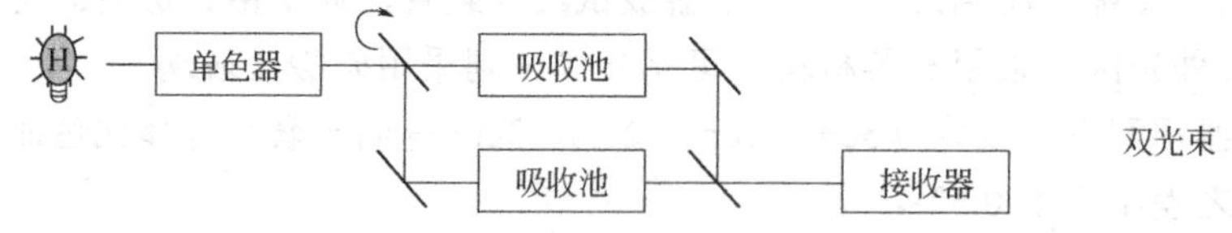

③ **双波长分光光度计** 由同一光源发出的光被分成两束，分别经过两个单色器，得到两束不同波长的单色光（λ_1、λ_2），快速交替通过同一吸收池而后到达检测器。可对高浓度试样、多组分试样及相互干扰的混合试样进行测定，但价格昂贵，不易普及。

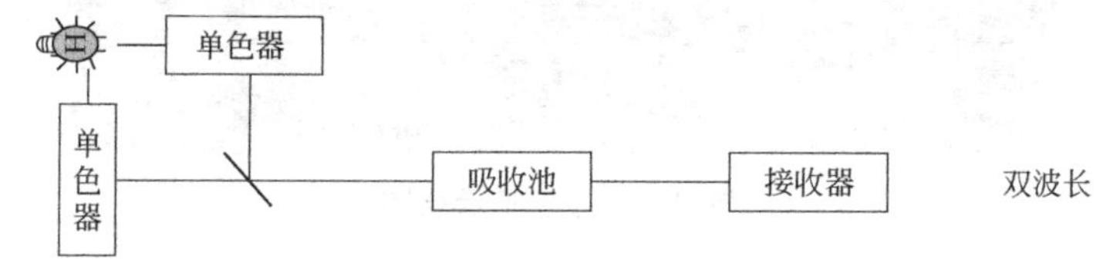

9.2.3 分析条件的选择

为了使分析方法有较高的灵敏度和准确度，选择最佳的测定条件是十分重要的。这些条件包括显色反应条件、仪器测量条件等。

9.2.3.1 显色反应条件

在分光光度分析法中，由于许多物质本身在紫外光区或可见光区内吸收很小，常需要利用显色反应把待测组分 X 转变为对紫外光或可见光有较大吸收的物质，然后再进行测定。这种使试样中的被测组分转变为有色化合物的反应叫“**显色反应**”，与待测组分形成有色化合物所采用的试剂称为“**显色剂**”。显色反应可用下式表达。

$$mX + nR \rightleftharpoons X_mR_n$$

待测物质　　显色剂　　有色化合物

显色反应的类型主要有配位反应、氧化还原反应等，其中配位反应应用最为广泛。

显色反应应满足的条件：

- 灵敏度高。反应生成的化合物在测定波长条件下有较强的吸光能力，即摩尔吸光系数较大。
- 选择性好。显色反应干扰少或干扰比较容易消除。
- 对比度要大。即显色剂与生成的有色化合物最大吸收波长（λ_{max}）差别应尽可能大，通常要求显色剂与有色物质的 λ_{max} 之差大于 60nm。即，$\Delta\lambda_{max} \geqslant 60nm$。
- 显色反应生成的有色化合物组成要恒定，化学性质要稳定。

显色反应能否满足分光光度法的要求，除了与显色剂性质有关以外，还与显色反应的条件控制有十分重要的关系，影响因素主要包括显色剂用量、溶液酸度、显色温度、显色时间及共存离子的干扰等。选择合适的显色反应，严格控制反应条件是十分重要的实验技术。

（1）显色剂用量

对于显色反应

$$m\text{X（待测物质）} + n\text{R（显色剂）} \rightleftharpoons \text{X}_m\text{R}_n$$

为了保证反应进行完全，加入过量的显色剂是有利的。但显色剂用量并不是越多越好，因为加入过多的显色剂往往会引起副反应，反而对测定带来不利的影响，例如增大了试剂空白或改变了生成物的组成等。

显色剂用量通常是通过实验确定的。具体方法是：固定被测试离子的浓度和其他条件，分别加入不同量的显色剂，测定其吸光度 A 值，绘制吸光度（A）-显色剂浓度（c_R）曲线。

在曲线上吸光度大且呈现平缓的区域，即为适宜的显色剂用量范围，如图 9.8 中 a～b 区间。

（2）溶液酸度

溶液酸度对显色反应的影响是多方面的，主要表现在以下几个方面：

① 当酸度不同时，同种被测离子与同种显色剂反应，可以生成不同型体的不同颜色的化合物，产生不同的吸收。因此只有控制溶液的 pH 值在一定范围内，才能获得组成恒定的有色化合物，得到正确的测定结果。

② 溶液酸度过低可能引起被测金属离子的水解，从而破坏了有色配合物，使溶液颜色发生变化，甚至无法测定。

③ 溶液酸度不同，显色剂可能有不同的型体，从而具有不同的颜色，产生不同的吸收。

④ 溶液酸度的变化会影响生成有色化合物的稳定性，特别是对弱酸型有机显色剂与金属离子形成的配合物的影响较大。

⑤ 酸度不同，干扰组分对显色反应的影响程度可能不同。

对于某一显色体系，显色反应适宜的酸度范围与显色剂、被测离子及共存组分的性质有关，必须通过实验来确定。具体方法是：固定溶液中被测离子浓度和显色剂浓度，改变溶液的 pH 值，测定相应的吸光度 A 值，绘制 A-pH 值曲线，如图 9.9 所示。在 A-pH 值曲线上选择较为平坦的区间，即为该显色反应的最适宜酸度范围。

（3）显色温度

不同的显色反应对温度的要求不同。大多数显色反应是在常温下进行的，但有些反应必须在较高温度下才能进行或进行得比较快。例如，Fe^{3+}与邻二氮菲的显色反应常温下就可完

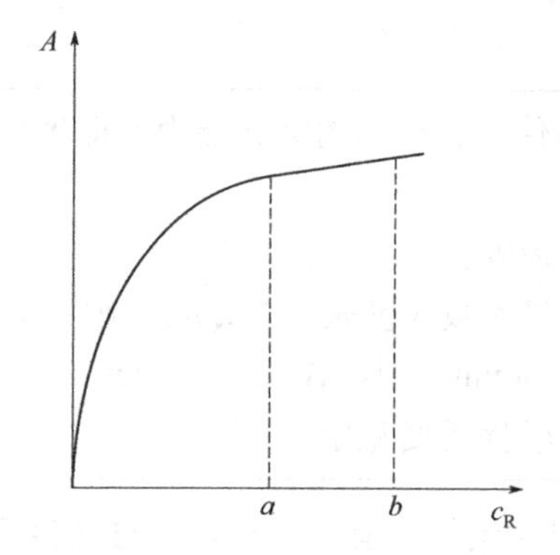

图 9.8 吸光度与显色剂用量的关系

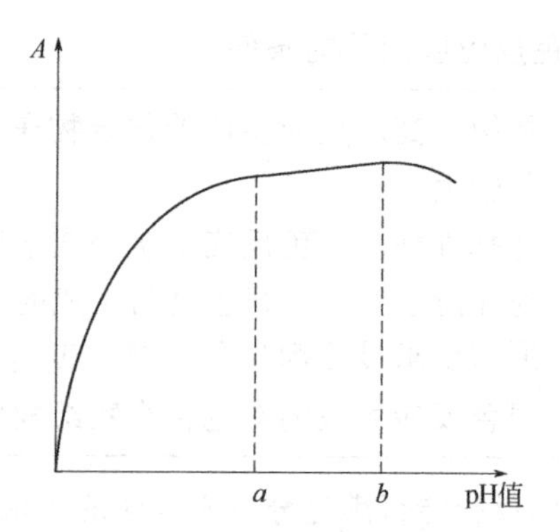

图 9.9 吸光度与溶液酸度的关系曲线

成；而硅钼蓝法测定微量硅时，应先加热，使之生成硅钼黄，然后将硅钼黄还原为硅钼蓝，再进行测定。另外，有些有色物质加热时容易分解，这类物质在反应时就不能加热。因此，对于不同的显色反应，应通过实验的方法找出各自适宜的显色温度范围。

（4）显色时间

在显色反应中应该从两个方面来考虑时间的影响。一是显色反应完成所需要的时间，称为“显色时间”；二是显色后有色物质色泽保持稳定的时间，称为“稳定时间”。确定适宜时间的方法是：配制一份显色溶液，从加入显色剂开始，每隔一定时间测吸光度 *A* 值，绘制吸光度 *A*-*t* 曲线。*A*-*t* 曲线上平坦部分对应的时间就是测定的最适宜时间。

（5）共存（干扰）离子的影响

共存离子对测定的影响主要有以下几种情况：

① 干扰离子本身有颜色，并且在测定条件下也有吸收；

② 干扰离子与被测离子或显色剂反应，将降低被测离子或显色剂的浓度，影响显色反应的完成；

③ 干扰离子与显色剂生成有色化合物，且在测定条件下吸收，导致测量结果偏高；

④ 干扰离子在测定条件下水解，析出沉淀使溶液浑浊，致使吸光度的测定无法进行。

在实际分析工作中，为获得准确的结果，需要采取适当的措施来消除干扰组分的影响。常用的方法主要有：控制溶液的酸度、加入适当掩蔽剂、选择适当的入射波长、选择合适的参比溶液、分离干扰离子等。

9.2.3.2 测量条件的选择

为了使分析有较高的灵敏度和准确度，除了要注意控制合适的显色条件外，还必须选择适宜的光度测量条件。如入射光波长的选择、参比溶液的选择以及吸光度测量范围的选择。

（1）入射光波长的选择

入射光波长的选择应根据被测物质的吸收曲线，通常选用最大吸收波长（λ_{max}）作为入射波长，即**“最大吸收”**原则。因为在此波长下，吸光物质的摩尔吸光系数最大，测定灵敏度最高，而且在 λ_{max} 附近波长的少许偏移引起的吸光度的变化较小，可得到较好的测量精度。

但是，当最大吸收波长附近存在较大干扰时（共存离子有吸收），就不选最大吸收波长作为入射光波长，这时应以**“吸收最大，干扰最小”**为原则，选择为入射光波长。

依据光的吸收曲线可选择入射光测量波长，选择时主要有三种情况，如图 9.10 所示。

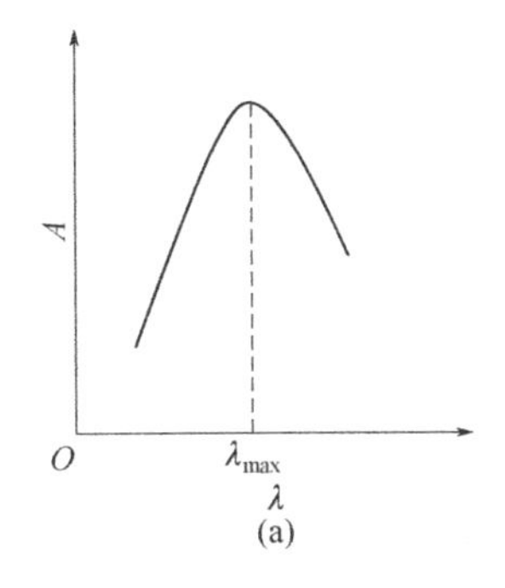

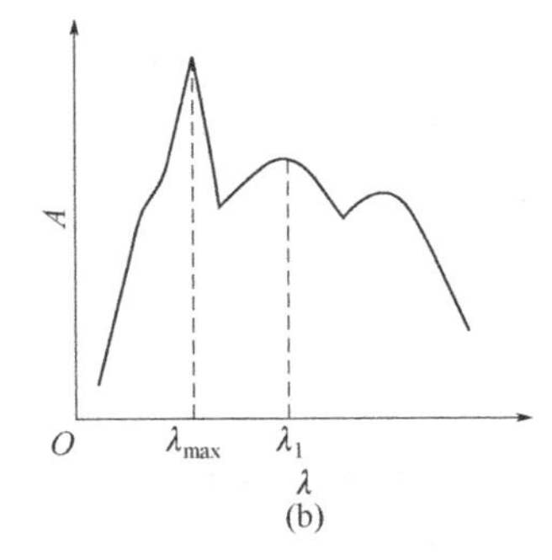

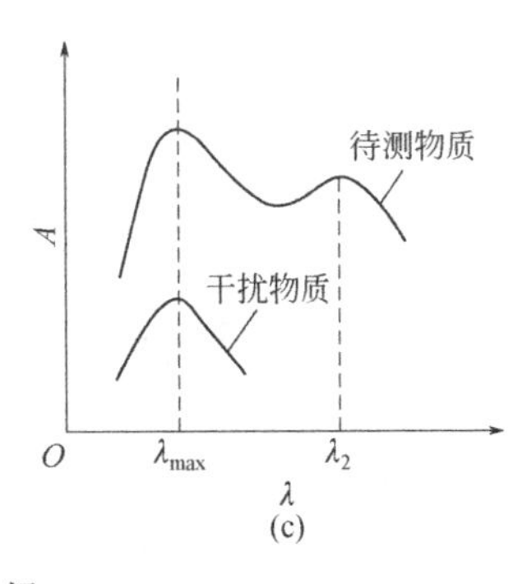

图 9.10 入射光测量波长的选择

(a) 选择 λ_{max}；(b) 选择 λ_1；(c) 选择 λ_2

① 选择最大吸收波长 λ_{max} 作为测量波长，即“**最大吸收原则**”，以获得较高的灵敏度，如图 9.10（a）所示。

② 在 λ_{max} 处吸收峰太尖锐，如 9.10（b）所示。则在满足分析灵敏度的前提下，可选择灵敏度稍低的波长如 9.10（b）中的 λ_1 作为入射光波长，以减少非单色光引起的对朗伯-比尔定律的偏离。

③ 在 λ_{max} 处有干扰，可选用无干扰、灵敏度稍低的波长如 9.10（c）中的 λ_2 作为测量波长，以消除干扰。

例如，在 $K_2Cr_2O_7$ 存在下测定 $KMnO_4$，不是选择最大吸收波长（$\lambda_{max}=525nm$），而是选择 $\lambda=545nm$ 作为入射光波长。因为在 525nm 处，$K_2Cr_2O_7$ 有吸收，干扰测定；而在 545nm 处，$K_2Cr_2O_7$ 不吸收，对 $KMnO_4$ 测定就没有干扰了。如图 9.11 所示。

图 9.11 测定 Mn 的入射光波长选择方法

(2) 参比溶液的选择

参比溶液又称空白溶液，其作用是调节分光光度计透光率为 100%（即 $A=0$），以消除吸收池的反射、吸收以及溶剂、试剂等的吸收对吸光度的影响。

选择参比溶液的原则是：使试液的吸光度真正反映待测组分的浓度，即吸光度只与待测组分浓度有关。

常用的参比溶液主要有以下几种。

① **溶剂参比** 当试样溶液的组成较为简单，共存的其他组分很少且对测定波长的光几乎没有吸收时，可采用溶剂作为参比溶液，这样可以消除溶剂、吸收池等因素的影响。

② **试剂参比** 如果显色剂或其他试剂在测定波长条件下有吸收，按显色反应相同的条件，只是不加入试样，同样加入试剂和溶剂作为参比溶液。这种参比溶液可消除试剂中的组分产生吸收的影响。

③ **试液参比** 如果试样中其他共存组分在测定波长下有吸收，但不与显色剂反应，且显色剂在测定波长无吸收时，可用试样溶液作为参比溶液，即将按与显色反应相同的条件处理试样，只是不加显色剂。这种参比溶液可以消除有色共存离子的影响。

(3) 吸光度测量范围的选择

在分光光度分析中，除了各种化学因素所引起的误差外，还存在仪器测量误差。测定结果的相对误差不仅与仪器精度有关，还和透光率或吸光度的读数范围有关，当 $T=36.8\%$（$A=0.434$）时，测量的相对误差最小。当 $T=15\%\sim70\%$，即 $A=0.2\sim0.8$ 时，测量的相对误差不超过±2%，能满足分析测定的要求，故吸光度 $A=0.2\sim0.8$ 为测量的适宜范围。

在实际分析工作中，通常通过调节被测溶液的浓度、使用不同厚度的比色皿来调整待测溶液的吸光度，使其在合适的范围内。

9.2.4 定量分析方法

紫外-可见分光光度法定量分析的依据是朗伯-比尔定律，即在一定波长处测定物质的吸光度与它的浓度呈线性关系。因此，通过测定溶液对一定波长入射光的吸光度，即可求出该物质在溶液中的浓度或含量。下面介绍几种常用的定量分析方法。

9.2.4.1 目视比色法

用眼睛观察、比较待测物质颜色的色度以确定其含量的方法，称为“目视比色法”。

(1) 目视比色仪器

目视比色法所用的仪器是一套比色管和比色管架。其中，比色管是由同种玻璃材料制成的形状、大小相同的平底玻璃管，如图 9.12 所示。

(2) 目视比色分析法

常用的目视比色法是标准系列法。这种方法要使用一套比色管，依次分别向其中加入不同量的待测组分标准溶液和一定量的显色剂及其他辅助试剂，并用溶剂稀释到相同体积，配成一套颜色逐渐加深的标准系列溶液。

将一定量待测试液在相同条件下显色、定容，然后从管口上方垂直向下观察颜色深浅（浓度较大，颜色较深时，应从管前向后观察），如图 9.13 所示。将待测试液与标准系列溶液比较，颜色深浅相同者，其待测物质含量亦相同。若待测溶液颜色介于两标准溶液之间，则取两标准溶液浓度的算术平均值作为待测溶液的浓度。

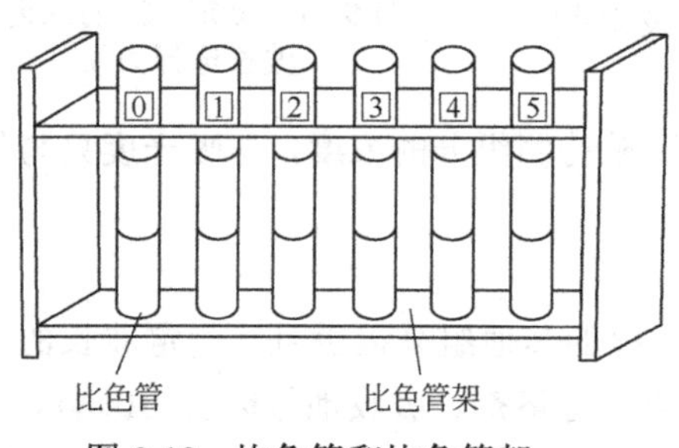

图 9.12 比色管和比色管架

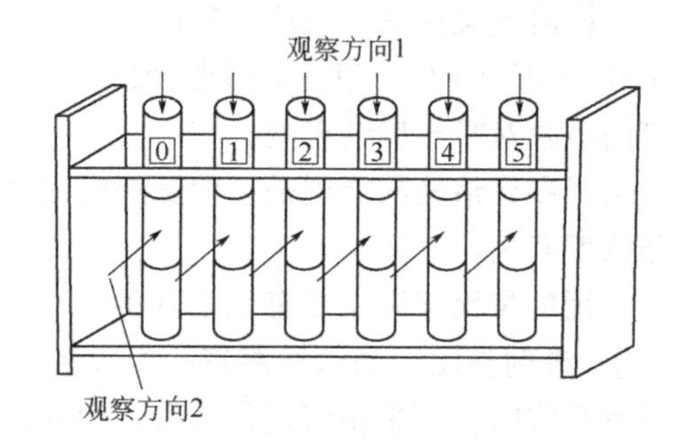

图 9.13 目视比色的观察方向

例如，环境分析中，测定水质中亚硝酸盐时，通常采用亚硝酸盐和对氨基苯磺酸起重氮化反应，然后与盐酸-α-萘胺偶合，生成紫红色燃料来进行比色。此法适用于河水等污染不严重水质的测定。

(3) 目视比色法的特点

目视比色法的优点是仪器简单，操作便捷，比色管中的液层较厚，而人眼具有辨别很稀的有色溶液颜色的能力，故测定的灵敏度高，适用于稀溶液中微量组分的测定。该方法的缺点是准确度较差，相对误差为5%～20%。如果待测溶液中存在第二种有色物质，就无法进行测定。此外，由于许多有色溶液颜色不稳定，校准系列溶液不能久存，常常需在测定时现配，比较麻烦。

目视比色法主要用于准确度要求不高的常规分析和限界分析（确定试样中待测杂质含量是否在规定的最高限界以下）中。例如重金属、游离氨、铵盐、氧化氮、硫酸根、氯离子、硫化物等含量的测定。

9.2.4.2　分光光度法

（1）工作曲线法

工作曲线法又称“标准曲线法”，是实际分析中使用最多的一种定量分析方法。工作曲线法的步骤如下：

① 制备标准系列：取适宜规格的容量瓶（一般为 50mL 或 100mL），配制一系列不同浓度的待测组分的标准溶液（分别为 c_1，c_2，c_3，c_4，…，c_n），同时制备试样溶液（浓度为 c_x）。

② 在一定测定条件（包括显色条件、测量条件等）下，分别测定各标准溶液的吸光度，并列表记录。如表 9.7 和图 9.14 所示。

表 9.7　标准曲线法测定中各标准溶液的浓度和吸光度实验数据记录

序号	0	1	2	3	4	…	n	试液
溶液浓度	c_0	c_1	c_2	c_3	c_4	…	c_n	c_x
吸光度 A	A_0	A_1	A_2	A_3	A_4	…	A_n	A_x

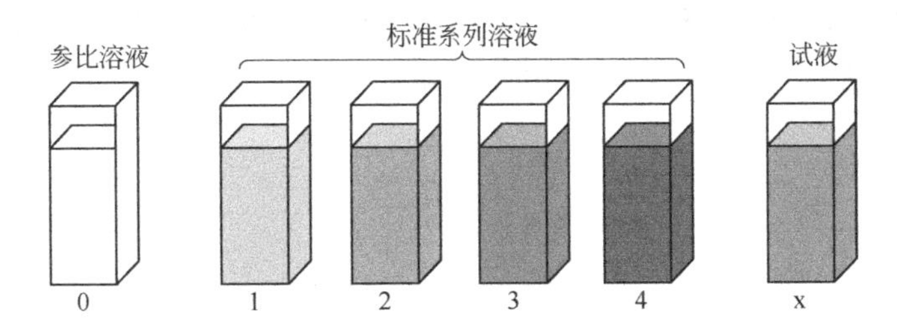

图 9.14　装有参比溶液、标准系列溶液和试液的吸收池

③ 以吸光度 A 为纵坐标，标准溶液浓度 c 为横坐标，绘制 A-c 曲线，此曲线即为工作曲线（或标准曲线），如图 9.15 所示。

④ 然后在相同条件下，测定被测试样的吸光度 A_x，从工作曲线上就可以查出被测试液的浓度 c_x，从而确定其含量。

在使用工作曲线法时应注意，样品溶液的测定与工作曲线绘制时吸光度的测量必须在相同条件下进行，同时要求待测溶液的浓度应在工作曲线线性范围内，最好在工作曲线中部，这样才能保证测定的准确度。

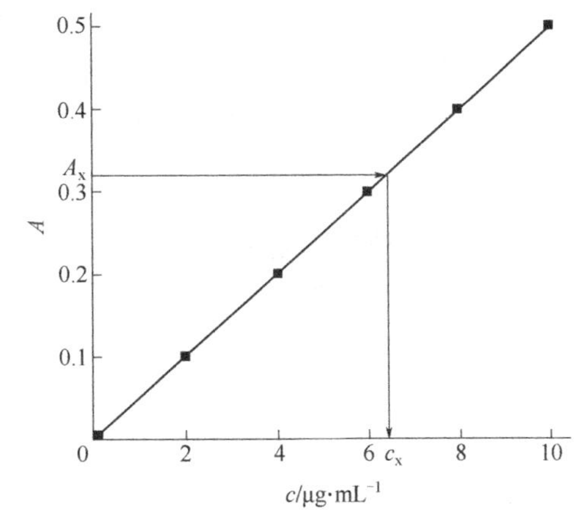

图 9.15　工作曲线

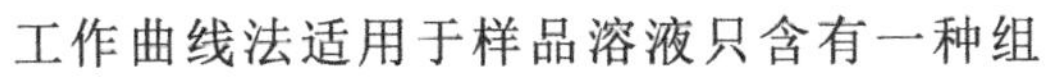

工作曲线法适用于样品溶液只含有一种组分或混合溶液中待测组分的吸收峰与其他组分的吸收峰互相不重叠时成批样品的分析，可以消除一定的随机误差。

（2）比较法

在实际的工作中，对于个别试样的测定，有时也采用比较法。这种方法是用一种已知准确浓度的标准溶液 c_s，在一定条件下测定其吸光度 A_s，然后在相同条件下测定试液（c_x）的吸光度 A_x，当试液和标准溶液完全符合朗伯-比尔定律时：

标准溶液： $A_s=\varepsilon bc_s$

试样溶液： $A_x=\varepsilon bc_x$

由于比色皿厚度相同，两式相比得：

$$c_x=\frac{A_x}{A_s}c_s \tag{9.12}$$

比较法适用于个别样品的测定，使用该方法时要求 c_x 与 c_s 尽可能接近，且都符合朗伯-比尔定律。

（3）示差法

示差法又称“示差分光光度法”，可分为高吸光度示差法、低吸光度示差法、精密示差法和全差示差法四种类型，应用较广泛的是测定高含量组分的高吸光度示差法。

当待测组分含量较高，溶液浓度较大时，其吸光度值往往超出适宜的读数范围，引起较大的测量误差，甚至无法直接测定，此时使用高吸光度示差法就可以解决这些问题。其具体方法是：

选择一个比待测试液浓度稍低的标准溶液作为参比溶液，如果标准溶液浓度为 c_s，待测试液浓度为 c_x，而且 $c_x>c_s$，根据朗伯-比尔定律：

$$A_x=\varepsilon bc_x$$
$$A_s=\varepsilon bc_s$$

两式相减得：

$$A_x-A_s=\varepsilon b(c_x-c_s)$$
$$\Delta A=\varepsilon b\Delta c \tag{9.13}$$

由上式可知吸光度差值 ΔA（称为相对吸光度）与浓度差值 Δc 成正比关系，以浓度为 c_s 的标准溶液作参比溶液，测定一系列已知浓度的标准溶液的相对吸光度 ΔA，作 ΔA-Δc 工作曲线，由待测试液的 ΔA 在工作曲线上查出相应的 Δc（或用比较法计算出 Δc），则：

$$c_x=c_s+\Delta c \tag{9.14}$$

由于采用浓度为 c_s 的标准溶液，调节仪器透光率 $T=100\%$（$A=0$），然后测量其他溶液的吸光度，这时的吸光度实际上是两者之差 ΔA，其读数值处于 0.2～0.8 的适宜读数范围内，因而用高吸光度示差法测定高含量组分时，测量的相对误差仍然较小，从而提高了测量的准确度。

使用高吸光度示差法要求仪器光源强度足够大，检测器足够灵敏，以保证将标准参比溶液的 T 调到 100%。

9.3　原子吸收分光光度法

根据原子核外电子跃迁产生的光谱进行分析的方法称为“原子光谱法”。原子光谱法包括原子吸收分光光度法、原子发射光谱法、原子荧光光谱法。本节主要学习原子吸收分光光度法。

原子吸收分光光度法又称原子吸收光谱分析（AAS），它是基于光源辐射出待测元素的特征谱线，通过测量蒸气中待测元素的基态原子对特征电磁辐射的吸收进行分析的一种仪器分析方法，主要用于元素的定量分析。

原子吸收分光光度法和紫外-可见分光光度法都是基于物质对紫外和可见光的吸收而建立起来的分析方法，都属于吸收光谱分析，两者的本质区别在于吸收光辐射的基本微粒不同。

原子吸收分光光度法（AAS）：吸收光辐射的基本微粒是基态原子，线状光谱；紫外-可见分光光度法（UV-Vis）：吸收微粒是溶液中的分子或离子，带状光谱。所以，两者在分析仪器和分析方法上都有许多不同之处。

原子吸收分光光度法具有以下特点：

- 选择性高、干扰少：该方法分析不同的元素需选择不同的元素的灯，故干扰因素较少，干扰容易消除。通常在同一溶液中连续测定多种元素而不需预先分离。
- 灵敏度高：用火焰原子吸收分光光度法可测到 $10^{-9}g \cdot mL^{-1}$ 数量级；用无火焰原子吸收分光光度法可测到 10^{-10}～$10^{-14}g \cdot mL^{-1}$ 数量级。
- 准确度高：火焰原子吸收分光光度法的相对误差一般小于 1%，其准确度接近经典化学分析方法。石墨炉原子吸收法的相对误差一般为 3%～5%。
- 操作简便，分析速度快：在准备工作做好后，一般几分钟就可以完成一种元素的测定。
- 应用范围广：可以直接测定 70 多种金属元素，也可以用间接方法测定一些非金属和有机化合物，既可做痕量组分分析，又可进行常量组分测定。

原子吸收分光光度法还有一些不足之处。例如使用单元素灯时每测一种元素就要更换一种灯，实验条件还要重新调整，因此在多元素测定中还麻烦。对于有些元素，测定的灵敏度还比较低（如钍、锆、铪、银、钽等）。此外对于复杂样品还需要进行复杂的化学预处理，否则干扰将比较严重而影响测定。

9.3.1　方法原理

(1) 共振线和吸收线

任何元素的原子都是由带一定数目正电荷的原子核和带相同数目负电荷的核外电子组成的。原子核外电子是根据其能量的高低分层排布的，每层具有确定的能量，从而形成不同的能级，每个电子的能量是由它所处的能级决定的，一个原子可以具有多种能级状态。核外电子的排布具有最低能级时，称为基态；其余能级状态称为激发态，而能量最低的激发态称为第一激发态。原子能级状态如图 9.16 所示。

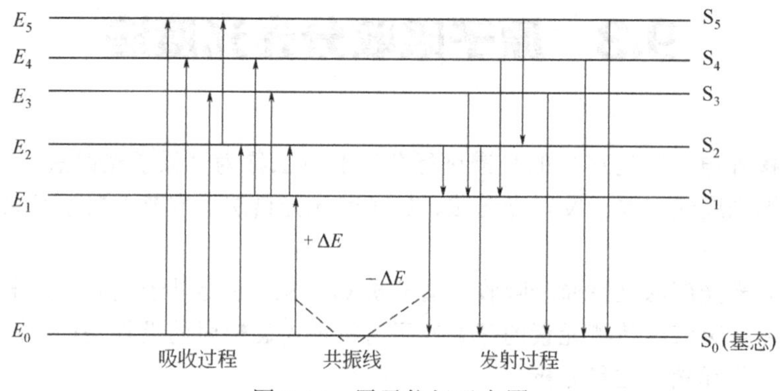

图 9.16　原子能级示意图

正常情况下，处于基态的原子，称为**"基态原子"**。当基态原子受外界能量（如热能或光能等）激发时，最外层电子吸收一定的能量而跃迁至相应的激发态，从而产生原子吸收光谱。由于原子各能级间能量差 ΔE 是一定的，只有外界提供的能量恰好等于两能级差 ΔE 时，才可能产生原子吸收光谱。原子吸收光谱的频率 ν 或波长 λ，是由产生跃迁的两能级差 ΔE 决定的。

$$\Delta E = h\nu = h\frac{c}{\lambda} \tag{9.15}$$

电子吸收一定能量跃迁至能量较高的激发态时，是不稳定的，其在极短的时间（约 10^{-8}s）内又返回到原能级，同时将跃迁时吸收的能量以光的形式辐射出来，从而产生原子发射光谱。原子核外电子从基态跃迁至第一激发态所吸收的谱线称为**"共振吸收线"**，简称共振线。当电子从第一激发态返回基态所发射出来的谱线称为**"共振发射线"**，也简称共振线。

由于各种元素的原子结构和核外电子排布不同，其核外电子从基态跃迁至第一激发态时吸收的能量也不同，因此各种元素的共振线各有特征，即共振线为元素的特征谱线。

由于基态与第一激发态之间的能级差最小，电子跃迁概率最大，因此对大多数元素来说，共振线是所有吸收线中最灵敏的谱线。原子吸收分光光度法就是利用处于基态的待测原子蒸气对从光源发射的共振发射线的吸收来进行定量分析的。

在原子吸收分光光度分析中通常以共振线作为分析线。

(2) 原子吸收分光光度法的定量分析原理

从理论上讲，原子吸收光谱应该是线状光谱。但实际上任何原子发射或吸收的谱线都不是绝对单色的几何线，而是具有一定宽度的谱线。若将不同频率、强度为 I_0 的平行光通过某元素原子蒸气，其透射光强度 I_ν 是随入射光的频率 ν 而有所变化的，其规律如图 9.17 所示。

图 9.17 表明，原子对光的吸收不是固定在某一频率，而是在一定频率范围内均有吸收。在频率 ν_0 处，透射光最少，即吸收最大，因此 ν_0 处为基态原子的最大吸收，ν_0 称为**"中心频率"**或"峰值频率"。

若将吸光系数 K_ν 对频率 ν 作图得一曲线，如图 9.18 所示，该曲线形状称为**"吸收线轮廓"**。在 K_ν-ν 曲线中，中心频率 ν_0 处 K_ν 有极大值 K_0，K_0 称为"中心吸光系数"或"峰值吸光系数”。吸收线具有一定宽度，当 K_ν 等于峰值吸收系数一半（$K_0/2$）时，所对应的吸收线轮廓上两点间的距离称为吸收线的**“半宽度”**，以 $\Delta\nu$ 表示。在原子吸收分光光度法中，分析线的半宽度（折合成波长）约为 0.001～0.005nm。

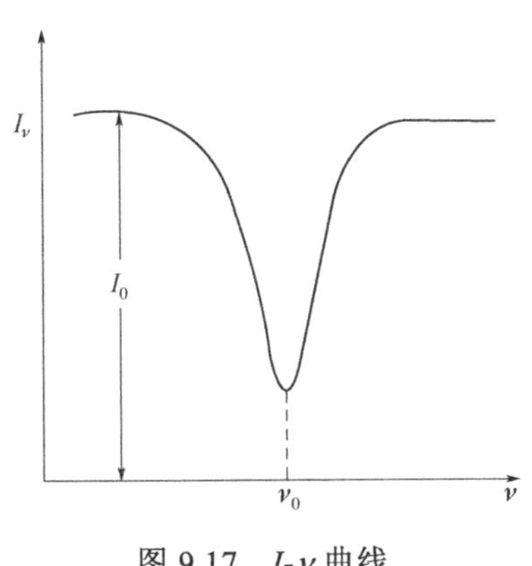

图 9.17　*I*-ν 曲线

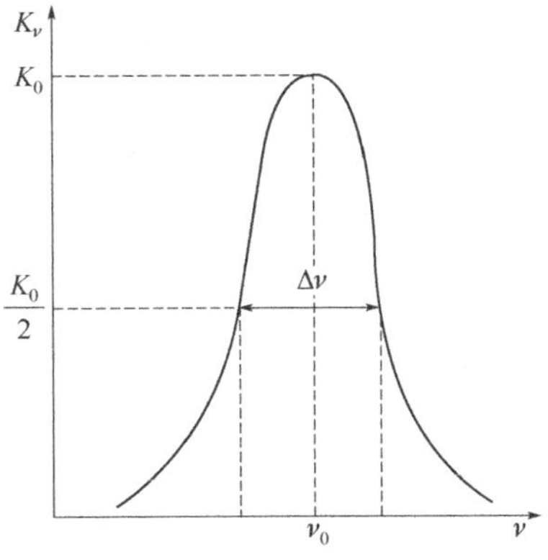

图 9.18　吸收线轮廓与半宽度

原子蒸气中基态原子吸收共振线的全部能量，相当于图 9.18 吸收线轮廓下面所包围的整个面积，在原子吸收分析中称为**“积分吸收”**。在一定实验条件下，基态原子蒸气的积分吸收与试液中待测元素的浓度成正比。但目前仪器还不能准确地测量出半宽度如此小的吸收线的积分吸收值。因此，目前一般以锐线光源作为激发光源，用测量峰值吸收的方法代替测量积分吸收。

峰值吸收是指基态原子蒸气对入射光中心频率线的吸收，其大小用峰值吸收系数 K_0 表示。为了测量峰值吸收，必须使用锐线光源，即光源发射线的半宽度必须比吸收线的半宽度小得多，而且发射线的中心频率与吸收线的中心频率一致。

在实际工作中，对于低浓度试样，可以将基态原子数看作吸收辐射的原子的总数。在使用锐线光源的情况下，原子蒸气对入射光的吸收程度和吸光度符合朗伯-比尔定律。设待测元素的锐线光源入射光的强度为 I_0，当其垂直通过光程为 b 的均匀基态原子蒸气时，由于试样中待测元素的基态原子蒸气吸收，光强度减小为 I_t，则吸光度 A 与试样中基态原子数目 N_0 的关系为：

$$A = \lg\frac{I_0}{I_t} = KN_0b \tag{9.16}$$

由于试样中待测元素的浓度与待测元素吸收辐射的原子总数成正比，即：

$$A = K'cb \tag{9.17}$$

在实验条件一定时，基态原子蒸气的吸光度与试样中待测元素的浓度及光程长度的乘积成正比。在火焰法中光程长度 b 实际上就是燃烧器的缝长度，通常是固定不变，上式可简化为：

$$A = K''c \tag{9.18}$$

K''在一定实验条件是常数，是原子吸收分光光度法的定量分析依据。通过测定吸光度 A，就可求出待测元素的浓度 c。

9.3.2 原子吸收分光光度计

原子吸收分光光度计又称原子吸收光谱仪，主要由光源、原子化系统、分光系统和检测系统四部分组成。按照仪器光路结构形式的不同，可将仪器分为单道单光束型、单道双光束型、双道单光束型、双道双光束型，目前比较常用的是单道单光束型和单道双光束型。现以单道单光束型为例，说明原子吸收分光光度计的主要组成部件，如图 9.19 所示。

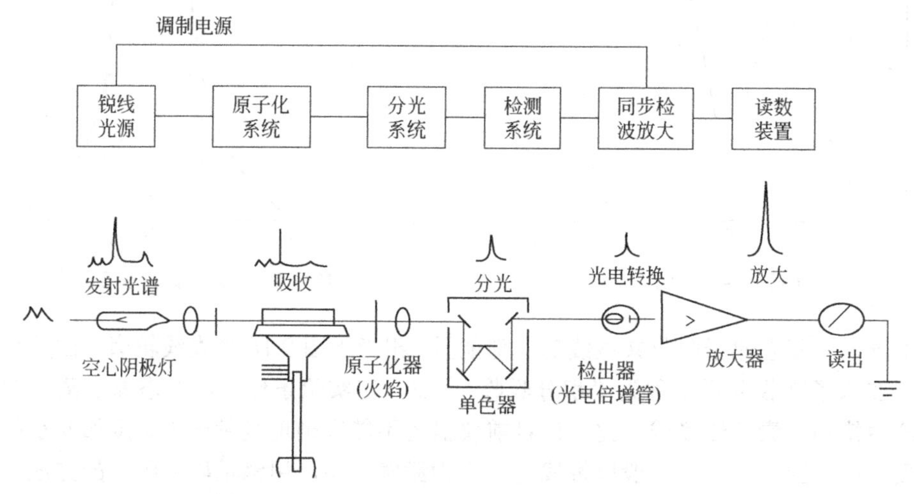

图 9.19 原子吸收分光光度计基本结构示意图

9.3.2.1 光源

(1) 光源的作用和要求

光源的作用是发射待测元素的特征谱线，主要是共振线，供吸收测量用。

对光源的要求：

- 能够发射锐线光，即发射线要足够“窄”，其半宽度要明显小于吸收线的半宽度。这样有利于提高灵敏度和工作曲线的直线性。
- 发射的光必须具有足够的强度，且背景小。有利于提高信噪比，改善检出限。
- 发射的光强度必须稳定，有利于提高测定精密度。
- 灯的使用寿命长。

空心阴极灯、蒸气放电灯、无极放电灯均符合上述要求，其中应用最广泛的是空心阴极灯。

(2) 空心阴极灯

空心阴极灯是一种辐射强度较大、稳定性好的锐线光源。它是一种特殊的辉光放电管，其构造如图 9.20 所示。灯管由带有光学窗口的硬质玻璃制成，透光窗口材料根据所发射共振线的波长而定，在可见波段用硬质玻璃，紫外波段用石英玻璃。灯管内充有 300～1300Pa 的低压惰性气体（氖或氩），在放电过程中起传递电流、溅射阴极和传递能量的作用。

空心阴极灯内有一个阳极和一个阴极，阳极由钛、钽、锆等高熔点金属制成，能够吸收灯内残存或阴极材料出来的氢、氧、氮、二氧化碳、水蒸气等杂质气体；阴极为空心圆柱形，由待测元素的高纯金属或合金制成，对贵重金属，则将其制成薄片衬入空心阴极内壁。其能够发射出待测元素的特征谱线，因此也称为元素灯。

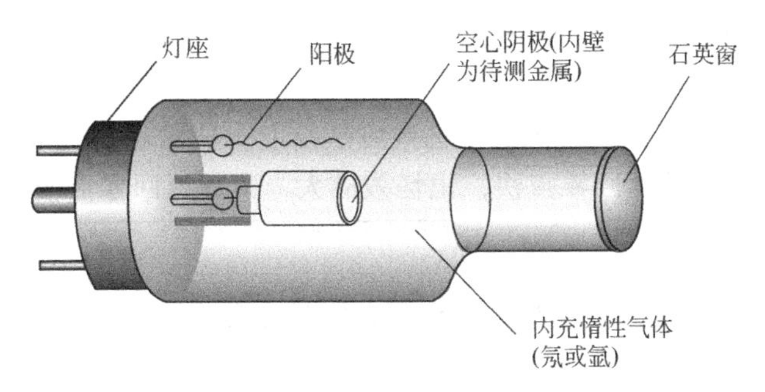

图 9.20　空心阴极灯结构示意图

空心阴极灯是一种性能优良的锐线光源，具有发射强度高、稳定性好、背景辐射较小、谱线很窄的特点。在使用空心阴极灯时，应注意以下事项：

① 空心阴极灯使用前应在工作电流条件下预热一段时间，使灯的发光强度达到稳定。预热时间随灯元素的不同而不同，一般在 20～30min 以上。

② 元素灯长期不用，应定期（每隔两三个月）做点燃处理，即在工作电流下点燃 1h。若灯内有杂质气体，辉光不正常，可进行反接处理。

③ 使用元素灯时，应轻拿轻放。低熔点灯用完后，要等冷却后才能移动。

④ 为了使空心阴极灯发射强度稳定，要保持空心阴极灯石英窗口洁净，点亮后要盖好灯室盖，测量过程中不要打开，使外界环境不破坏灯的热平衡。

9.3.2.2　原子化系统

原子化系统又称“原子化器”。它的作用就是将试液中待测元素转变为游离的基态原子蒸气，并使其进入辐射光路中。待测元素由试样中的化合物解离为基态原子的过程，称为“原子化”。

元素的原子化过程可以示意如下：

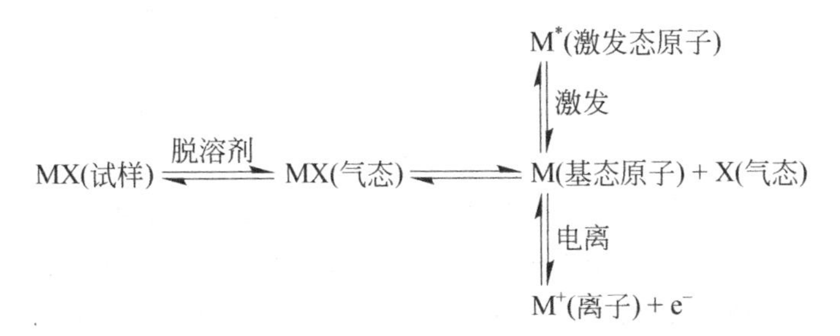

实现原子化的方法可分为两大类：火焰原子化法和无火焰原子化法。火焰原子化法是利用火焰热能使试样转化为游离基态原子蒸气，具有简单、快速、对大多数元素有较高的灵敏度等优点。无火焰原子化法是利用电热、阴极溅射、等离子体、激光或冷原子发生器等方法，使试样转化为游离基态原子蒸气。

由于原子吸收分光光度法是建立在基态原子蒸气对共振线吸收的基础上，因此样品的原子化是原子吸收分析中的一个关键问题。原子化系统是原子吸收分光光度计的关键部件，其性能直接影响到测定的灵敏度和准确度。

对原子化系统的要求是：

- 必须具有足够高的原子化效率。
- 必须具有良好的稳定性和重现性。
- 操作简便，干扰小。
- 安全可靠，记忆效应小。所谓记忆效应是指上一试样对下一试样测定的影响。记忆效应小，仪器读数返回零点快；记忆效应大，读数返回零点慢。

（1）火焰原子化器

常用的火焰原子化器是预混合型原子化器，它是由雾化器、预混合室和燃烧器等部分组成，其结构如图 9.21 所示。

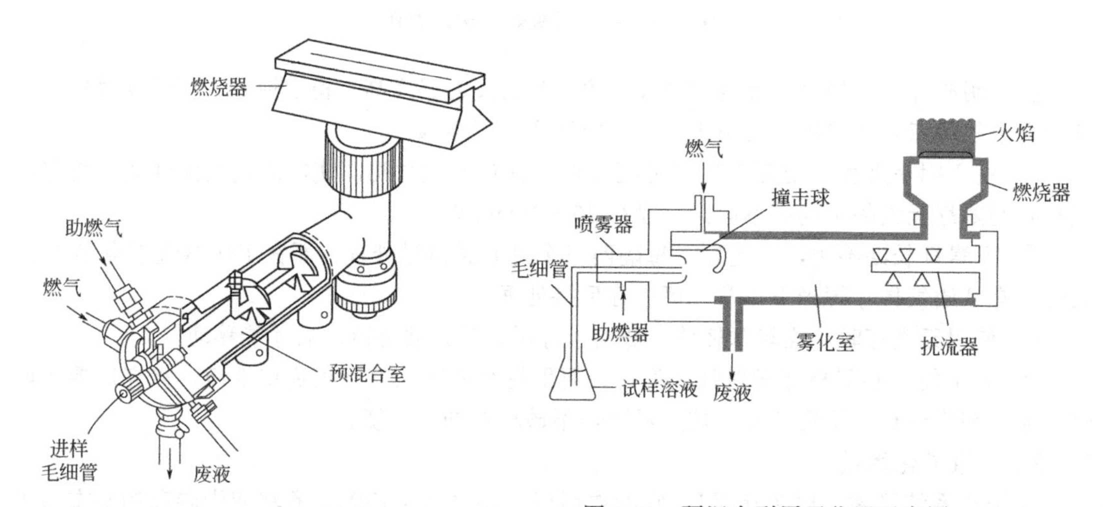

图 9.21　预混合型原子化器示意图

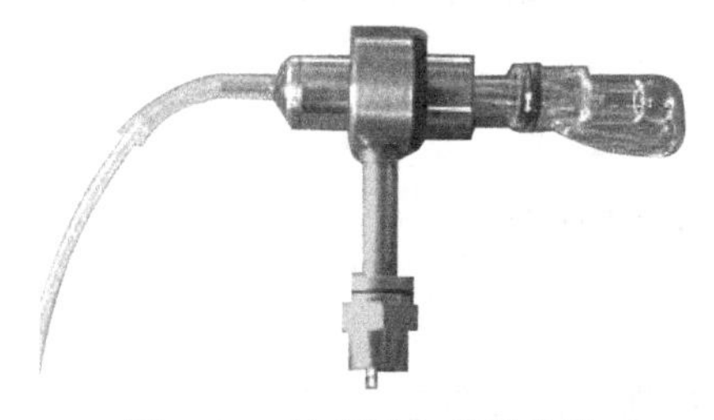

图 9.22　气动同心型雾化器

① **雾化器**　雾化器的作用是将试液雾化成细微的雾珠，它是原子化系统的核心部件。雾化器的性能会对测量的灵敏度、精密度及化学干扰等产生影响，因此要求其喷雾稳定、雾滴细微均匀、雾化效率高。目前广泛使用的是气动同心型雾化器（见图 9.22）。

当具有一定压力的助燃气（如空气）高速通过毛细管外壁与喷嘴口构成的环形间隙时，在毛细管出口的尖端处形成一个负压区，于是试液沿毛细管吸入并被快速通入的助燃气分散成小雾滴。小雾滴随助燃气喷出，撞击在距毛细管喷口前端几毫米处的撞击球上，进一步分散成更为细小的细雾。影响雾化效率的因素有助燃气的流速、溶液的黏度和表面张力以及毛细管与喷嘴口之间的相对位置。

② **预混合室**　预混合室的作用有两个，一是使试液雾珠进一步细化和均匀化，较大雾珠或液滴聚积成液态下沉后由废液排放管流出，直径很小而均匀的细小雾珠则随气体进入燃烧器。二是使燃烧气、助燃气与细小试液雾珠均匀混合，以减少它们进入火焰时对火焰的振动，并使细小雾珠在室内蒸发、脱水。

为了降低前试样被测组分对后试样被测组分产生的记忆效应，要将废液由预混合室排出口排除。且要便于未雾化废液的排出。废液排放管必须形成水封，否则会引起火焰不稳定，甚至会有回火爆炸的危险。

③ **燃烧器** 燃烧器的作用是使燃气和助燃气燃烧形成火焰，使进入火焰的试样微粒原子化，通常由不锈钢制成。

燃烧器应能使火焰燃烧稳定，原子化程度高，并能耐高温耐腐蚀。常用的燃烧器为单缝型，其规格有长缝型和短缝型两种：长缝型燃烧器缝长 100mm，缝宽 0.5mm，适用于乙炔-空气，丙烷-空气，氢气-空气等火焰；短缝型燃烧器缝长 50mm，缝宽 0.4mm，专用于乙炔-氧化亚氮火焰。燃烧器的角度和高度可以调节，以便于选择合适的位置。

④ **火焰** 火焰的作用是提供一定的能量，促使试液雾珠蒸发、干燥，并经过热解离或还原作用，产生大量基态原子。

因此，要求火焰的温度能使待测元素解离成游离基态原子，如果温度过高，会增加原子的电离或激发，使基态原子数目减少，对原子吸收不利。通常在确保待测元素能充分解离为基态原子的前提下，低温火焰比高温火焰具有更高的灵敏度。但对某些元素，如果火焰温度太低，试样不能解离，反而灵敏度降低，并且还会发生分子吸收，干扰可能更大。因此必须根据试样具体情况，合理选择火焰温度。

对于同一种类型的火焰，随着燃气和助燃气的流量不同，火焰的燃烧状态也不同，在实际测定中经常要通过控制不同的燃气与助燃气的比例（燃助比）来选择较好的火焰。按燃助比不同，可将火焰分为化学计量火焰、富燃火焰和贫燃火焰三类。

在原子吸收分析中最常用的火焰有乙炔-空气火焰和乙炔-氧化亚氮火焰两种。前者最高使用温度约 2500K，是用途最广的一种火焰，能用于 30 多种元素的测定；后者温度高达 3000K 左右，这种火焰不但温度高，而且形成强还原气氛，可用于测定乙炔-空气火焰所不能分析的难解离元素，如铝、硅、硼、钨等，并且可消除在其他火焰中可能存在的化学干扰现象。在使用乙炔-空气和乙炔-氧化亚氮这两种火焰时，应注意其点燃与熄灭的顺序。

点燃乙炔-空气火焰的顺序是：通空气→点火→通乙炔气→形成火焰。

熄灭乙炔-空气火焰的顺序是：关乙炔气→熄火→关空气。

点燃和熄灭乙炔-氧化亚氮火焰时，必须采用乙炔-空气火焰过渡法。点燃乙炔-氧化亚氮火焰的顺序是：通空气→点火→通乙炔气→形成乙炔-空气火焰，待火焰稳定后，徐徐加大乙炔流量达到富燃状态，将转向阀迅速从空气转到氧化亚氮，形成乙炔-氧化亚氮火焰。熄灭乙炔-氧化亚氮火焰时，将转向阀从氧化亚氮转向空气，形成乙炔-空气火焰，关乙炔气→熄火→关空气。点燃乙炔-氧化亚氮火焰必须使用专用燃烧器，严禁用乙炔-空气燃烧器代用。

火焰原子化法的操作简便，重现性好，有效光程大，对大多数元素有较高灵敏度，因此应用广泛。但火焰原子化法原子化效率低，灵敏度不够高，而且一般不能直接分析固体样品。火焰原子化法这些不足之处，促使了无火焰原子化法的发展。

（2）无火焰原子化器

无火焰原子化装置有许多种，如电热高温管式石墨炉、石墨坩埚、空心阴极溅射、激光等，应用较多的是电热高温管式石墨炉原子化器。管式石墨炉原子化器的基本原理是利用大电流（通常高达数百安培）通过高阻值的石墨管时所产生的高温，使置于其中的少量试液或固体试样蒸发和原子化。其结构如图 9.23 所示。

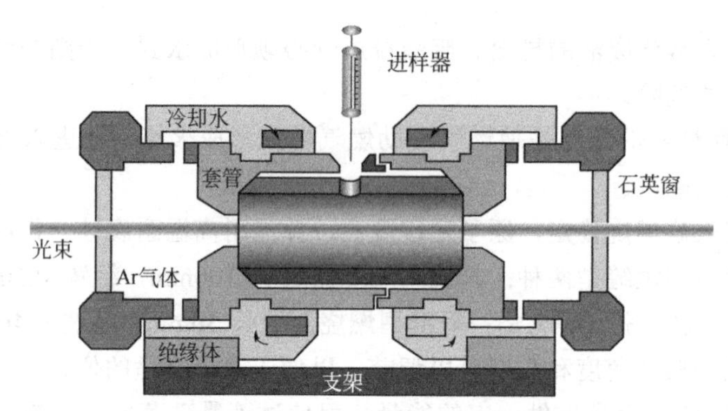

图 9.23 管式石墨炉原子化器示意图

可见，石墨炉原子化器与火焰原子化器的加热方式有本质的不同，前者是靠电加热，而后者则是靠火焰加热。

石墨炉原子化器采用程序升温的方式，使石墨管中试样依次经历干燥、灰化、原子化和净化四个阶段。

① 干燥的目的是蒸发除去试样中的水分等溶剂，干燥温度一般要高于溶剂的沸点，干燥时间每微升约 1.5s。

② 灰化的作用是在不损失待测元素的前提下，进一步除去有机物或低沸点无机物，以减少基体组分对待测元素的干扰，一般灰化温度 100～1800℃，灰化时间 0.5～300s。

③ 原子化就是使待测元素的化合物蒸气气化，然后离解为基态原子，原子化的温度随待测元素而异，原子化时间为 3～10s。

④ 净化是进一步提高温度，以除去石墨管中残留物质，消除记忆效应，便于下一个试样的测定。

石墨炉原子化器的主要优点是：具有较高并且可以控制的温度，原子化效率高；绝对灵敏度高，可达 10^{-12}g；无论液体还是固体均可直接进样，而且样品用量少，一般液体试样为 1～100μL，固体试样可少至 20～40μg。其缺点是：方法的再现性较差，记忆效应比较严重，背景干扰较大，通常需要做背景校正；另外装置复杂，价格昂贵。

9.3.2.3 分光系统

原子吸收分光光度计中分光系统的作用，是将待测元素的共振线与邻近线分开。其色散元件可用棱镜或衍射光栅。如图 9.24 所示，从光源辐射的光经过入射狭缝 S_1 射入，被凹面镜 M 反射准光成平等光束射到光栅 G 上，经光栅衍射分光后，再被凹面镜 M 反射聚焦在出射狭缝 S_2 处，经出射狭缝等到平等光束的光谱。光栅可以转动，通过转动光栅，可以使光栅中各种波长的光按顺序从出射狭缝射出。光栅与波长刻度盘相连接，转动光栅时即可从刻度盘上读出出射光的波长。

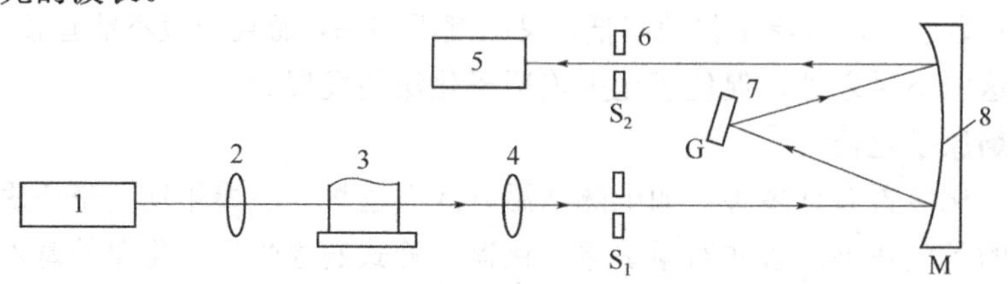

图 9.24 分光系统示意图

1—空心阴极灯；2，4—透镜；3—原子化器；5—检测器；6—狭缝；7—光栅；8—反射镜

9.3.2.4 检测系统

检测系统主要由光电元件、放大器、对数变换器和读数显示装置等组成。

① **光电元件** 光电元件的作用是将分光系统分出的光信号进行光电转换，将微弱的光能量转换成电信号，并有不同程度的放大作用。原子吸收分光光度计的光电转换元件采用光电倍增管。使用光电倍增管时，必须注意不要用太强的光照射，并尽可能不使用太高的增益，这样才能保证光电倍增管良好的工作特性，否则会引起光电倍增管的“疲劳”乃至失效。所谓“疲劳”是指光电倍增管刚开始工作时灵敏度下降，过一段时间趋于稳定，但长时间使用灵敏度又下降的光电转换不呈线性关系的现象。

② **放大器** 虽然光电倍增管已将所接收到的信号进行了放大，但仍较弱，还需要放大器将光电倍增管输出的电信号进一步放大。在原子吸收测量中，常用的是交流选频放大器和相敏放大器。

③ **对数变换器** 对数变换器的作用是将经放大器放大的信号进行对数转换，使电信号与含量之间呈线性关系。

④ **读数显示装置** 读数显示装置包括表头读数（检流计）、自动记录及数字显示几种。许多商品仪器具有曲线校直、标尺扩展、浓度直读等功能，并用计算机进行程序控制和数据的自动处理及打印。

9.3.3 定量分析方法

原子吸收分光光度法主要是作为一种定量分析方法，常采用的定量方法有标准曲线法、标准加入法和内标法。

(1) 标准曲线法

原子吸收分析中的标准曲线法与紫外-可见分光光度法的标准曲线法相似，关键都是绘制一条工作曲线。其方法是：配制一组合适浓度的标准溶液，在最佳测定条件下，由低浓度到高浓度，依次测定它们的吸光度 A。以测得的吸光度 A 为纵坐标，待测元素的含量或浓度 c 为横坐标，绘制吸光度 A-c 曲线，即为标准曲线，又称“工作曲线”。

在与绘制标准曲线相同的条件下测定样品的吸光度，利用标准曲线以内插法求出被测元素的浓度。理想的标准曲线应该是一条通过坐标原点的直线，如图 9.25 示。

标准曲线法的优点是简便，快速，适于组成较为简单的大批样品分析；不足之处是对个别样品测定仍需配制标准系列，手续比较麻烦，特别是对组成复杂的样品，标样的组成难以与其相近，基体效应差别较大，测定的准确度欠佳。

例 9.3 已知某元素 M 的工作曲线如图 9.26 所示。测定某样品中该元素的含量，称取样品 0.9986g，经化学处理后，移入 250mL 容量瓶中，定容。在适当工作条件下，测得其吸光度为 0.320，求该样品中 M 的百分含量。

解：由 M 元素工作曲线上查出，当吸光度 $A=0.320$ 时，M 的质量浓度 $c=6.2\mu g \cdot mL^{-1}$，因此被测溶液中 M 的质量浓度为 $6.2\mu g \cdot mL^{-1}$，则 M 的含量为：

$$w_M = \frac{6.2\times10^{-6}\times250}{0.9986}\times100\% = 0.16\%$$

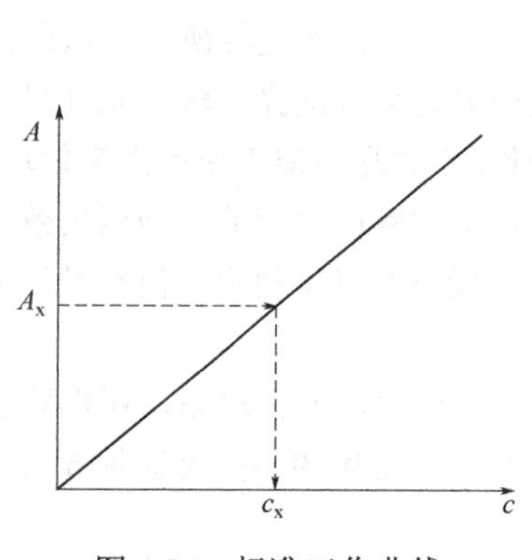

图 9.25　标准工作曲线

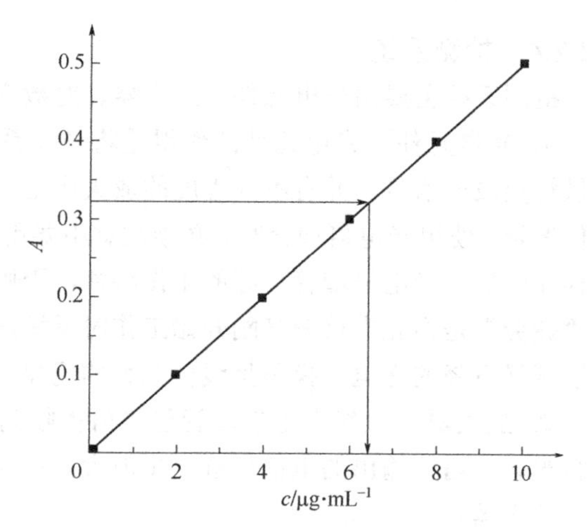

图 9.26　M 元素工作曲线

（2）标准加入法

若试样的基体组成复杂，且试样的基体对测定有明显的干扰，则在一定浓度范围内标准曲线呈线性的情况下，可用标准加入法测定。

取相同体积的试样溶液两份，分别移入容量瓶 A 及 B 中，另取一定量的标准溶液加入 B 中，然后将两份溶液稀释至刻度，测出 A 及 B 两份溶液的吸光度。设试样中待测组分（容量瓶 A 中）的浓度为 c_x，加入标准溶液（容量瓶 B 中）的浓度为 c_0，A 溶液的吸光度为 A_x，B 溶液的吸光度为 A_0，则可得：

$$A_x = K'c_x$$

$$A_0 = K'(c_0+c_x)$$

由上述两式即得：

$$c_x = \frac{A_x}{A_0 - A_x}c_0 \qquad (9.19)$$

根据式（9.19）即可计算出试液中待测组分的浓度或含量。

实际测定中，多采用作图的方法：吸取四份以上试液，第一份不加待测元素标准溶液，从第二份开始，依次按比例加入不同量的待测组分标准溶液，用溶剂稀释到同一体积，以空白溶液为参比，在相同条件下，分别测量每份溶液的吸光度。设试样中待测组分浓度为 c_x，加入标准溶液后浓度分别为 c_x+c_0、c_x+2c_0、c_x+3c_0、…，各溶液对应的吸光度分别为 A_0、A_1、A_2、A_3、…，以 A 对 c 作图，得到如图 9.27 所示的直线，将它外推至浓度轴，与横坐标交于 c_x，c_x 即为所测试样中待测组分的浓度。

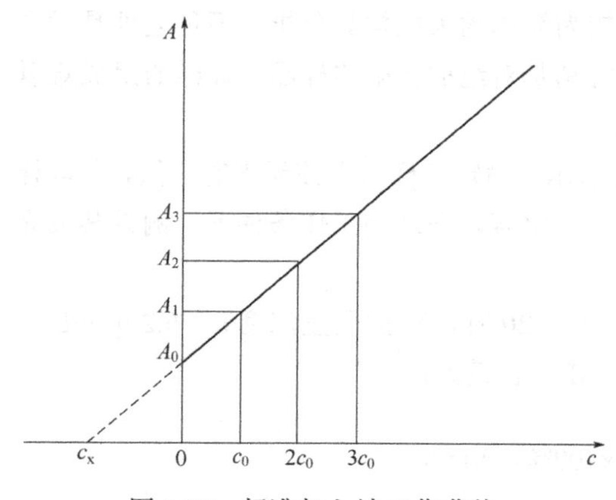

图 9.27　标准加入法工作曲线

使用标准加入法时应注意以下几点。

① 相应的标准曲线应是一条通过坐标原点的直线，待测组分的浓度应在此线性范围内。这是由于标准加入法也是建立在吸光度与浓度

成正比的基础上的。

② 标准溶液加入量要适当，避免直线斜率过大或过小而产生较大误差。通常要求第二份溶液加入标准溶液的浓度与试样中待测组分浓度较为接近，即加入标准溶液后的吸光度约为原溶液吸光度的一半。

③ 为了能得到较为准确的外推结果，至少要采用四个点（包括试样溶液本身）来制作外推曲线。

④ 标准加入法可以消除基体效应带来的影响，并在一定程度上消除化学干扰和电离干扰，但不能消除背景吸收干扰。因此只有扣除了背景之后，才能得到待测组分的真实含量，否则将使测定结果偏高。

例 9.4 用原子吸收分光光度法，分析尿样中的铜，分析线 324.8nm，用标准加入法，分析结果列于下表中，试计算样品中铜的浓度。

加入 Cu 的浓度/$\mu g \cdot mL^{-1}$	0	2.0	4.0	6.0	8.0
吸光度（A）	0.28	0.44	0.60	0.757	0.912

解：根据所给数据绘制出吸光度 A 与所加标准溶液浓度的关系曲线，如图 9.28 所示，再将其外推至与横坐标相交于 B 点，查得样品中铜的浓度为 $3.50\mu g \cdot mL^{-1}$。

(3) 内标法

内标法是指将一定量试液中不存在的某种标准物质，加到一定试液中进行测定的方法，所加入的这种标准物质称为内标物质或内标元素。

内标法与标准加入法的区别就在于前者所加入标准物质是试液中不存在的；而后者所加入的标准物质是待测组分的标准溶液，是试液中存在的。

内标法具体操作是：在一系列不同浓度待测元素标准溶液及被测试液中依次加入相同量的内标元素 N，稀释至同一体积。在同一实验条件下，分别在内标元素及待测元素的共振吸收线处，依次测量每种溶液中待测元素 M 和内标元素 N 的吸光度 A_M 和 A_N，并求出它们的比值 A_M/A_N，然后以 A_M/A_N 为纵坐标，待测元素 M 的浓度 c_M 为横坐标，绘制 A_M/A_N-c_M 的内标工作曲线，如图 9.29 所示。

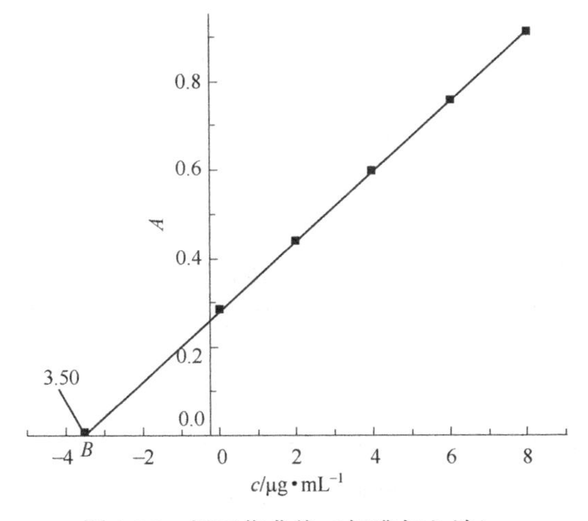

图 9.28 铜工作曲线（标准加入法）

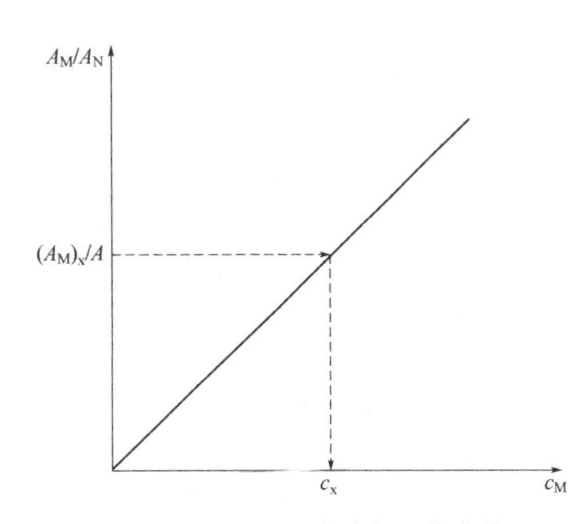

图 9.29 A_M/A_N-c_M 的内标工作曲线

根据待测试液测得 A_M/A_N 的比值，在内标工作曲线上，用内插法查出试液中待测元素的浓度并计算试样中待测元素的含量。

9.3.4　工作条件的选择

在原子吸收分光光度分析中，为了获得灵敏、重现性好和准确的结果，应对测定条件进行优选。

(1) 分析线的选择

原子吸收分析线的选择应从灵敏度高、干扰少两方面考虑。大多数分析线选用主共振线，因为主共振线具有激发能量低、测定灵敏度高等特点。如果某分析线附近有其他光谱干扰，人们宁愿选用灵敏度稍低的谱线作分析线。

更多情况下分析线的选择是通过实验选择合适的分析线。方法是：固定其他实验条件，从适当波长开始，依次改变波长，测量在不同波长处，待测元素标准溶液的吸光度，绘制吸光度 A-λ 曲线，找出具有最大吸光度的波长，并考虑在此波长处有无干扰情况，若无干扰，则可以确定该波长的谱线为分析线。

(常用分析线可查阅有关手册。)

(2) 狭缝宽度的选择

狭缝的宽度主要是根据待测元素的谱线结构和所选的吸收线附近是否有非吸收干扰来选择。显然增大狭缝宽度，透射辐射通量增大，集光本领增大，但分光系统分辨率下降，有可能使分析线与干扰谱线分不开而产生干扰；减小狭缝宽度，则光强度减弱，集光本领减小，信噪比下降。

合适的狭缝宽度可以通过实验选择。具体方法是：固定其他实验条件不变，依次改变狭缝宽度，测量在不同狭缝宽度时，待测元素标准溶液的吸光度，绘制 A-狭缝宽度曲线。随着狭缝宽度的增加，吸光度 A 逐渐增大并达到最大，狭缝宽度继续增大时，其他干扰谱线或非吸收线进入光谱通带内，导致吸光度立即减小，故不引起吸光度减小的最大狭缝宽度就是最合适的狭缝宽度。

(3) 灯电流的选择

空心阴极灯电流的大小将影响到测定的灵敏度、稳定性及灯的使用寿命。选择较小的灯电流，可以等到很窄的发射线，有利于提高测定的灵敏度。但灯电流过小时，则会使放电不稳定，光谱输出强度减弱，稳定性差；而灯电流过大时，则使发射线变宽，灵敏度下降，标准曲线弯曲，并使灯的寿命缩短。

选择灯电流的一般原则是：在保证放电稳定和有适当光强度输出的情况下，尽量选用较低的工作电流。具体的选择方法是：固定其他实验条件不变，在一定范围内依次改变灯电流，测定不同灯电流时待测元素标准溶液的吸光度，绘制吸光度-灯电流关系曲线，然后选择有最大吸光度读数时的最小灯电流。

(4) 原子化条件的选择

① **火焰原子化条件的选择**　火焰的选择与调节是影响原子化效率的主要因素。首先要根据试样的性质选择火焰的类型，然后通过实验确定合适的燃助比，再调节燃烧器高度来控制光束的高度，以得到较高的灵敏度。

② **石墨炉原子化条件选择**　此方法要合理选择干燥、灰化、原子化及净化等阶段的温

度与时间，主要是通过实验的方法来选择最合适的条件。

9.3.5 干扰及抑制

尽管原子吸收分光光度法由于使用锐线光源，光谱干扰较小，相对化学分析等其他分析手段来说，是一种干扰较少的检测技术，但在某些情况下干扰的问题还是不容忽视的，因此应当了解可能产生测量误差的各种干扰的来源及其抑制方法。原子吸收分光光度法中干扰及其抑制方法主要有以下几种。

9.3.5.1 化学干扰及其抑制

化学干扰是指在样品处理及火焰原子化过程中，待测元素与干扰组分发生化学反应，形成稳定的化合物，从而影响待测元素化合物的解离及其原子化，致使火焰中基态原子数目减少而产生的干扰。化学干扰是原子吸收分光光度法中的主要干扰来源。

化学干扰对试样中各种元素的影响各不相同，具有选择性，并随火焰温度、火焰状态和部位、其他组分的存在、雾滴的大小等条件而变化。为了有效地进行测定，必须用相应的方法消除化学干扰，最常用的方法有如下几种。

(1) 利用高温火焰

火焰的温度直接影响着样品的熔融、蒸发和解离。采用高温火焰，使在较低温度火焰中稳定的化合物在较高温度下解离，从而达到消除干扰的目的。

(2) 选择适当的测定条件

选择适当的燃助比和燃烧器高度，有助于减小或克服干扰。如对于易形成难熔、难挥发氧化物的元素，如果使用还原性气氛很强的火焰来夺取氧化物中的氧，则有利于这些元素的原子化；在乙炔-空气火焰中若燃烧器高度选择 20mm 则可以完全克服铁、铝、磷、钛对镁测定的干扰和铁、磷对钙的干扰，减少铝、钛对钙的干扰；在乙炔-氧化亚氮火焰的红羽区测定硅、钛、铝可使干扰大大减少。

显然，既提高火焰温度又利用适当测定条件，对于消除待测元素与共存元素之间因形成难熔、难挥发、难解离的化合物所产生的干扰则更加有利。

(3) 加入释放剂、保护剂

释放剂是指能够与干扰元素形成更稳定更难离解的化合物，从而将待测元素从原来难离解化合物中释放出来的试剂。加入释放剂后，破坏了待测元素的难离解化合物，使之有利于原子化，从而消除干扰。

常用的释放剂有 La、Sr 等的盐。例如上述 PO_4^{3-}干扰 Ca 的测定，当加入 $LaCl_3$ 后，干扰就消除了。因为 PO_4^{3-}与 La^{3+}生成更稳定的 $LaPO_4$，而将钙从 $Ca_3(PO_4)_2$ 中释放出来。

在利用释放剂来消除干扰时，必须注意加入释放剂的量。加入一定量才能起释放作用，但有可能因加入过量而降低吸收信号。最佳加入量要通过实验来确定。

加入一种试剂使待测元素不与干扰元素生成难挥发的化合物，可保护待测元素不受干扰，这种试剂叫保护剂。例如，EDTA 可以消除 PO_4^{3-}对 Ca^{2+}的干扰，这是因为 Ca^{2+}与 EDTA 配位后不再与 PO_4^{3-}反应；8-羟基喹啉可以抑制 Al 对 Mg 的干扰，这是由于其可与 Al 形成螯合物 $Al[O(C_9H_6)N]_3$，从而减少了铝的干扰。

9.3.5.2 光谱干扰及其抑制

光谱干扰是由于分析元素吸收线与其他吸收线或辐射不能完全分开而产生的干扰。光谱干扰包括谱线干扰和背景干扰两种，主要来源于光源和原子化系统，也与共存元素有关。

（1）谱线干扰

谱线干扰是指由于仪器分光系统色散率不高或工作条件选择不当，使分析线与干扰线未能分开而产生的干扰。谱线干扰主要来自吸收线重叠干扰，以及在光谱通带内存在多条吸收线或在光谱通带内存在光源发射的非吸收线等。

谱线干扰的消除可通过减小狭缝宽度、选择其他分析纯线等方法消除。

（2）背景干扰

背景干扰也叫背景吸收干扰，是一种非原子吸收信号产生的干扰，是指在原子化过程中由于分子吸收和光散射作用而产生的干扰。背景干扰使吸光度增大，产生正误差。

分子吸收是指在原子化过程中，由于气态分子或氧化物及盐类分子对光源共振辐射的吸收而产生的干扰。

光散射作用是指试液在原子化过程中形成高度分散的固体微粒，当入射光照射在这些固体微粒上时，将使光向周围散射而偏离光路，不能被检测器检测，导致吸光度增大。

一般情况下，由分子吸收和光散射作用引起的背景干扰主要发生在无火焰原子化法中，但当溶液浓度很高时，火焰原子化法中也存在分子吸收和光散射作用。

目前原子吸收分光光度分析中，无论是商品仪器，还是实验室研究装置，对于背景的校正都是通过两次测量完成的。即一次在分析波长测量原子吸收信号和背景吸收信号的总和，另一次在分析波长或邻近波长测量背景吸收信号，两次测定产差值即为扣除背景后的净原子吸收信号。常用校正背景干扰的方法主要有以下两种。

① **邻近非吸收线扣除法** 在待测元素分析线附近，另选一条不被待测元素基态原子吸收的谱线，称为邻近非吸收线。当邻近非吸收线通过试样基态原子蒸气时所产生的吸光度，可以认为就是背景吸收。分析线通过时产生的吸光度是基态原子吸光度与背景吸收之和，从总吸光度中减去邻近非吸收线的吸光度，就可以达到校正背景吸收的目的。

② **氘灯校正法** 氘灯是一种连续光源，其发射光波长范围在190～350nm的紫外光区。利用切光器使空心阴极灯和氘灯发射出的两束光交替地通过原子化器。当空心阴极灯发射出的锐线光通过原子化器时，由于基态原子的吸收和背景吸收，使其强度减弱，此时的吸光度等于两种吸收的吸光度之和。当氘灯发射的连续光通过原子化器时，待测基态原子对氘灯发射的连续光谱的吸收很小，可以忽略不计，此时氘灯发射线强度的减弱主要是由于背景吸收所致，吸光度就是背景吸收的吸光度。故空心阴极灯测得的吸光度减去氘灯测得的吸光度就是基态原子的吸光度，从而消除了背景吸收干扰。

9.4 原子发射光谱法

原子发射光谱分析（AES）是依据在热激发或电激发下，激发态的待测元素原子回到基态时发射的特征谱线对待测元素进行定性与定量分析的方法。

原子发射光谱分析具有以下优点：

- 多元素同时检测能力。可同时测定一个样品中的多种元素。每一个样品一经激发后，不同元素都发射特征光谱，这样就可同时测定多种元素。
- 分析速度快。若利用光电直读光谱仪，可在几分钟内同时对几十种元素进行定量分析。分析试样不经化学处理，固体、液体样品都可直接测定。
- 选择性好。每种元素因原子结构不同，发射各自不同的特征光谱。在分析化学上，这种性质上的差异，对于一些化学性质极相似的元素具有特别重要的意义。例如，铌和钽、锆和铪、十几种稀土元素用其他方法分析都很困难，而发射光谱分析可以毫无困难地将它们区分开来，并分别加以测定。
- 检出限低。一般光源可达 10～0.1$\mu g \cdot g^{-1}$（或 $\mu g \cdot mL^{-1}$），绝对值可达 1～0.01μg。电感耦合高频等离子体（ICP）检出限可达 $ng \cdot g^{-1}$ 级。
- 准确度较高。一般光源相对误差约为 5%～10%，ICP 相对误差可达 1%以下。
- 试样消耗少。一般只需几毫克或十分之几毫克的试样，就可以进行光谱全分析。

原子发射光谱分析的不足之处是：不适用于大多数非金属元素的测定，对于常见的非金属元素如氧、硫、氮、卤素等谱线在远紫外区，目前一般的光谱仪尚无法检测；还有一些非金属元素，如 P、Se、Te 等，由于其激发电位高，灵敏度较低。另外，原子发射光谱分析只能用于元素分析，而不能确定元素在样品中存在的化合物状态。

9.4.1 方法原理

如前述所及，处于激发态的原子是不稳定的，其寿命小于 10^{-8}s，外层电子就从高能级向较低能级或基态跃迁，同时释放出多余的能量，并以光的形式辐射出来，因此产生了原子发射光谱。电子能级跃迁结构示意图如图 9.30 所示。

发射谱线的波长与能量的关系如下：

$$\Delta E = E_2 - E_1 = h\frac{c}{\lambda} \tag{9.20}$$

式中各参数的意义同式（9.2）。因此，发射谱线与原子吸收光谱的谱线一样也是不连续的，也为线光谱。

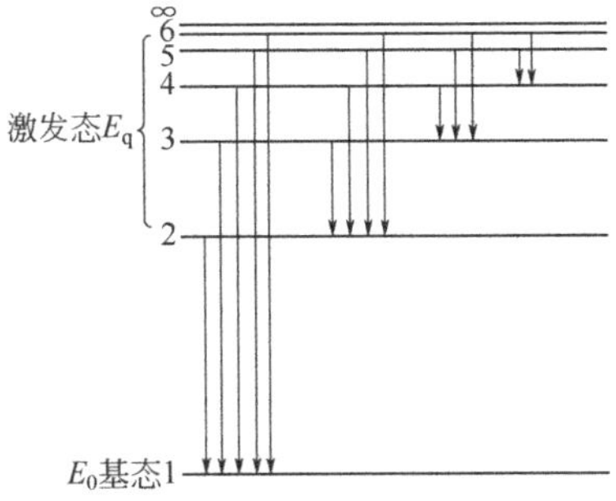

图 9.30 原子电子能级跃迁结构示意图

（1）定性分析原理

由于各种元素的原子结构不同，能级间的能量差也各不相同，所产生的发射光谱也就不同，因此每一种元素的原子都有它自己的**特征光谱线**。原子发射光谱分析就是根据这些特征谱线是否出现，来判断是否存在某种元素的，这是光谱分析定性分析的基本依据。

（2）定量分析原理

在一定条件下，发射光谱特征谱线的强度与试样中待测元素的含量有关，含量越高，则发射强度越大。在大多数情况下，谱线强度与被测元素浓度间存在如下关系：

$$I = ac^b \tag{9.21}$$

式中，I为谱线强度；c为待测元素的浓度或含量；a、b在一定条件下为常数，a与激发条件、溶液组成、仪器性能等许多因素有关，b为谱线的自吸系数，当元素含量很低时，$b\approx 1$。在实际分析过程中，通常采用上式对数形式，只要b为常数，就可以得到$\lg I$-$\lg c$线性工作曲线，这就是原子发射光谱分析定量分析的基础。

9.4.2　火焰光度分析法

以火焰作为激发光源，并将被测元素受激发产生的特征谱线强度通过光电检测系统进行测定，称为**“火焰发射光谱分析法”**或**“火焰光度分析法”**。

火焰光度法的基本分析过程是：将试样溶液通过喷雾器，以气溶胶状态进入火焰光源中燃烧，在火焰热能作用下，试样中被测元素经过蒸发、原子化、激发等过程，发射的复合光经单色器，分离出待测元素的特征谱线，然后用光电检测系统测量其强度。可见，火焰光度分析法的基本原理与其他原子发射光谱分析在本质上没有显著区别，它仍属于原子发射光谱分析范畴。

由于火焰光度法的光源是火焰，而火焰激发的能量较低，因而特别适用于较易激发的碱金属及碱土金属元素的测定。此外，该方法所用的测试设备简单，操作简便迅速；光谱不复杂，稳定性高，可直接分析溶液，目前火焰光度分析法已广泛应用于人体组织及血液、石油化工、食品、土壤、植物、金属、矿石等各种原材料及产品中钾、钠含量的测定。

9.4.2.1　定量分析方法

（1）标准曲线法

预先配制一系列待测元素的标准溶液，用火焰光度计分别测定待测元素的辐射强度，并以检流计读数与对应的浓度绘制成工作曲线（图 9.31），然后在与绘制工作曲线时相同的测定条件下，测出试样溶液的读数，再从工作曲线上查得相应的浓度，并算出被测元素的百分含量。

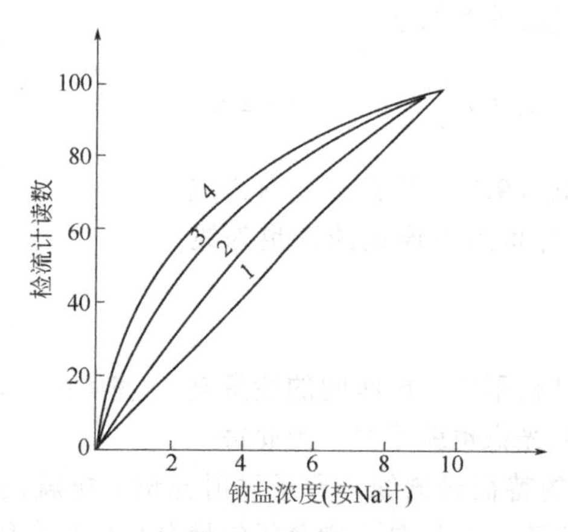

图 9.31　不同浓度范围的钠盐标准曲线

1—10μg·mL^{-1}达满标度；2—100μg·mL^{-1}达满标度；3—1000μg·mL^{-1}达满标度；4—1000μg·mL^{-1}达满标度

从图 9.31 可以看出，同种元素不同浓度范围，曲线的弯度随浓度的增高而变大。这种情况是由谱线自吸现象所引起的，浓度越大，自吸现象越严重。要改善这种曲线的线性关系，最简单的办法是将溶液稀释，稀释度愈高，火焰四周冷原子的数目就愈少，因而自吸的倾向也愈降低。但是这个方法并非妥善，因为过度的稀释会给测定带来较大的误差。

(2) 标准加入法

对于试样中干扰元素比较复杂，或配制与试样组成相似的标准溶液有困难时，可采用标准加入法。具体方法为：取同体积试液两份，在一份试液中加入已知量的待测元素，另一份不加，然后将两份试液稀释到相同体积，分别测量其光强读数，用下式计算待测元素的浓度。

$$c_x=\frac{I_x-I_0}{I_{x+s}-I_x}c_s \tag{9.22}$$

式中，c_x为待测元素的浓度；I_x为试样中待测元素的光强；I_0为空白值；I_{x+s}为添加已知量的待测元素后的光强；c_s为添加元素在溶液中的浓度。

9.4.2.2 火焰光度计

火焰光度分析所使用的仪器称为火焰光度计。市售仪器有多种型号，大体上都由燃烧系统、单色器（色散系统）和检测器三部分组成，如图9.32所示。

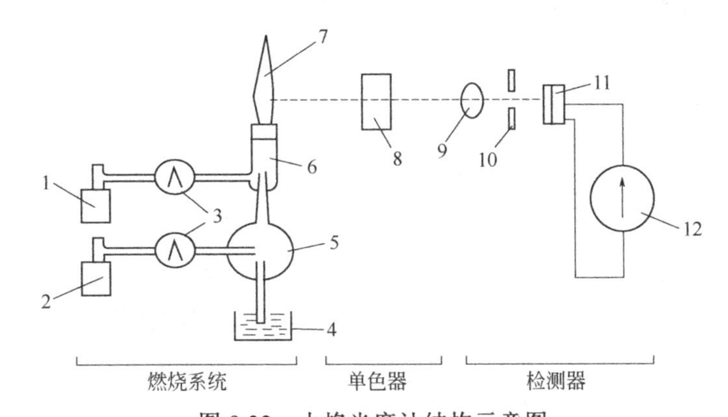

图9.32 火焰光度计结构示意图

1—燃气；2—助燃气；3—压力表；4—试液杯；5—喷雾器；6—喷灯；7—火焰；8—滤光片；9—聚光镜；10—光圈；11—光电池；12—检流计

(1) 燃烧系统

燃烧系统的作用是使待测元素激发而辐射出特征光谱。其主要由喷雾器、燃烧器及燃气、助燃气及其调节器等部分组成。喷雾器的作用是利用高速气流将试验溶液制成细雾滴；燃烧器主要是通过火焰的热能，将试样雾滴蒸发、原子化和激发；燃气和助燃气调节器的主要作用是提供恒定的燃气及助燃气的流量，确保获得稳定的火焰及稳定的试验溶液吸入速度。

为了获得准确的分析结果，所用火焰必须具有良好的稳定性和足够高的温度，避免被测元素发生电离。在碱金属元素测定中，常用火焰类型有液化石油气-空气、汽油-空气及煤气-空气火焰，最常用的是液化石油气-空气火焰，其温度约1800℃。

(2) 单色器

单色器的主要作用是从燃烧系统发射出来的复合光中色散分离出被测元素的特征光谱。火焰光度计的单色器通常使用滤光片。

(3) **检测器**

检测器的作用是接收单色器分离出来的光信号并将其转变为电信号，然后输入检流计指示出来。火焰光度计的检测器通常使用光电池或光电管。

9.4.2.3 影响测定准确度的因素

(1) **激发情况不稳定的影响**

燃料气体及助燃气体压力的改变，会直接影响火焰的大小、火焰温度的高低以及试样溶液的喷雾量。因此，在测定过程中这两种气体的压力必须保持稳定，而且在测定试样溶液与测定标准比对溶液时压力应一致，否则将严重影响分析结果的准确度。如用压缩机供给空气，为防止气流压力产生波动，可装置一个气体缓冲瓶，这样对稳定气流压力会有所改善。此外，为保持喷灯火焰的稳定，在试样溶液中不得有任何固体颗粒，以免堵塞喷嘴；雾化系统须保持清洁，在每批试样测定结束后，应以蒸馏水进行喷雾冲洗，必要时应每隔一段时间以适宜的无机酸或有机溶剂清洗雾化器。

燃料气体质量的好坏，对测定有明显影响。如燃料气体中挥发成分的沸点不一，则所得火焰甚不稳定，致使检流计读数不易得到稳定的数值。若以汽油为燃料，用汽油气化器供给燃料气体时，应选用质量较好的溶剂汽油。

(2) **试样溶液组成改变的影响**

在实际分析中，由于试样成分比较复杂，以及在制备试样溶液的过程中带入许多试剂，所以试样溶液一般均比标准溶液的组成复杂得多。这些共存组分（包括在火焰中不产生辐射的物质）的存在，会对测定结果的准确度产生不同程度的影响。例如当试样溶液中钙的存在，就会对钠的测定结果引入正误差，这是因为钠的滤光片不能将钙的辐射完全滤去；磷酸盐的存在，对钙的辐射会有显著的抑制作用，因为两者形成了被激发程度很小的磷酸钙；大量酸类和盐类的存在，会降低喷雾的蒸发速率，使被测元素的辐射强度降低。

此外，溶液的表面张力、黏度和密度的改变，也影响溶液的雾化情况和喷雾量，使被激发元素的谱线强度增强或减弱。

综上所述，为避免或减小由于试样溶液组成的改变而使测定结果产生误差，配制标准溶液与被测溶液时要注意尽量含有相同的基体组成，使标准溶液和试样溶液的组成彼此相接近。

(3) **仪器的误差**

仪器的误差是多种多样的。例如：所用滤光片的选择性差，使试样溶液中干扰元素的谱线也部分透过滤光片而引起分析结果偏高；光电池由于其周围气流温度的改变而导致光电效应灵敏度发生变化，或因连续使用过久产生“疲劳”现象，都会对测定引入偏差。

火焰光度测定法中的干扰现象是多方面的，在实际工作中除应注意掌握仪器的性能和控制适当的操作条件外，还应对某些干扰因素进行抑制或消除。抑制干扰的方法很多，如稀释法、校正曲线法、标准加入法、辐射缓冲法、化学分离法、抑制干扰法、内标法等。其中，适用性最好的是化学分离法，虽然其操作手续稍烦，但常是颇有成效的。例如，测定水泥及其原材料中的钾、钠时，为消除硅、铁、铝、钙、镁的干扰，先用 HF-H_2SO_4 加热除去硅，然后用氨水沉淀铁、铝，再用碳酸铵沉淀钙、镁，可收到较好的效果。

实验实训

实验21 邻二氮菲分光光度法测定石灰石中的微量氧化铁

【实验目的】

1．能正确掌握分光光度分析法的基本操作。

2．学习并掌握邻二氮菲分光光度法测定微量铁的基本知识及方法。

3．能准确制备标准溶液。

4．掌握吸收曲线的测绘方法，并正确选择测定波长。

5．掌握标准曲线的测绘方法，并正确应用标准曲线确定组分浓度。

【测定原理】

邻二氮菲是测定微量铁的高灵敏性、高选择性显色剂，邻二氮菲分光光度法是化工产品中微量铁测定的通用方法。

用抗坏血酸将三价铁离子（Fe^{3+}）还原为亚铁离子（Fe^{2+}），在pH 1.5～9.5的条件下，亚铁离子（Fe^{2+}）和邻二氮菲生成橙红色配合物，用分光光度计于510nm处测定吸光度。

显色反应如下：

3 N N + Fe^{2+} ⟶ [N N N Fe N N N]$^{2+}$

用分光光度法测定微量组分的含量，一般采用标准曲线法，即制备一系列浓度由小到大的标准溶液，在选定的测量条件下依次测定各标准溶液的吸光度（A），在被测物质的一定浓度范围内，溶液的吸光度与其浓度呈线性关系。以溶液的浓度为横坐标，相应的吸光度为纵坐标，在坐标纸上绘制标准曲线。

绘制标准曲线一般要制备3～5个浓度递增的标准溶液，测出的吸光度至少要有三个点在一条直线上。作图时，坐标选择要合适，使直线的斜率约等于1，坐标的分度值要等距标示，应使测量数据的有效数字位数与坐标纸的读数精度相符合。

测定未知样时，操作条件应与测量标准溶液时相同，根据测得吸光度值从标准曲线上查出相应的浓度值，就可计算出试样中被测物质的含量。

【试剂与仪器】

试剂：Fe_2O_3标准溶液，抗坏血酸溶液（5g·L^{-1}，用时配制），邻二氮菲溶液（10g·L^{-1}，用时现配），乙酸铵溶液（100g·L^{-1}）。

Fe_2O_3标准溶液（0.05mg·mL^{-1}）的配制：准确称取0.1000g已于950℃灼烧60min的三氧化二铁（Fe_2O_3，高纯试剂），置于300mL烧杯中，依次加入50mL水、30mL盐酸（1+1）、2 mL硝酸，低温加热至微沸，待溶解完全后冷却至室温，移入2000mL容量瓶中，加水稀释至标线，摇匀。此标准溶液每毫升含有 0.05mg 三氧化二铁。

注：铁标准溶液的制备还可以采用纯铁丝（含铁质量分数在 99.99%以上）或 $NH_4Fe(SO_4)_2$（优级纯）进行。

试样溶液：称取约 0.6g 试样（m_0），精确至 0.0001g，置于银坩埚中，加入 6～7g 氢氧化钠，在 650～700℃的高温下熔融 20min。取出冷却，将坩埚放入已盛有 100mL 近沸腾水的烧杯中，盖上表面皿，于电热板上适当加热，待熔块完全浸出后，取出坩埚，用水冲洗坩埚和盖，在搅拌下一次加入 25～30mL 盐酸，再加入 1mL 硝酸。用热盐酸（1+5）洗净坩埚和盖，将溶液加热至沸，冷却至室温，然后移入 250mL 容量瓶中，用水稀释至标线，摇匀。

注：本实验所用试样为石灰石。

仪器：分光光度计（721 型或类似性能的仪器），高温炉，银坩埚，容量瓶，吸量管等。

【测定步骤】

1．制备标准系列溶液及试液

（1）标准系列溶液：吸取 0.05mg·mL^{-1}三氧化二铁标准溶液 0.00mL、1.00mL、2.00mL、3.00mL、4.00mL、5.00mL、6.00mL（分别相当于含有三氧化二铁 0.00mg、0.05mg、0.10mg、0.15mg、0.20mg、0.25mg、0.30mg），分别放入 100mL 容量瓶中。用水稀释至约 50mL，加入 5mL 抗坏血酸溶液，放置 5min，再加 5mL 邻二氮菲溶液、10mL 乙酸铵溶液。用水稀释至标线，摇匀，放置 30min。按照浓度由小到大的顺序，七个标准溶液分别为 1 号、2 号、3 号、4 号、5 号、6 号、7 号。

（2）待测试液：准确吸取试样溶液 10mL（视三氧化二铁含量而定）于 100mL 容量瓶中。用水稀释至约 50mL，加入 5mL 抗坏血酸溶液，放置 5min，再加 5mL 邻二氮菲溶液、10 mL 乙酸铵溶液，用水稀释至标线，摇匀，放置 30 min。

2．吸收曲线的测绘

（1）测定过程：按下列步骤，以 1 号溶液作为参比溶液，测量 5 号溶液对 440～540nm 波长范围光的吸光度。在最大吸收波长附近 ±1nm 测定一次吸光度，其余波长范围每隔 10nm 测定一次吸光度。

$$\xrightarrow[\text{1cm}]{\text{吸收池}}\xrightarrow[\text{0号溶液}]{\text{参比溶液}}\xrightarrow{\text{调节}}T=100\%\xrightarrow{\lambda=440\sim540\text{nm}}\xrightarrow[\text{1cm}]{\text{吸收池}}\xrightarrow{\text{测定}}A\longrightarrow\text{记录}$$

注意：每改变一次测定波长，都必须重新调节 $T=0\%$ 及 $T=100\%$ 后，再测定 5 号溶液的吸光度。

（2）记录数据：按下表记录上述测定中各波长处所测吸光度值。

λ/nm	440	450	460	470	480	490	500	**510**	520	530	540
A											
λ/nm	505	506	507	508	509	510	511	512	513	514	515
A											

（3）绘制吸收曲线：以吸光度为纵坐标，入射光波长为横坐标，用上表记录的测定数据，在标准坐标纸上作图，即得 5 号溶液的吸收曲线。由此可选择本实验的测定波长（λ_{max}）。

3．工作曲线的测绘/测定

（1）测定标准系列和试液的吸光度：以水作参比，使用10mm比色皿，在选定波长处分别测定标准系列溶液和试液的吸光度（A）。并用下表记录测量数据。

溶液编号	1	2	3	4	5	6	7	8（试液）
$V(Fe^{3+}$标液$)/mL$								
$c(Fe^{3+})/mg \cdot mL^{-1}$								
吸光度A								

（2）绘制标准曲线：用测得的吸光度作为纵坐标，其对应的质量浓度为横坐标，用标准坐标纸作图，即得标准曲线。在工作曲线上查出试液中三氧化二铁的含量。

【结果计算】

试样中三氧化二铁的质量分数按下式计算：

$$w_{Fe_2O_3} = \frac{m_1 n}{m_0 \times 1000} \times 100\%$$

式中，m_1为从工作曲线上查得的100mL测定溶液中三氧化二铁的含量，mg；n为试样溶液总体积与所分取试样溶液的体积比；m_0为试料的质量，g。

【注意事项】

1．在显色前，要加入足量的抗坏血酸，保证试样溶液中的铁全部被还原为亚铁离子。

2．控制溶液酸度在pH 3～9较为适宜。酸度过高，亚铁离子与邻二氮菲配位反应缓慢；酸度过低，亚铁离子容易水解，影响显色。

3．抗坏血酸溶液和邻二氮菲溶液不稳定，需现用现配，不宜放置时间过长。

4．试样溶液测定与绘制工作曲线标准系列测定的实验条件应保持一致，最好两者同时显色，同时测定。

【思考题】

1．使用分光光度计时，如何正确使用比色皿？

2．溶液显色时，加入的抗坏血酸溶液（有时也用盐酸羟胺）的作用是什么？

3．在本实验的显色与测定过程中，加入的哪些试剂（液）必须准确？哪些试剂（液）需要过量？

4．绘制工作曲线时，坐标分度大小应如何选择才能保证读出测量值的全部有效数字？

5．实验中选用水作参比，是否可用空白试液或空白溶液直接作为参比溶液？

实验22　分光光度法测定钢铁中的二氧化硅

【实验目的】

1．熟练掌握紫外-可见分光光度计的使用。

2．掌握绘制工作曲线和应用工作曲线进行定量分析的方法。

3．掌握硅钼蓝分光光度法测硅的基本原理。

【测定原理】（硅钼蓝分光光度法）

钢铁中硅的测定方法有很多，主要有重量法、滴定法和光度法等。光度法有简单、快速、准确等特点，是目前实际运用最广泛的方法。其中，应用最多的是硅钼蓝光度法。

试样用稀酸溶解后，使硅转化为可溶性硅酸：

$$3FeSi + 16HNO_3 = 3Fe(NO_3)_3 + 3H_4SiO_4 + 7NO\uparrow + 2H_2O$$

$$FeSi + H_2SO_4 + 4H_2O = FeSO_4 + H_4SiO_4 + 4H_2\uparrow$$

在弱酸性溶液中加入钼酸，使其与 H_4SiO_4 反应生成氧化型的黄色硅钼杂多酸（硅钼黄），在草酸的作用下，用硫酸亚铁铵将其还原为硅钼蓝：

$$H_4SiO_4 + 12H_2MoO_4 = H_8[Si(Mo_2O_7)_6] + 10H_2O$$

$$H_8[Si(Mo_2O_7)_6] + 4FeSO_4 + 2H_2SO_4 = H_8\left[Si\begin{matrix}(Mo_2O_7)_5\\ Mo_2O_5\end{matrix}\right] + 2Fe(SO_4)_3 + 2H_2O$$

于波长 760nm 处测定硅钼蓝的吸光度。

【试剂与仪器】

试剂：

① 钼酸铵溶液（$50g\cdot L^{-1}$）　将 5g 钼酸铵 $[(NH_4)_6Mo_7O_{24}\cdot 4H_2O]$ 溶于热水中，冷却后加水稀释至 100mL，储存于塑料瓶中，必要过滤后使用。此溶液在一周内使用。

② 硫酸亚铁铵溶液（$30g\cdot L^{-1}$）　称取 3g 六水合硫酸亚铁铵$[(NH_4)_2Fe(SO_4)_2\cdot 6H_2O]$置于 250mL 烧杯中，用 1mL（1+1）硫酸润湿，加入约 60mL 水溶解，用水稀释至 100mL，摇匀，溶解过滤后使用，一周内有效。

③ 二氧化硅标准溶液（储备液，$200\mu g\cdot mL^{-1}$）　称取 0.2g 已于 1000～1100℃灼烧至恒重的二氧化硅（SiO_2，光谱纯），精确至 0.0001g，置于铂坩埚中，加入 4g 混合溶剂，仔细混匀，再覆盖 1g 混合溶剂。盖上铂盖，在 900～950℃高温下熔融 30min。取出坩埚，缓缓转动使熔融液体均匀分布在坩埚内壁并冷却后，将坩埚和盖子置于盛有冷水的聚四氟乙烯或聚丙烯烧杯中，低温加热浸取（不要煮沸），待全部熔块溶解并冷却至室温后，将浸出液移入 500mL 容量瓶中，用水稀释至标线，摇匀后立即移入聚四氟乙烯试剂瓶中保存。此标准溶液每毫升含 0.2mg 二氧化硅，可进一步稀释至 $20\mu g\cdot mL^{-1}$。

④ 二氧化硅标准溶液（$20\mu g\cdot mL^{-1}$）　吸取 50.00mL 上述 SiO_2 标准溶液（储备液，$0.2mg\cdot mL^{-1}$）放入 500mL 容量瓶中，用水稀释至标线，摇匀，立即移入塑料瓶中。此标准溶液每毫升含 0.02mg 二氧化硅。

⑤ 混合溶剂　3 份无水碳酸钠和 1 份硼酸研细混匀后使用。

⑥ 其他试剂　H_2SO_4（5+95），草酸（$50g\cdot L^{-1}$）。

仪器：分光光度计（721 型或类似性能的仪器），容量瓶，吸量管，高温炉，低温电热板，铂坩埚。

【测定步骤】

1．制备标准系列溶液及试液

（1）标准系列溶液：吸取 $20\mu g\cdot mL^{-1}$ 二氧化硅的标准溶液 0.00mL、1.00mL、3.00mL、5.00mL、7.00mL、9.00mL、10.00mL，分别放入 100mL 容量瓶中，加水稀释至约 40mL，加入 5mL 钼酸铵溶液（$50g\cdot L^{-1}$），混匀，放置 15min，加入 10mL 草酸（$50g\cdot L^{-1}$），混匀，溶液

清亮后 30s 内加入 10mL 硫酸亚铁铵溶液（$30g\cdot L^{-1}$），用水稀释至标线，摇匀。待测定。

（2）试样溶液：称取试样 0.20g，精确至 0.0001g。置于盛有 4g 混合溶剂的铂坩埚中，仔细混匀，再覆盖 1g 混合溶剂。盖上铂盖，在 900～9500℃高温下熔融 15～30min。取出坩埚，缓缓转动使熔融液体均匀分布在坩埚内壁并冷却后，将坩埚和盖子置于盛有约 200mL H_2SO_4（5+95）的烧杯中，低温加热浸取（不要煮沸），洗出坩埚和盖，冷却至室温后，将浸出液移入 250mL 容量瓶中，用水稀释至标线，摇匀，备用。

2．显色

分别取 5.00mL 试样溶液两份于 100mL 容量瓶中，一份用作显色液，一份用作参比溶液。

（1）显色液：取其中一份试液，小心加入 5mL 钼酸铵溶液（$50g\cdot L^{-1}$），加 30mL 水混匀，放置 15min 后，加入 10mL 草酸溶液（$50g\cdot L^{-1}$），混匀，待溶液清亮后 30s 内加入 10mL 硫酸亚铁铵（$30g\cdot L^{-1}$），用水稀释至标线，摇匀。

（2）参比液：取另一份试液，依次加入 10mL 草酸溶液（$50g\cdot L^{-1}$）、5mL 钼酸铵溶液（$50\ g\cdot L^{-1}$）、10mL 硫酸亚铁铵（$30g\cdot L^{-1}$），用水稀释至标线，摇匀。

3．工作曲线的绘制

（1）测定标准系列溶液及试液的吸光度：用分光光度计，使用 10mm 比色皿，以参比液作参比，于波长 760nm 处测定标准系列溶液及试液的吸光度。并用下表记录测量数据。

溶液编号	1	2	3	4	5	6	7	8*（显色液）
$V(SiO_2$标液$)/mL$								
$c(SiO_2)/\mu g\cdot mL^{-1}$								
吸光度 A								

（2）绘制标准曲线：用吸光度作为纵坐标，SiO_2 的质量浓度为横坐标，用测得的吸光度作为相对应的二氧化硅含量的函数，绘制工作曲线。在工作曲线上查出试液中二氧化硅的含量。

【结果计算】

试样中可溶性二氧化硅的质量分数按下式计算：

$$w_{Si}=\frac{m_1\times10^{-6}}{m_0\times\dfrac{V}{V_0}}\times100\%$$

式中，m_1 为从工作曲线上查得的 100mL 测定溶液中二氧化硅的含量，μg；V 为移取试液的体积，mL；V_0 为试液的总体积，mL；m_0 为所称试料的质量，g。

【注意事项】

1．硅钼黄显色时，溶液酸度控制要适当，酸度过高硅钼黄显色不完全，酸度过低则显色速度缓慢。

2．在不同温度下，显色时间不同。升高温度，可提高硅钼黄配合物生成速度，缩短放置时间，但提高温度也是促使配合物不稳定的因素，因此在沸水浴上加热时间不宜过长，防止硅钼黄配合物分解。

3．用草酸还原硅钼黄生成硅钼蓝时，反应速率较慢，因此放置时间一定要充分。

4．试样溶液测定与绘制工作曲线标准系列测定的实验条件应保持一致，最好两者同时显色，同时测定。

【思考题】

1．实验中加入的各种试剂的顺序是任意的吗？为什么？

2．加入草酸的作用是什么？使用时应注意哪些问题？

3．实验结果应保留几位有效数字？

实验23　人发中锌含量的测定

【实验目的】

1．熟悉原子吸收光光度计的结构及使用方法。

2．学习工作曲线法在实际样品分析中的应用。

3．掌握原子分光光度法测锌含量的基本原理及分析方法。

4．学习使用消解法处理有机样品的操作方法和实验技术。

【测定原理】（火焰原子吸收分光光度法）

原子吸收分析通常是溶液进样，所以待测试样需要实现转化为溶液试样。发样经洗涤、干燥处理后，称一定量采用硝酸-高氯酸消化处理，将其微量锌以金属离子状态转入溶液中，用工作曲线法进行分析。

锌在人体和其动物体内具有重要功能，它对生长发育、创伤愈合、免疫预防有重要作用。健康人体发中锌含量值通常在90～190$\mu g\cdot g^{-1}$，一般不低于70$\mu g\cdot g^{-1}$。人发中锌含量的多少，标志着人体中微量锌含量是否正常。因此，分析人发中锌含量具有重大意义。

本实验采用火焰原子吸收光谱仪测定人发中锌。

【试剂与仪器】

试剂：浓HNO_3（GR），$HClO_4$(AR)，Zn^{2+}标准溶液，洗发精（1%）。

Zn^{2+}标准储备液（1$mg\cdot mL^{-1}$）的配制：称取1g金属锌，精确至0.0001g，置于250mL烧杯中，加入30～40mL盐酸（1+1）溶液，使其完全溶解后，加热煮沸几分钟，冷却至室温后，移入1000mL容量瓶中，用蒸馏水稀释至标线，摇匀。

Zn^{2+}标准溶液（100$\mu g\cdot mL^{-1}$）的配制：吸取10.00mL上述锌标准储备溶液于100mL容量瓶中，用水稀释至标线，摇匀。

Zn^{2+}标准溶液（10$\mu g\cdot mL^{-1}$）的配制：吸取10.00mL浓度为100 $\mu g\cdot mL^{-1}$的锌标准溶液于100mL容量瓶中，用水稀释至标线，摇匀。

仪器：原子吸收分光光度计（带有锌元素空心阴极灯），容量瓶，吸量管，移液管，电动搅拌器，烧杯，干燥器，电热板。

【测定步骤】

1．发样的采集预处理和试液制备

（1）采集发样：用不锈钢剪刀从发枕部剪取发样（要贴近头皮剪取，并弃去发梢），取发量以1g左右为宜，然后剪成1cm左右长。

（2）清洗干燥发样：将发样放在100mL的烧杯中，用1%的洗发精浸泡，置于电动搅拌器上搅拌30min，然后用自来水冲洗20遍，蒸馏水洗5遍，再用去离子水洗涤5遍，于65～67℃的烘箱中干燥4h，取出后放入干燥器中保存备用。

（3）消化处理发样：称取上述处理过的发样0.2000g于100mL烧杯中，加入5mL浓硝酸，盖上表面皿，在电热板上低温加热消解，待完全溶解后，取下冷却至室温。加入高氯酸

1mL，再在电热板上升温继续加热，加热使溶液冒白烟，至溶液剩余1～2mL（**切不可蒸干！**）。取下冷却后用蒸馏水稀释至标线，摇匀待测。同时按相同步骤制备一份空白溶液。

2．制备标准系列溶液

分别吸取质量浓度为$10\mu g \cdot mL^{-1}$的锌标准溶液0.0mL、2.5mL、5.0mL、7.5mL、10.0mL、12.5mL于6个25mL容量瓶中，用体积分数为1%的高氯酸溶液稀释至标线，摇匀。

3．打开仪器并按下列测量条件调试至最佳工作状态

- 光源：锌空心阴极灯
- 灯电流：8mA
- 火焰：乙炔-空气
- 乙炔流量：$1L \cdot min^{-1}$
- 空气流量：$5.5L \cdot min^{-1}$
- 狭缝宽度：“2”档
- 燃烧器高度：7mm
- 吸收线波长：213.9nm

4．测定标准系列溶液和试液的吸光度

由稀至浓逐个测量标准系列溶液的吸光度，然后测量试液和试样空白溶液的吸光度并记录。绘制工作曲线。

注意：每测完一个溶液都要用去离子水喷雾后，再测下一个溶液。

5．结束工作

（1）实验结束，吸喷去离子水3～5min后，按操作要求关气，关电源；将各开关、旋钮置于初始状态位置。

（2）清理试验台面和试剂，填写仪器使用记录。

【数据处理】

1．在坐标纸上绘制锌标准溶液的A-c工作曲线。

2．用发样吸光度减去空白溶液吸光度所得值，从工作曲线中找出相应质量浓度，然后按发样质量算出锌的含量。

【注意事项】

1．试样的吸光度应在工作曲线的中部，否则应改变标准系列溶液浓度。

2．经常检查管道气密性，防止气体泄漏；严格遵守相关操作规定，注意实验安全。

【思考题】

原子吸收光谱法的测量条件主要有哪些？

实验24　硅酸盐物料中氧化钾、氧化钠含量的测定

【实验目的】

1．熟悉火焰光度计的结构及使用方法。

2．学习工作曲线法在实际样品分析中的应用。

3．掌握火焰光度法测定钾、钠的基本原理及分析方法。

【测定原理】（火焰光度法）

水泥（或玻璃）经氢氟酸-硫酸蒸发处理除去硅，用热水浸取残渣，以氨水和碳酸铵分离铁、铝、钙、镁。滤液中的钾、钠用火焰光度计进行测定。

【试剂与仪器】

试剂：氧化钾、氧化钠标准溶液（$1mg \cdot mL^{-1}$），碳酸铵溶液（$100g \cdot L^{-1}$，用时现配），甲基红指示剂溶液（$2g \cdot L^{-1}$），H_2SO_4（1+1），$NH_3 \cdot H_2O$（1+1），HCl（1+1），HF。

氧化钾、氧化钠标准溶液（$1mg \cdot mL^{-1}$）的配制：称取 1.5829g 已于 105～110℃烘过 2h 的氯化钾（KCl，基准试剂或光谱纯）及 1.8559g 已于 105～110℃烘过 2h 的氯化钠（NaCl，基准试剂或光谱纯），精确至 0.0001g，置于烧杯中，加水溶解后，移入 1000mL 容量瓶中，用水稀释至标线，摇匀。储存于塑料瓶中。此标准溶液每毫升含 1mg 氧化钾及 1mg 氧化钠。

仪器：火焰光度计等。

【测定步骤】

1．工作曲线的绘制

吸取 $1mg \cdot mL^{-1}$ 氧化钾及 $1mg \cdot mL^{-1}$ 氧化钠的标准溶液 0mL、2.50mL、5.00mL、10.00mL、15.00mL、20.00mL，分别放入 500mL 容量瓶中，用水稀释至标线，摇匀。储存于塑料瓶中。将火焰光度计调节至最佳工作状态，按仪器使用规定进行测定。用测得的读数作为相应的氧化钾和氧化钠含量的函数，绘制工作曲线。

2．试样含量测定

（1）试样溶液的制备

称取约 0.2g 试样，精确到 0.0001g，置于铂皿中，用少量水润湿，加 5～7mL 氢氟酸及 15～20 滴硫酸（1+1），放入通风橱内低温电热板上加热，近干时摇动铂皿，以防溅失，待氢氟酸驱尽后逐渐升高温度，继续将三氧化硫白烟驱尽，取下放冷。加入 40～50mL 热水，压碎残渣使其溶解，加 1 滴甲基红指示剂溶液，用氨水（1+1）中和至黄色，再加入 10mL 碳酸铵溶液，搅拌，然后放入通风橱内电热板上加热至沸并继续微沸 20～30min。用快速滤纸过滤，以热水充分洗涤，滤液及洗液收集于 100mL 容量瓶中，冷却至室温。用盐酸（1+1）中和至溶液呈微红色，用水稀释至标线，摇匀。

（2）试液的测定

在火焰光度计上，按仪器操作规程在与工作曲线绘制相同的仪器条件下进行测定。在工作曲线上分别查出氧化钾和氧化钠的含量。

【结果计算】

氧化钾和氧化钠的质量分数分别按下式计算：

$$w_{Na_2O} = \frac{m_1}{m_0 \times 1000} \times 100\%$$

$$w_{K_2O} = \frac{m_2}{m_0 \times 1000} \times 100\%$$

式中，m_1 为 100mL 测定溶液中氧化钠的含量，mg；m_2 为 100mL 测定溶液中氧化钾的含量，mg；m_0 为试料的质量，g。

【注意事项】

1．测定时保证燃气与助燃气压力稳定，这样才能够保证火焰稳定，同时保证试样溶液进样量稳定。

2．标准溶液不宜放置太久，以免产生霉菌，使其浓度发生变化，每次使用前充分摇匀。

3．标准溶液与被测试液要同时进行测定，以使两者测定条件完全一致，提高测定的准确性。

4．量取氢氟酸（HF）时应使用塑料量筒或量杯，以免 HF 腐蚀玻璃器皿引入被测离子，使测定结果偏高。

5．加热驱赶 HF 时，必须在通风橱内进行，当三氧化硫（SO_3）白烟驱尽时，应立即取下，加热时间不宜过长。加热过程中，应不时摇动铂皿，防止试样溶液溅失。

6．铁、铝、钙、镁、硅的存在均对钾钠测定有干扰，其中，硅的干扰通过氢氟酸（HF）分解试样以除去；铁、铝、钙、镁的干扰通过加入氨水和碳酸铵溶液，使它们生成氢氧化物沉淀或碳酸盐沉淀；过滤后除去。

习　题

一、简答题

1. 吸光度、透光率、摩尔吸光系数的物理意义及单位是什么？

2. 什么是吸收曲线、什么是标准曲线？分光光度分析中为什么要绘制吸收曲线和标准曲线？

3. 什么是参比溶液？它有什么作用？如何选择参比溶液？

4. 简述紫外-可见分光光度计的主要部件及其作用。

5. 紫外-可见分光光度法中，选择波长的原则是什么？

6. 原子分光光度法和可见光分光光度法相比有哪些不同？

7. 何谓原子吸收分光光度法？它具有哪些特点？

8. 原子吸收分光光度计主要由哪几部分组成？各部分的作用是什么？

9. 原子吸收分析时，应考虑哪几个方面的测定条件？

10. 什么是原子化？常用哪些原子化方式？

11. 火焰原子化过程中为什么要选择不同的燃气、助燃气和燃助比？

12. 原子吸收分析时，怎样消除化学干扰？

二、计算题

13. 将下列吸光度值换算为百分透光率。

（1）0.010;（2）0.050;（3）0.300;（4）1.00;（5）1.70

14. 将下列透光率换算为吸光度。

（1）5.00%;（2）10.0%;（3）75.0%;（4）90.0%;（5）99.0%

15. 现有浓度为 $3.00\times10^{-5}mol\cdot L^{-1}$ 的 $K_2Cr_2O_7$ 的碱性溶液，在 372nm 波长处于 1.00cm 比色皿中测得其透光率为 71.6%。求:

（1）该溶液的吸光度。

（2）$K_2Cr_2O_7$ 在该波长下的摩尔吸光系数。

（3）若改用 3.00cm 的比色皿，该溶液的透光率是多少？

（4）若在该波长条件下，用 2.00cm 比色皿测得某碱性 $K_2Cr_2O_7$ 的溶液吸光度为 0.325，此溶液的浓度是多少 $g\cdot L^{-1}$？

16. 以邻二氮菲分光光度法测定 Fe^{2+}，若 Fe^{2+}浓度为 $1.7\times10^{-5}mol\cdot L^{-1}$，显色后用 2.00cm 比色皿于 510nm 波长下测得其透光率为 42.2%，计算 Fe^{2+}邻二氮菲配合物在该波长下的摩尔吸光系数。

17. 称取 0.4329g 铁铵矾 $FeNH_4(SO_4)_2\cdot12H_2O$，溶于水配成 500mL 标准溶液，然后按表中所列的体积取出，在适当条件显色后稀释成 50.00mL，测得吸光度如表所列:

标准溶液体积/mL	1.00	2.00	3.00	4.00	5.00	6.00	7.00
吸光度（A）	0.097	0.200	0.304	0.408	0.510	0.613	0.718

绘制吸光度与铁浓度（mg·L^{-1}）的工作曲线。取某含铁试液 5mL，置于 50.00mL 容量瓶中，在相同条件下显色后，稀释至刻度，测得吸光度为 0.413，求试液中 Fe 的浓度（mg·L^{-1}）。

18. 用硅钼蓝分光光度法测定硅的含量。用下列数据绘制标准曲线：

硅标准溶液的浓度/mg·mL^{-1}	0.050	0.100	0.150	0.200	0.250
吸光度（A）	0.210	0.421	0.630	0.839	1.01

测定试样时称取 0.500g，溶解后转入 50mL 容量瓶中，与标准曲线相同的条件下测得吸光度 $A=0.522$。求试样中二氧化硅的质量分数。

19. 用标准曲线法测定某矿样中铜含量，标准溶液含铜量与吸光度关系如下表：

标准溶液含铜量/μg·mL^{-1}	1.00	2.00	3.00	4.00	5.00
吸光度（A）	0.135	0.265	0.400	0.535	0.670

若称取矿样 0.1500g，酸溶解后，定容至 50mL 容量瓶中，在原子吸收分光光度计上测定吸光度值为 0.350，试求矿样中铜的百分含量。

20. 原子吸收法测定硅酸盐试样中氧化镁的含量，称取试样 0.1000g，经溶解处理后，转移至 250mL 容量瓶中，稀释至刻度，吸取 10.00mL 该试液于 250mL 容量瓶中，稀释到刻度，测得吸光度为 0.238。取一系列不同体积的氧化镁标准溶液（质量浓度为 10.0μg·mL^{-1}）于 50mL 容量瓶中，定容。测量各溶液的吸光度如下，计算硅酸盐试样中氧化镁的含量。

体积（V）/mL	1.00	2.00	3.00	4.00	5.00
吸光度（A）	0.112	0.224	0.338	0.450	0.561

第 10 章 电位分析法

基础知识

10.1 电位分析法概述

10.2 电位分析方法及其应用

实验实训

实验 25 水样 pH 值的测定

实验 26 水中氟离子含量的测定

学习目标

知识目标

- 掌握电位分析法的基本原理。
- 掌握参比电极的结构、作用和使用注意事项。
- 理解离子选择性电极的性能指标。
- 掌握直接电位法的定量方法。

能力目标

- 能用电位分析法测定溶液的 pH 值。
- 能合理选用指示电极和参比电极。
- 会校正和使用酸度计测定溶液 pH 值。

基础知识

根据电化学基本原理和实验技术，利用物质的电学及电化学性质对物质进行定性和定量分析的方法称为电化学分析法。电化学分析是分析化学中最强有力且应用最广泛的分析技术之一，也是最早的仪器分析技术之一。因此，它是仪器分析技术的重要组成部分。

基础电化学分析技术包括电导分析法、电位分析法、电解分析法、库仑分析法、伏安法和极谱分析法。由于物质的电化学性质一般都发生于化学电池中，所以无论哪一种电化学分析法都是将试液作为电池的一部分，通过测量其某种电参数来求得分析的结果。

基于电位分析法在工业分析中的广泛应用，本教材将主要介绍电位分析法，其他内容可参考有关著作及文献。

10.1 电位分析法概述

电位分析法是最简单的电化学分析技术之一，它主要用于各种样品中 pH 值的测量以及离子成分的测定。电位分析法测量技术的原理是以测量电池电动势为基础，利用电极电位和溶液中某种离子的活度（或浓度）之间的关系（即能斯特方程）来测定被测离子的活度（或浓度）的一种电化学分析法。

在电位分析法中，其化学电池的组成是以被测试液为电解质溶液，并于其中插入两支电极，一支是电极电位与被测试液的浓度有定量函数关系的指示电极，另一支是电极电位稳定不变的参比电极，通过测量该电池的电动势来确定被测物质的含量。

电位分析法具有以下特点：选择性好，对组成复杂的试样往往不需分离处理就可直接测定；灵敏度高，直接电位法的检出限一般为 10^{-5}～$10^{-8}mol\cdot L^{-1}$，特别适用于微量组分的测定。该法所用仪器设备简单，操作方便，分析快速，测定范围宽，不破坏试液，易于实现分析自动化。因此，应用范围广，尤其是离子选择性电极分析法，目前已广泛应用于石油、化工、地质、冶金、医药卫生、环境保护、海洋勘测等各个领域，并成为重要的测试手段。

10.1.1 电位分析法中所用的电极与分类

在电化学中根据电极反应的机理及用途等把电极进行以下分类。

10.1.1.1 按电极反应的机理分类

根据电极电位形成的机理把能够建立平衡电位的电极分为金属基电极和膜电极。

(1) 金属基电极

金属基电极常见的有以下三种：

① **第一类电极** 由金属与该金属离子的溶液相平衡构成的电极是第一类电极，也称金

属电极。其电极结构和电极反应为：

$$M \mid M^{n+}[\alpha(M^{n+})]$$

$$M^{n+} + ne^- \rightleftharpoons M$$

电极电位：

$$\varphi_{M^{n+}/M} = \varphi^{\ominus}_{M^{n+}/M} + \frac{RT}{nF}\ln\alpha_{M^{n+}}$$

这类电极的选择性差，除了能与溶液中待测离子发生电极反应外，溶液中其他离子也可能在电极上发生反应。所以实际工作中很难用以测定各种金属离子。在电位分析中，通常能使用的只有 $Ag \mid Ag^+$ 和 $Hg \mid Hg_2^{2+}$ 电极（中性溶液中使用）。

② **第二类电极**　由金属、金属难溶盐与该难溶盐的阴离子溶液相平衡构成。其电极结构和电极反应为：

$$M \mid M_nX_m \mid X^{n-}[\alpha(X^{n-})]$$

$$M_nX_m + mne^- \rightleftharpoons nM + mX^{n-}$$

电极电位为：

$$\varphi_{M_nX_m/M} = \varphi^{\ominus}_{M_n/X_m} - \frac{RT}{nF}\ln\alpha(X^{n-})$$

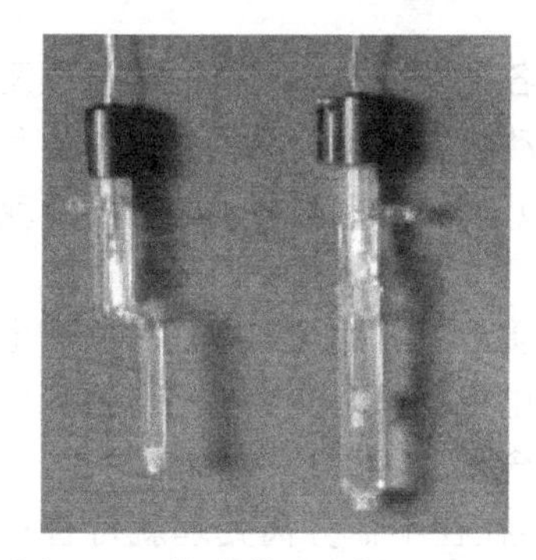

图 10.1　饱和甘汞电极（SCE）

这类电极的电极电位取决于构成难溶盐的阴离子的活度（或浓度），同样，由于选择性差等问题，一般不作指示电极，而是常在固定阴离子活度条件下作为参比电极。常见的有甘汞电极和 Ag-AgCl 电极。

a. 甘汞电极　该电极是由 Hg 和 Hg_2Cl_2（甘汞）及 KCl 溶液组成，如图 10.1 所示。其重现性和可逆性均比较好。饱和甘汞电极以 SCE 表示，内玻璃管中封接一根铂丝，铂丝插入纯汞中，下置一层甘汞和汞的糊状物，外玻璃管中装入 KCl 溶液，即构成甘汞电极。外玻璃管中的 KCl 溶液与通过电极下端的熔接陶瓷芯或玻璃砂芯等多空物质或毛细管通道与待测溶液沟通。

其电极结构为：

$$Hg, Hg_2Cl_2(固) \mid Cl^-(x\,mol \cdot L^{-1})$$

电极反应为：

$$Hg_2Cl_2 + 2e^- \rightleftharpoons 2Hg + 2Cl^-$$

电极电位（25℃）为：

$$\varphi_{Hg_2Cl_2/Hg} = \varphi^{\ominus}_{Hg_2Cl_2/Hg} - \frac{0.059}{2}\lg\alpha^2_{Cl^-}$$

$$= \varphi^{\ominus}_{Hg_2Cl_2/Hg} - 0.059\lg\alpha_{Cl^-}$$

由上式可以看出，当温度一定时，甘汞电极的电位主要取决于 Cl^- 浓度。当 Cl^- 浓度恒定时，其电极电位很稳定，故该电极是最常用的参比电极。

注：甘汞电极容易准备和保存，但它绝对不能在 80℃以上的环境中使用。饱和甘汞电极（SCE）虽然最容易制备，但温度变化后再达到平衡的时间会很长。

b. Ag-AgCl 电极　银丝上镀上一层 AgCl，浸在一定浓度的 KCl 溶液中，即构成银-氯化银电极，如图 10.2 所示。其电极结构为：

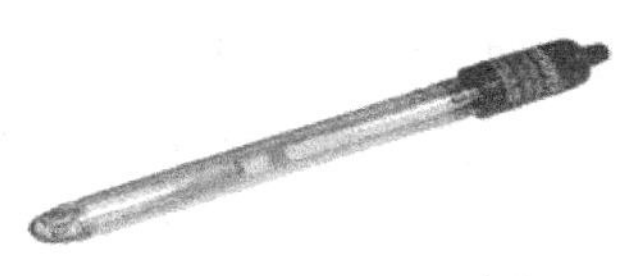

图 10.2　Ag-AgCl 电极

$$Ag, AgCl(s) \mid Cl^-$$

电极反应为：

$$AgCl + e^- \rightleftharpoons Ag + Cl^-$$

电极电位为：

$$\varphi_{AgCl/Ag} = \varphi^{\ominus}_{AgCl/Ag} - 0.059 \lg \alpha_{Cl^-}$$

可见，当 Cl^- 浓度恒定时，该电极的电极电位很稳定，因此，也常作为参比电极。

注：Ag-AgCl 电极可用于沸水中（在特殊条件下温度还可再高），电极的温度系数比甘汞电极的小，长时间使用后电极也比较温度。

③ **零类电极**　由金、铂或石墨等惰性导体浸入到含有氧化还原电对的溶液中构成，也称氧化还原电极。这类电极的电位与溶液中氧化态、还原态的活度的比值成函数关系，因此在氧化还原电位滴定中应用较多。

以上讨论的各类电极均属于金属基电极范畴，它们是电位分析法早期采用的电极，其共同特点是在电极表面发生电子转移而产生电位。

(2) 膜电极

这是由特殊材料的固态或液态敏感膜构成对溶液中特定离子有选择性响应的电极，关于这类电极的内容将在 10.1.2 中讨论。

10.1.1.2　按电极的用途分类

(1) 指示电极与工作电极

电化学中把电位随溶液中待测离子活度（或浓度）变化而变化，并能反映出待测离子活度（或浓度）的电极称为指示电极。根据 IUPAC 建议，指示电极用于测量过程中溶液主体浓度不发生变化的情况，如电位分析法中的离子选择性电极是最常用的指示电极。而工作电极用于测量过程中溶液主体浓度发生变化的情况。

(2) 参比电极与辅助电极

电极电位恒定，不受溶液组成或电流流动方向变化影响的电极称为参比电极。电位分析法中常用的参比电极是甘汞电极，它和指示电极一起构成测量电池，并提供电位标准。在电解分析中，和工作电极一起构成电解池的电极叫辅助电极。对于提供电位标准的辅助电极也称为参比电极。

10.1.2　离子选择性电极[1]

离子选择性电极（ISE）是目前电位分析法中应用最广泛的指示电极，属于薄膜电极，

---

[1] 1975 年 IUPAC 推荐使用“离子选择性电极”（缩写“ISE”）这个专门术语。自 20 世纪 60 年代后期以来，离子选择性电极有了很大发展，目前在电位分析法中，离子选择性电极的使用占据了主导地位。

是由特殊材料的固态或液态敏感膜构成，对溶液中特定离子（或电活性物）具有能斯特响应，与由氧化还原反应而产生电位的金属电极有着本质的不同。根据 IUPAC 的推荐，**“离子选择性电极是一类电化学传感器，它的电极电位对溶液中所给定的离子活度（或浓度）的对数呈线性关系，这些装置不同于包含氧化还原反应的体系”。**

ISE 的一些独特优点，使之优越于其他分析方法，它测量简便、快速、经济、对样品具有非破坏性及适用于较宽的浓度范围，许多样品分析可直接进行，无须进行耗时的样品预处理（如离心分离或过滤等），溶液有色或浑浊也不会影响结果。ISE 对被测溶液中的氧化还原电对没有响应，便携性更可使它适用于野外作业。但是，ISE 也有其局限性：传统的离子选择性膜不能用于高温或高压环境中，且只能用于竖直方向。

(1) 离子选择性电极的基本构造

离子选择性电极种类繁多，各种电极的形状、结构也不尽相同，但它们的基本构造大致相似。离子选择性电极的基本构造包括三部分：

① **敏感膜**　是电极的电化学活性元件，而且只选择性地对特定离子有响应，它能将内侧的内参比溶液和外侧的待测离子溶液分开，对电极的电位响应、选择性、检出限、稳定性等性能起着决定性的作用，是电极最关键的部件。

② **内参比溶液**　它由用以恒定内参比电极电位的 Cl^- 和能被敏感膜选择性响应的特定离子组成。

③ **内参比电极**　通常用 Ag-AgCl 电极。

在各类离子选择性电极中，出现最早、应用最广泛的一类离子选择性电极是非晶体膜电极。其中，最早问世的非晶体膜电极是 pH 玻璃膜电极（1906 年）。

pH 玻璃膜电极的结构如图 10.3 所示。

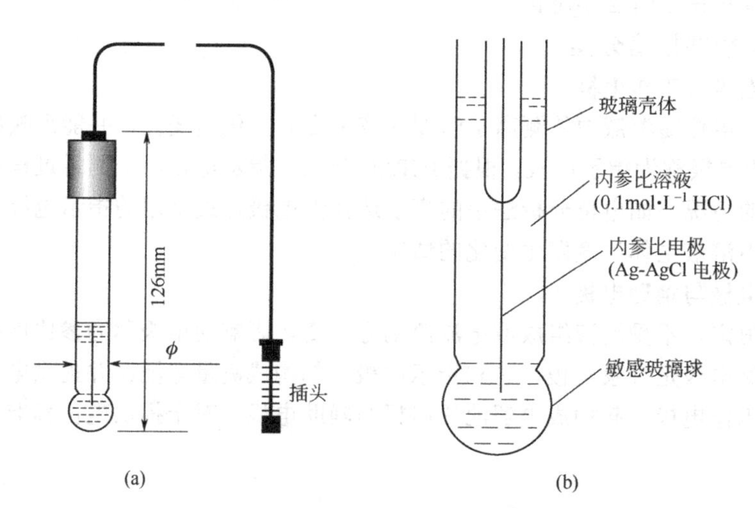

图 10.3　pH 玻璃膜电极的结构示意图

（a）整支玻璃电极；（b）玻璃电极头部

最常见的 pH 玻璃电极是一种头部用特定配方的玻璃吹制成球状的膜电极，但也有平板型的。pH 玻璃电极核心部分是敏感玻璃的球泡，在球泡内充注 $0.1mol \cdot L^{-1}$ HC1 或含有 NaCl 的缓冲溶液，作为内参比溶液。内参比电极为 Ag-AgCl 电极。

(2) pH 玻璃电极的电极电位

将某一合适的离子选择性电极浸入到含有一定活度的待测离子溶液中时，在敏感膜的内外两个相界面处会产生电位差，这个电位差就是膜电位。膜电位产生的根本原因是离子在膜内外两相界面间的交换与扩散。

pH 玻璃电极之所以能测定溶液 pH 值，是由于玻璃膜与试液接触时会产生与待测溶液 pH 值有关的膜电位。25℃时其电极电位可表示为：

$$E_{膜} = K' + 0.0592\lg\alpha_{(H^+)(外)}$$

$$E_{膜} = K' - 0.0592\text{pH}_{外} \tag{10.1}$$

式中，K' 由玻璃膜电极本身的性质决定，对于某一确定的电极，其 K'是常数。可见，在一定温度下，pH 玻璃电极的膜电位与外部溶液的 pH 值呈线性关系。

10.2　电位分析方法及其应用

10.2.1　定量分析依据

将离子选择性电极（指示电极）作为负极，参比电极（常用饱和甘汞电极）作为正极组成测量电池：

（−）指示电极 | 试液 || 参比溶液（+）

298K 时，该电池的电动势为：

$$E = K' \pm \frac{0.0592}{n}\lg\alpha_i \tag{10.2}$$

式中，i 为阳离子时，取“−”号；i 为阴离子时，取“+”号。一定条件下，电池电动势 E 与 $\lg\alpha_i$ 呈线性关系，这就是定量分析的基础。

若参比电极为负极，离子选择性电极为正极组成测量电池，则电池电动势与上式正好相反：i 为阳离子时，取“+”号；i 为阴离子时，取“−”号。

由于活度系数是离子强度的函数，因此，只要固定溶液离子强度，即可使溶液的活度系数恒定不变，则式（10.2）可变为：

$$E = K' \pm \frac{0.0592}{n}\lg c_i \tag{10.3}$$

此时，就可由电动势直接求得待测离子的浓度。

用离子选择性电极进行电位分析时，能斯特方程表示的是电极电位与离子活度的关系。所以测量所得的是离子的活度，而不是浓度。但对于分析化学来说，要求测量的是离子的浓度，而不是活度。如果分析时能够控制试液与标准溶液的总离子强度相一致，那么试液与标准溶液中被测离子的活度系数就相同了。

要达到这一要求，常采用在试液和标准溶液中加入相同量的惰性电解质（称为离子强度调节缓冲剂）的方法来控制溶液的总离子强度。有时，将离子强度调节剂、pH 缓冲溶液和消除干扰的掩蔽剂等混合在一起，所得的混合液称为“**总离子强度调节缓冲剂**”或“总离子强度调节缓冲溶液”，简称 TISAB。

TISAB 的作用：

- 保持试液与标准溶液有相同的总离子强度及活度系数。
- 含有缓冲剂，可以控制溶液的 pH 值。
- 含有配位剂，可以掩蔽干扰离子。

10.2.2　直接电位法

电位分析的定量分析方法可分为直接电位法和电位滴定法两大类。

通过测量电池电动势直接求出待测物质含量的方法，称为直接电位法。此法有直接比较法、标准曲线法和标准加入法。在各种直接电位法中应用最多的是溶液 pH 值的测定以及溶液中待测离子浓度的测定。

直接电位法具有简便、快速、灵敏、应用广泛的特点，在工业连续自动分析和环境监测方面有独到之处。

电位滴定法是通过测量电池电动势的变化来确定滴定终点的分析方法。其测定结果的准确度高，易于实现自动控制，能进行连续和自动滴定，广泛应用于滴定分析中终点的确定。

本教材将着重介绍直接电位法中的直接比较法和标准曲线法原理，其他测定方法及原理可参阅有关专著及文献。

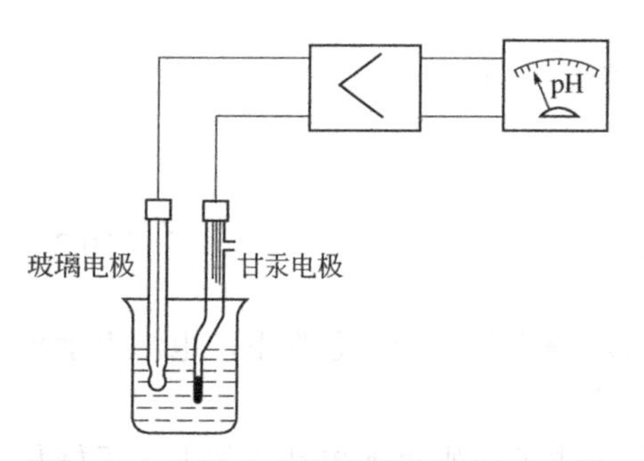

图 10.4　直接比较法的基本装置示意图

（1）直接比较法

测定溶液 pH 值时，常采用直接比较法的原理。其基本装置如图 10.4 所示。以饱和甘汞电极作为参比电极（作正极），pH 玻璃电极作为指示电极（作负极），与待测溶液一起构成工作电池，在两个电极之间接上 pH 酸度计，测量工作电池的电动势。

工作电池可表示为：

玻璃电极 | 试液 || 甘汞电极

工作电池的电动势（298K）为：

$$E = K + 0.0592\text{pH} \tag{10.4}$$

由式（10.4）可知，在一定条件下，工作电池的电动势与待测试液的 pH 值呈线性关系。据此可以进行溶液 pH 值的测定。

式（10.4）表明，只要测出工作电池电动势，并求出 K 值，就可以计算出溶液的 pH 值。但 K 值是一个十分复杂的项目，其中包含了甘汞电极的电位、内参比电极的电位、玻璃膜的不对称电位以及参比电极与溶液间的接界电位，其中有些电位是很难测出的。因此，在实际测定中不可能采用式（10.4）直接计算 pH 值。

基于上述原因，在实际工作中采用比较法测量待测溶液 pH 值。其方法原理是：用一个已知准确 pH 值的标准 pH 缓冲溶液作标准进行校正，比较包含标准缓冲溶液和包含待测试液的两个工作电池的电动势，求得待测试液的 pH 值。当用 pH 计测定试液 pH 值时，先用标准缓冲溶液校准仪器，即定位，测出标准缓冲溶液的电动势 E_s。

$$E_s = K_s + 0.0592\text{pH}_s \tag{10.4a}$$

在测定条件相同的情况下，以待测试液代替标准缓冲溶液，测定待测试液电动势 E_x。

$$E_x = K_x + 0.0592\text{pH}_x \tag{10.4b}$$

由于测定条件相同，因此，$K_s = K_x$。由式 (10.4a)和式（10.4b）相减得：

$$\text{pH}_x = \text{pH}_s + \frac{E_x - E_s}{0.0592} \tag{10.5}$$

由于 pH_s 为已知确定的数值，因此，通过测定 E_s 和 E_x，就可得出试液的 pH_x。

由式（10.5）求得的 pH_x 并不是由定义［$\text{pH} = -\lg\alpha(\text{H}^+)$］规定的 pH 值，而是以标准缓冲溶液为标准的相对值。式（10.5）就是按实际操作方式对水溶液的 pH 值所给的实用定义（或工作定义），通常也称为**“pH 值标度”**。

为了尽可能减少测量误差，测定时，应选用 pH 值尽可能与待测试液 pH 值相近的标准缓冲溶液，测定过程中应尽可能保持测定溶液的温度恒定。

由于 pH 标准缓冲溶液是 pH 值测定的基准，所以标准缓冲溶液的配制及其 pH 值的确定是非常重要的。目前，我国已发布了六种 pH 标准缓冲溶液，其在 0～95℃的 pH 值可查阅相关资料与手册。

(2) 标准曲线法

这是最常用的定量方法之一。具体做法是：配制一系列标准溶液，并依次加入与测定试液相同量的 TISAB 溶液，插入离子选择性电极和参比电极。在同一条件下，分别测定各溶液的电动势，绘制 E-$\lg c_x$ 关系曲线，即标准曲线，如图 10.5 所示。

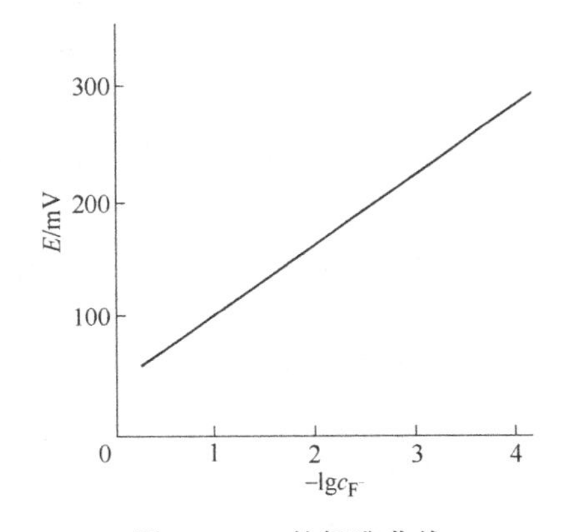

图 10.5 F^-的标准曲线

再在同样的条件下，测出待测液的 E_x，从标准曲线上求出待测离子的浓度。

标准曲线法主要适用于大批量的同种试样的分析。对于要求不高的少数试样，也可用一个浓度与试液相近的标准溶液，在相同条件下，分别测出 E_x 和 E_s，然后用与 pH 值实用定义相似的公式计算而出。

随着科学技术的发展以及先进仪器的不断问世，电位分析法在环境保护、医药卫生、食品、工农业生产以及地质勘探等领域有着广泛发展和应用。

实验实训

实验 25 水样 pH 值的测定

pH 值是水化学中常用的和最重要的检验项目之一。由于 pH 值受水温度的影响而变化，测定时应在规定的温度下进行，或者校正温度。通常采用玻璃电极法和比色法测定 pH 值。

比色法简便，但受色度、浊度、胶体物种、氧化剂、还原剂及盐度的干扰。玻璃电极法则基本上不受上述因素的干扰。

【实验目的】

1. 了解测定水 pH 值的原理。
2. 学习并掌握酸度计的使用方法。
3. 熟悉 pH 标准缓冲溶液的用途及使用要求。
4. 能正确记录和处理实验数据并能撰写实验报告。

【测定原理】（直接比较法）

以玻璃电极作指示电极，饱和甘汞电极作参比电极组成工作电池。在一定条件下，电池电动势为：

$$E = K' + 0.059\text{pH}\ （25℃）$$

实际测定中用已知 pH 标准缓冲溶液校正酸度计，即定位，然后测定试液 pH 值。

【试剂与仪器】

试剂：用于校准仪器的标准缓冲溶液（按手册中规定的数量称取试剂并配制所需标准缓冲溶液），待测试液，广泛 pH 试纸。

仪器：各种型号的 pH 计或离子活度计，pH 玻璃电极，饱和甘汞电极或 Ag-AgCl 电极（或 pH 复合电极），磁力搅拌器，温度计，100mL 烧杯。

【测定步骤】

1．按仪器使用说明书准备酸度计。

2．将水样与标准溶液调到同一温度，记录测定温度，把仪器补偿旋钮调至该温度处。选用与水样 pH 值相差不超过 2 个 pH 值单位的标准缓冲溶液校准仪器，从第一个标准缓冲溶液中取出两个电极，彻底冲洗，并用滤纸边缘轻轻吸干。再浸入第二个标准溶液中，其 pH 值约与前一个相差约 3 个 pH 值单位。如测定值与第二个标准溶液 pH 值之差大于 0.1 个 pH 值单位，就要检查仪器、电极或标准溶液是否有问题。当三者均无异常情况时方可测定水样。

3．水样的测定：先用蒸馏水仔细冲洗两个电极，再用水样洗，然后将电极浸入水样中，小心搅拌或摇动使其均匀，待读数稳定后记录 pH 值。

【注意事项】

1．玻璃电极在使用前应在蒸馏水中浸泡 24h 以上，用毕，冲洗干净，浸泡在纯水中。盛水容器要防止灰尘落入和水分蒸发干涸。

2．测定时，玻璃电极的球泡应全部浸入溶液中，使它稍高于甘汞电极的陶瓷芯端，以免搅拌时碰破。

3．玻璃电极的内电极与球泡之间以及甘汞电极的内电极与陶瓷芯之间不能存在气泡，以防断路。

4．甘汞电极的饱和氯化钾液面必须高于汞体，并应有适量 KCl 晶体存在，以保证 KCl 溶液的饱和。使用前必须拔掉上孔胶塞。

5．为防止空气中二氧化碳溶入或水样中二氧化碳逸失，测定前不宜提前打开水样瓶塞。

6．玻璃电极球泡受污染时，可用稀盐酸溶解无机盐污垢，用丙酮除去油污（但不能用无水乙醇）后再用纯水清洗干净。按上述方法处理的电极应在水中浸泡一昼夜再使用。

7. 注意电极的出厂日期，存放时间过长的电极性能将变劣。

【思考题】

1. 在测量溶液的pH值时，为什么pH计要用标准pH缓冲溶液进行定位？

2. 为什么用单标准pH缓冲溶液法测量溶液的pH值时，应尽量选用pH值与它相近的标准缓冲溶液来校正酸度计？

实验26 水中氟离子含量的测定

【实验目的】

1. 熟练掌握酸度计/离子计的使用方法和校正方法。

2. 熟练掌握标准系列溶液的制备与标准曲线的制作方法。

3. 能够正确记录实验数据和计算实验结果。

4. 理解标准曲线法测定氟离子的基本原理。

【测定原理】（标准曲线法）

在pH 6.0的总离子强度配位缓冲溶液的存在下，以氟离子选择电极作指示电极，饱和甘汞电极作参比电极，用离子计或酸度计测量含氟离子溶液的电极电位。

【试剂与仪器】

试剂： NaF（优级纯），HCl（1+1），NaOH溶液（$200g\cdot L^{-1}$），溴酚蓝指示剂溶液（$2g\cdot L^{-1}$），总离子强度配位缓冲溶液（TISAB，pH 6.0）。

总离子强度配位缓冲溶液（TISAB）的制备方法：称取58.8g二水合柠檬酸钠和85g硝酸钠，加水溶解，用盐酸调节pH值至5～6，转入1000mL容量瓶中，稀释至标线，摇匀。

注： 本实验中所用实验用水为去离子水或无氟离子蒸馏水。

仪器： 酸度计或离子计，氟离子选择性电极，饱和甘汞电极，磁力搅拌器，容量瓶，吸量管，烧杯等。

【测定步骤】

1. 仪器准备

按照所用测量仪器和电极使用说明，首先接好线路，将各开关置于“关”的位置，开启电源开关，预热15min，以后操作按说明书要求进行。测定前，试液应达到室温，并与标准溶液温度一致（温差不得超过±1℃）。

2. 氟电极的准备

氟电极在使用前，应在纯水中浸泡数小时或过夜。再用去离子水洗至空白电位约为300mV，电极晶片勿与坚硬物擦碰。晶片上如沾有油污，用脱脂棉依次以酒精、丙酮轻拭，再用去离子水洗净。连续使用期间的间隙内，电极可浸泡在水中；若长期不用，则电极应风干后保存。

3. F^-标准溶液的制备

（1）F^-标准溶液：称取0.2763g NaF（优级纯，预先在105～110℃烘干2h），精确至0.0001g，置于塑料烧杯中，用水溶解后，移入500mL容量瓶中，用水稀释至标线，摇匀，储存于塑料瓶中，此标准溶液每毫升含0.25mg F^-。

（2）F^-标准系列：吸取每毫升含0.25mg F^-的标准溶液1.00mL、2.00mL、4.00mL、6.00mL，分别放入50.0mL容量瓶中，加入10mL总离子强度调节缓冲溶液，用水稀释至标线，摇匀，储存于塑料瓶中。此系列标准溶液分别每毫升含 0.005mg、0.010mg、0.020mg、0.030mg F^-。

4．工作曲线的绘制

移取上述系列标准溶液各 10.00mL，分别放入置有一磁力搅拌子的 50mL 聚乙烯烧杯中，准确加入 10.00mL pH 6.0 的总离子强度配位缓冲溶液，将烧杯置于磁力搅拌器上，按照浓度由低到高的顺序，依次在溶液中插入氟离子选择电极和饱和氯化钾甘汞电极，开动磁力搅拌器搅拌 2min，停搅 30s。用离子计或酸度计测量溶液的平衡点位。

用单对数坐标纸，以对数坐标为 F^- 的浓度，常数坐标为电位值，绘制工作曲线。

5．水样中 F^- 含量的测定

吸取 25.00mL 试验溶液（水样）放入 50mL 容量瓶中，用 pH 值为 6.0 的总离子强度配位缓冲溶液稀释至标线，混匀，测量溶液的稳态电位值（E）。根据测得的电位值，在工作曲线上查出 c_{F^-}，并计算出水样中 F^- 的浓度（以 $mol \cdot L^{-1}$ 表示）。

注：在每次测量之前，都要用水将电极冲洗干净，并用滤纸吸去水分。

【注意事项】

1．电极使用后应用水充分冲洗干净，并用滤纸吸去水分，放在空气中，或者放在稀的氟化物标准溶液中。如果短时间不再使用，应洗净，吸去水分，套上保护电极敏感部位的保护帽。电极使用前仍应洗净，并吸去水分。

2．若试液中氟化物的含量低，应从测定值中扣除空白实验值。

3．不得用手触摸电极的敏感膜；如果电极膜表面被有机物等玷污，必须清洗干净后才能使用。

【思考题】

1．用氟电极测定 F^- 浓度的原理是什么？

2．用氟电极测得的是 F^- 的浓度还是活度？如果要测定 F^- 的浓度，应该怎么办？

3．氟电极在使用前应怎样处理？达到什么要求？

4．试比较标准曲线法和标准加入法的优缺点和应用条件。用此两种方法所测得的结果有无差异？

附：酸度计的使用方法

——以 pHS-3F 型酸度计为例（见图 10.6）

图 10.6　pHS-3F 型酸度计

1．仪器使用前准备

打开仪器电源开关预热。将处理好的两电极夹在电极架上，接上电极导线。用蒸馏水清洗电极需要插入溶液的部分，并用滤纸吸干电极外壁上的水。将仪器选择按键置“pH”位置。

2．仪器的校正（二点校正法[1]）

将两电极插入一 pH 值已知且接近 7 的标准缓冲溶液中。将功能选择按键置“pH”位置，调

[1] 根据 GB/T 9724—2007 规定，校正酸度计的方法有“一点校正法”和“二点校正法”两种。二点校正法是先用 pH 与被测溶液接近的标准缓冲溶液“定位”，再用另一种接近被测溶液 pH 的标准缓冲溶液调节“斜率”调节器，使仪器显示值与第二种标准缓冲溶液的 pH 值相同（此时不动定位调节器）。经过校正后的仪器就可以直接测量待测试液。

节“温度”调节器使所指的温度刻度为该标准缓冲溶液的温度值。将“斜率”钮顺时针转到底（最大）。轻摇试杯，电极达到平衡后，调节“定位”调节器，使仪器读数为该缓冲溶液在当时温度下的pH值。取出电极，移去标准缓冲溶液，清洗两电极后，再插入另一接近被测溶液 pH 值的标准缓冲液中。旋动“斜率”旋钮，使仪器显示该标准缓冲液的 pH 值（此时“定位”旋钮不可动）。若调不到，应重复上面的定位操作。

3．测量溶液的pH值

移去标准缓冲溶液，清洗两电极后，将其插入待测试液中，轻摇试杯，待电极平衡后，读取被测试液的pH值。

4．实验结束

关闭酸度计电源开关，拔出电源插头。取出电极用蒸馏水清洗干净，再用滤纸吸干外壁水分，套上小帽存放在盒内。清洗试杯，晾干后妥善保存。用干净抹布擦净工作台，罩上仪器防尘罩，填写仪器使用记录。

习　　题

一、简答题

1. 什么是电位分析法？什么是离子选择性电极分析法？

2. 何谓电位分析中的指示电极和参比电极？金属基电极和膜电极有何不同？

3. 为什么不能直接用万用表或伏特计测量化学电池的电动势进行电位分析？

4. pH 玻璃电极对溶液中氢离子活度的响应，在酸度计上显示的 pH 值与氢离子活度之间有何定量关系？

5. 在测量溶液的 pH 值时，既然有用标准缓冲溶液“校正”这一步骤，为什么在酸度计上还要有温度补偿装置？

6. 测量过程中，读数前轻摇烧杯起什么作用？读数时，是否还要继续晃动溶液？为什么？

7. 在用离子选择性电极法测量离子浓度时，加入 TISAB 的作用是什么？

8. 在用玻璃电极测量溶液的 pH 值时，采用的定量分析方法是什么？

9. 为什么实际测量溶液的 pH 值时，必须使用 pH 标准缓冲溶液？

二、计算题

10. pH 玻璃电极和饱和甘汞电极组成工作电池，298K 测定 pH = 9.18 的硼酸标准溶液时，电池的电动势为 0.220V；而测定一未知 pH 值试液时，电动势为 0.180V。求未知试液的 pH 值。

第11章 气相色谱法

基础知识

实验实训

学习目标

知识目标

- 理解气相色谱法的基本原理。
- 掌握色谱图及其相关术语。
- 理解物质在固定相和流动相之间由于分配而得到分离的基本原理。
- 掌握气相色谱仪的构造特点、工作流程及实验技术。
- 掌握气相色谱定性及定量分析的方法。

能力目标

- 熟悉气相色谱仪的操作程序；能对气相色谱仪器进行熟练操作及使用。
- 能选择适宜的固定相，判断出峰顺序。
- 能按检测器的性能选择适宜的载气。
- 能通过色谱图进行定性和定量分析。
- 能根据色谱图评价柱效能。

11.1 引言

色谱分析法是一种分离技术，它是将试样分离成许多馏分，然后用某种方法对馏分进行测量和鉴定。在各种分离技术中色谱法是效率最高和应用最广的一种分离方法。

色谱分析法最早由俄国植物学家茨维特（Tswett）在 1906 年创立，他在研究植物叶的色素成分时，将植物叶子的萃取物倒入填有碳酸钙的直立玻璃管中，然后加入石油醚使其自由流下，结果色素中各组分互相分离形成各种不同颜色的谱带（见图 11.1），色谱法由此得名。以后此法逐渐应用于无色物质的分离，“色谱”二字虽已失去原意，但仍被人们沿用至今。

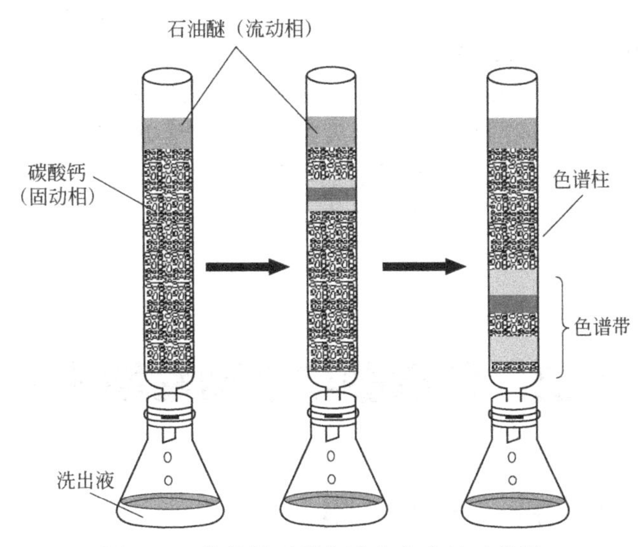

图 11.1 茨维特吸附色谱分离实验示意图

在色谱分析法中，将填入玻璃管内静止不动的一相（固体或液体）称为“**固定相**”，自上而下运动的一相（一般为液体或气体）称为“**流动相**”，装有固定相的管子（玻璃或不锈钢）称为“**色谱柱**”。固定相是任何色谱的核心！

从分离原理看，色谱法实质上是一种物理化学分离方法。即当混合物随流动相经色谱柱时，就会与柱中固定相发生作用（溶解、吸附、脱附等），由于混合物中各组分物理化学性质和结构上的差异，与固定相发生作用的大小、强弱不同，在同一推动力作用下，各组分在固定相中的滞留时间不同，使混合物中各组分按一定顺序从柱中流出，从而使各物质得到完全分离。

这种利用各组分在两相中的差异，使混合物中各组分分离的技术，称为“色谱分离技术”。这种分离技术与适当的柱后检测方法相结合，应用于分析化学领域中，就是“色谱分离分析法”，简称“色谱法”。色谱法已成为近代分析的重要手段之一。

根据流动相或固定相的种类等因素而得的色谱分析方法分类列于表 11.1 中。

表 11.1 色谱分析方法分类

按两相状态分类	按操作形式分类	按分离原理分类
1. 气相色谱（GSC） ——流动相是气体 2. 液相色谱（LSC） ——流动相是液体 3. 超临界流体色谱（SFC）[1] ——流动相为超临界流体	1. 柱色谱（CC） ——固定相在管柱内 2. 纸色谱（PC） ——固定相为滤纸 3. 薄层色谱（TLC） ——固定相压成或涂成薄层	1. 吸附色谱 ——固定相为固体吸附剂 2. 分配色谱 ——固定液对组分的分配系数不同 3. 离子交换色谱 ——固定相为离子交换剂 4. 凝胶色谱 ——固定相为凝胶

在流动相和固定相之间迁移的两个最重要的分离机制是分配和吸附。吸附色谱基于分析物与固定相载体表面的直接相互作用，如气-固色谱或液-固色谱；分配色谱使用液体固定相，如气-液色谱或液-液色谱。

液相色谱既可在柱中进行，也可在平板上进行；气相色谱法仅限于柱色谱。以下对色谱理论基础方面的讨论着重于柱色谱——气相色谱。

随着色谱法的发展，它已成为分离、纯化有机物或无机物的一种重要方法，对于复杂混合物、相似化合物的异构体或同系物等的分离非常有效。近 20 年来，色谱分析仪和微机技术的结合，使色谱分析仪具有了人工智能的功能，色谱技术和色谱仪器日臻完善，色谱分析法已成为目前分离和分析复杂组分的最有效的方法之一。

11.2 色谱图与色谱常用术语

11.2.1 色谱流出曲线——色谱图

柱色谱的主要技术是洗脱技术。在洗脱技术中，溶于流动相的样品导入柱头，然后以流动相洗脱，直到被分离的物质在柱尾得到检测。

色谱图是指色谱柱流出物通过检测系统时所产生的响应信号对时间或流动相流出体积的曲线图（见图 11.2）。

在色谱图中，通过测量和某些计算可得到一些与定性和定量分析有关的色谱基本参数，而色谱基本参数又是用来观察色谱行为和研究色谱理论的重要标度。

[1] 超临界流体是一种介于气体和液体之间的状态，具有介于气体和液体之间的极有用的分离性质。常用的超临界流体有 CO_2、NH_3、CH_3CH_2OH、CH_3OH 等。

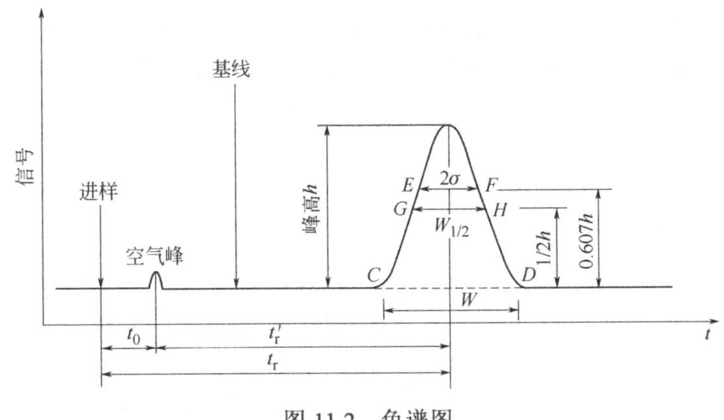

图 11.2 色谱图

利用色谱流出曲线上的参数可以得到以下信息：

- 根据色谱流出曲线中色谱峰的个数，可判断样品所含组分的最少个数。
- 利用色谱流出曲线峰位置点（特性保留值），可以进行定性分析。
- 根据在曲线上测得色谱峰的峰高或峰面积，可以进行定量分析。
- 根据各峰不同的位置及其峰宽变化状态，可以对色谱柱的分离性能进行评价。
- 色谱峰两峰间的距离，可以评价固定相（或流动相）的选择是否合适。
- 根据色谱图的标准可以判断色谱操作条件的优劣。

11.2.2 色谱图中的基本术语与参数

(1) 基线

基线是在正常实验操作条件下，没有组分流出，仅有流动相通过检测器时，检测器所产生的响应值。稳定的基线是一条直线，若基线下斜或上斜，称为“漂移”，基线的上下波动，称为“噪声”。

(2) 色谱峰

是流出曲线上的突起部分。每个峰代表样品中的一个组分。正常的色谱峰为对称的正态分布曲线。

① **峰高 h** 从峰的最大值到峰底的距离。

② **峰宽 W** 度量色谱峰宽度通常有以下三种表示方法：

a. 标准偏差 σ 峰高 0.607 倍处的色谱峰宽度的一半（图 11.2，EF 距离的一半）。

b. 峰底宽 W 色谱峰两侧拐点处所作的切线与峰底相交两点之间的距离（图 11.2）。

c. 半宽度 $W_{1/2}$ 峰高 1/2 处的色谱峰宽度（图 11.2，GH 间的距离）。

标准偏差、峰底宽和半宽度又称为“区域宽度”，它们是用来评价柱分离效能的主要参数。

③ **峰面积 A** 色谱峰与峰底之间的面积，它是色谱定量分析的依据。该值可由色谱分析仪中的微机处理器或积分仪求得。

(3) 色谱保留值

用来描述各组分色谱峰在色谱图中的位置，在一定条件下，组分的保留值具有特征性。

因此，色谱保留值是色谱定性分析的依据。在固定相中溶解性能越好，或与固定相的吸附性能越强的组分，在柱中滞留的时间就越长，或者说将组分带出色谱柱所需的流动相体积越大。所以保留值可以用保留时间和保留体积两套参数来描述。

① **死时间（t_0）与死体积（V_0）**

a．死时间（t_0）是指一些不与固定相作用气体通过色谱柱时，从进样开始到出现峰极大值所需的时间，以 s 或 min 为单位表示。

b．死体积（V_0）是指色谱柱中不被固定相占据的空间、色谱仪中管路和连接头间的空间以及检测器的空间的总和，等于死时间乘以载气的流速。

② **保留时间（t_R）与保留体积（V_R）**

a．保留时间（t_R）是试样从进样开始到柱后出现峰极大点时所经历的时间。它相应于样品到达柱末端的检测器所需的时间，以 s 或 min 为单位表示。

b．保留体积（V_R）是从注射样品到色谱峰顶出现时，通过色谱系统载气的体积。一般可用保留时间乘以载气流速求得，以 mL 为单位表示。

③ **调整保留时间（t'_R）与调整保留体积（V'_R）**

a．调整保留时间（t'_R）是某组分的保留时间扣除死时间后的保留时间。即：

$$t'_R = t_R - t_0 \tag{11.1}$$

b．调整保留体积（V'_R）是某组分的保留体积扣除死体积后的保留体积。即：

$$V'_R = V_R - V_0 \tag{11.2}$$

④ **相对保留值（$r_{i,s}$）** 在一定色谱条件下被测化合物和标准化合物调整保留值之比。

$$r_{i,s} = \frac{t'_{R(i)}}{t'_{R(s)}} = \frac{V'_{R(i)}}{V'_{R(s)}} \tag{11.3}$$

式中，$t'_{R(i)}$ 为被测化合物的调整保留时间；$t'_{R(s)}$ 为标准化合物的调整保留时间。

相对保留值仅与柱温、固定相性质有关，因此，它是色谱法中，尤其是气相色谱法中，广泛使用的较理想的定性分析指标。

11.2.3 分配平衡

色谱分析中，在一定温度下，组分在流动相和固定相之间所达到的平衡称为“分配平衡”。为了描述这一分配行为，通常采用分配系数 K 和分配比 k' 来表示。

（1）分配系数 K

组分在两相之间达到平衡时，该组分在两相中的浓度之比是一个常数。这一常数称为“分配系数”，用 K 表示。

$$K = \frac{\text{组分在固定相中的浓度}}{\text{组分在流动相中的浓度}} = \frac{c_s}{c_m} \tag{11.4}$$

如图 11.3 所示，由物质 A 和 B 组成的混合组分在进入色谱柱时是处于同一起跑线上的，在流动相把它们向前推进的过程中，A 和 B 都时刻在固定相和流动相之间进行着分配过程，但由于每一种组分的分配系数 K 不同，图 11.3 中设 $K_B > K_A$，它们在柱中的前进速率就不同，分配系数大的组分（如B）与固定相的作用力强一些，前进速率就慢一些，保留时间就长一些。由分配系数不同引起的反复分配的过程就使A和B在离开柱子时完全分离开了，在记录仪上出现了两个保留值不同的色谱峰。B组分因K值较大而t_R值较大。

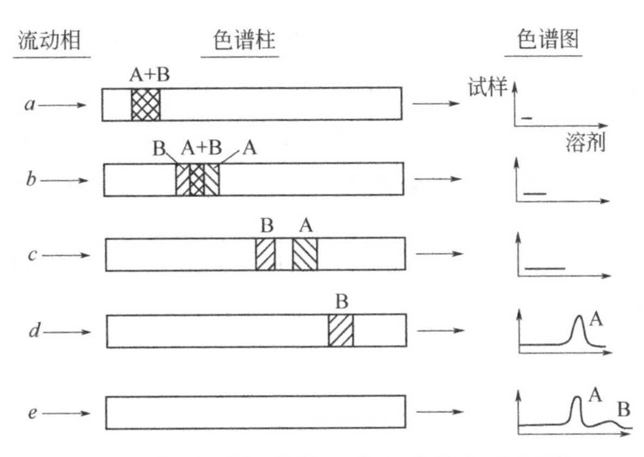

图11.3 色谱柱中的混合组分分离示意图

(2) 分配比 k'

分配比即为溶质在两相中物质的量之比。用k'表示。

$$k' = \frac{\text{组分在固定相中物质的量}}{\text{组分在流动相中物质的量}} = \frac{n_s}{n_m} = \frac{c_s V_s}{c_m V_m} = K\frac{V_s}{V_m} \tag{11.5}$$

式中，V_s、V_m分别为固定相和流动相的体积。

(3) 分配比与保留值的关系

分配平衡是在色谱柱中两相之间进行的，因此分配比也可以用组分停留在两相之间的保留值来表示。

$$k' = \frac{t'_R}{t_0} = \frac{t_R - t_0}{t_0} \quad \text{或} \quad k' = \frac{V'_R}{V_0} = \frac{V_R - V_0}{V_0} \tag{11.6}$$

由式（11.6）可见，分配比反映了组分在某一柱子上的调整保留时间（或体积）是死时间（或死体积）的多少倍。k'越大，说明组分在色谱柱中停留的时间就越长，对该组分而言，相当于柱容量大，因此，k'又称为“容量因子”“容量比”或“分配容量”。

11.3 色谱分析基础理论

色谱的首要任务是关于待测组分的分离。如果试样中各组分的色谱峰分不开，那么有关色谱的定性或定量分析就无法进行。 因此，色谱分析理论研究的中心课题就是分离问题。

关于色谱分析的基础理论，主要包括塔板理论和速率理论。塔板理论和速率理论均以色谱过程中分配系数恒定为前提，故称为“线性色谱理论”。

11.3.1 塔板理论[1]

塔板理论是将色谱柱视为一个精馏塔，把色谱的分离过程比拟为分馏过程，直接引用分馏过程的概念、理论和方法来处理色谱分离过程的理论。它将连续的色谱过程看作许多小段平衡过程的重复，即将每一小段想象为一块塔板。塔板理论假设：在塔板的间隔高度内被分离组分在气液两相间很快达到分配平衡，经过多次分配平衡后，各组分随着流动相按一个一个塔板的方式向前移动，从而达到分离。据此理论，色谱柱的某一段长度就称为理论塔板高度。

对一根总长度为 L 的色谱柱，每一块塔板高度为 H，则色谱柱中的塔板（层）数 n，也就是溶质平衡的次数应为：

$$n = \frac{L}{H} \tag{11.7}$$

式中，n 为理论塔板数。与精馏塔一样，色谱柱的柱效随理论塔板数 n 的增加而增加，随塔板高度 H 的增大而减小。由式（11.7）可知，在柱子长度固定后，塔板数越多，组分在柱中的分配次数就越多，分离情况就越好，同一组分在出峰时就越集中，峰形就越窄，流出曲线的 σ 越小。

塔板理论指出：

① 当溶质在柱中的平衡次数即理论塔板数 $n > 50$ 时，可得到基本对称的峰形曲线，在色谱柱中，n 值一般是很大的，如气相色谱柱的 n 值约为 $10^3 \sim 10^6$，因而这时的流出曲线趋近于正态分布曲线。

② 当样品进入色谱柱后，只要各组分在两相间的分配系数有微小差异，经过反复多次的分配平衡后，仍可获得良好的分离。

③ n 与半峰宽及峰底宽度的关系为：

$$n = 5.54\left(\frac{t_R}{W_{1/2}}\right)^2 = 16\left(\frac{t_R}{W}\right)^2 \tag{11.8}$$

n 和 H 可以作为描述柱效能的指标。由式（11.7）和式（11.8）可以看出，在 t_R 一定时，如果色谱峰越窄，则说明 n 越大，H 越小，柱效能越高，所得分离度就越高。

在实际工作中，n 和 H 有时并不能充分反映色谱柱的真实分离效能，因为采用 t_R 计算时，没有扣除死时间 t_0，所以常用有效塔板数 $n_{有效}$ 表示效能。

$$n_{有效} = 5.54\left(\frac{t'_R}{W_{1/2}}\right)^2 = 16\left(\frac{t'_R}{W}\right)^2 \tag{11.9}$$

有效塔板高为：

$$H_{有效} = \frac{L}{n_{有效}} \tag{11.10}$$

[1] 塔板理论由 Martin 和 Synge 在平衡色谱理论的基础上于 1941 年提出，该理论是把色谱柱与蒸馏塔相比拟为出发点的半经验理论，该理论为广大色谱工作者所承认和采用。

例 11.1 已知某组分的色谱峰底宽度为40s，死时间为14s，保留时间为6.67min，求有效塔板数为多少。

解： 6.67min = 400s

$$n_{有效} = 16\left(\frac{t'_R}{W}\right)^2 = 16\left(\frac{400-14}{40}\right)^2 = 1490\ （块）$$

由于在相同的色谱条件下，对不同的物质计算所得的塔板数不同，因此，在说明柱效时，除了注明色谱条件外，还应指出用什么物质来进行测量的。

塔板理论是一种半经验式的理论。它用热力学的观点定量说明了溶质在色谱柱中移动的速率，解释了流出曲线的形状，并提出了计算和评价柱效高低的参数，初步阐述了物质在色谱柱中的分配情况。但该理论的某些基本假设是不严格的。比如它忽略了组分在纵向上的扩散；忽略了分配系数与浓度的关系并将分配平衡假设为瞬间达到等。因此，该理论无法解释在不同流速下塔板数不同这一实验现象，无法说明色谱峰为什么会展宽等。由此限制了它的应用。

11.3.2 速率理论❶——范第姆特方程

速率理论吸收了塔板理论中板高的概念，并同时考虑了影响板高的动力学因素。该理论指出：色谱峰扩宽受三个动力学因素控制，即涡流扩散项、分子扩散项和传质阻力项。由此给出了塔板高度 H 与流动相流速 m（$cm\cdot s^{-1}$）以及影响 H 的三项主要因素之间的关系：

$$H = A + \frac{B}{u} + Cu \tag{11.11}$$

此式称为范第姆特（van Deemter）方程，又称气相色谱速率方程。式中，u 为流动相的平均线速；A、B、C 为常数。由式（11.11）可知，当 u 一定时，只有当式中 A、B、C（涡流扩散项 A、分子扩散项 B/u 和传质阻力项 Cu）较小时，H 才可能小，峰形才可能变窄，柱效能才会提高；反之，柱效低，色谱峰扩张。下面分别讨论范氏方程各项的意义，也就是影响柱效能的因素。

（1）涡流扩散项 *A*

在填充色谱柱中，由于固定相颗粒装填不均匀，且颗粒直径大小不一，使得流动相通过填充物的不规则空隙时，其流动方向不断改变，因而导致组分在气相中形成紊乱的类似“涡流”的流动，故此项也称为“多径项”。如图 11.4 所示。

对于空心毛细管柱，气流在柱中不产生所谓的“涡流”现象。因此，组分分子在柱中经过的路径是相同的，涡流扩散项 A 应等于零。

对于填充柱，涡流扩散项与固定项填充的不均匀程度及填充物的颗粒大小有关：

$$A = 2\lambda d_p \tag{11.12}$$

式中，λ 是固定相填充不均匀因子，与填充物粒径有关，填充越不均匀 λ 越大；d_p 是填充物平均颗粒直径。总之，采用细而均匀的填料，有助于减少涡流扩散并有效提高柱效。

❶ 1956年，荷兰科学家 van Deemter 等人在研究气液色谱时，首先提出了色谱过程的动力学理论——速率理论。他把色谱过程看作一个动态非平衡过程，研究过程中的动力学因素对色谱峰展宽（即柱效能）的影响因素。

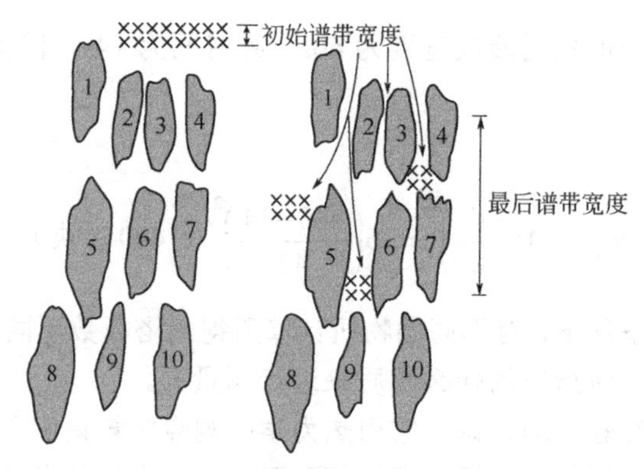

图 11.4 色谱柱中“涡流”扩散示意图

(2) 分子扩散项 B/u

待测组分在柱子中都存在分子扩散，这是由浓度梯度造成的纵向扩散。因为载气（流动相）在柱中不断通过，样品是以“塞子”的形式进入色谱柱并存在于柱的很小的一段空间内，因此在色谱柱的轴向上形成浓度梯度，导致在气相中运动着的组分分子产生轴向扩散，故该项也被称为“纵向扩散项”。

正是由于纵向扩散的存在，就会引起组分分子不能同时到达检测器，组分分子会分布在浓度最大处（峰的极大值处）的两侧，引起峰形变宽。气体分子扩散系数：

$$B = 2\gamma D_g \tag{11.13}$$

式中，γ为弯曲因子，是由固定相引起。采用填充色谱柱时，由于固定相颗粒的阻挡，分子纵向扩散程度减小，$\gamma<1$； 如果采用空心毛细管柱，因没有固定相颗粒阻挡组分分子的扩散，所以 $\gamma=1$。可见毛细管柱的 B 值比填充柱的 B 值大得多。D_g 为组分在流动相中的扩散系数，$cm^2 \cdot s^{-1}$。D_g 与柱温、柱压和流动相的种类和性质有关。由于组分分子在气相中的扩散系数要比在液相中的扩散严重得多，因此，纵向扩散主要是针对气相色谱来讨论的。

(3) 传质阻力项[❶] Cu

这一项中的系数 C 包括流动相传质阻力吸收 C_m 和固定相的传质阻力系数 C_s，即：

$$C = C_m + C_s \tag{11.14}$$

式中，C_m 为组分从流动相相移动到固定相表面进行两相之间的质量交换时受到的阻力。

$$C_m = \frac{0.01k'^2}{(1+k')^2} \times \frac{d_p^2}{D_g} \tag{11.15}$$

式（11.15）说明，若减小流动相的传质阻力，可以采用颗粒细小的固定相或扩散系数 D 大（分子量小）的流动相来提高柱效。

C_s 为组分分子从流动相进入到固定相之后，扩散到固定相内部进行质量交换达到分配平衡后，又返回到界面，再逸出界面，被流动相带走这一过程所受到的阻力。

$$C_s = \frac{2k'}{3(1+k')^2} \times \frac{d_f^2}{D_o} \tag{11.16}$$

❶ 物质系统由于浓度不均匀而发生的物质迁移过程，称为传质。影响这个过程进行速度的阻力，叫传质阻力。

式中，d_f为液膜厚度；D_0为组分在液相中的扩散系数。为了减小固定相传质阻力，可减小固定相的液膜厚度（即减小 d_f），增大组分在固定相中的扩散系数 D_0（增加柱温是其中一个有效方法）。

纵向扩散对板高的影响反比于线速，即随流动相流速增加扩散减小。相反，由于传质作用，板高随线速增加而增加，这个效应的起因是在两相之间传质需要一定的时间。在流动的系统中经常没有足够的时间达到平衡状态，所以随流速的增加传质不畅会愈加明显。

由于传质过程需要一定时间，传质阻力项越大，传质过程进行的越慢，色谱峰扩散也越严重。

将以上 A、B、C 三项代入范第姆特方程，针对气相色谱，可得到：

$$H = 2\lambda d_p + 2\gamma D_g / u + \left[\frac{0.01k'^2}{(1+k')^2} \times \frac{d_p^2}{D_g} + \frac{2k'}{3(1+k')^2} \times \frac{d_f^2}{D_g} \right] u \tag{11.17}$$

由范氏方程可见，塔板数和塔板高度与流动相的流速有关，因此，控制最佳流动相流速将是重要的操作条件之一。

总的说来，人们在色谱分析中努力寻求的是在短时间内的有效分离。在气相色谱中影响柱效的因素有：填充均匀程度，固定相（担体）粒度，载气种类与流速，柱温，固定相液膜厚度等。也就是说，要使柱中的柱效能提高，可由以下途径获得：

① 采用小粒径固体固定相或在载体上涂渍薄液膜。

② 用粒度分布窄的填料均匀地装填柱子。

③ 用小直径的柱子。这使柱子越来越细。

④ 使扩散系数在固定相中大而在流动性中小。在气相色谱中，流动相中的扩散系数可通过降低温度而显著降低。

由此可见，范氏方程对于分离条件的选择具有实际指导意义。需要指出：柱效能指标 $H_{有效}$ 或 $n_{有效}$ 只能说明色谱柱的效能，并不能说明柱子对样品的分离情况。因此，有必要引入一个衡量色谱柱分离情况的标准。

11.3.3 色谱分离效能的衡量

混合物中各个组分能否为色谱柱所分离，不但取决于固定相与混合物中各组分分子间的相互作用的大小是否有差异，而且还和色谱分离过程中各种操作因素的选择是否合适有关，后者对于实现分离的可能性也有很大的影响。因此在色谱分离过程中，不但要根据具体情况选择合适的固定相，使其中各组分有可能被分离，而且还要创造一定条件，使这种可能性得以实现，达到最佳分离效果。

前已述及，要使相邻两组分得以分离，首先是两组分的流出峰之间的距离要足够大，同时还要求两色谱峰的宽度足够窄。必须同时满足上述两条件，两组分才能分离完全。为了判断相邻两组分在色谱柱中的分离情况，常用分离度 R 作为色谱柱的总分离效能指标。

(1) 柱效能与选择性

衡量柱效的指标是理论塔板数 n（或 $n_{有效}$），柱效则反映了色谱过程的动力学性质。在色谱分析法中，常用色谱图中两峰间的距离衡量色谱柱的选择性，其距离越大，说明柱子的选择性越好。通常用相对保留值表示两组分在给定柱子上的选择性。柱子的选择性主要取决于

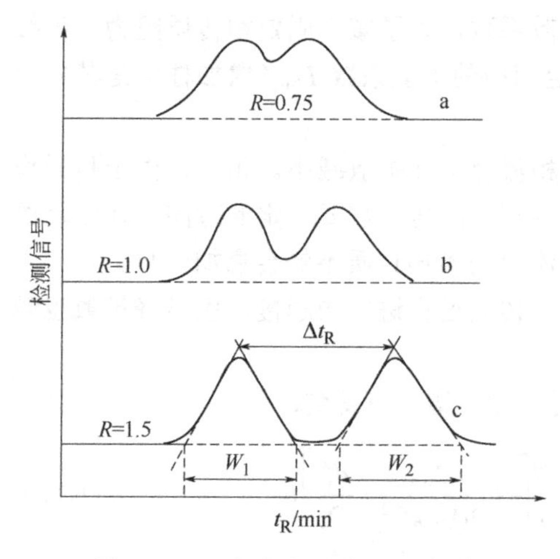

图 11.5　两相邻组分在不同色谱条件下的分离情况

组分在固定相上的热力学性质。

(2) 分离度 (*R*)

图11.5所示为两相邻组分在不同色谱条件下的分离情况。由图11.5可见，a中两组分没有完全分离。b和c中两组分完全分离，前者的柱效虽不高，但选择性好；后者的选择性较差，但柱效高。由此可见，单独用柱效或柱选择性并不能真实地反映组分在色谱柱中的分离情况。

所以，在色谱分析中，多组分物质分离的好坏可以用“**分离度**”（*R*，亦称“**分辨率**”）来衡量。*R*是以双组分或物质对的分离情况来制定的。两个组分在色谱图上必须有足够的距离，并且两峰不互相重叠，即t_R有足够的差别、峰形较窄，才可以认为是彼此分离开了。

分离度 *R* 是指相邻两组分色谱峰保留值之差与两个组分色谱峰峰底宽之和的一半的比值。

$$R=\frac{t_{R(2)}-t_{R(1)}}{\frac{1}{2}(W_1-W_2)} \tag{11.18}$$

式中，$t_{R(1)}$、$t_{R(2)}$分别为两组分的保留时间；W_1、W_2分别为两组分的峰底宽。

在式（11.18）中，分子项反映了物质对在某一色谱柱上的分配系数*K*的差别——选择性的问题，分母项则反映了两种组分在此柱上的塔板数多少——柱效能问题。由此可见，只有保留值相差足够大，同时塔板数也足够多，才能使分离度提高。

一般认为：$R<1$时，两峰未能完全分离；$R=1$时，两峰能明显分开；$R=1.5$时，两峰才能完全分离。当然，*R*值越大，分离效能会更好，但会延长分析时间。

11.4　气相色谱分析方法

11.4.1　定性分析方法

气相色谱定性分析的任务是确定色谱图上每一个峰所代表的物质。在色谱条件一定时，任何一种物质都有确定的保留时间。因此，在相同条件下，通过比较已知物和未知物的保留参数或在固定相上的位置，即可确定未知物是何种物质。一般来说，色谱法是分离复杂混合物的有效工具，将色谱与质谱或其他光谱联用，则是目前解决复杂混合物中未知物定性的最有效工具。

目前，色谱定性分析方法很多，现将常用的定性方法介绍如下。

（1）利用保留时间定性

利用保留时间定性的方法比较简单、方便。在一定的色谱条件下，将未知样、标准物质分别进样，测量它们的 t_R 进行比较，如果未知样的组分与标准物质有相同的 t_R，就认为它们属于同一物质。

也可测定 V_R，而且 V_R 不受载气流速变化的影响。

峰加高的方法也常用，其做法是：取少量试样，加入一定的标准物质，混合均匀试样，观察加入标准物质前后色谱峰高的变化，如果峰加高，则峰加高前的峰和加高的峰就是同一物质。

这种方法的可靠性欠佳，因为不同的物质可能有相同的 t_R. 可用其他定性方法加以检验。

（2）利用保留指数定性

目前，利用保留指数定性是一种较好的方法。其方法原理是：将正构烷烃作为基准物质，规定其保留指数为分子中碳数乘以 100，例如，正己烷的保留指数为 600。选择两个相邻的正构烷烃作为基准物质，其碳数分别为 Z 和 Z+1。待测物质 X 的调整保留值应介于相邻两个正构烷烃的调整保留值之间，即 $t'_{R(Z)} < t'_{R(x)} < t'_{R(Z+1)}$。则待测物质的保留指数 I_X 可按下式计算。

$$I_X = 100\left[\frac{\lg t'_{R(x)} - \lg t'_{R(Z)}}{\lg t'_{R(Z+1)} - \lg t'_{R(Z)}} + Z\right] \tag{11.19}$$

例 11.2 在某色谱柱上测定乙酸正丁酯、正庚烷和正辛烷的调整保留时间分别为 310.0s、174.0s 和 373.4s，求乙酸正丁酯的保留指数。

解：按式（11.19）可得：

$$I_X = 100\left(\frac{\lg 310.0 - \lg 174.0}{\lg 373.4 - \lg 174.0} + 7\right) = 775.6$$

（3）利用气相色谱与其他仪器联用定性

对于复杂的试样经色谱柱分离后，再用质谱、红外光谱等仪器定性。其中，色谱-质谱联用（如 GC-MS、LC-MS）应用最为广泛。

11.4.2 定量分析方法

色谱定量分析的基础是峰高或峰面积的测定。气相色谱定量分析时除了将各组分很好地分离外，还必须准确测量峰面积或峰高、确定峰面积或逢高与组分质量的关系、选择合适的定量计算方法，才能获得准确的定量分析结果。

气相色谱定量分析与绝大部分的仪器定量分析一样，是一种相对定量分析法，而不是绝对定量分析方法。

色谱定量分析的依据：在一定的色谱条件下，检测器的响应信号（峰面积 A 或峰高 h）与进入检测器的被测组分的质量或浓度成正比，即：

$$m_i = f_i^A A_i \quad 或 \quad m_i = f_i^h h_i \tag{11.20}$$

式中，f_i^A 和 f_i^h 是绝对校正因子，也称定量校正因子。

11.4.2.1 定量校正因子

由于同一检测器对不同物质具有不同的响应值，相同质量的不同物质得出的峰面积往往不相等，因此不能用峰面积直接计算物质的含量。为了使检测器产生的响应信号能真实反映出物质的含量，就必须要对检测器的响应值——峰面积和峰高——进行校正，所以引入“定量校正因子”。定量校正因子有绝对校正因子和相对校正因子两种。

(1) 绝对校正因子

由式（11.20）可知，在一定的色谱条件下，组分 i 的量 m_i（质量或浓度）与检测器响应的信号（峰高 h_i 或峰面积 A_i）成正比。f_i^A、f_i^h 分别为峰面积、峰高的绝对校正因子。

$$f_i^A = \frac{m_i}{A_i} \qquad f_i^h = \frac{m_i}{h_i} \tag{11.21}$$

绝对校正因子受仪器及操作条件的影响很大，故其应用受到限制。在实际定量分析中，一般常采用相对校正因子。

(2) 相对校正因子

在实际工作中往往采用一种标准物质的校正因子 f_s' 来校正其他物质的校正因子 f_i'，从而得到一个相对校正因子 f_i。

$$f_i = \frac{f_i'}{f_s'} \tag{11.22}$$

若将式（11.21）代入式（11.22）中，并且物质的含量用质量来表示，则所对应的 f 称为质量校正因子（f_m）。如果物质的含量用物质的量表示，那么所对应的 f 称为摩尔校正因子（f_M）。它们分别表示为

$$f_m = \frac{f'_{i(m)}}{f'_{s(m)}} = \frac{A_s m_i}{A_i m_s} \quad \text{或} \quad f_m = \frac{h_s m_i}{h_i m_s} \tag{11.23}$$

$$f_M = \frac{f'_{i(M)}}{f'_{s(M)}} = \frac{A_s m_i M_s}{A_i m_s M_i} = f_m \frac{M_s}{M_i} \tag{11.24}$$

式（11.23）和（11.24）中，A_s、A_i、m_s、m_i、M_s、M_i 分别代表标准物质 s 和组分 i 的峰面积、质量和摩尔质量。

值得注意的是：相对校正因子是一个无因次量，但它的数值与采用的计量单位有关。由于绝对校正因子很少使用，因此，一般文献上提到的校正因子，就是相对校正因子。

11.4.2.2 定量分析方法

色谱法是相对的方法，即通过标准物质做校准。色谱法常用的定量分析方法有外标法、内标法和归一化法。

(1) 外标法（标准曲线法）

外标法是色谱分析中较简易的方法。该法的测定原理是将欲测组分的纯物质配制成不同浓度的标准溶液，在一定色谱条件下获得色谱峰，作峰面积或峰高与浓度的关系曲线，即为标准曲线。

测定待测组分时，应在与绘制标准曲线相同的色谱条件下进行。测得该组分的峰面积或峰高，在标准曲线上查得其浓度，从而求出该组分的含量。

此方法的优点是应用简便，不必用校正因子，因而适于工厂的控制分析和自动分析。但

结果的准确度取决于进样的重现性和操作条件的稳定。

(2) 内标法

当试样中所有组分不能全部出峰，或仅需测定其中某个或某几个组分时，可采用该法。

内标法的测定原理是：将准确称量的纯物质作为内标物，加入到准确称量的待测试样中，然后进行色谱分析。根据被测物和内标物在色谱图上相应的峰面积（或峰高）以及相对校正因子，求出被测组分的含量。如测定试样中的 i 组分，其质量为 m_i，则：

$$m_i = f_i A_i \qquad m_s = f_s A_s$$

$$\frac{m_i}{m_s} = \frac{f_i\ A_i}{f_s\ A_s}$$

$$w_i = \frac{m_i}{m_{试}} \times 100\% = \frac{m_s f_i\ A_i}{m_{试} f_s\ A_s} \times 100\% \tag{11.25}$$

在实际工作中，一般常以内标物为基准，即 $f_s' = 1.0$，此时，式（11.25）可简化为：

$$w_i = \frac{A_i m_s f_i}{A_s m_{试}} \tag{11.26}$$

由式（11.26）可见，内标法是通过测量内标物和待测物的峰面积的相对值来进行计算的，因而在一定程度上消除了操作条件的变化所引起的误差，结果比较准确。但该法的缺点是在试样中增加了一个内标物，这常常给分离造成一定的困难。因此，该法不适合快速分析，而是常用于定量分析要求较高的测定中。

需要指出，内标物的选择需考虑以下三方面因素：①是试样中不存在的物质；②加入量适中并与待测组分接近；③内标物的出峰位置应在待测组分附近，但又能分离开。

例 11.3 用气相色谱法测定试样中一氯乙烷、二氯乙烷和三氯乙烷的含量。采用甲苯作内标物，称取试样 2.880g，加入 0.2400g 甲苯，混合均匀后进样，测定其校正因子和峰面积如下表所示，试计算试样中各组分的含量。

组分	甲苯	一氯乙烷	二氯乙烷	三氯乙烷
f_i'	1.00	1.15	1.47	1.65
A/cm	2.16	1.48	2.34	2.64

解：按式（11.26）可得：

$$w_i = \frac{A_i m_s f_i}{A_s m_{试}} \times 100\% = A_i f_i \times \frac{m_s}{A_s m_{试}} \times 100\%$$

$$w_{一氯乙烷} = 1.15 \times 1.48 \times \frac{0.2400}{2.16 \times 2.880} \times 100\% = 6.57\%$$

$$w_{二氯乙烷} = 1.47 \times 2.34 \times \frac{0.2400}{2.16 \times 2.880} \times 100\% = 13.27\%$$

$$w_{三氯乙烷} = 1.65 \times 2.64 \times \frac{0.2400}{2.16 \times 2.880} = 16.81\%$$

(3) 归一化法

当试样中各组分均能流出色谱柱，显出色谱峰，可采用此种方法。如试样中有 n 个组分，每个组分的量分别为 m_1、m_2、m_3、…、m_n，通过测定得到峰高 h_1、h_2、h_3、…、h_n 或峰面积 A_1、A_2、A_3、…、A_n，则各组分的质量分数可按下式计算：

$$w_i=\frac{m_i}{\sum m_i}\times 100\%=\frac{A_i f_i'}{\sum A_i f_i'}\times 100\% \tag{11.27}$$

当各组分的 f_i' 相近时，上述计算公式可简化为

$$w_i=\frac{A_i}{\sum A_i}\times 100\% \tag{11.28}$$

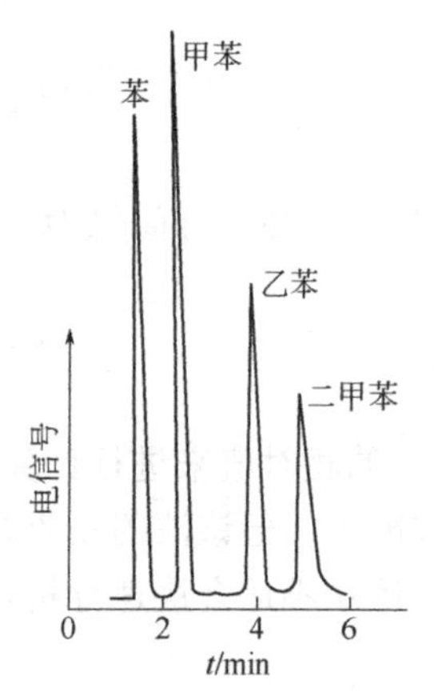

图 11.6 苯系混合物色谱图

由式（11.27）和式（11.28）可见，使用归一化法的条件是：经过色谱分离后，样品中所有的组分都要能产生可测量的色谱峰。

该法的主要特点是：简便、准确；对操作条件如进样量、温度、流速等的控制要求不苛刻。因此，此法常用于常量分析，尤其适用于进样量很少而其体积不易准确测量的液体样品。

例 11.4 用归一化法分析苯、甲苯、乙苯和二甲苯混合物中各组分的含量。在一定色谱条件下得到色谱图，如图 11.6 所示。测得各组分的峰高及峰高校正因子如下表。试计算试样中各组分的含量。

组分	苯	甲苯	乙苯	二甲苯
H/mm	103.8	119.1	66.8	44.0
峰高相对校正因子 f_i	1.00	1.99	4.16	5.21

解：利用式（11.27），将峰高代替峰面积，用峰高归一化法定量：

$$w_i=\frac{m_i}{\sum m_i}\times 100\%=\frac{A_i f_i'}{\sum A_i f_i'}\times 100\%$$

$$\begin{aligned} w_{苯}&=\frac{103.8\times 1.00}{103.0\times 1.00+119.1\times 1.99+66.8\times 4.16+44.0\times 5.21}\times 100\% \\ &=\frac{103.8}{848}\times 100\% \\ &=12.2\% \end{aligned}$$

$$w_{甲苯}=\frac{119.1\times 1.99}{848}\times 100\%=27.9\%$$

$$w_{乙苯}=\frac{66.8\times 4.16}{848}\times 100\%=32.8\%$$

$$w_{二甲苯}=\frac{44.0\times 5.21}{848}\times 100\%=27.0\%$$

11.4.3 定量分析误差的来源

除了峰面积与校正因子的测量精度外，色谱定量分析结果的准确性还会受到以下因素的影响。

(1) 样品的稳定性和代表性

样品的代表性是得到准确定量结果的前提。气相色谱分析的许多样品是气体或挥发性液体，因此，要特别注意泄漏、挥发等问题。同时，从取样到进样要快速。尽量避免样品组分的挥发损失。

(2) 进样系统的影响

采用定体积进样法做定量分析，进样的重复性是一个很关键的问题。对于气体样品，一般都采用进样阀，重复性好；液体样品一般用微量注射器，其重复性主要取决于分析人员的操作技术，还与进样量大小、进样器质量、插针位置有关。

(3) 柱系统的影响

如果色谱柱不能将组分完全分离，有重叠峰或严重拖尾峰，那么，无论用何种方法都会有误差。因此，保证色谱峰良好地分离是提高定量分析准确度的必要条件。同时，柱子要稳定，以保证良好的重现性。

(4) 气相色谱操作条件的影响

① 柱温　柱温直接影响保留值和峰高。如果要减小柱温造成的误差，柱温控制在±0.5℃范围即可。

② 检测温度　对于热导检测器，温度升高，灵敏度下降，其影响比柱温影响小，采用相对测量法定量时此影响可消除。

对于氢焰，检测室温度对灵敏度没有影响，等于或高于柱温即可。

③ 载气流速　对于浓度型检测器，如热导检测器，由于测量的响应信号与流动相中组分浓度成正比，流速加大，浓度不变，故峰高与流速无关，峰面积与流速成反比。在绝对法定量中，如用校正曲线法时，用峰高定量比用峰面积定量好，不受流速影响。在用内标法、归一化法定量时，流速的影响可抵消。

对于质量型检测器，如氢火焰离子检测器，测量的是单位时间进入检测器的物质量，流速加大，单位时间进入的量增大，峰高增加，峰面积与流速无关，因此用绝对法定量时，用面积定量误差小些。

(5) 检测器种类的影响

选择不同检测器种类，其灵敏度、检测限、线性范围等，都可影响定量结果的准确度。

11.5 气相色谱仪

气相色谱技术[1]（GC）自从1952年出现以来，其发展速度惊人。在气相色谱分析中，分析物被气化后在气体流动相推动下流过柱子。流动相只作为载气使用，因此，流动相与分析

[1] 基于分配色谱法和纸色谱法的发明与推广极大地推动了化学研究，特别是有机化学和生物化学的发展，1952年，诺贝尔评奖委员会将该年度的诺贝尔化学奖授予了马丁和辛格（Martin & Synage）。

物之间没有显著的相互作用。固体物质可用作固定相，将被分离的组分吸附在上面，这是气-固色谱（GSC）或称吸附色谱，在实际应用中对永久气体的分析特别重要，用液体作为固定相在有机物分析中占绝对优势，称为气-液色谱（GLC）或简称气相色谱，其主要分离机制是物质在液体固定相和气体流动相之间的分配。气相色谱法的主要局限性是样品或衍生物在色谱柱操作温度下必须是可以挥发的。

气相色谱分析都是在气相色谱仪上进行的。气相色谱仪的型号种类繁多，但它们的基本结构是一致的，均由以下六大系统构成。

气相色谱仪的基本组成：

- 气路系统，即带有压力调节器和流速控制器的载气供应装置；
- 进样系统，即注射口和进样阀；
- 分离系统，即色谱柱；
- 检测系统；
- 温控系统，即恒温控制箱，且可以用来以各种加热速度程序升温；
- 记录系统，即记录仪或其他读数装置。

气相色谱系统的不同体现在所用的载气的类型、进样系统以及柱子和检测器。在气相色谱仪的各个部件中**色谱柱和检测器是关键部件**。分离的效果主要取决于色谱柱，而能否灵敏、准确地测定各组分则取决于检测器。图 11.7 所示为一般常用的填充柱气相色谱仪的基本构造和分析流程。

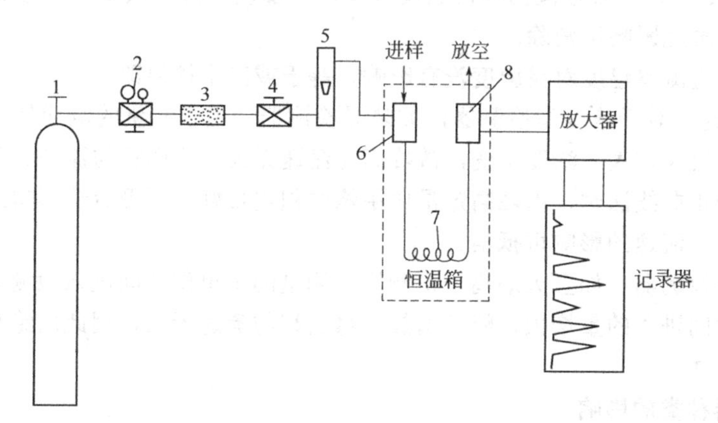

图 11.7 气相色谱仪的基本构造及分析流程示意图

1—载气钢瓶；2—减压阀；3—净化器；4—气流调节阀；5—转子流量计；6—气化室；7—色谱柱；8—检测器

下面分别介绍填充柱气相色谱仪的主要构造系统及特点。

11.5.1 气路系统

气相色谱仪中的气路是一个载气连续运行的密闭管路系统。整个气路系统要求载气纯净、密闭性好、流速稳定及流速测量准确。

气相色谱的载气是载送样品进行分离的惰性气体，是气相色谱的流动相。常用的载气有空气、氮气、氢气（在使用氢火焰离子检测器时 H_2 作燃气，在使用热导检测器时 H_2 作载气）、氦气和氩气。其中，氦气和氩气由于价格高，应用较少。这些气体中除了空气可由空压机供给外，其他气体一般都由高压钢瓶供给，通常都要经过净化、稳压和控制、测量流量。

至于如何选择载气并如何纯化，主要取决于选用的检测器和其他因素。载气经分子筛除去微量水后进入色谱仪。气体流量由高压气体钢瓶保证，故不需要气泵控制。载气流速保持恒定以便获得良好的结果重现性。

气相色谱仪的气路形式主要有单柱单气路和双柱双气路两种，前者简单适于恒温分析，后者适于程序升温，补偿固定液流失，使基线稳定。现代气相色谱仪多采用双柱双气路结构。

11.5.2 进样系统

进样就是把气体、液体或固体样品快速定量地加入色谱柱头上，进行色谱分离。进样量的大小、进样时间的长短、试样的气化速度以及试样浓度等都会影响色谱分离效率和定量分析结果的准确度、重复性。气相色谱仪的进样系统包括进样器和气化室。

(1) 进样器

色谱分离要求在最短的时间内，以“塞子”的形式打进一定量的试样，通常都是用注射器注射法进样。

① 气体样品　可以用平面六通阀（又称旋转六通阀）进样（见图 11.8)。图 11.8（a）代表取样位置，样品取好后，将阀瓣旋转 60° ［图 11.8（b)］即为进样位置，从而将样品送入色谱柱内。量气管有 0.5mL、1mL、3mL、5mL、10mL 等规格，实际工作中，要根据需要选择恰当的量气管。

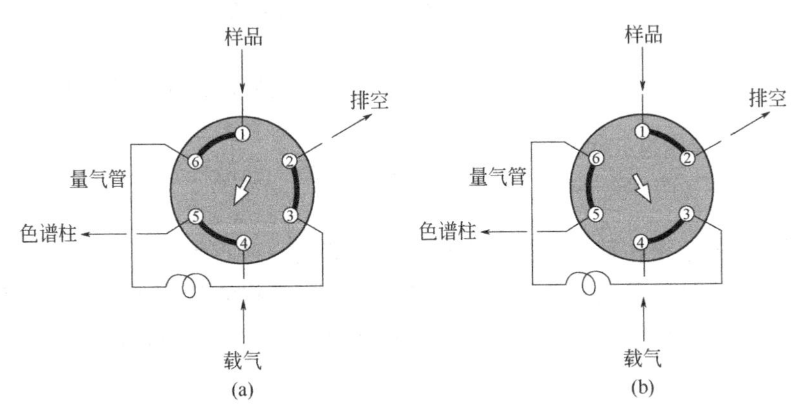

图 11.8　六通阀进样器平面图

（a）取样位置；（b）进样位置

② 液体样品　可以采用微量注射器直接进样（见图 11.9)，将样品吸入注射器中，刺入进样口的硅橡胶垫，经气化室气化后进入色谱柱。常用的微量注射器有 0.5mL、1.0mL、5.0mL、10.0mL、50.0mL 等规格。实际工作中可根据需要选择合适规格的微量注射器。

③ 固体样品　一般是溶解在液体溶剂中，按液体进样法进样。

除上述几种常用的进样器外，现在许多高档的气相色谱仪还配置了自动进样器，它使得气相色谱分析实现了自动化和智能化。图 11.10 所示为一种典型的自动进样器。

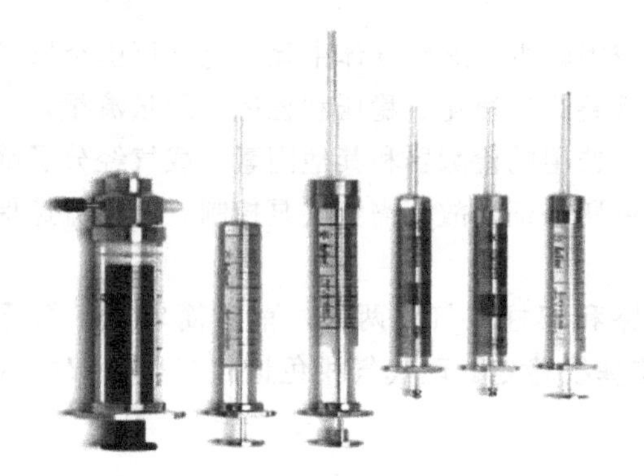

图 11.9 各种规格的微量注射器

图 11.10 自动进样装置（ALS）

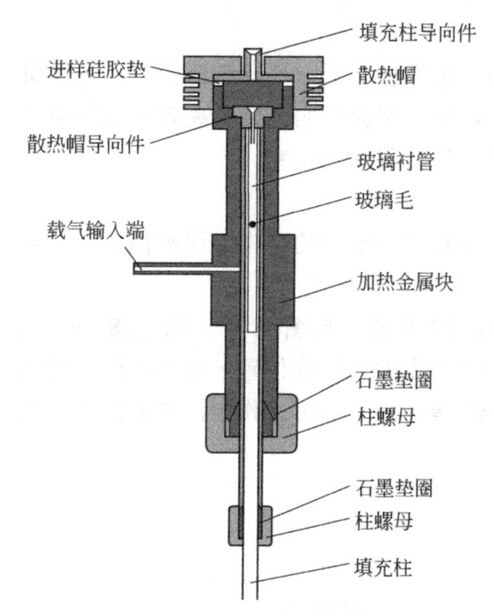

图 11.11 气化室结构示意图

(2) 气化室

气化室的作用是将液体样品瞬间气化为蒸气（见图 11.11）。

气化室实际上是一个加热器，通常采用金属块作加热体。当用注射器针头直接将样品注入热区时，样品瞬间气化，然后由预热过的载气（载气先经过已加热的气化器载气管路），在气化室前部将气化了的样品迅速带入色谱柱内。气相色谱分析要求气化室热容量大，温度足够高，气化室体积尽量小，无死角，以防止样品扩散，减小死体积，提高柱效。

11.5.3 分离系统

分离系统主要由柱箱和色谱柱组成，其中色谱柱是核心，它的主要作用是将多组分样品分离为单一组分的样品。色谱柱一般可分为填充柱和毛细管柱（见图 11.12）。

用于气固色谱的色谱柱称为气固色谱柱，柱内填充一种固体吸附剂的颗粒为固定相；而用于气液色谱的色谱柱则称为气液色谱柱，它把作为固定相的液体（称为固定液）涂渍在一种惰性固体（称为担体或载体）表面上，然后填充到柱内。这两种柱都称为填充柱。

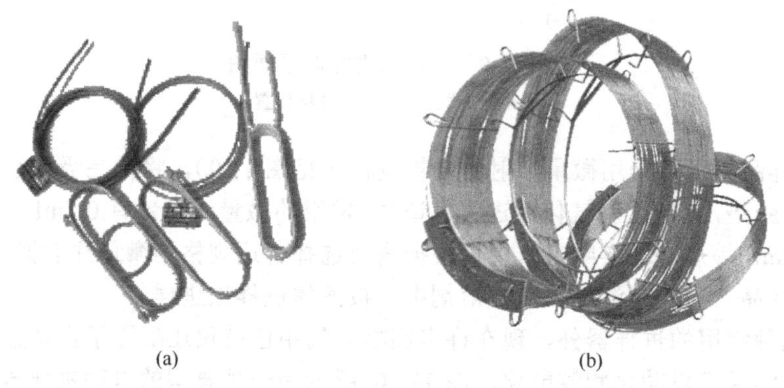

(a) (b)

图 11.12 填充柱（a）和毛细管柱（b）实物图

① 填充柱 是指在柱内均匀、紧密填充固定相颗粒的色谱柱。柱长一般在 1～10m，内径一般为 2～4mm。依据内径大小的不同，填充柱又可分为经典型填充柱、微型填充柱和制备型填充柱。填充柱的柱材料多为不锈钢和玻璃，其形状有 U 形和螺旋形，当使用 U 形柱时，其柱效较高。填充柱制备简单，柱容量大，分离效率较高，应用广泛。

填充柱适用于所有气体，特别适合制备规模的分析，但对痕量分析有局限，柱的长度需求相对短，这是由于填充柱的渗透性低这一主要缺陷。它的分析速度是所有柱中最慢的，与质谱的兼容性极差。

② 毛细管柱 又称开管柱。用石英或玻璃制成，柱内径为 0.1～0.5mm，长度为 20～200m，柱内表面涂一层固定液。毛细管柱渗透性好，柔性好，力学性能好，分离效率高，可分离复杂混合物，但其制备复杂，允许进样量小。

除了分离能力强之外，毛细管柱的又一个主要优点是分析速度快。当使用填充柱的线流速时，毛细管柱产生的分离效能与填充柱相同，但速度约快 3 倍。当根据柱直径优化流速后，毛细管柱在与填充柱相近的分析时间内可获得远高于填充柱的分离效能。

11.5.4 检测系统

混合物经过色谱柱分离后，通过色谱仪的检测器，把先后流出的各个组分转变为测量讯号（如电流、电压等），然后进行定性与定量分析。对检测器的要求是：稳定性好、灵敏度高，响应快，应用范围广。**检测器是色谱仪的“眼睛”！**

检测器应有如下特性：

- 灵敏度高。
- 噪声水平（背景水平）低。
- 动态线性响应范围宽。
- 对各类有机化合物的反应良好。
- 对流速改变和温度变化不敏感。
- 温度性和耐用性。
- 操作简单。
- 有助于化合物鉴定。

根据检查原理的不同，气相色谱检测器分为两种类型：浓度型和质量型。

① **浓度型检测器** 相应信号与载气中组分的瞬间浓度呈线性关系，峰面积与载气流速成反比。常用的浓度型检测器有热导检测器和电子捕获检测器。

② **质量型检测器** 响应信号与单位时间内进入检测器组分的质量呈线性关系；与组分在载气中的浓度无关，故峰面积不受载气流速影响。常用的质量型检测器有氢火焰离子化检测器和火焰光度检测器。

热导检测器（TCD）和氢火焰离子化检测器（FID）是气相色谱中通用的检测器。作为化合物特征检测器，质谱检测器（GC-MS）正在日益受到广泛的重视和应用。下面将着重介绍 TCD 和 FID 的检测原理及其特点。

（1）热导检测器

热导检测器（TCD）是利用被测组分和载气的热导率不同而响应的浓度型检测器，亦称热导池检测器（见图 11.13）。它是在 GC 中最常见的通用检测器。在这种检测器中，作为载气的氦和氢的热导率当有分析物存在时会减小。氦和氢的热导率约高于有机物 6～10 倍。其他载气不能用于此检测原理，因为它们的热导率与被测物的差别太小。

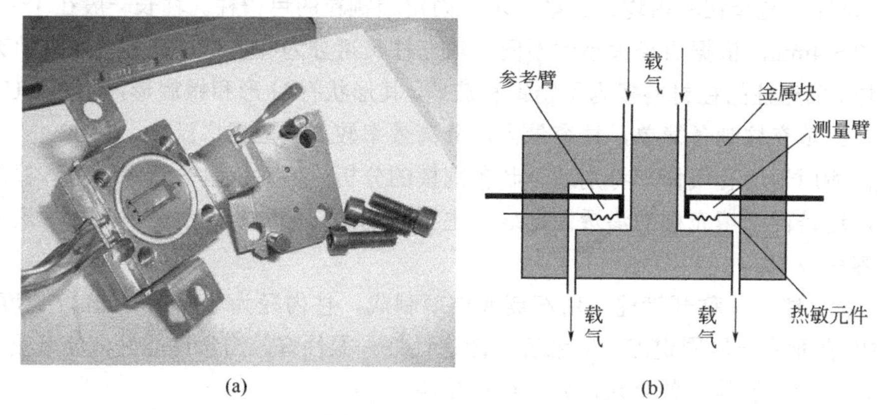

(a) (b)

图 11.13 热导检测器

(a) 实物图；(b) 结构示意图

在所有检测器中，只有热导检测器对与载气相混合的任何物质有响应。也就是说热导检测器无论对单质、无机物还是有机物均有响应，且其相对响应值与使用的 TCD 的类型、结构以及操作条件等无关，因而通用性好。其线性范围一般为 10^5，定量准确，操作维护简单、价廉且不破坏样品。TCD 的不足之处是灵敏度相对较低且噪声大。影响 TCD 灵敏度的因素：载气种类；热丝工作电流；热丝与池体温度差。

(2) 氢火焰离子化检测器

氢火焰离子化检测器（FID）是目前最流行的检测器（见图 11.14）。

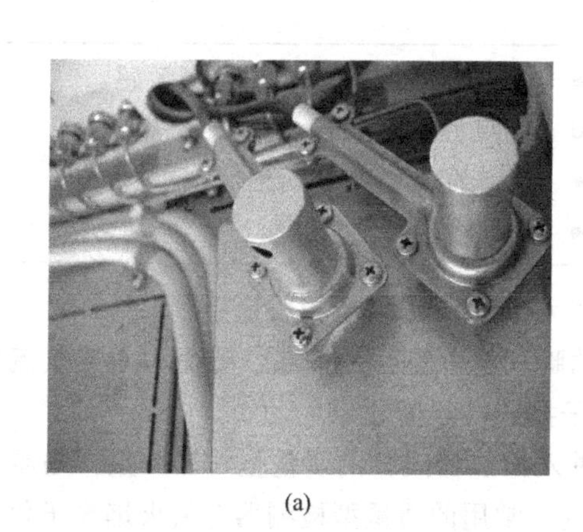

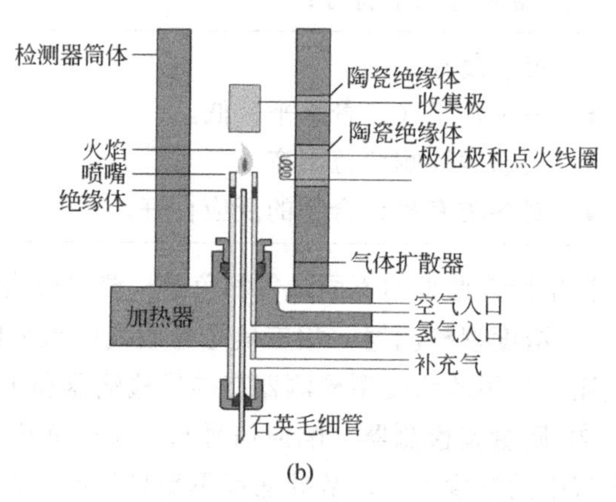

(a) (b)

图 11.14 氢火焰离子化检测器

(a) 实物图；(b) 结构示意图

FID 对含 C—C 或 C—H 键的所有物质都敏感，因此被广泛使用。氢火焰离子化检测器是一种典型的破坏型质量型检测器，其特点是灵敏度高、检出限低、线性范围宽，死体积一般小于 1μL，响应时间仅为 1ms，既可以与填充柱联用，也可以直接与毛细管柱联用；FID 对几乎所有的痕量有机化合物有响应。这种检测器与单位时间的碳原子数目相关，即它与被测物的质量成正比，因此可以直接进行定量分析。

FID 的主要缺点是不能检测永久性气体、水、一氧化碳、二氧化碳、氮的氧化物、硫化氢等物质。影响 FID 检测灵敏度的因素：氢氮比；空气流量；极化电压。

11.5.5 数据处理系统

数据处理系统是气相色谱分析必不可少的一部分，虽然对分离和检测没有直接的贡献，但分离效果的好坏，检测器性能的好坏，都要通过数据处理系统所收集显示的数据反映出来。所以，数据处理系统最基本的功能便是绘制检测器输出的模拟信号随时间的变化曲线，即将色谱图绘制出来。目前使用较多的是色谱数据处理机与色谱工作站。

11.5.6 温度控制系统

温度是气相色谱分析的重要操作参数之一。它直接影响到色谱柱的选择性、分离效率以及检测器的灵敏度和稳定性。由于气化室、色谱柱和检测器的稳定各具有不同的作用，因此要求仪器具有三种不同的温度控制。目前色谱仪大都把色谱柱和检测器分别放在色谱柱炉和检测器炉里，便于程序升温。

11.6 气相色谱固定相

气相色谱固定相对于分离效果的影响很大，欲达到任何程度的分离度，样品组分必须被固定相保留。保留时间越长，且选择性越好，分离度也就越高。在气相色谱中，惰性载气对溶质选择性没有积极作用，虽然它确实影响分离度，但只有改变固定相的极性或改变柱温才能改变选择性。因此，固定相选择的适当与否是能否获得满意分离的关键所在。

11.6.1 气固色谱的固定相

此类型的气相色谱多采用吸附剂作固定相，吸附剂表面多孔，而且有一定的吸附活性。常用的吸附剂有非极性的活性炭、弱极性的氧化铝、强极性的硅胶和有特殊吸附作用的分子筛等。此类固定相主要用于分离常温下的气体或气态烃，以及低沸点物质，如 CO、CO_2、N_2O、NO_x、CH_4、He、Ar 等气体，低分子碳氢化合物。但峰形拖尾。近年来，通过对吸附剂表面进行物理化学改性，研制出表面结构均匀的吸附剂，如石墨化炭黑，可使极性化合物的色谱峰不致拖尾，成功地分离了一些顺、反式立体异构体。

（常用固定相吸附剂的主要性质可参阅相关手册或专著。）

11.6.2 气液色谱的固定相

这一类色谱柱的固定相是以担体为支撑骨架，在其表面上均匀涂布一层固定液的薄膜，固定液是一类高沸点的有机化合物，被分离组分在固定相上进行分离。这类柱子因柱效高，可灵活选用固定液，应用广泛。

(1) 担体

担体（亦称载体）是一种多孔的惰性固体。理想的固定相载体应由细小、均匀、球形的颗粒构成，同时具有良好的热稳定性、化学惰性以及机械强度。

担体分为硅藻土型和非硅藻土型两类。硅藻土型由于加工处理方法不同，又分为白色担体和红色担体两种。这两种担体在机械强度、表面惰性、表面孔径和比表面积等方面有所不同，白色担体适用于分离极性物质，而红色担体适用于分离非极性或弱极性物质。硅藻土是最常用的载体材料。

（2）固定液

在气液色谱中，固定液的选择具有非常重要的意义。用来作为 GC 固定相的液体必须具有良好的热稳定性和化学稳定性，且必须表现出低的挥发性以免柱流失。其沸点应高于柱使用温度约 100℃。还必须有一定的选择性，即对各种分析物有不同的分配系数。但是分配系数不能太大或太小，否则化合物的保留时间会相应地太长或太短，太短则不能实现分离。

选择固定液的经验方法是：依据相似相溶原理进行。

① 典型的极性固定相含有—CN、—C=O、—OH 官能团或聚酯。对醇、有机酸和胺有显著的选择性。

② 非极性固定相是烃或硅烷，适于分离饱和烃或卤代烃。

③ 中等极性的分析物如醚、酮、醛，必须在相应的改性固定相上分离。这样的固定相含有氰基、三氟基等。

11.6.3　聚合物固定相

聚合物固定相是一种新型合成有机固定相。这类固定相既可作为固体固定相直接用于分离，也可作为载体，在其表面涂上固定液后再用于分离，一般认为物质在其表面既存在吸附作用，又存在溶解作用。

聚合物固定相又称高分子多孔微球（GDX）。具有以下显著特点：

① 比表面积大，表面孔径均匀。

② 对非极性及极性物质无有害的吸附活性，拖尾现象小，极性分子也能出现对称峰。

③ 不存在液膜，无流失现象，热稳定性好。

④ 机械强度和耐腐蚀性好，系均匀球形，在填充柱中均匀性、重现性好，有助于减少涡流扩散。

11.7　色谱分析操作条件的选择

为了在较短时间内获得较满意的色谱分析结果，除了选择合适的固定相之外，还要选择最佳的操作条件，以提高柱效能，增大分离度，从而满足分离分析的要求。

气相色谱条件主要受载气种类、流速、柱温、气化温度、柱长、柱内径、进样时间和进样量等因素影响。

(1) 载体和固定液含量的选择

应考虑固定液种类、极性、最高使用温度。固定液的用量、分配系数、柱温、分配比要适当。

(2) 载气流速和种类的选择

0～$u_{最佳}$：选用分子量较大的载气，如 N_2、Ar。

$u>u_{最佳}$：选用分子量较小的载气，如 H_2、He。线速度：稍高于最佳流速。

(3) 柱温选择原则

① 不超过固定液最高使用温度。

② 在分离良好、分析时间适宜，且峰不拖尾的前提下，尽可能采用低柱温。

③ 高沸点混合物：低于沸点 100～150℃，低固定液配比（1%～3%）；沸点<300℃的试样：比平均沸点低 50℃至平均沸点；宽沸程试样：程序升温，改善分离效果，缩短分析时间，提高灵敏度。

(4) 柱长和内径的选择

在达到一定分离度的条件下，应使用尽可能短的填充柱。

(5) 其他条件的选择

气化室温度：等于或稍高于试样的沸点，不超过沸点 50℃以上，一般高于柱温 30～50℃。

检测室温度：高于至少等于柱温。

进样时间和进样量：进样速度要快，应在 1s 以内完成。试样不超载。

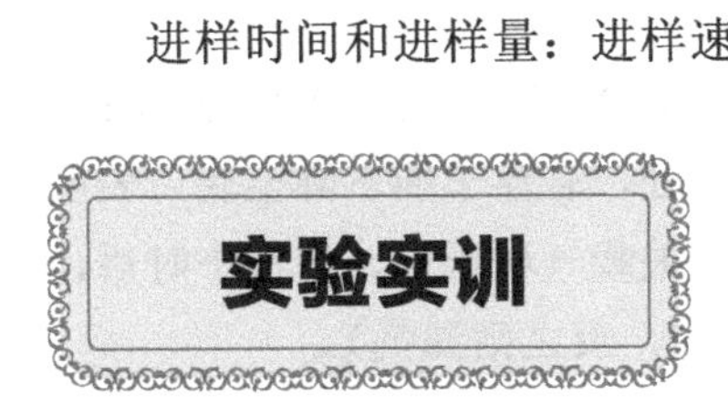

实验 27 气相色谱仪的气路连接、安装和检漏

【实验目的】

1．学会连接安装气路中各部件。

2．学习气路的检漏和排漏方法。

3．学会用皂膜流量计测定载气流量。

【仪器与试剂】

仪器：气相色谱仪，气体钢瓶，减压阀，净化器，色谱柱，聚四氟乙烯管，垫圈，皂膜流量计。

试剂：肥皂水，分子筛，硅胶，脱脂棉。

【操作步骤】

1．准备工作

（1）根据所用气体选择减压阀：使用氢气钢瓶，选择氢气减压阀（氢气减压阀与钢瓶连接的螺母为左螺纹）；使用氮气、空气等气体钢瓶，选择氧气减压阀（氧气减压阀与钢瓶连接的螺母为右旋螺纹）。

（2）准备净化器：清洗气体净化管并烘干。分别装入分子筛、硅胶。在气体出口处，塞一段脱脂棉（防止将净化剂的粉尘吹入色谱仪中）。

（3）准备一定长度（视具体需要而定）的不锈钢管（或尼龙管、聚四氟乙烯管）。

2．连接气路

（1）连接钢瓶与减压阀接口。

（2）连接减压阀与净化器。

（3）连接净化器与仪器载气接口。

（4）连接色谱柱（柱一头接气化室，另一头接检测器）。

3．气路检漏

（1）钢瓶至减压阀间的检漏：关闭钢瓶减压阀上的气体输出节流阀，打开钢瓶总阀门，用皂液（或洗涤剂饱和溶液）涂在各接头处（钢瓶总阀门开关、减压阀接头、减压阀本身），如有气泡不断涌出，则说明这些接口处有漏气现象。

（2）气化密封垫圈的检查：检查气化密封垫圈是否完好，如有问题应更换新垫圈。

（3）气源至色谱柱间的检漏（此步在连接色谱柱之前进行）：用垫有橡胶垫的螺帽封死气化室出口，打开减压阀输出节流阀并调节至输出 0.025MPa；打开仪器的载气稳压阀(逆时针方向打开，旋至压力表呈一定值)；用皂液涂各个管接头处，观察是否漏气，若有漏气，须重新仔细连接。关闭气源，待半小时后，仪器上压力表指示的压力下降小于 0.005MPa，则说明气化室前的气路不漏气，否则，应仔细检查找出漏气处，重新连接，再行试漏。

（4）气化室至检测器出口间的检漏：接好色谱柱，开启载气，输出压力调在 0.2～0.4MPa。将转子流量计的流速调至最大，再堵死仪器主机左侧载气出口处，若浮子能下降至底，表明该段不漏气。否则再用皂液逐点检查各接头，并排除漏气（或关载气稳压阀、待半小时后，仪器上压力表指示的压力下降小于 0.005MPa，说明此段不漏气，反之则漏气）。

4．转子流量计的校正

（1）将皂膜流量计接在仪器的载气排出口（柱出口或检测器出口）。

（2）用载气稳压阀调节转子流量计中的转子至某一高度，如 0、5、10、15、20、25、30、35、40 等示值处。

（3）轻捏一下胶头，使皂液上升封住支管，产生一个皂膜。

（4）用秒表测量皂膜上升至一定体积所需要的时间。

（5）计算与转子流量计转子高度相应的柱后皂膜流量 $F_{皂}$，并记录对应值。

5．结束工作

（1）关闭气源。

（2）关闭高压钢瓶：关闭钢瓶总阀，待压力表指针回零后，再将减压阀关闭（T 形阀杆逆时针方向旋松）。

（3）关闭主机上载气稳压阀（顺时针旋松）。

（4）填写仪器使用记录，做好实验室整理和清洁工作，并进行安全检查后，方可离开实验室。

【数据处理】

依据实验数据在坐标纸上绘制 $F_{转}$-$F_{皂}$校正曲线，并注明载气种类和柱温、室温及大气压力等参数。

【注意事项】

1．高压气瓶和减压阀螺母一定要匹配，否则可能导致严重事故。

2．安装减压阀时应先将螺纹凹槽擦净，然后用手旋紧螺母，确实入扣后再用扳手扣紧。

3．安装减压阀时应小心保护好“表舌头”，所用工具忌油。

4．在恒温室或其他近高温处的接管，一般用不锈钢管和紫铜垫圈而不用塑料垫圈。

5．检漏结束应将接头处涂抹的肥皂水擦拭干净，以免管道受损，检漏时氢气尾气应排至室外。

6．用皂膜流量计测流速时每改变流量计转子高度后，都要等一段时间（约 0.5～1min），然后再测流速值。

实验 28　工业乙酸酯含量的测定

【实验目的】

1．掌握气相色谱的进样操作技术。

2．了解气相色谱仪基本构造及原理。

3．熟悉气相色谱仪的操作程序。

4．掌握用归一化法定量测定混合物的原理及方法。

【测定原理】

本实验采用填充柱法。

用气相色谱法，在选定的工作条件下，试样经气化通过填充色谱柱，使其中各组分得到分离，用热导检测器检测。根据校正面积归一化法，得出乙酸酯和醇的含量，同时可测定出水分。

本方法适用于常见的乙酸酯产品，包括乙酸甲酯、乙酸乙酯、乙酸正丙酯、乙酸异丙酯、乙酸正丁酯和乙酸异丁酯的检验。

【试剂与仪器】

（1）气相色谱仪

① 检测器：配有热导检测器。整机灵敏度和稳定性符合 GB/T 9722—2006 中的有关规定。对于含量为 0.003%的组分所产生的峰信号要大于仪器噪声的 2 倍。

② 记录仪：色谱数据处理机或色谱工作站。

③ 色谱柱及典型色谱操作条件：推荐的填充柱及典型色谱操作条件见下表，其他能达到同等分离程度的色谱柱及操作条件也可使用。色谱柱在首次使用前应进行老化处理，老化方法为 180℃下通氮气 24h。

（2）进样器：微量注射器（10μL）。预先经过干燥，置于干燥器中保存、备用。

（3）试剂：401 有机担体：0.5～0.18mm；聚己二酸乙二醇酯（固定液）；载气：氢气（体积分数大于 99.9%）。

推荐的填充色谱柱及典型色谱操作条件

试样	乙酸甲酯	乙酸乙酯	乙酸正丙酯	乙酸异丙酯	乙酸正丁酯	乙酸异丁酯
色谱柱条件	不锈钢					
柱长/m	2～3					
柱内径/mm	3～4					
载气与固定液质量比	100∶10					
色谱柱填装量/$g \cdot m^{-1}$	2.0					
载气	氦气或氢气					
载气流量/$mL \cdot min^{-1}$	130					
柱温/℃	115	130	145		165	
气化室温度/℃	180～240					
检测器温度/℃	115	130	145		165	
桥流/mA	120～180					
进样量/μL	1～5					

【测定步骤】

1．启动气相色谱仪，按上表所列色谱操作条件调试仪器，稳定后准备进样分析。

2．用进样器进样分析，用色谱数据处理机或积分仪处理计算结果。

【定量方法】

校正面积归一化法。当试样的杂质中只有水和醇存在的情况下，也可以采用外标法。相对校正因子的测定方法见本实验附注。

【结果计算】

1．校正面积归一化法的计算

乙酸酯、醇或水的质量分数 w_i，数值以百分数表示，分别按下式计算：

$$w_i = \frac{f_i A_i}{\sum f_i A_i} \times 100\%$$

式中，f_i 为待测组分 i 的校正因子；A_i 为待测组分 i 的峰面积；$\sum f_i A_i$ 为各组分的校正峰面积之和。

2．外标法的计算

乙酸酯、醇或水的质量分数 w_i 数值以百分数表示，分别按下式计算：

$$w_i = \frac{E_i A_i}{A_E} \times 100\%$$

式中，E_i 为标准试样中组分 i 以百分数表示的质量分数；A_i 为待测组分 i 的峰面积；A_E 为标准试样中组分 i 的峰面积。

附：相对校正因子的测定

使用清洁、干燥、可以密封的磨口瓶，用准确称重的方法加入一定量的乙酸酯试样（纯度大于99.5%）及待测组分的色谱标准试剂，制备与试样中各组分含量相近的校准用标准试样，按照与测定试样相同的试验条件进行测定。

相对校正因子的计算：

各组分相对乙酸酯的校正因子按下式计算：

$$f_i = \frac{A_s m_i}{A_i m_s}$$

式中，A_s为乙酸酯的峰面积；m_i为组分i的质量；A_i为组分i的峰面积；m_s为乙酸酯的质量。

【思考题】

1．什么情况下可以采用归一化定量？

2．归一化法对进样量的准确性有无严格要求？

3．使用热导检测器是应如何调试仪器至正常工作状态？

4．为保护热丝，在使用热导检测器过程中应注意哪些问题？

习　题

一、简答题

1．对色谱过程来说，哪些分离因素是重要的？哪些基本的物理和化学效应构成这些过程？

2．解释导致色谱峰展宽的原因。

3．描述色谱柱中板高和流动相流速的关系。

4．描述保留时间与实际平衡、柱长和流速的关系。

5．哪些量可以改进色谱分离的分离度以及怎样在色谱图上测定这些量？

6．载气流速是如何影响塔板高度的？

7．总结GC中未知物的定性方法。

8．用气相色谱内标法测定样品中的组分含量时，如何选择内标物？

9．比较归一化法和内标法的异同点。

二、计算题

10．准确称取苯、正丙烷、正己烷、邻二甲苯四种纯化合物，配制成混合溶液，进行气相色谱分析，得到如下数据：

组分	苯	正丙烷	正己烷	邻二甲苯
m/g	0.435	0.864	0.785	1.760
A/cm^2	3.96	7.48	8.02	15.0

求正丙苯、正已烷、邻二甲苯三种化合物以苯为标准时的相对校正因子。

11. 分析燕麦敌 1 号样品中燕麦敌含量时，采用内标法，以正十八烷为内标物。称取燕麦敌样品 8.12g，加入内标物 1.88g，色谱分析测得峰面积 A(燕麦敌) = 68.0mm^2，A(正十八烷) = 87.0mm^2。已知燕麦敌以正十八烷为标准的相对质量校正因子为 2.40。求样品中燕麦敌的质量分数。

第12章 综合实训

基础知识

实验实训

实验 29　水泥熟料中常量组分的全分析

实验 30　水质分析

学习目标

- 了解在同一份试样中进行多组分测定的系统分析方法。
- 熟练掌握系统分析中所需试剂及标准溶液的制备方法。
- 掌握复杂试样的分解及分离方法。
- 熟悉多组分试样中不同项目的测定方法选择。
- 熟练掌握测定过程中所采用的各种分析技术。
- 掌握相关的计算方法。
- 学会将分析结果控制在允许差范围内。
- 能以论文格式写出合格的综合实训报告。

基础知识

综合/研究型实训是在获得全面实训技能训练的学习过程中，除了继续巩固相关的定量分析基本操作和基本操作技术外，更重要的是要达到实训教学的最终目的——提高独立解决实际问题的能力。因此，综合实训的目的旨在对各种基础知识与分析技术的综合运用。在此期间学生们必须投入时间和精力，通过周密思考，灵活运用相关的分析化学知识、实验技术以及分析方法，真正获得综合能力的提高。

进行综合/研究型实验要经过以下几个环节：

1．设计实验

① 查阅资料，收集分析方法，了解相关手册、教材与参考书。根据指定课题查阅相关资料，所需数据可查阅有关手册。成熟的分析方法可查阅相关教科书、分析化学手册、国家标准以及有关部门出版的分析操作规程。

② 拟定书写实验方案。在收集资料的基础上，经分析比较后，写出适宜的分析方案，并按实验目的、原理、试剂（注明规格、浓度、配制方法）、仪器、步骤、计算方法、分析方法的误差来源及相关措施、参考文献等项书写成文。

③ 审核。 设计方案经老师审核后，只要实验方法合理、实验条件具备，就可按自己设计的方案进行实验。如条件不具备或实验方案不合理/欠完善，老师会退回方案，请做修改或重新设计，再交老师重新审核。

2．独立完成实验

① 实验用试剂均由自己配制。

② 以规范、熟练的基本操作，良好的实验素养进行实验。

③ 实验中要仔细观察，认真记录（包括实验现象、试剂用量、实验条件和测量数据等），认真思考，如在实验中发现原设计不完善或出现新问题，应立即设法改进并解决，以获得满意的实验效果。

④ 完成实验报告，对设计的实验方案进行总结。

3．交流

在实验室范围内介绍各自的实验情况，在交流总结的基础上，了解采用不同的实验方案，在取量、反应条件、误差来源及消除方法、分析结果准确性的差异等方面，提出最佳的实验方案。

4．写出小论文

建议格式为：一、前言；二、实验与结果；三、讨论；四、参考文献。

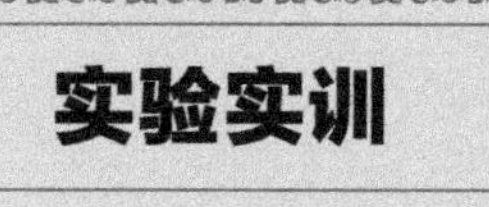

实验 29　水泥熟料中常量组分的全分析[1]

【实验目的】

1．初步学习复杂物质的分析方法。

2．学习并理解铁、铝、钙、镁、硅的综合分析方法。

3．掌握熔融法制备固体试液的原理及操作方法。

4．熟练掌握滴定分析技术的综合应用，并能正确记录测量数据。

5．能采用正确方法控制测试条件。

6．会正确进行相关计算并评价分析结果。

【测定原理】

由于硅酸盐水泥及其熟料中碱性氧化物占60%以上，易被酸分解，因此，对硅酸盐水泥及熟料试样的分解既可采用熔融法（干法）进行，也可采用酸溶法（湿法）进行。本实验采用熔融法分解试样。

1．烧失量的测定

采用基准法进行。通常是将试料放在珀或瓷坩埚中，于 (950±25)℃的温度下灼烧至恒量测定。

在高温下灼烧时，试样中许多组分发生氧化、还原、分解、化合等一系列反应。如有机物、硫化物和某些滴加化合物被氧化；碳酸盐、硫酸盐被分解；碱金属化合物被挥发；随着水、化合水、二氧化碳被排出；等等。因此，所得"烧失量"实际上是样品中各种化学反应所引起的质量增加和减少的代数和。

通常矿渣硅酸盐水泥由硫化物的氧化引起的烧失量误差必须进行校正，由其他元素存在引起的误差一般可忽略不计。

2．三氧化二铁的测定

采用 EDTA 直接滴定法（基准法），在酸度条件为 pH 1.8～2.0，温度条件为 60～70℃的溶液中，以磺基水杨酸钠为指示剂，用 EDTA 标准滴定溶液滴定至亮黄色即为终点。

3．三氧化二铝的测定

采用硫酸铜返滴定法（代用法），此法只适用于一氧化锰含量在 0.5% 以下的试样。

在滴定铁后的溶液中，加入对铝、钛过量的 EDTA 标准滴定溶液，于 pH 3.8～4.0 以 PAN 为指示剂，用硫酸铜标准滴定溶液返滴定过量的 EDTA，终点呈亮紫色。

4．氧化钙的测定

采用氢氧化钠熔样-EDTA 滴定法（代用法）进行。

在酸性溶液中加入适量氟化钾，以抑制硅酸的干扰，然后在 pH 13 以上的强碱性溶液中，以三乙醇胺为掩蔽剂，选用 CMP 作指示剂，用 EDTA 标准滴定溶液直接滴定。

---

[1] 《水泥化学分析》（GB/T 176—2017）。

5．氧化镁的测定

采用EDTA滴定差减法（代用法）进行。

在pH 10的溶液中，以三乙醇胺、酒石酸钾钠为掩蔽剂，选用酸性铬蓝K-萘酚绿B混合指示剂，以EDTA标准滴定溶液滴定，终点由酒红色变为纯蓝色，其结果为钙镁合量。从合量中减去钙量即为镁量。

6．二氧化硅的测定

采用氟硅酸钾容量法（代用法）进行。

在有过量的氟、钾离子存在的强酸性溶液中，使硅酸形成氟硅酸钾（K_2SiF_6）沉淀，经过滤、洗涤及中和残余酸后，加沸水使氟硅酸钾沉淀水解生成等物质的量的氢氟酸，然后以酚酞为指示剂，用氢氧化钠标准滴定溶液进行滴定至微红色。

【仪器与试剂】

仪器：电子分析天平，称量瓶，瓷坩埚（带盖），高温炉，坩埚钳，隔热手套，干燥器，银坩埚（带盖），精密pH试纸，量筒，玻璃棒，烧杯，表面皿，容量瓶，移液管，洗耳球，电炉，石棉网，滴定管，塑料烧杯，镊子，塑料棒，药匙，中速滤纸，玻璃漏斗，温度计，洗瓶。

试剂：分别如下。

① 固体试剂：水泥国家标准试样或水泥熟料试样，NaOH（AR），KCl（AR），$CaCO_3$基准试剂（GR），$KHC_8H_4O_4$基准试剂（GR），$CuSO_4 \cdot 5H_2O$（AR）。

② 浓酸：HNO_3（市售，AR），HCl（市售，AR），HF（市售，AR）。

③ 普通溶液：HCl（1+1，1+5），$NH_3 \cdot H_2O$（1+1），H_2SO_4（1+1），三乙醇胺（1+2），KF（$20g \cdot L^{-1}$），KCl（$50g \cdot L^{-1}$），氯化钾-乙醇溶液（$50g \cdot L^{-1}$），酒石酸钾钠（$100g \cdot L^{-1}$），无水乙醇（AR）。

④ 缓冲溶液：HAc-NaAc缓冲溶液（pH = 4.3），NH_3-NH_4Cl缓冲溶液（pH = 10.0），KOH（$200g \cdot L^{-1}$），HCl（1+1）。

⑤ 指示剂：磺基水杨酸钠指示剂（$100g \cdot L^{-1}$），PAN指示剂，CMP指示剂，K-B指示剂，酚酞指示剂。

⑥ 标准滴定溶液：EDTA标准滴定溶液（$0.015mol \cdot L^{-1}$），$CuSO_4$标准滴定溶液（$0.015mol \cdot L^{-1}$），NaOH标准滴定溶液（$0.15mol \cdot L^{-1}$）。

【实验步骤】

1．烧失量的测定

称取约1g试样（m_1），精确至0.0001g，置于已灼烧恒量的瓷坩埚中，将盖斜置于坩埚上放在高温炉内，从低温开始逐渐升高温度，在(950±25)℃下灼烧15～20min，取出坩埚置于干燥器中，冷却至室温，称量。反复灼烧，直至恒量（m_2）。

烧失量按下式计算：

$$w_{\mathrm{LoI}} = \frac{m_1 - m_2}{m_1} \times 100\%$$

式中，w_{LoI}为烧失量的质量分数；m_1为试料的质量，g；m_2为灼烧后试料的质量，g。

注释：

1. 对瓷坩埚有侵蚀作用的试样，应在珀坩埚中进行测定。
2. 烧失量的大小与温度有密切的关系。正确的灼烧方法是：在高温炉中由低温升起达到规定温度并保温半小时以上。
3. 红热坩埚放置在耐火板上稍冷，至红热退去。再放入干燥器中。反复灼烧，冷却的时间必须固定，称量时要迅速。

2．试样溶液的制备

称取约0.5g试样（m_3），精确至0.0001g，置于银坩埚中，加入6～7g氢氧化钠，盖上坩埚盖（留有缝隙），放入高温炉中，从低温升起，在650～700℃的高温下熔融20min，其间取出摇动1次。取出冷却，将坩埚放入以盛有约100mL沸水的300mL烧杯中，盖上表面皿。在电炉上适当加热，当熔块完全浸出后，取出坩埚。用水冲洗坩埚和盖。在搅拌下一次加入25～30mL盐酸，再加入1mL硝酸，用热盐酸（1+5）洗净坩埚和盖。将溶液加热煮沸。冷却至室温后，移入250mL容量瓶中，用水稀释至标线，摇匀，贴标签。

此试液供以下测定三氧化二铁、三氧化二铝、氧化钙、氧化镁、二氧化硅用。

3．三氧化二铁的测定

吸取25.00mL试液于300mL烧杯中，加水稀释至约100mL，用$NH_3 \cdot H_2O$（1+1）和HCl（1+1）调节溶液pH值到1.8（用精密pH试纸检验）。将溶液加热至70℃，加10滴磺基水杨酸钠指示剂溶液，用EDTA标准滴定溶液（$c_{EDTA} = 0.015mol \cdot L^{-1}$）缓慢地滴定至亮黄色。终点时溶液温度应不低于60℃。平行测定三次。

三氧化二铁的含量按下式进行计算：

$$w_{Fe_2O_3} = \frac{\frac{1}{2}c_{EDTA}V_1M_{Fe_2O_3}}{m_s \times \frac{25.00}{250.0} \times 1000} \times 100\% \quad 或 \quad w_{Fe_2O_3} = \frac{T_{Fe_2O_3}V_1}{m_s \times \frac{25.00}{250.0} \times 1000} \times 100\%$$

式中，$w_{Fe_2O_3}$为三氧化二铁的质量分数；c_{EDTA}为EDTA标准滴定溶液的浓度，$mol \cdot L^{-1}$；V_1为滴定时消耗EDTA标准滴定溶液的体积，mL；$M_{Fe_2O_3}$为三氧化二铁的摩尔质量，$g \cdot mol^{-1}$；m_s为试料的质量，g；$T_{Fe_2O_3}$为EDTA标准滴定溶液对三氧化二铁的滴定度，$mg \cdot mL^{-1}$。

注释：

1. 用精密pH试纸测得pH = 2.0 即相当于pH计上测得pH = 1.8，超过此值时，因受Al^{3+}干扰易使结果偏高。此处可采用下法调节pH值：加$NH_3 \cdot H_2O$（1+1）至出现白色沉淀后，再慢慢滴加HCl（1+1），当沉淀恰好消失时，即pH = 1.8～2.0。
2. 滴定时温度为60～70℃。低于60℃，EDTA与Fe^{3+}反应缓慢，而使终点不明显，往往易过量，使结果偏高。
3. EDTA与Fe^{3+}反应较慢，近终点时要充分搅拌，缓慢滴定，否则易使结果偏高。

4．三氧化二铝的测定

（1）硫酸铜（$0.015mol \cdot L^{-1}$）标准滴定溶液的配制与标定

① 粗配　称取3.7g $CuSO_4 \cdot 5H_2O$于250mL烧杯中，以少量水溶解，加4～5滴H_2SO_4（1+1），继续用水稀释至1L。摇匀。

② 标定　从滴定管中缓慢放出10～15mL EDTA标准滴定溶液于400mL烧杯中，稀释

至 200mL。加入 15mL HAc-NaAc 缓冲溶液（pH = 4.3），加热至沸，取下稍冷，加 5～6 滴 PAN 指示剂，以 $CuSO_4$ 标准滴定溶液滴定至亮紫色。记录体积 V。

$CuSO_4$ 标准滴定溶液浓度以下式计算：

$$c_{CuSO_4}=\frac{c_{EDTA}V_{EDTA}}{V_{CuSO_4}}$$

EDTA 标准滴定溶液与 $CuSO_4$ 标准滴定溶液的体积比（K）按下式计算：

$$K=\frac{V_{EDTA}}{V_{CuSO_4}}$$

（2）Al_2O_3 含量的测定

往测完铁的溶液中准确加入 EDTA 标准滴定溶液 10～15mL，用水稀释至 150～200mL。将溶液加热至 70～80℃后，在搅拌下用氨水（1+1）调节溶液 pH 值在 3.0～3.5（用精密 pH 试纸检验），加 15mL HAc-NaAc 缓冲溶液（pH = 4.3），加热煮沸，并保持微沸 1～2min，取下稍冷，加入 4～5 滴 PAN 指示剂，以硫酸铜标准滴定溶液（$c_{CuSO_4}=0.015\text{mol}\cdot\text{L}^{-1}$）滴定至亮紫色。

Al_2O_3 含量按下式进行计算：

$$w_{Al_2O_3}=\frac{\frac{1}{2}c_{EDTA}(V_2-KV_3)M_{Al_2O_3}}{m_s\times\frac{25.00}{250.0}\times1000}\times100\%$$

或

$$w_{Al_2O_3}=\frac{T_{Al_2O_3}(V_2-KV_3)}{m_s\times\frac{25.00}{250.0}\times1000}\times100\%$$

式中，$w_{Al_2O_3}$ 为三氧化二铝的质量分数；c_{EDTA} 为 EDTA 标准滴定溶液的浓度，$\text{mol}\cdot\text{L}^{-1}$；$V_2$ 为加入 EDTA 标准滴定溶液的体积，mL；V_3 为滴定时消耗硫酸铜标准滴定溶液的体积，mL；K 为 EDTA 标准滴定溶液与 $CuSO_4$ 标准滴定溶液的体积比；$M_{Al_2O_3}$ 为三氧化二铝的摩尔质量，$\text{g}\cdot\text{mol}^{-1}$；$m_s$ 为试料的质量，g；$T_{Al_2O_3}$ 为 EDTA 标准滴定溶液对三氧化二铝的滴定度，$\text{mg}\cdot\text{mL}^{-1}$。

注释：

1. EDTA 不宜过量太多，否则终点颜色太深（蓝紫色）。
2. 加热的目的是使 Al^{3+}、TiO^{2+} 与 EDTA 充分配合，并防止 PAN 僵化。通常在 90℃开始滴定，滴定完毕时不低于 75℃。此处可用温度计掌握。另外，若加热后出现沉淀，可用 HCl（1+1）溶解沉淀物，重现调整 pH 值。

5．氧化钙的测定

吸取 25.00mL 试液于 300mL 烧杯中，加入 7mL KF 溶液搅拌并放置 2min 以上，然后加水稀释至 200mL。加 5mL 三乙醇胺（1+2）及适量 CMP 指示剂，在搅拌下加入氢氧化钾溶液至出现绿色荧光后再过量 5～8mL，此时溶液在 pH 13 以上，用 EDTA 标准滴定溶液滴定至绿色荧光消失并呈现红色。

CaO 含量按下式计算：

$$w_{CaO}=\frac{c_{EDTA}V_4M_{CaO}}{m_s\times\frac{25.00}{250.0}\times1000}\times100\% \quad 或 \quad w_{CaO}=\frac{T_{CaO}V_4}{m_s\times\frac{25.00}{250.0}\times1000}\times100\%$$

式中，w_{CaO}为氧化钙的质量分数；c_{EDTA}为 EDTA 标准滴定溶液的浓度，$mol\cdot L^{-1}$；V_4为滴定时消耗 EDTA 标准滴定溶液的体积，mL；M_{CaO}为氧化钙的摩尔质量，$g\cdot mol^{-1}$；m_s为试料的质量，g；T_{CaO}为 EDTA 标准滴定溶液对氧化钙的滴定度，$mg\cdot mL^{-1}$。

注释：

1. CMP 不宜多加，否则终点呈深红色，变色不敏锐。以 CMP 为指示剂时，一般以白色为衬底，黑色也可。
2. 接近终点时，应充分搅拌，使被 $Mg(OH)_2$ 沉淀吸附的 Ca^{2+}能与 EDTA 充分配合。

6．氧化镁的测定

吸取 25.00mL 试液于 300mL 烧杯中，加水稀释至约 200mL，加入 1mL 酒石酸钾钠溶液，搅拌，然后加入 5mL 三乙醇胺（1+2），搅拌，加入 25mL NH_3-NH_4Cl 缓冲溶液（pH 10）及适量酸性 K-B 混合指示剂，用 EDTA 标准滴定溶液（$c_{EDTA}=0.015mol\cdot L^{-1}$）滴定，近终点时应缓慢滴定至纯蓝色。

MgO 含量按下式进行计算：

$$w_{MgO}=\frac{c_{EDTA}(V_5-V_4)M_{MgO}}{m_s\times\frac{25.00}{250.0}\times1000}\times100\% \quad 或 \quad w_{MgO}=\frac{T_{MgO}(V_5-V_4)}{m_s\times\frac{25.00}{250.0}\times1000}\times100\%$$

式中，w_{MgO}为氧化镁的质量分数；c_{EDTA}为 EDTA 标准滴定溶液的物质的量浓度，$mol\cdot L^{-1}$；V_5为滴定时消耗 EDTA 标准滴定溶液的体积，mL；V_4为按上步测定氧化钙时消耗 EDTA 标准滴定溶液的体积，mL；M_{MgO} 为氧化镁的摩尔质量，$g\cdot mol^{-1}$；m_s 为试料的质量，g；T_{MgO}为 EDTA 标准滴定溶液对氧化镁的滴定度，$mg\cdot mL^{-1}$。

注释：

1. 用酒石酸钾钠与三乙醇胺联合掩蔽 Fe^{3+}、Al^{3+}等干扰比单独使用三乙醇胺的掩蔽效果要好。使用时，在酸性溶液中先加酒石酸钾钠再加三乙醇胺效果好。
2. K-B 指示剂的配比要适当，萘酚绿 B 的比例过大终点提前，反之，延后且变色不明显。
3. 接近终点时，一定要充分搅拌并缓慢滴定至蓝紫色变为纯蓝色，否则结果偏高。

7．二氧化硅的测定（氟硅酸钾容量法）

吸取 50.00mL 试液于 300mL 塑料烧杯中，加入 10～15mL HNO_3，搅拌冷却至室温。加入 KCl，仔细搅拌，压碎大颗粒 KCl 至饱和并有少量 KCl 析出，然后再加 2g KCl 和 10mL KF 溶液，仔细搅拌至溶液完全饱和并有少量 KCl 析出（此时搅拌，溶液应比较浑浊，如果 KCl 析出量不够，应再补充加入 KCl，但 KCl 的析出量不宜过多），放置 15～20min，其间搅拌 1～2 次。用中速滤纸过滤，溶液滤完后用 KCl 溶液（$50g\cdot L^{-1}$）洗涤塑料杯及沉淀 3 次，洗涤过程中使固体 KCl 溶解，洗涤液总量不超过 25mL。

将滤纸连同沉淀取下，置于原塑料烧杯中，沿杯壁加 10mL KCl 乙醇溶液（$50g\cdot L^{-1}$）及 1mL 酚酞指示剂，将滤纸展开，用 NaOH 标准滴定溶液（$0.15mol\cdot L^{-1}$）中和未洗尽的酸，仔细搅动滤纸并随之擦洗杯壁直至溶液呈微红色。向杯中加入200mL沸水（此沸水预先用氢氧化钠溶液中和至酚酞呈微红色），用NaOH标准滴定溶液（$0.15mol \cdot L^{-1}$）滴定至微红色。

SiO_2含量按下式进行计算：

$$w_{SiO_2}=\frac{\frac{1}{4}c_{NaOH}V_6M_{SiO_2}}{m_s\times\frac{50.00}{250.0}\times1000}\times100\% \quad 或 \quad w_{SiO_2}=\frac{T_{SiO_2}V_6}{m_s\times\frac{50.00}{250.0}\times1000}\times100\%$$

式中，w_{SiO_2}为二氧化硅的质量分数；c_{NaOH}为NaOH标准滴定溶液的物质的量浓度，$mol \cdot L^{-1}$；V_6为滴定时消耗氢氧化钠标准滴定溶液的体积，mL；M_{SiO_2}为二氧化硅的摩尔质量，$g \cdot mol^{-1}$；m_s为试料的质量，g；T_{SiO_2}为NaOH标准滴定溶液对二氧化硅的滴定度，$mg \cdot mL^{-1}$。

注释：

1．保证测定溶液有足够的酸度，酸度应保持在$[H^+]=3mol \cdot L^{-1}$左右，若过低易形成其他盐类的氟化物沉淀而干扰测定；过高则给沉淀的洗涤和残余酸的中和带来困难。

2．应将试验溶液冷却至室温后，再加入固体KCl至饱和，且加入时一定要不断地搅拌。因HNO_3溶样时会放热，使试验溶液温度升高，若此时加入固体KCl至饱和，待放置后温度下降，会致使KCl结晶析出太多，给过滤、洗涤造成困难。

3．沉淀要放置一定时间（15～20min）。因K_2SiF_6为细小晶形沉淀，放置一定时间可使沉淀晶体长大，便于过滤和洗涤。

4．严格控制沉淀、洗涤、中和残余酸时的温度，尽可能使温度降低，以免引起K_2SiF_6沉淀的预先水解。若室温高于30℃，应将进行沉淀的塑料杯、洗涤液、中和液等放在冷水中冷却。

5．必须有足够的F^-、K^+，以降低K_2SiF_6沉淀的溶解度。溶液中有过量的KF和KCl存在时由于同离子效应而有利于K_2SiF_6沉淀反应进行完全。但要适当过量，否则会生成氟铝酸钾、氟钛酸钾沉淀，这些沉淀也能在沸水中水解，游离出HF，引起分析结果的偏高。

6．用KCl溶液洗涤沉淀时操作应迅速，并严格控制洗涤液用量在20～25mL，以防止K_2SiF_6沉淀提前水解。

7．残余酸的中和应迅速完成，否则K_2SiF_6水解，会使分析结果偏低。中和时加入KCl乙醇溶液作抑制剂可使结果准确；把包裹沉淀的滤纸展开，可使包在滤纸中的残余酸迅速被中和。

8．K_2SiF_6沉淀水解反应是吸热反应，所以水解时水的温度越高，体积越大，越有利于K_2SiF_6水解反应的进行。因此，加入200mL沸水使其水解完全，同时所用沸水须先用NaOH溶液中和至酚酞呈微红色，以消除水质对测定结果的影响。

9．滴定时的温度不应低于70℃，滴定速度适当加快，以防止H_2SiO_3参与反应使结果偏高。滴定至终点呈微红色即可，并与NaOH标准滴定溶液标定时的终点颜色一致，以减少滴定误差。

【思考题】

1．烧失量的测定中注意事项有哪些?

2．标定EDTA过程中，在使用CMP指示剂时，应注意哪些问题？

3．制备$CaCO_3$基准溶液的过程中，以HCl溶液溶解$CaCO_3$基准物的操作中，应注意哪些问题？

4．测定Fe_2O_3的酸度条件为pH 1.8～2.0，要检测此酸度值，应采用广泛pH试纸还是精密pH试纸？

5．温度计在控制Fe_2O_3含量测定的温度条件时，可以当搅拌棒使用吗？为什么？

6．氟硅酸钾容量法测定二氧化硅的原理是什么？

7．硫酸铜返滴定法测定Al_2O_3的注意事项有哪些？

8．测定 CaO 含量，加入哪种试剂调节溶液 pH 13 以上？如何进行操作？

9．采用 EDTA 滴定法测定氧化镁临近终点时要如何操作？为什么？

10．如果 Fe^{3+} 的测定结果不准确，对 Al^{3+} 的测定结果有何影响？

11．测定 Al^{3+} 时，如果 $pH < 4$，对 Al^{3+} 的测定结果有何影响？

12．在 Ca^{2+} 的测定中，为什么要先加三乙醇胺而后加 KOH 溶液？

13．测定 Fe^{3+} 时，若 $pH < 1$，对 Fe^{3+} 和 Al^{3+} 的测定结果有何影响？若 $pH > 4$，又各有何影响？

14．测定 Ca^{2+}、Mg^{2+} 含量时，如果 $pH > 10$，对测定结果有何影响？

15．根据原理中介绍的水泥熟料中 Al_2O_3 含量的控制范围及试样称取量，如何粗略计算 EDTA 标准滴定溶液的加入量？

实验 30 水质分析

【实验目的】

1．熟练掌握各种分析方法在复杂样品测定中的综合运用。

2．熟练掌握试验用各种溶液的制备方法。

3．熟练掌握相关分析技术的综合运用。

4．熟练掌握分析测量数据的读取、记录与处理技术。

5．熟练掌握相关计算方法以及分析结果的表达。

6．能独立完成符合要求的实验报告。

【测定原理】

本实验所测项目为：碱度、pH 值、Cl^-含量、溶解氧（COD）、硫酸盐含量、氟化物、磷（总磷、溶解性磷酸盐和溶解性总盐）。

（请查阅资料，了解测定上述项目的分析意义。）

1．碱度（酸碱滴定法）

水中碱度的测定是用强酸标准溶液滴定水样。碱度的测定因采用不同的指示剂而导致的终点 pH 值的不同而不同。若以酚酞作指示剂，当用酸标准溶液滴定水样由粉红色变为无色时，所得碱度称为“酚酞碱度”；若以甲基橙作指示剂，则滴定水样由黄色变为橙色，所得碱度为“甲基橙碱度”。这时水中所有的碱性物质都被中和，因此甲基橙碱度又称“总碱度”。

注：碱度的测定也可采用电位滴定法。用酸标准溶液滴定水样至 $pH = 8.3$，可得酚酞碱度；滴定至 $pH = 4.4 \sim 4.5$，可得甲基橙碱度。

2．pH 值（电位分析法——直接比较法）

参考第 10 章实验 25，自拟。

3．Cl^-含量（沉淀滴定法）

参考第 7 章实验 16，自拟。

4．溶解氧（COD）（氧化还原滴定法）

见第 5 章实验 12。

5．硫酸盐含量（沉淀重量法）

参考第 8 章实验 19，自拟。

6．氟化物（电位分析法——标准曲线法）

参考第 10 章实验 26，自拟。

7．磷（总磷、溶解性磷酸盐和溶解性总盐）（可见分光光度法）

在酸性条件下，正磷酸盐与钼磷酸盐、酒石酸锑氧钾反应，生成磷钼杂多酸，被还原剂抗坏血酸还原，则变成蓝色配合物，通常即称磷钼蓝。

【试剂与仪器】

认真阅读国家标准，按照要求并根据测定方案列出相关试剂与仪器清单。

【测定步骤】

1．碱度（总碱度、重碳酸盐和碳酸盐）的测定

（1）酚酞碱度的测定：取 100.0mL 水样于 250mL 锥形瓶中，加入 4 滴酚酞指示剂，摇匀。若溶液呈红色，用盐酸标准溶液滴定至粉红色刚刚褪至无色，记录盐酸标准溶液用量 V_P。若加酚酞指示剂后溶液无色，则不需用盐酸标准溶液滴定，接着进行以下第 2 项操作。

（2）甲基橙碱度的测定：向上述锥形瓶中加入 1～2 滴甲基橙指示剂，摇匀。继续用盐酸标准溶液滴定至溶液由黄色刚刚变为橙色为止。

记录（1）、（2）两步的总的盐酸标准溶液用量 V_t。

【结果计算】

$$\text{酚酞碱度}（CaCO_3,\ mg \cdot L^{-1}）= \frac{V_P c_{HCl} \times \frac{1}{2} M_{CaCO_3} \times 1000}{V_{水样}}$$

$$\text{总碱度即甲基橙碱度}（CaCO_3,\ mg \cdot L^{-1}）= \frac{V_t c_{HCl} \times \frac{1}{2} M_{CaCO_3} \times 1000}{V_{水样}}$$

2．pH 值的测定

参考第 10 章实验 25。

3．Cl^-含量的测定

参考第 7 章实验 16。

4．溶解氧（COD）的测定

参考第 5 章实验 12。

5．硫酸盐含量的测定

参考第 8 章实验 19。

6．氟化物的测定

参考第 10 章实验 26。

7．磷（总磷、溶解性磷酸盐和溶解性总盐）的测定

（1）校准曲线的绘制：取数支 50mL 具塞比色管，分别加入磷酸盐标准使用液 0.00mL、0.50mL、1.00mL、3.00mL、5.00mL、10.00mL、15.0mL，加水定容至 50mL。

① 显色：向比色管中加入 1mL 10%抗坏血酸溶液，混匀。30s 后加 2mL 钼酸盐溶液充分混匀，放置 15min。

② 测量：用 10mm 或 30mm 比色皿，于 700nm 波长处，以零浓度溶液为参比，测量吸光度。

（2）样品测定：分取适量经滤膜过滤或消解的水样（使含磷量不超过 30mg）加入 50mL 比色管中，用水稀释至标线。以下按绘制校准曲线的步骤进行显色和测量。减去空白试验的吸光度，并从校准曲线上查出含磷量。

【注意事项】

1．当试样中色度影响测量吸光度时，需做补偿校正。在 50mL 比色管中，分取与样品测定相同量的水样，定容后加入 3mL 浊度补偿液，测量吸光度，然后从水样的吸光度中减去校正吸光度。

2．室温低于 13°C 时，可在 20～30℃水浴中显色 15min。

3．操作所用的玻璃器皿，可用 HCl（1+5）浸泡 2h，或用不含磷酸盐的洗涤剂刷洗。

4．比色皿用后应以稀硝酸或铬酸洗液浸泡片刻，以除去吸附的钼蓝有色物。

附：分析操作技术及分析测试质量评价

附表 1　分析天平操作质量评价

项目	评价指标		记录	分值	得分
分析天平的操作	称量准备	天平罩、记录本、砝码盒、容器的摆放		2	
		天平各部件及水平检查		5	
		天平清扫		5	
		零点检查与调整		15	
	称量操作	称量瓶、砝码在秤盘中的位置		3	
		天平开关动作轻、缓、匀		5	
		加减砝码、物品时天平必须休止		5	
		半启天平试称操作		5	
		砝码选择与镊子的放置		5	
		试样的倾出与回磕操作		15	
		读数时天平侧门必须关闭		5	
		称量读数正确		10	
		试样质量范围		5	
		随时记录，不损坏仪器		5	
	结束工作	称量瓶、砝码、指数盘回位		3	
		检查零点		5	
		休止天平，罩好天平罩		2	
	称量时间上限 10min，每超过 2min 扣 1 分 若采用电子天平，时间应控制在 5min 以内				
	其他：返工扣 25 分，不会称量为 0 分				
总计				100	

附表 2　滴定分析技术操作质量评价

项目	评价指标	记录	分值	得分
移液管的操作	移液管的洗涤		2	
	清洁：内壁和下部外壁不挂水珠，吸干尖端内外水分		2	
	用待吸液润洗 3 次（每次适量），手法规范		3	
	洗耳球操作规范		2	
	吸液：手法规范，吸空不给分		3	
	调节液面至标线：管垂直、容量瓶倾斜、管尖靠容量瓶内壁、调节自如（能超过 2 次，超过 1 次扣 1 分）		3	
	放液：管垂直、锥形瓶/烧杯倾斜，管尖靠锥形瓶/烧杯内壁，停靠 15s		3	
	用毕，置于移液管架上		2	
	小计		20	
容量瓶的操作	试样溶解（溶剂沿杯壁流下），玻璃棒使用		3	
	试液转移操作规范，烧杯刷洗 3 次以上		3	
	稀释至总容积的 2/3～3/4 时平摇		5	
	稀释至刻度线下约 1cm 放置 1～2min		5	
	调液面滴管接近不接触液面，稀释准确		2	
	摇匀操作正确		2	
	小计		20	
滴定管的操作	清洗仪器（内壁不挂水珠）		10	
	先将试液摇匀，用操作液润洗三次滴定管		10	
	装液，调试初读数（或零点），用洁净烧杯内壁轻轻靠掉尖嘴处悬挂的液滴，再读取初读数，无气泡、不漏水		10	
	滴定（确保平行测定三份）： ● 每次滴定从零刻度开始 ● 滴定管：手法规范，连续滴加、加 1 滴、加半滴；不漏水 ● 锥形瓶：位置适中，手法规范，溶液呈圆周运动 ● 终点判断：近终点时加 1 滴、半滴，颜色适中 ● 读数：手不捏盛液部分，管垂直，视线与液面持平，读至 0.01mL，及时记录		30	
	小计		60	
总计			100	

附表 3　滴定分析测试质量评价

项目	评价指标	分值	得分	备注
取样及称量操作	操作规范、熟练	5		
配制溶液	● 正确配制所需试剂 ● 正确配制标准滴定溶液并标定	10		
移液管操作	操作正确、熟练	5		
滴定管操作	操作正确、熟练	5		
缓冲溶液的选择	方法正确、操作熟练/规范	5		
指示剂的选择	方法正确、操作熟练/规范	5		

续表

项目	评价指标	分值	得分	备注
滴定条件的控制	方法正确、操作熟练/规范	5		
滴定终点判断	正确	5		
空白试验	做	5		
	没做			
测量数据	记录规范、认真，无涂改	10		
分析结果表述	正确	5		
结果的准确度	合格	15		
	不合格			
实训报告	完整	10		
	不完整			
工作习惯和卫生习惯	好	10		
	不好			
总计		100		

附表 4　重量分析操作质量评价

项目	评价指标	记录	分值	扣分	备注
天平操作	熟练		5		
	不熟练				
取样操作	正确		5		
	不正确				
沉淀操作	熟练		10		
	不熟练				
沉淀完全与否的检验	进行		5		
	未进行				
沉淀的过滤和洗涤	熟练		10		
	不熟练				
沉淀洗涤干净与否检验	进行		5		
	未进行				
烘箱炉进行加热恒重、干燥器使用	正确		10		
	不正确				
恒重操作	进行		10		
	未进行				
结果的准确度	合格		10		
	不合格				
实训报告	完整		20		
	不完整				
工作习惯和卫生习惯	好		10		
	不好				
总计			100		

附　录

附录1 定量分析中常用物理量的单位与符号

量的名称	量的符号	单位名称	单位符号	倍数与分数单位
物质的量	n_B	摩[尔]	mol	mmol 等
质量	m	千克	kg	g、mg、μg 等
体积	V	立方米	m^3	L（dm^3）、mL 等
摩尔质量	M_B	千克每摩[尔]	$kg \cdot mol^{-1}$	$g \cdot mol^{-1}$ 等
摩尔体积	V_m	立方米每摩[尔]	$m^3 \cdot mol^{-1}$	$L \cdot mol^{-1}$ 等
物质的量浓度	c_B	摩每立方米	$mol \cdot m^{-3}$	$mol \cdot L^{-1}$ 等
质量分数	w_B			
质量浓度	ρ_B	千克每立方米	$kg \cdot m^{-3}$	$g \cdot L^{-1}$、$g \cdot mL^{-1}$ 等
体积分数	φ_B			
滴定度	$T_{s/x}$，T_s	克每毫升	$g \cdot mL^{-1}$	
密度	ρ	千克每立方米	$kg \cdot m^{-3}$	$g \cdot mL^{-1}$、$g \cdot m^{-3}$
原子量	A_r			
分子量	M_r			

附录2 常用酸碱试剂的密度和浓度

试剂名称	化学式	M_r	密度 $\rho/g \cdot mL^{-1}$	质量分数 w/%	物质的量浓度 $c_B/mol \cdot L^{-1}$
浓硫酸	H_2SO_4	98.08	1.84	96	18
浓盐酸	HCl	36.46	1.19	37	12
浓硝酸	HNO_3	63.01	1.42	70	16
浓磷酸	H_3PO_4	98.00	1.69	85	15
冰醋酸	CH_3COOH	60.05	1.05	99	17
高氯酸	$HClO_4$	100.46	1.67	70	12
浓氢氧化钠	$NaOH$	40.00	1.43	40	14
浓氨水	$NH_3 \cdot H_2O$	17.03	0.90	28	15

附录3 原子量表

元素		原子量	元素		原子量	元素		原子量	元素		原子量
符号	名称		符号	名称		符号	名称		符号	名称	
Ac	锕	[227]	Er	铒	167.26	Mn	锰	54.938	Ru	钌	101.07
Ag	银	107.87	Es	锿	[252]	Mo	钼	95.95	S	硫	32.06
Al	铝	26.982	Eu	铕	151.96	N	氮	14.007	Sb	锑	121.76
Am	镅	[243]	F	氟	18.998	Na	钠	22.990	Sc	钪	44.956
Ar	氩	39.948	Fe	铁	55.845	Nb	铌	92.906	Se	硒	78.971
As	砷	74.922	Fm	镄	[257]	Nd	钕	144.24	Si	硅	28.085
At	砹	[210]	Fr	钫	[223]	Ne	氖	20.180	Sm	钐	150.36
Au	金	196.97	Ga	镓	69.723	Ni	镍	58.693	Sn	锡	118.71
B	硼	10.81	Gd	钆	157.25	No	锘	[259]	Sr	锶	87.62
Ba	钡	137.33	Ge	锗	72.630	Np	镎	[237]	Ta	钽	180.95
Be	铍	9.0122	H	氢	1.008	O	氧	15.999	Tb	铽	158.93
Bi	铋	208.98	He	氦	4.0026	Os	锇	190.23	Tc	锝	[98]
Bk	锫	[247]	Hf	铪	178.49	P	磷	30.974	Te	碲	127.60
Br	溴	79.904	Hg	汞	200.59	Pa	镤	231.04	Th	钍	232.04
C	碳	12.011	Ho	钬	164.93	Pb	铅	26.982	Ti	钛	47.867
Ca	钙	40.078	I	碘	126.90	Pd	钯	106.42	Tl	铊	204.38
Cd	镉	112.41	In	铟	114.82	Pm	钷	[145]	Tm	铥	168.93
Ce	铈	140.12	Ir	铱	192.22	Po	钋	[209]	U	铀	238.03
Cf	锎	[251]	K	钾	39.098	Pr	镨	140.91	V	钒	50.942
Cl	氯	35.45	Kr	氪	83.798	Pt	铂	195.08	W	钨	183.84
Cm	锔	[247]	La	镧	138.91	Pu	钚	[244]	Xe	氙	131.29
Co	钴	58.933	Li	锂	6.941	Ra	镭	[226]	Y	钇	88.906
Cr	铬	51.996	Lr	铹	[262]	Rb	铷	85.468	Yb	镱	173.05
Cs	铯	132.91	Lu	镥	174.97	Re	铼	186.21	Zn	锌	65.38
Cu	铜	63.546	Md	钔	[258]	Rh	铑	102.91	Zr	锆	91.224
Dy	镝	162.50	Mg	镁	24.305	Rn	氡	[222]			

注：本表数据摘自图书：周公度，王颖霞.《元素周期表和元素知识集萃》. 第2版. 北京：化学工业出版社，2018.

附录4 常见化合物的摩尔质量

化合物	摩尔质量/$g \cdot mol^{-1}$	化合物	摩尔质量/$g \cdot mol^{-1}$
$AgBr$	187.78	$(C_9H_7N)_3H_3(PO_4 \cdot 12MoO_3)$	2212.74
$AgCl$	143.32	CO_2	44.01
$AgCN$	133.84	Cr_2O_3	151.99
Ag_2CrO_4	331.73	$Cu(C_2H_3O_2)_2 \cdot 3Cu(AsO_2)_2$	1013.8
AgI	234.77	CuO	79.54
$AgNO_3$	169.87	Cu_2O	143.09
$AgSCN$	169.95	$CuSCN$	121.62
Al_2O_3	101.96	$CuSO_4$	159.6
$Al_2(SO_4)_3$	342.15	$CuSO_4 \cdot 5H_2O$	249.68
As_2O_3	197.84	$FeCl_3$	162.21
As_2O_5	229.84	$FeCl_3 \cdot 6H_2O$	270.3
$BaCO_3$	197.35	FeO	71.85
BaC_2O_4	225.36	Fe_2O_3	159.69
$BaCl_2$	208.25	Fe_3O_4	231.54
$BaCl_2 \cdot 2H_2O$	244.28	$FeSO_4 \cdot H_2O$	169.96
$BaCrO_4$	253.33	$FeSO_4 \cdot 7H_2O$	278.01
BaO	153.34	$Fe_2(SO_4)_3$	399.87
$Ba(OH)_2$	171.36	$FeSO_4 \cdot (NH_4)_2SO_4 \cdot 6H_2O$	392.13
$BaSO_4$	233.4	H_3BO_3	61.83
$CaCO_3$	100.09	HBr	80.91
CaC_2O_4	128.1	$H_2C_4H_4O_6$	150.09
$CaCl_2$	110.99	HCN	27.03
$CaCl_2 \cdot H_2O$	129	H_2CO_3	62.03
CaF_2	78.08	$H_2C_2O_4$	90.04
$Ca(NO_3)_2$	164.09	$H_2C_2O_4 \cdot 2H_2O$	126.07
CaO	56.08	$HCOOH$	46.03
$Ca(OH)_2$	74.09	HCl	36.46
$CaSO_4$	136.14	$HClO_4$	100.46
$Ca_3(PO_4)_2$	310.18	HF	20.01
CCl_4	153.81	HI	127.91
$Ce(SO_4)_2$	332.24	HNO_2	47.01
$Ce(SO_4)_2 \cdot 2(NH_4)_2SO_4 \cdot 2H_2O$	632.54	HNO_3	63.01
CH_3COOH	60.05	H_2O	18.02
CH_3OH	32.04	H_2O_2	34.02
CH_3COCH_3	58.08	H_3PO_4	98
C_6H_5COOH	122.12	H_2S	34.08
$C_6H_4 \cdot COOH \cdot COOK$	204.23	H_2SO_3	82.08
CH_3COONa	82.03	H_2SO_4	98.08
C_6H_5OH	94.11	$HgCl_2$	271.5

续表

化合物	摩尔质量/g·mol^{-1}	化合物	摩尔质量/g·mol^{-1}
Hg_2Cl_2	472.09	Na_2O	61.98
$KAl(SO_4)_2\cdot 12H_2O$	474.38	$NaNO_2$	69
$KB(C_6H_5)_4$	358.38	NaI	149.89
KBr	119.01	NaOH	40.01
$KBrO_3$	167.01	Na_3PO_4	163.94
KCN	65.12	Na_2S	78.04
K_2CO_3	138.21	$Na_2S\cdot 9H_2O$	240.18
KCl	74.56	Na_2SO_3	126.04
$KClO_3$	122.55	Na_2SO_4	142.04
$KClO_4$	138.55	$Na_2SO_4\cdot 10H_2O$	322.2
K_2CrO_4	194.2	$Na_2S_2O_3$	158.1
$K_2Cr_2O_7$	294.19	$Na_2S_2O_3\cdot 5H_2O$	248.18
$KHC_2O_4\cdot H_2C_2O_4\cdot 2H_2O$	254.19	Na_2SiF_6	188.06
$KHC_2O_4\cdot H_2O$	146.14	NH_3	17.03
KI	166.01	NH_4Cl	53.49
KIO_3	214	$(NH_4)_2C_2O_4\cdot H_2O$	142.11
$KIO_3\cdot HIO_3$	389.92	$NH_3\cdot H_2O$	35.05
$KMnO_4$	158.04	$NH_4Fe(SO_4)_2\cdot 12H_2O$	482.19
KNO_2	85.1	$(NH_4)_2HPO_4$	132.05
K_2O	92.2	$(NH_4)_3PO_4\cdot 12MoO_3$	1876.53
KOH	56.11	$(NH_4)_2SO_4$	132.14
KSCN	97.18	$NiC_8H_{14}O_4N_4$	288.93
K_2SO_4	174.26	P_2O_5	141.95
$MgCO_3$	84.32	$PbCrO_4$	323.18
$MgCl_2$	95.21	PbO	223.19
$MgNH_4PO_4$	137.33	PbO_2	239.19
MgO	40.31	Pb_3O_4	685.57
$Mg_2P_2O_7$	222.6	$PbSO_4$	303.25
MnO	70.94	SO_2	64.06
MnO_2	86.94	SO_3	80.06
$Na_2B_4O_7$	201.22	Sb_2O_3	291.5
$Na_2B_4O_7\cdot 10H_2O$	381.37	SiF_4	104.08
$NaBiO_3$	279.97	SiO_2	60.08
NaBr	102.9	$SnCO_3$	147.63
NaCN	49.01	$SnCl_2$	189.6
Na_2CO_3	105.99	SnO_2	150.69
$Na_2C_2O_4$	134	TiO_2	79.9
NaCl	58.44	WO_3	231.85
$NaHCO_3$	84.01	$ZnCl_2$	136.29
NaH_2PO_4	119.98	ZnO	81.37
Na_2HPO_4	141.96	$Zn_2P_2O_7$	304.7
$Na_2H_2Y\cdot 2H_2O$	372.26	$ZnSO_4$	161.43

附录 5 常用缓冲溶液的配制

pH 值	配制方法
0	1mol·L^{-1} HCl
1	0.1mol·L^{-1} HCl
2	0.01mol·L^{-1} HCl
3.6	NaAc·3H_2O 16g，溶于适量水中，加 6mol·L^{-1} HAc 268mL，稀释至 1L
4.0	NaAc·3H_2O 40g，溶于适量水中，加 6mol·L^{-1} HAc 268mL，稀释至 1L
4.5	NaAc·3H_2O 64g，溶于适量水中，加 6mol·L^{-1} HAc 136mL，稀释至 1L
5	NaAc·3H_2O 100g，溶于适量水中，加 6mol·L^{-1} HAc 68mL，稀释至 1L
5.7	NaAc·3H_2O 200g，溶于适量水中，加 6mol·L^{-1} HAc 26mL，稀释至 1L
7	NH_4Ac 154g，溶于适量水中，稀释至 1L
7.5	NH_4Cl 120g，溶于适量水中，加 15mol·L^{-1} 氨水 2.8mL，稀释至 1L
8	NH_4Cl 100g，溶于适量水中，加 15mol·L^{-1} 氨水 7mL，稀释至 1L
8.5	NH_4Cl 80g，溶于适量水中，加 15mol·L^{-1} 氨水 17.6mL，稀释至 1L
9	NH_4Cl 70g，溶于适量水中，加 15mol·L^{-1} 氨水 48mL，稀释至 1L
9.5	NH_4Cl 60g，溶于适量水中，加 15mol·L^{-1} 氨水 130mL，稀释至 1L
10	NH_4Cl 54g，溶于适量水中，加 15mol·L^{-1} 氨水 294mL，稀释至 1L
10.5	NH_4Cl 18g，溶于适量水中，加 15mol·L^{-1} 氨水 350mL，稀释至 1L
11	NH_4Cl 6g，溶于适量水中，加 15mol·L^{-1} 氨水 414mL，稀释至 1L
12	0.01mol·L^{-1} NaOH
13	0.1mol·L^{-1} NaOH

附录 6　常用弱酸、弱碱在水中的解离常数（$I=0$, 298.15K）

弱酸	分子式	K_a	pK_a
砷酸	H_3AsO_4	$6.3\times10^{-3}(K_{a_1})$	2.20
		$1.0\times10^{-7}(K_{a_2})$	7.00
		$3.2\times10^{-12}(K_{a_3})$	11.50
亚砷酸	$HAsO_2$	6.0×10^{-10}	9.22
硼酸	H_3BO_3	5.8×10^{-10}	9.24
焦硼酸	$H_2B_4O_7$	$1.0\times10^{-4}(K_{a_1})$	4.00
		$1.0\times10^{-9}(K_{a_2})$	9.00
碳酸	$H_2CO_3(CO_2+H_2O)$	$4.2\times10^{-7}(K_{a_1})$	6.38
		$5.6\times10^{-11}(K_{a_2})$	10.25
氢氰酸	HCN	6.2×10^{-10}	9.21
铬酸	H_2CrO_4	$1.8\times10^{-1}(K_{a_1})$	0.74
		$3.2\times10^{-7}(K_{a_2})$	6.50
氢氟酸	HF	6.6×10^{-4}	3.18
亚硝酸	HNO_2	5.1×10^{-4}	3.29
过氧化氢	H_2O_2	1.8×10^{-12}	11.75
磷酸	H_3PO_4	$7.6\times10^{-3}(K_{a_1})$	2.12
		$6.3\times10^{-8}(K_{a_2})$	7.20
		$4.4\times10^{-13}(K_{a_3})$	12.36
焦磷酸	$H_4P_2O_7$	$3.0\times10^{-2}(K_{a_1})$	1.52
		$4.4\times10^{-3}(K_{a_2})$	2.36
		$2.5\times10^{-7}(K_{a_3})$	6.60
		$5.6\times10^{-10}(K_{a_4})$	9.25
亚磷酸	H_3PO_3	$5.0\times10^{-2}(K_{a_1})$	1.30
		$2.5\times10^{-7}(K_{a_2})$	6.60
氢硫酸	H_2S	$1.3\times10^{-7}(K_{a_1})$	6.88
		$7.1\times10^{-15}(K_{a_2})$	14.15
硫酸	H_2SO_4	$1.0\times10^{-2}(K_{a_2})$	1.99
亚硫酸	$H_2SO_3(SO_2+H_2O)$	$1.3\times10^{-2}(K_{a_1})$	1.90
		$6.3\times10^{-8}(K_{a_2})$	7.20
硅酸	H_2SiO_3	$1.7\times10^{-10}(K_{a_1})$	9.77
		$1.6\times10^{-12}(K_{a_2})$	11.8
甲酸	$HCOOH$	1.8×10^{-4}	3.74
乙酸	CH_3COOH	1.8×10^{-5}	4.74
一氯乙酸	$CH_2ClCOOH$	1.4×10^{-3}	2.86
二氯乙酸	$CHCl_2COOH$	5.0×10^{-2}	1.30
三氯乙酸	CCl_3COOH	0.23	0.64

续表

弱酸	分子式	K_a	pK_a
氨基乙酸盐	$^+NH_3CH_2COOH$	$4.5\times10^{-3}(K_{a_1})$	2.35
	$^+NH_3CH_2COO^-$	$2.5\times10^{-10}(K_{a_2})$	9.60
乳酸	$CH_3CHOHCOOH$	1.4×10^{-4}	3.86
苯甲酸	C_6H_5COOH	6.2×10^{-5}	4.21
乙二酸	$H_2C_2O_4$	$5.9\times10^{-2}(K_{a_1})$	1.23
		$6.4\times10^{-5}(K_{a_2})$	4.19
d-酒石酸	CH(OH)COOH | CH(OH)COOH	$9.1\times10^{-4}(K_{a_1})$	3.04
		$4.3\times10^{-5}(K_{a_2})$	4.37
邻苯二甲酸	$C_6H_4(COOH)_2$	$1.1\times10^{-3}(K_{a_1})$	2.95
		$3.9\times10^{-6}(K_{a_2})$	5.41
柠檬酸	CH_2COOH | C(OH)COOH | CH_2COOH	$7.4\times10^{-4}(K_{a_1})$	3.13
		$1.7\times10^{-5}(K_{a_2})$	4.76
		$4.0\times10^{-7}(K_{a_3})$	6.40
苯酚	C_6H_5OH	1.1×10^{-10}	9.95
乙二胺四乙酸	H_6Y^{2+}	$0.13(K_{a_1})$	0.9
	H_5Y^+	$2.51\times10^{-2}(K_{a_2})$	1.6
	H_4Y	$1\times10^{-2}(K_{a_3})$	2.0
	H_3Y^-	$2.1\times10^{-3}(K_{a_4})$	2.67
	H_2Y^{2-}	$6.9\times10^{-7}(K_{a_5})$	6.16
	HY^{3-}	$5.5\times10^{-11}(K_{a_6})$	10.26
弱碱	**分子式**	K_b	pK_b
氨水	$NH_3\cdot H_2O$	1.8×10^{-5}	4.74
联氨	H_2NNH_2	$3.0\times10^{-6}(K_{b_1})$	5.52
		$7.6\times10^{-15}(K_{b_2})$	14.12
羟胺	NH_2OH	9.1×10^{-9}	8.04
甲胺	CH_3NH_2	4.2×10^{-4}	3.38
乙胺	$C_2H_5NH_2$	5.6×10^{-4}	3.25
二甲胺	$(CH_3)_2NH$	1.2×10^{-4}	3.93
二乙胺	$(C_2H_5)_2NH$	1.3×10^{-3}	2.89
乙醇胺	$HOCH_2CH_2NH_2$	3.2×10^{-5}	4.50
三乙醇胺	$(HOCH_2CH_2)_3N$	5.8×10^{-7}	6.24
六亚甲基四胺	$(CH_2)_6N_4$	1.4×10^{-9}	8.85
乙二胺	$H_2NHC_2CH_2NH_2$	$8.5\times10^{-5}(K_{b_1})$	4.07
		$7.1\times10^{-8}(K_{b_2})$	7.15
苯胺	$C_6H_5NH_2$	4.6×10^{-10}	9.34
吡啶	C_5H_5N	1.7×10^{-9}	8.77

附录 7 标准电极电位（291.15～298.15K）

半反应	$\varphi^{\ominus}$/V	半反应	$\varphi^{\ominus}$/V
F_2(气) $+ 2H^+ + 2e^- = 2HF$	3.06	$H_2O_2 + 2e^- = 2OH^-$	0.88
$O_3 + 2H^+ + 2e^- = O_2 + H_2O$	2.07	$Cu^{2+} + I^- + e^- = CuI$(固)	0.86
$S_2O_8^{2-} + 2e^- = 2SO_4^{2-}$	2.01	$Hg^{2+} + 2e^- = Hg$	0.845
$H_2O_2 + 2H^+ + 2e^- = 2H_2O$	1.77	$NO_3^- + 2H^+ + e^- = NO_2 + H_2O$	0.80
$MnO_4^- + 4H^+ + 3e^- = MnO_2$(固) $+ 2H_2O$	1.695	$Ag^+ + e^- = Ag$	0.7995
PbO_2(固) $+ SO_4^{2-} + 4H^+ + 2e^- =$ $PbSO_4$(固) $+ 2H_2O$	1.685	$Hg_2^{2+} + 2e^- = 2Hg$	0.793
$HClO_2 + 2H^+ + 2e^- = HClO + H_2O$	1.64	$Fe^{3+} + e^- = Fe^{2+}$	0.771
$HClO + H^+ + e^- = 1/2Cl_2 + H_2O$	1.63	$BrO^- + H_2O + 2e^- = Br^- + 2OH^-$	0.76
$Ce^{4+} + e^- = Ce^{3+}$	1.61	O_2(气) $+ 2H^+ + 2e^- = H_2O_2$	0.682
$H_5IO_6 + H^+ + 2e^- = IO_3^- + 3H_2O$	1.60	$AsO_2^- + 2H_2O + 3e^- = As + 4OH^-$	0.68
$HBrO + H^+ + e^- = 1/2Br_2 + H_2O$	1.59	$2HgCl_2 + 2e^- = Hg_2Cl_2$(固) $+ 2Cl^-$	0.63
$BrO_3^- + 6H^+ + 5e^- = 1/2Br_2 + 3H_2O$	1.52	Hg_2SO_4(固) $+ 2e^- = 2Hg + SO_4^{2-}$	0.6151
$MnO_4^- + 8H^+ + 5e^- = Mn^{2+} + 4H_2O$	1.51	$MnO_4^- + 2H_2O + 3e^- = MnO_2 + 4OH^-$	0.588
Au(Ⅲ) $+ 3e^- = Au$	1.50	$MnO_4^- + e^- = MnO_4^{2-}$	0.564
$HClO + H^+ + 2e^- = Cl^- + H_2O$	1.49	$H_3AsO_4 + 2H^+ + 2e^- = HAsO_2 + 2H_2O$	0.559
$ClO_3^- + 6H^+ + 5e^- = 1/2Cl_2 + 3H_2O$	1.47	$I_3^- + 2e^- = 3I^-$	0.545
PbO_2(固) $+ 4H^+ + 2e^- = Pb^{2+} + 2H_2O$	1.455	I_2(固) $+ 2e^- = 2I^-$	0.5345
$HIO + H^+ + e^- = 1/2I_2 + H_2O$	1.45	Mo(Ⅵ) $+ e^- =$ Mo(Ⅴ)	0.53
$ClO_3^- + 6H^+ + 6e^- = Cl^- + 3H_2O$	1.45	$Cu^+ + e^- = Cu$	0.52
$BrO_3^- + 6H^+ + 6e^- = Br^- + 3H_2O$	1.44	$4SO_2$(水) $+ 4H^+ + 6e^- = S_4O_6^{2-} + 2H_2O$	0.51
Au(Ⅲ) $+ 2e^- =$ Au(Ⅰ)	1.41	$HgCl_4^{2-} + 2e^- = Hg + 4Cl^-$	0.48
Cl_2(气) $+ 2e^- = 2Cl^-$	1.359	$2SO_2$(水) $+ 2H^+ + 4e^- = S_2O_3^{2-} + H_2O$	0.40
$ClO_4^- + 8H^+ + 7e^- = 1/2Cl_2 + 4H_2O$	1.34	$[Fe(CN)_6]^{3-} + e^- = [Fe(CN)_6]^{4-}$	0.36
$Cr_2O_7^{2-} + 14H^+ + 6e^- = 2Cr^{3+} + 7H_2O$	1.33	$Cu^{2+} + 2e^- = Cu$	0.337
MnO_2(固) $+ 4H^+ + 2e^- = Mn^{2+} + 2H_2O$	1.23	$VO^{2+} + 2H^+ + e^- = V^{3+} + H_2O$	0.337
O_2(气) $+ 4H^+ + 4e^- = 2H_2O$	1.229	$BiO^+ + 2H^+ + 3e^- = Bi + H_2O$	0.32
$IO_3^- + 6H^+ + 5e^- = 1/2I_2 + 3H_2O$	1.20	Hg_2Cl_2(固) $+ 2e^- = 2Hg + 2Cl^-$	0.268
$ClO_4^- + 2H^+ + 2e^- = ClO_3^- + H_2O$	1.19	$HAsO_2 + 3H^+ + 3e^- = As + 2H_2O$	0.248
Br_2(水) $+ 2e^- = 2Br^-$	1.087	$AgCl$(固) $+ e^- = Ag + Cl^-$	0.222
$NO_2 + H^+ + e^- = HNO_2$	1.07	$SbO^+ + 2H^+ + 3e^- = Sb + H_2O$	0.212
$Br_3^- + 2e^- = 3Br^-$	1.05	$SO_4^{2-} + 4H^+ + 2e^- = SO_2$(水) $+ 2H_2O$	0.17
$HNO_2 + H^+ + e^- = NO$(气) $+ H_2O$	1.00	$Cu^{2+} + e^- = Cu^+$	0.159
$VO_2^+ + 2H^+ + e^- = VO^{2+} + H_2O$	1.00	$Sn^{4+} + 2e^- = Sn^{2+}$	0.154
$HIO + H^+ + 2e^- = I^- + H_2O$	0.99	$S + 2H^+ + 2e^- = H_2S$(气)	0.141
$NO_3^- + 4H^+ + 3e^- = NO + 2H_2O$	0.96	$Hg_2Br_2 + 2e^- = 2Hg + 2Br^-$	0.1395
$NO_3^- + 3H^+ + 2e^- = HNO_2 + H_2O$	0.94	$TiO^{2+} + 2H^+ + e^- = Ti^{3+} + H_2O$	0.1
$ClO^- + H_2O + 2e^- = Cl^- + 2OH^-$	0.89	$S_4O_6^{2-} + 2e^- = 2S_2O_3^{2-}$	0.08

续表

半反应	$\varphi^{\ominus}$/V	半反应	$\varphi^{\ominus}$/V
$AgBr$(固) + $e^- = Ag + Br^-$	0.071	$H_3PO_3 + 2H^+ + 2e^- = H_3PO_2 + H_2O$	−0.50
$2H^+ + 2e^- = H_2$	0.000	$Sb + 3H^+ + 3e^- = SbH_3$	−0.51
$O_2 + H_2O + 2e^- = HO_2^- + OH^-$	−0.067	$HPbO_2^- + H_2O + 2e^- = Pb + 3OH^-$	−0.54
$TiOCl^+ + 2H^+ + 3Cl^- + e^- = TiCl_4^- + H_2O$	−0.09	$Ca^{3+} + 3e^- = Ca$	−0.56
$Pb^{2+} + 2e^- = Pb$	−0.126	$TeO_3^{2-} + 3H_2O + 4e^- = Te + 6OH^-$	−0.57
$Sn^{2+} + 2e^- = Sn$	−0.136	$2SO_3^{2-} + 3H_2O + 4e^- = S_2O_3^{2-} + 6OH^-$	−0.58
AgI(固) + $e^- = Ag + I^-$	−0.152	$SO_3^{2-} + 3H_2O + 4e^- = S + 6OH^-$	−0.66
$Ni^{2+} + 2e^- = Ni$	−0.246	$AsO_4^{3-} + 2H_2O + 2e^- = AsO_2^- + 4OH^-$	−0.67
$H_3PO_4 + 2H^+ + 2e^- = H_3PO_3 + H_2O$	−0.276	Ag_2S(固) + $2e^- = 2Ag + S^{2-}$	−0.69
$Co^{2+} + 2e^- = Co$	−0.277	$Zn^{2+} + 2e^- = Zn$	−0.763
$Tl^+ + e^- = Tl$	−0.336	$2H_2O + 2e^- = H_2 + 2OH^-$	−0.828
$In^{3+} + 3e^- = In$	−0.345	$Cr^{2+} + 2e^- = Cr$	−0.91
$PbSO_4$(固) + $2e^- = Pb + SO_4^{2-}$	−0.355	$HSnO_2^- + H_2O + 2e^- = Sn + 3OH^-$	−0.91
$SeO_3^{2-} + 3H_2O + 4e^- = Se + 6OH^-$	−0.366	$Se + 2e^- = Se^{2-}$	−0.92
$As + 3H^+ + 3e^- = AsH_3$	−0.38	$Sn(OH)_6^{2-} + 2e^- = HSnO_2^- + H_2O + 3OH^-$	−0.93
$Se + 2H^+ + 2e^- = H_2Se$	−0.40	$CNO^- + H_2O + 2e^- = CN^- + 2OH^-$	−0.97
$Cd^{2+} + 2e^- = Cd$	−0.403	$Mn^{2+} + 2e^- = Mn$	−1.182
$Cr^{3+} + e^- = Cr^{2+}$	−0.41	$ZnO_2^{2-} + 2H_2O + 2e^- = Zn + 4OH^-$	−1.216
$Fe^{2+} + 2e^- = Fe$	−0.440	$Al^{3+} + 3e^- = Al$	−1.66
$S + 2e^- = S^{2-}$	−0.48	$H_2AlO_3^- + H_2O + 3e^- = Al + 4OH^-$	−2.35
$2CO_2 + 2H^+ + 2e^- = H_2C_2O_4$	−0.49	$Mg^{2+} + 2e^- = Mg$	−2.37

附录 8　难溶电解质的溶度积（I=0，291.15～298.15K）

化合物	溶度积
卤化物	
$AgBr$	5.0×10^{-13}
$AgCl$	1.8×10^{-10}
AgI	9.3×10^{-17}
BaF_2	1.0×10^{-6}
CaF_2	2.7×10^{-11}
$CuBr$	5.3×10^{-9}
$CuCl$	1.2×10^{-6}
CuI	1.1×10^{-12}
Hg_2Cl_2	1.3×10^{-18}
Hg_2I_2	4.5×10^{-14}
$AgCl$	1.8×10^{-10}
$PbCl_2$	1.6×10^{-5}
PbF_2	2.7×10^{-8}
PbI_2	7.1×10^{-9}
SrF_2	2.5×10^{-9}
$PbCl_2$	1.6×10^{-5}
碳酸盐	
Ag_2CO_3	8.1×10^{-12}
$BaCO_3$	5.1×10^{-9}
$CaCO_3$	2.8×10^{-9}
$CdCO_3$	5.2×10^{-12}
$CuCO_3$	1.4×10^{-10}
$FeCO_3$	3.2×10^{-11}
Hg_2CO_3	8.9×10^{-17}
$MnCO_3$	1.8×10^{-11}
$NiCO_3$	6.6×10^{-9}
$PbCO_3$	7.4×10^{-14}
$SrCO_3$	1.1×10^{-10}
铬酸盐和重铬酸盐	
Ag_2CrO_4	1.1×10^{-12}
$Ag_2Cr_2O_7$	2.0×10^{-7}
$BaCrO_4$	1.2×10^{-10}
$CuCrO_4$	3.6×10^{-6}
Hg_2CrO_4	2.0×10^{-9}
$PbCrO_4$	2.8×10^{-13}
$SrCrO_4$	2.2×10^{-5}
氢氧化物	
$Al(OH)_3$(无定形)	1.3×10^{-33}
$Be(OH)_2$(无定形)	1.6×10^{-22}
$Ca(OH)_2$	5.5×10^{-6}
$Cd(OH)_2$	5.9×10^{-15}
$Co(OH)_2$(粉红色)	4.0×10^{-15}
$Co(OH)_2$(蓝色)	1.6×10^{-14}
$Co(OH)_3$	1.6×10^{-44}
$Cr(OH)_2$	2.0×10^{-16}
$Cr(OH)_3$	6.3×10^{-31}
$Cu(OH)_2$	2.2×10^{-20}
$Fe(OH)_2$	8.0×10^{-16}
$Fe(OH)_3$	3.8×10^{-38}
$Mg(OH)_2$	1.8×10^{-11}
$Mn(OH)_2$	1.9×10^{-13}
$Ni(OH)_2$(新制备)	2.0×10^{-15}
$Pb(OH)_2$	1.2×10^{-15}
$Sn(OH)_2$	1.4×10^{-28}
$Sr(OH)_2$	9.0×10^{-4}
$Zn(OH)_2$	1.2×10^{-17}
乙二酸盐	
$Ag_2C_2O_4$	3.4×10^{-11}
BaC_2O_4	1.6×10^{-7}
$CaC_2O_4\cdot H_2O$	2.5×10^{-9}
CuC_2O_4	2.3×10^{-8}
$FeC_2O_4\cdot 2H_2O$	3.2×10^{-7}
$Hg_2C_2O_4$	2.0×10^{-13}
$MnC_2O_4\cdot 2H_2O$	1.1×10^{-15}
PbC_2O_4	4.8×10^{-10}
硫酸盐	
Ag_2SO_4	1.4×10^{-5}
$BaSO_4$	1.1×10^{-10}
$CaSO_4$	9.1×10^{-6}
Hg_2SO_4	7.4×10^{-7}
$PbSO_4$	1.6×10^{-8}
$SrSO_4$	3.2×10^{-7}
硫化物	
Ag_2S	6.3×10^{-50}
CdS	8.0×10^{-27}
CoS(α型)	4.0×10^{-21}
CoS(β型)	2.0×10^{-25}
Cu_2S	2.5×10^{-48}
CuS	6.3×10^{-36}
FeS	6.3×10^{-18}
HgS(黑色)	1.6×10^{-52}
HgS(红色)	4.0×10^{-53}
MnS(晶形)	2.5×10^{-13}
NiS	1.07×10^{-24}
PbS	1.1×10^{-28}
SnS	1.0×10^{-25}
ZnS	2.5×10^{-22}
磷酸盐	
Ag_3PO_4	1.4×10^{-16}
$AlPO_4$	6.3×10^{-10}
$CaHPO_4$	1.0×10^{-7}
$Ca_3(PO_4)_2$	2.0×10^{-29}
$MgNH_4PO_4$	2.5×10^{-13}
$Mg_3(PO_4)_2$	1.04×10^{-24}
$Pb_3(PO_4)_2$	8.0×10^{-43}
$Zn_3(PO_4)_2$	9.0×10^{-33}
其他盐	
$[Ag^+][Ag(CN)_2^-]$	7.2×10^{-11}
$Cu_2[Fe(CN)_6]$	1.3×10^{-16}
$CuSCN$	4.8×10^{-15}
$AgBrO_3$	5.3×10^{-5}
$AgIO_3$	3.0×10^{-8}
$Cu_2[Fe(CN)_6]$	1.3×10^{-16}
$KHC_4H_4O_6$	3.0×10^{-4}
Al(8-羟基喹啉)$_3$	1.0×10^{-29}
$K_2Na[Co(NO_2)_6]\cdot H_2O$	2.2×10^{-11}
$Na(NH_4)_2[Co(NO_2)_6]$	4.0×10^{-12}
Ni(丁二酮肟)$_2$	2.0×10^{-24}
Mg(8-羟基喹啉)$_2$	4.0×10^{-16}
Zn(8-羟基喹啉)$_2$	5.0×10^{-25}

参考文献

[1] Kellner R，等. 分析化学. 李克安，金钦汉，等译. 北京：北京大学出版社，2001.
[2] 林树昌，胡乃非，曾永淮. 分析化学（化学分析部分）. 第2版. 北京：高等教育出版社，2004.
[3] 邹明珠，许宏鼎，苏星光，等. 化学分析教程. 北京：高等教育出版社，2008.
[4] 梁文平，庄乾坤. 分析化学的明天. 北京：科学出版社，2003.
[5] 武汉大学. 分析化学. 第5版. 北京：高等教育出版社，2006.
[6] 廖力夫. 分析化学. 武汉：华中科技大学出版社，2008.
[7] 孟凡昌，潘祖亭. 分析化学核心教程. 北京：科学出版社，2005.
[8] 迪安 J A. 分析化学手册. 常文保，等译. 北京：科学出版社，2003.
[9] 魏琴. 无机与分析化学教程. 北京：科学出版社，2010.
[10] 谢天俊. 简明定量分析化学. 广州：华南理工大学出版社，2003.
[11] 黄杉生，上海师范大学生命与环境科学学院组. 分析化学. 北京：科学出版社，2008.
[12] 华东理工大学化学系，四川大学化工学院. 分析化学. 北京：高等教育出版社，2006.
[13] 华中师范大学，等. 分析化学. 第3版. 北京：高等教育出版社，2005.
[14] 胡伟光. 化学分析. 北京：高等教育出版社，2006.
[15] 北京师范大学，华中师范大学，等. 化学实验基础. 北京：高等教育出版社，2004.
[16] 魏琴，盛永丽. 无机及分析化学实验. 北京：科学出版社，2008.
[17] 辛述元. 无机与分析化学实验. 北京：化学工业出版社，2005.
[18] 北京大学化学系分析化学教学组. 基础分析化学实验. 第2版. 北京：北京大学出版社，1998.
[19] 叶宪曾，张新祥. 仪器分析教程. 第2版. 北京：北京大学出版社，2007.
[20] 柯以侃，等. 分析化学手册（第三分册：光谱分析）. 北京：化学工业出版社，1998.
[21] 刘约权. 现代仪器分析. 第2版. 北京：高等教育出版社，2006.
[22] 黄一石，吴朝华，杨小林. 仪器分析. 第2版. 北京：化学工业出版社，2008.
[23] 高职高专化学教材编写组. 分析化学实验. 第4版. 北京：高等教育出版社，2014.
[24] 中国建筑材料检验认证中心，国家水泥质量监督检验中心. 水泥实验室工作手册. 北京：中国建材工业出版社，2009.
[25] 国家环境保护总局，《水和废水监测分析方法》编委会. 水和废水监测分析方法. 第4版. 北京：中国环境科学出版社，2002.
[26] 高职高专化学教材编写组. 分析化学（国家职业教育专业教学资源库配套教材）. 北京：高等教育出版社，2014.